普通高等教育土建学科"十四五"系列教材

GONGCHENG

JIANLI GAILUN

工程监理概论

主 编 王照雯 宋铁成
　　　　贺方倩
副主编 佟世炜 张福燕

U0180083

华中科技大学出版社
http://www.hustp.com
中国·武汉

内 容 简 介

本书为土建类专业建设工程监理概论课程教材。本书系统地介绍了建设工程监理的相关知识,以国家最新标准《建设工程监理规范》(GB/T 50319—2013)为基础,讲述了"四控、三管、一协调"的基本内容。在每章穿插大量的案例分析,在实践训练选择上,安排了选择题、问答题和实训题,其中有从近十多年的全国监理工程师考试真题中精选的试题,以强化对监理技能的训练和培养。

全书共分十章,包括建设工程监理概述、工程监理单位与监理工程师、建设工程监理招投标、建设工程监理组织与组织协调、建设工程监理规划、建设工程目标控制、工程建设监理合同管理、建设工程风险管理、建设工程信息管理、建设工程安全生产管理。

为了方便教学,本书还配有电子课件等教学资源包,任课教师可以登录"我们爱读书"网(www. ibook4us. com)注册并浏览,或者发邮件至 hustpeiit@163. com 索取。

本书由校企合作编写,可作为应用本科教材、高职教材,还可作为相关专业人员的参考书。

图书在版编目(CIP)数据

工程监理概论/王照雯,宋铁成,贺方倩主编. —武汉:华中科技大学出版社,2020.8
ISBN 978-7-5680-6446-0

Ⅰ.①工⋯　Ⅱ.①王⋯　②宋⋯　③贺⋯　Ⅲ.①建筑工程-监理工作-高等学校-教材　Ⅳ.①TU712

中国版本图书馆 CIP 数据核字(2020)第 159023 号

工程监理概论
Gongcheng Jianli Gailun

　　　　　　　　王照雯　　宋铁成　　贺方倩　　主编

策划编辑:康　序
责任编辑:赵巧玲
责任监印:朱　玢
出版发行:华中科技大学出版社(中国·武汉)　　　电话:(027)81321913
　　　　　武汉市东湖新技术开发区华工科技园　　　邮编:430223
录　排:武汉三月禾文化传播有限公司
印　刷:武汉中科兴业印务有限公司
开　本:787 mm×1092 mm　1/16
印　张:21.5
字　数:554 千字
版　次:2020 年 8 月第 1 版第 1 次印刷
定　价:58.00 元

前言

————●●●

　　本书适应土建类专业教学的要求,从应用本科学生培养目标出发,与监理企业合作编写,理论上以必需和够用为度,系统地阐述了建设工程监理的基本概念、基本理论和基本方法。

　　本书在介绍监理基本知识的基础上,以最新国家标准《建设工程监理规范》(GB/T 50319—2013)为主线,以工程监理"四控、三管、一协调"的手段为重点,结合全国监理工程师考试内容,配合大量案例分析题的训练,达到提高技能的目的,从而体现能力培养和技能型教材的特色。

　　本书由大连海洋大学王照雯、宋铁成,无锡太湖学院贺方倩担任主编,由大连海洋大学佟世炜、张福燕担任副主编,大连长兴监理咨询有限公司监理工程师孙向荣、大连共益建设集团有限公司高级工程师韩涛参与了了本书编写。具体分工如下:王照雯编写第1章、第2章、第6章;宋铁成编写第4章、第5章、第9章;贺方倩编写第3章、第8章、第10章;佟世炜、张福燕、孙向荣、韩涛共同编写第7章和附录。全书由王照雯统稿。

　　在编写过程中,出于教学需要,虚构了一些具体工程名称和人员姓名,如有雷同,纯属巧合。在编写过程中,得到了华中科技大学出版社和大连长兴监理咨询有限公司等多家企业的大力支持,还参阅和引用了一些优秀教材的内容,吸收了国内外众多专家学者的最新研究成果,参考和吸收了历年的全国监理工程师培训教材与考试试题的一些内容,在此一并表示感谢!

　　由于编者的水平有限,加上时间仓促,难免有不妥之处,殷切希望广大读者批评与指正。

编　者

2020 年 6 月

目录

——●　●　●

第 1 章

建设工程监理概述

■学习要求

1.了解建设工程监理发展过程和其重要性、国外项目管理模式。

2.熟悉我国建设工程监理有关法律法规在工程监理方面的规定。

3.掌握建设工程监理概念、性质、建设程序与监理的关系。

1.1 建设工程监理的基本概念

一、建设工程监理的发展历史

建设工程监理,简称监理,是市场经济体制条件下建设市场发展到一定阶段的必然产物,早在 16 世纪就有了监理的雏形,至今已经有 400 多年的历史了。在市场经济体制比较完善的国家,建设工程监理已经成为工程建设市场不可缺少的组成部分。

从新中国成立至 20 世纪 80 年代,我国固定资产投资基本上是由国家统一安排计划(包括具体的项目计划),由国家统一财政拨款。在我国当时经济基础薄弱、建设投资和物资短缺的条件下,这种方式对国家集中有限的财力、物力、人力进行经济建设,迅速建立我国的工业体系和国民经济体系起到了积极的作用。

当时,我国建设工程的管理基本上采取两种形式:对一般建设工程,由建设单位自己组成筹建机构,自行管理;对重大建设工程,则从与该工程相关的单位抽调人员组成工程建设指挥部,由指挥部进行管理。因为建设单位无须承担经济风险,这两种管理形式得以长期存在,但其弊端是不言而喻的。由于这两种形式都是针对一个特定的建设工程临时组建的管理机构,相当一部分人员不具有建设工程管理的知识和经验,因此,他们只能在工作实践中摸索。而一旦工程建成投入使用,原有的工程管理机构和人员就解散,当有新的建设工程时再重新组建。这样,建设工程管理的经验不能承袭升华,用来指导今后的工程建设,而教训却不断重复发生,使我国建设工程管理水平长期在低水平徘徊,难以提高。投资"三超"(概算超估算、预算超概算、结算超预算)、工期延长的现象较为普遍。

20 世纪 80 年代我国进入了改革开放的新时期,国务院决定在基本建设和建筑业领域采取一些重大的改革措施,例如,投资有偿使用(即"拨改贷")、投资包干责任制、投资主体多元化、工程招标投标制等。在这种情况下,改革传统的建设工程管理形式,已经势在必行。否则,难以适应我国经济发展和改革开放新形势的要求。

1982 年开工建设的鲁布革水电站工程,由于引进了世界银行的贷款,而世界银行按照国际惯例要求实行建设工程监理,因此在建设过程中首次在中国内地设置了建设工程监理机构,实施了建设工程监理。事后证明,鲁布革水电站的引水工程实施建设工程监理产生了明显的经济效益,这给了我国建设界一个很大的启示。

1988 年,中华人民共和国建设部发布了"关于开展建设监理工作的通知",明确提出要建立建设监理制度。建设监理制作为工程建设领域的一项改革举措,旨在改变陈旧的工程管理模式,建立专业化、社会化的建设监理机构,协助建设单位做好项目管理工作,以提高建设水平和投资效益。

建设工程监理制于 1988 年开始试点,5 年后逐步推开,1997 年《中华人民共和国建筑法》

（以下简称《建筑法》）以法律制度的形式做出规定，国家推行建设工程监理制度，从而使建设工程监理在全国范围内进入全面推行阶段。

二、建设工程监理的含义

建设工程监理是指工程监理单位受建设单位委托，根据法律法规、工程建设标准、勘察设计文件及合同，在施工阶段对建设工程质量、造价、进度进行控制，对合同、信息进行管理，对工程建设相关方的关系进行协调，并履行建设工程安全生产管理法定职责的服务活动。

建设单位（业主、项目法人）是建设工程监理任务的委托方，工程监理单位是监理任务的受托方。工程监理单位在建设单位的委托授权范围内从事专业化服务活动。与国际上一般的工程项目管理咨询服务不同，建设工程监理是一项具有中国特色的工程建设管理制度，目前的工程监理不仅定位于工程施工阶段，而且法律法规将工程质量、安全生产管理方面的责任赋予工程监理单位。

建设工程监理的含义可以从以下几个方面来理解。

1. 建设工程监理行为主体

《建筑法》第三十一条明确规定，实行监理的建筑工程，由建设单位委托具有相应资质条件的工程监理单位实施监理。建设工程监理应当由具有相应资质的工程监理单位实施，由工程监理单位实施工程监理的行为主体是工程监理单位。

建设工程监理不同于政府主管部门的监督管理。后者属于行政性监督管理，其行为主体是政府主管部门。同样，建设单位自行管理、工程总承包单位或施工总承包单位对分包单位的监督管理都不是工程监理。

2. 建设工程监理实施前提

《建筑法》第三十一条明确规定，建设单位与其委托的工程监理单位应当订立书面委托监理合同。也就是说，建设工程监理的实施需要建设单位的委托和授权。工程监理单位只有与建设单位以书面形式订立建设工程监理合同，明确监理工作的范围、内容、服务期限和酬金，以及双方的义务、违约责任后，才能在规定的范围内实施监理。工程监理单位在委托监理的工程中拥有一定的管理权限，是建设单位授权的结果。

3. 建设工程监理实施依据

建设工程监理实施依据包括法律法规、工程建设标准、勘察设计文件及合同。

（1）法律法规。法律法规包括：《建筑法》、《中华人民共和国合同法》（以下简称《合同法》）、《中华人民共和国招标投标法》（以下简称《招标投标法》）、《建设工程质量管理条例》、《建设工程安全生产管理条例》、《中华人民共和国招标投标法实施条例》（以下简称《招标投标法实施条例》）等法律法规；《工程监理企业资质管理规定》、《注册监理工程师管理规定》、《建设工程监理范围和规模标准规定》等部门规章，以及地方性法规等。

（2）工程建设标准。工程建设标准包括：有关工程技术标准、规范、规程以及《建设工程监理规范》《建设工程监理与相关服务收费标准》等。

（3）勘察设计文件及合同。勘察设计文件及合同包括：批准的初步设计文件、施工图设计文件，建设工程监理合同的以及与所监理工程相关的施工合同、材料设备采购合同等。

4. 建设工程监理实施范围

目前,建设工程监理定位于工程施工阶段,工程监理单位受建设单位委托,按照建设工程监理合同的约定,在工程勘察、设计、保修等阶段提供的服务活动均为相关服务。工程监理单位可以拓展自身的经营范围,为建设单位提供包括建设工程项目策划决策和建设实施全过程的项目管理服务。

5. 建设工程监理基本职责

建设工程监理是一项具有中国特色的工程建设管理制度。工程监理单位的基本职责是在建设单位委托授权范围内,通过安全管理、合同管理、风险管理和信息管理,以及协调工程建设相关方的关系,控制建设工程的安全和质量、造价和进度三大目标,即"四控、三管、一协调"。

三、建设工程监理的性质和作用

(一)建设工程监理的性质

建设工程监理的性质可概括为服务性、科学性、独立性和公平性四个方面。

1. 服务性

在工程建设中,工程监理人员利用自己的知识、技能和经验以及必要的试验、检测手段,为建设单位提供管理和技术服务。工程监理单位既不直接进行工程设计,也不直接进行工程施工;既不向建设单位承包工程造价,也不参与施工单位的利润分成。

工程监理单位的服务对象是建设单位,但不能完全取代建设单位的管理活动。工程监理单位不具有工程建设重大问题的决策权,只能在建设单位授权范围内采用规划、控制、协调等方法,控制建设工程质量、造价和进度,并履行建设工程安全生产管理的监理职责,协助建设单位在计划目标内完成工程建设任务。

2. 科学性

科学性是由建设工程监理的基本任务决定的。工程监理单位以协助建设单位实现其投资目的为己任,力求在计划目标内完成工程建设任务。由于工程建设规模日趋庞大,建设环境日益复杂,功能需求及建设标准越来越高,新技术、新工艺、新材料、新设备不断涌现,工程建设参与单位越来越多,工程风险日渐增加,工程监理单位只有采用科学的思想、理论、方法和手段,才能驾驭工程建设。

为了满足建设工程监理实际工作需求,工程监理单位应由组织管理能力强、工程建设经验丰富的人员担任领导;应有足够数量的、有丰富管理经验和较强应变能力的注册监理工程师组成的骨干队伍;应有健全的管理制度、科学的管理方法和手段;应积累丰富的技术、经济资料和数据;应有科学的工作态度和严谨的工作作风,能够创造性地开展工作。

3. 独立性

《建设工程监理规范》GB/T 50319—2013明确要求,建设工程单位应公平、独立、诚信、科学地开展建设工程监理与相关服务活动。独立是工程监理单位公平地实施监理的基本前提。为此,《建筑法》第三十四条规定:"工程监理单位与被监理工程的承包单位以及建筑材料、建筑构配件和设备供应单位不得有隶属关系或者其他利害关系"。

按照独立性要求,工程监理单位应严格按照法律法规、工程建设标准、勘察设计文件、建设工程监理合同及有关建设工程合同等实施监理。在建设工程监理工作过程中,必须建立项目监理机构,按照自己的工作计划和程序,根据自己的判断,采用科学的方法和手段,独立地开展工作。

4. 公平性

国际咨询工程师联合会(FIDIC)《土木工程施工合同条件》(红皮书)自1957年第一版发布以来,一直都保持着一个重要原则,要求(咨询)工程师"公正"(impartiality),即不偏不倚地处理施工合同中的有关问题。该原则也成为我国建设工程监理制度建立初期的一个重要性质。然而,在FIDIC《土木工程施工合同条件》(1999年第一版)中,(咨询)工程师的公正性要求不复存在,而只要求"公平"(fair)。(咨询)工程师不充当调解人或仲裁人的角色,只是接受业主报酬负责进行施工合同管理的受托人。

与FIDIC《土木工程施工合同条件》中的(咨询)工程师类似,我国工程监理单位受建设单位委托实施建设工程监理,也无法成为公正或不偏不倚的第三方,但需要公平地对待建设单位和施工单位。公平性是建设工程监理行业能够长期生存和发展的基本职业道德准则。特别是当建设单位与施工单位发生利益冲突或者矛盾时,工程监理单位应以事实为依据,以法律法规和有关合同为准绳,在维护建设单位合法权益的同时,不能损害施工单位的合法权益。例如,在调解建设单位与施工单位之间争议,处理费用索赔和工程延期、进行工程款支付控制及结算时,应尽量客观、公平地对待建设单位和施工单位。

(二)建设工程监理的作用

建设单位的工程项目实行专业化、社会化管理在国外已有100多年的历史,现在越来越显现出强大的生命力,在提高投资的经济效益方面发挥了重要作用。我国实施建设工程监理的时间虽然不长,但已经发挥出明显的作用,为政府和社会所承认。建设工程监理的作用主要表现在以下几个方面。

1. 有利于提高建设工程投资决策科学化水平

在建设单位委托工程监理企业实施全方位全过程工程监理的条件下,在建设单位有了初步的项目投资意向之后,工程监理企业可协助建设单位选择适当的工程咨询机构,管理工程咨询合同的实施,并对咨询结果(如项目建议书、可行性研究报告)进行评估,提出有价值的修改意见和建议;或者直接从事工程咨询工作,为建设单位提供建设方案。这样,不仅可使项目投资符合国家经济发展规划、产业政策、投资方向,而且可使项目投资更加符合市场需求。工程监理企业参与或承担项目决策阶段的监理工作,有利于提高项目投资决策的科学化水平,避免项目投资决策失误,也为实现建设工程投资综合效益最大化打下了良好的基础。

2. 有利于规范工程建设参与各方的建设行为

工程建设参与各方的建设行为都应当符合法律、法规、规章和市场准则。要做到这一点,仅仅依靠自律机制是不够的,还需要建立有效的约束机制。为此,首先需要政府对工程建设参与各方的建设行为进行全面的监督管理,这是最基本的约束,也是政府的主要职能之一。但是,由于客观条件限制,政府的监督管理不可能深入每一个项目的建设实施过程中,因而,还需要建立另一种约束机制,能在建设工程实施过程中对工程建设参与的建设行为进行约束。建设工程监理制就是这样一种约束机制。

在建设工程实施的过程中,工程监理企业可依据委托监理合同和有关的建设工程合同对承建单位的建设行为进行监督管理。由于这种约束机制贯穿于工程建设的全过程,可采用事前、事中、事后控制相结合的方式进行控制,从而可以更加有效地规范各承建单位的建设行为,最大限度地避免不当建设行为的发生。即使出现不当建设行为,也可以及时制止,最大限度地减少其不良后果。应当说,这是约束机制的根本目的。另一方面,由于建设单位不了解建设工程有关法律、法规、规章、管理程序和市场行为准则,也可能发生不当建设行为。在这种情况下,工程监理企业可以向建设单位提出适当的建议,从而避免发生建设单位的不当建设行为,这对规范建设单位的建设行为也可起到一定的约束作用。

当然,要发挥上述的约束作用,工程监理企业首先必须规范自身的行为,并接受政府的监督管理。

3. 有利于促使承建单位保证建设工程质量和使用安全

建设工程是一种特殊的产品,不仅价值大、使用寿命长,而且还关系到人民生命财产的安全、人民的身体健康和人民的生活环境。因此,保证建设工程质量和使用安全就显得尤为重要,在这方面不允许有丝毫的懈怠和疏忽。

工程监理企业对承建单位建设行为的监督管理,实际上是从产品需求者的角度对建设工程生产过程的管理,这与产品生产者自身的管理有很大的不同。而工程监理企业又不同于建设工程的实际需求者,其监理人员都是既懂工程技术又懂经济管理的专业人士,他们有能力及时发现建设工程施工过程中出现的问题,发现工程材料、设备以及阶段产品存在的问题,从而避免留下工程质量隐患。因此,实行建设工程监理制之后,在加强承建单位自身对工程质量管理的基础上,由工程监理企业介入建设工程生产过程的管理,对保证建设工程质量和使用安全有着重要作用。

4. 有利于实现建设工程投资效益最大化

建设工程投资效益最大化有以下三种不同表现:

(1)在满足建设工程预定功能和质量标准的前提下,建设投资额最少;

(2)在满足建设工程预定功能和质量标准的前提下,建设工程寿命周期费用(或全寿命费用)最少;

(3)建设工程本身的投资效益与环境、社会效益的综合效益最大化。

实行建设工程监理制之后,工程监理企业一般都能协助建设单位实现上述建设工程投资效益最大化的第一种表现,也能在一定程度上实现上述第二种和第三种表现。随着建设工程寿命周期费用思想和综合效益理念被越来越多的建设单位所接受,建设工程投资效益最大化的第二种和第三种表现的比例将越来越大,从而大大地提高我国全社会的投资效益,促进我国国民经济的发展。

(三)建设工程监理的发展趋势

1. 我国现阶段建设工程监理的特点

我国的建设工程监理无论在管理理论和方法上,还是在业务内容和工作程序上,与国外的建设项目管理都是相同的。但在现阶段,由于发展条件不尽相同,主要是需求方对监理的认知度较低,市场体系发育不够成熟,市场运行规则不够健全,因此还有一些差异,呈现出某些特点。

1)建设工程监理的服务对象具有单一性

在国际上,建设项目管理按服务对象主要可分为为建设单位服务的项目管理和为承建单位服务的项目管理。而我国的建设工程监理制规定,工程监理企业只能接受建设单位的委托,即只为建设单位服务。它不能接受承建单位的委托为其提供管理服务。从这个意义上来看,可以认为我国的建设工程监理就是为建设单位服务的项目管理。

2)建设工程监理属于强制推行的制度

我国的建设工程监理从一开始就是作为对计划经济条件下形成的建设工程管理体制改革的一项新制度提出来的,也是依靠行政手段和法律手段在全国范围内推行的。为此,不仅在各级政府部门中设立了主管建设工程监理有关工作的专门机构,而且制定了有关的法律、法规、规章,明确提出国家推行建设工程监理制度,并明确规定了必须实行建设工程监理的工程范围。其结果是在较短时间内促进了建设工程监理在我国的发展,形成了一批专业化、社会化的工程监理企业和监理工程师队伍,缩小了与发达国家建设项目管理的差距,这是符合我国国情的。

3)建设工程监理具有监督功能

我国的工程监理企业有一定的特殊地位,它与建设单位构成委托与被委托关系,与承建单位虽然无任何经济关系,但根据建设单位授权,有权对其不当建设行为进行监督,或者预先防范,或者指令及时改正,或者向有关部门反映,请求纠正。不仅如此,在我国的建设工程监理中还强调对承建单位施工过程和施工工序的监督、检查和验收,而且在实践中又进一步提出了旁站监理的规定。我国监理工程师在质量控制方面的工作所达到的深度和细度,应当说远远超过国际上建设项目管理人员的工作深度和细度,这对保证工程质量起到了很好的作用。

4)市场准入的双重控制

在建设项目管理方面,一些发达国家只对专业人士的执业资格提出要求,而没有对企业的资质管理做出规定。而我国对建设工程监理的市场准入采取了企业资质和人员资格的双重控制。要求专业监理工程师以上的监理人员要取得监理工程师资格证书,不同资质等级的工程监理企业至少要有一定数量的取得监理工程师资格证书并注册的人员。应当说,这种市场准入的双重控制对保证我国建设工程监理队伍的基本素质,规范我国建设工程监理市场起到了积极的作用。

2. 建设工程监理的发展趋势

我国的建设工程监理已经取得了有目共睹的成绩,并且已为社会各界所认同和接受,但是应当承认,目前仍处在发展的初级阶段,与发达国家相比还存在很大的差距。因此,为了使我国的建设工程监理实现预期效果,在工程建设领域发挥更大的作用,应从以下几个方面着手。

1)加强法制建设,走法制化道路

目前,我国颁布的法律法规中有关建设工程监理的条款不少,部门规章和地方性法规的数量更多,这充分反映了建设监理的法律地位。但从加入 WTO(World Trade Orgranization,世界贸易组织)的角度来看,法制建设还比较薄弱,突出表现在市场规则和市场机制方面。市场规则特别是市场竞争规则和市场交易规则还不健全。市场机制,包括信用机制、价格形成机制、风险防范机制、仲裁机制等尚未形成。应当在总结经验的基础上,借鉴国际上通行的做法,逐步建立和健全起来。只有这样,才能使我国的建设工程监理走上有法可依、有法必依的轨道,才能适应

加入 WTO 后的新的形势。

　　2）以市场需求为导向,向全方位、全过程监督发展

　　我国实行建设工程监理已有三十多年的时间,但目前仍然以施工阶段监理为主,原因有两点:既有体制上认识上的原因,也有建设单位和监理企业素质及能力等原因。但是应当看到,随着项目法人责任制的不断完善,以及民营企业和私人投资项目的大量增加,建设单位将对工程投资效益愈加重视,工程前期决策阶段的监理将日益增多。从发展趋势来看,代表建设单位进行全方位、全过程的工程项目管理,将是我国工程监理行业发展的趋向。当前,应当按照市场需求多样化的规律,积极扩展监理服务内容。不仅要进行施工阶段质量、投资和进度控制,做好合同管理、信息管理和组织协调工作,而且要进行决策阶段和设计阶段的监理。只有实施全方位、全过程监理,才能更好地发挥建设工程监理的作用。

　　3）适应市场需求,优化工程监理企业结构

　　工程监理企业的发展必须与市场需求相适应。建设单位对建设工程监理的需求是多种多样的,这就要求工程监理企业所能提供的"供给"(即监理服务)也是多种多样的。

　　目前,我们应当通过市场机制和必要的行业政策引导,在工程监理行业逐步建立起综合性监理企业与专业性监理企业相结合、大中小型监理企业相结合的合理的企业结构。按工作内容分,建立起能承担全过程、全方位监理任务的综合性监理企业与能承担某一专业监理任务的监理企业相结合的企业结构。按工作阶段分,建立起能承担工程建设全过程监理的大型监理企业与能承担工程建设某一阶段监理的中型监理企业和只能提供旁站监理的小型监理企业相结合的企业结构。这样,既能满足建设单位的各种需求,又能使各类监理企业各得其所,都能有合理的生存和发展空间。一般来说,大型、综合素质较高的监理企业应当向综合监理企业方向发展,而中小型监理企业则应当逐渐形成自己的专业特色。

　　4）加强培训和学习,不断提高从业人员素质

　　从全方位、全过程监理的要求来看,我国建设工程监理从业人员的素质还不能与之相适应,还不能胜任全方位、全过程监理工作,管理水平急需提高。另一方面,工程建设领域的新技术、新工艺、新材料层出不穷,工程技术标准、规范、规程也时有更新,信息技术日新月异,都要求建设工程监理从业人员与时俱进,不断提高自身的业务素质和职业道德素质,这样才能为建设单位提供优质服务。

　　从业人员的素质是整个建设工程监理行业发展的基础。只有培养和造就出大批高素质的工程监理人员,才可能诞生相当数量的高素质的建设工程监理企业,才能诞生一批有信誉、有品牌效应的建设工程监理企业,才能提高我国建设工程监理的整体水平,才能推动建设工程监理事业更好更快地健康发展。

　　5）与国际惯例接轨,走向世界

　　我国的建设工程监理虽然形成了一定的特点,但在一些方面与国际惯例还有差异。为此,我们必须认真学习和研究国际上被普遍接受的规则,以为我所用,使我国的建设工程监理领域尽快与国际惯例接轨。

　　与国际惯例接轨可使我国的建设工程监理企业与国外同行按照同一规则同台竞争,这既可能表现在国外项目管理公司进入我国后与我国建设工程监理企业之间的竞争,也可能表现在我国建设工程监理企业走向世界,与国外同类企业之间的竞争。要在竞争中取胜,除有实力、业

绩、信誉之外,还需要掌握国际上同行的游戏规则。我国的监理工程师和工程监理企业应当把握机遇,敢于与国外同行竞争。

1.2 监理工作主要内容与工程建设程序

一、监理工作主要内容

监理工作的主要内容为:工程建设的投资控制、建设工期控制、工程质量控制、安全控制;进行信息管理、工程建设合同管理;协调有关单位之间的工作关系,即"四控、两管、一协调"(有的也称为"三控、三管、一协调",其中把安全控制称为安全管理);有的资料上,把风险管理单独提出来,那就是"四控、三管、一协调"。

(1)投资、进度、质量控制,习惯上称为三大控制,目的就是通过一定的措施和手段,使工程建设项目在计划进度和投资内,保质保量地完成。

(2)安全控制即安全管理,就是要通过科学的安全管理,对工程实施安全控制,以保证人员和财产的安全。

(3)信息管理,是指在实施监理过程中,监理工程师对信息进行收集、整理、处理、存储、传递和应用等一系列工作。信息管理是目标控制的基础,只有掌握大量的有价值的信息,监理工程师才能做出科学的决策,高效地完成监理任务。

(4)合同管理,就是根据监理合同和其他合同,对工程建设各方合同的签订、履行、变更和解除进行监督、检查,对合同双方的争议进行调节和处理,以保证合同依法全面履行。

(5)风险管理,就是在识别、评价及分析风险的基础上,运用科学的管理技术及手段对工程项目可能发生的风险进行一定的预防及处理,尽可能地控制风险,使其向有利条件转化,并能在风险发生后及时采取主动的补救措施。

(6)组织协调,在整个工程的建设过程中,只有通过组织协调才能使影响项目监理目标实现的各个因素处于统一可控之中,使项目系统结构均衡,保证监理工作实施和运行过程顺利,确保工程建设三大目标实现。

二、工程建设程序

工程建设程序是指建设工程从策划、决策、设计、施工到竣工验收、投入生产或交付使用的整个建设过程中、各项工作必须遵循先后顺序。工程建设程序是建设工程策划决策和建设实施过程客观规律的反映,是建设工程科学决策和顺利实施的重要保证。

按照工程建设内在规律,每一项建设工程都要经过策划决策和建设实施两个发展时期。这两个发展时期又可分为若干阶段,各阶段之间存在着严格的先后次序,可以进行合理交叉,但不

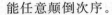

能任意颠倒次序。

（一）策划决策阶段的工作内容

建设工程策划决策阶段的工作内容主要包括项目建议书和可行性研究报告的编报和审批。

1. 编报项目建议书

项目建议书是拟建项目单位向政府投资主管部门提出的要求建设某一工程项目的建议文件，是对工程项目建设的轮廓设想。项目建议书的主要作用是推荐一个拟建项目，论述其建设的必要性、建设条件的可行性和获利的可能性，供政府投资主管部门选择，并确定是否进行下一步工作。

项目建议书的内容视工程项目不同而有繁有简，但一般应包括以下几个方面的内容：

（1）项目提出的必要性和依据；

（2）产品方案、拟建规模和建设地点的初步设想；

（3）资源情况、建设条件、协作关系和设备技术引进国别、厂商的初步分析；

（4）投资估算、资金筹措及还贷方案设想；

（5）项目进度安排；

（6）经济效益和社会效益的初步估计；

（7）环境影响的初步评价。

对政府投资工程，项目建议书按要求编制完成后，应根据建设规模和限额划分报送有关部门审批。项目建议书经批准后，可进行可行性研究工作，但并不表明项目非上不可，批准的项目建议书不是工程项目的最终决策。

2. 编报可行性研究报告

可行性研究是指在工程项目决策之前，通过调查、研究、分析建设工程在技术、经济等方面的条件和情况，对可能的多种方案进行比较论证，同时对工程项目建成后的综合效益进行预测和评价的一种投资决策分析活动。

可行性研究应完成以下工作内容：

（1）进行市场研究，以解决工程项目建设的必要性问题；

（2）进行工艺技术方案研究，以解决工程项目建设的技术可行性问题；

（3）进行财务和经济分析，以解决工程项目建设的经济合理性问题。

可行性研究工作完成后，需要编写出反映其全部工作成果的"可行性研究报告"。凡经可行性研究未通过的项目，不得进行下一步工作。

3. 投资项目决策管理制度

根据《国务院关于投资体制改革的决定》（国发〔2004〕20号），政府投资工程实行审批制；非政府投资工程实行核准制或登记备案制。

1）政府投资工程

对采用直接投资和资本金注入方式的政府投资工程，政府需要从投资决策的角度来审批项目建议书和可行性研究报告，除特殊情况外，不再审批开工报告，同时还要严格审批其初步设计和概算；对采用投资补助、转贷和贷款贴息方式的政府投资工程，则只审批资金申请报告。

政府投资工程一般都要经过符合资质要求的咨询中介机构的评估论证，特别重大的工程还应实行专家评议制度。国家将逐步实行政府投资工程公示制度,以广泛听取各方面的意见和建议。

2) 非政府投资工程

对企业不使用政府资金投资建设的工程,政府不再进行投资决策性质的审批,区别不同情况实行核准制或登记备案制。

(1) 核准制。企业投资建设《政府核准的投资项目目录》中的项目时,仅需向政府提交项目申请报告,不再经过批准项目建议书、可行性研究报告和开工报告的程序。

(2) 登记备案制。对《政府核准的投资项目目录》以外的企业投资项目,实行登记备案制。除国家另有规定外,由企业按照属地原则向地方政府投资主管部门备案。

为扩大大型企业集团的投资决策权,对基本建立现代企业制度的特大型企业集团,投资建设《政府核准的投资项目目录》中的项目时,可以按项目单独申报核准,也可编制中长期发展建设规划,规划经国务院或国务院投资主管部门批准后,规划中属于《政府核准的投资项目目录》中的项目不再另行申报核准,只需办理备案手续。企业集团要及时向国务院有关部门报告规划执行和项目建设情况。

(二) 建设实施阶段的工作内容

建设工程实施阶段的工作内容主要包括勘察设计、建设准备、施工安装及竣工验收。对生产性工程项目,在施工安装后期,还需要进行生产准备工作。

1. 勘察设计

1) 工程勘察

工程勘察通过对地形、地质及水文等要素的测绘、勘探、测试及综合评定,提供工程建设所需的基础资料。工程勘察需要对工程建设场地进行详细论证,保证建设工程合理进行,促使建设工程取得最佳的经济、社会和环境效益。

2) 工程设计

工程设计工作一般划分为两个阶段,即初步设计和施工图设计。重大工程和技术复杂工程,可根据需要增加技术设计阶段。

(1) 初步设计。初步设计是根据可行性研究报告的要求进行具体实施方案设计,目的是阐明在指定的地点、时间和投资控制数额内,拟建项目在技术上的可行性和经济上的合理性,并通过对建设工程所做出的基本技术经济规定,编制工程总概算。

初步设计不得随意改变被批准的可行性研究报告所确定的建设规模、产品方案、工程标准、建设地址和总投资等控制目标。如果初步设计提出的总概算超过可行性研究报告总投资的10%以上或其他主要指标需要变更时,应说明原因和计算依据,并重新向原审批单位报批可行性研究报告。

(2) 技术设计。技术设计应根据初步设计和更详细的调查研究资料编制,以进一步解决初步设计中的重大技术问题,如工艺流程、建筑结构、设备选型及数量确定等,使工程设计更具体、更完善,技术指标更好。

(3) 施工图设计。根据初步设计或技术设计的要求,结合工程现场实际情况,完整地表现建筑物外形、内部空间分割、结构体系、构造状况以及建筑群的组成和周围环境的配合。施工图设计还包括各种运输、通信、管道系统、建筑设备的设计。在工艺方面,应具体确定各种设备的型号、规格及各种非标准设备的制造加工图。

3）施工图设计文件的审查

根据《房屋建筑和市政基础设施工程施工图设计文件审查管理办法》（建设部令第134号），建设单位应当将施工图送施工图审查机构审查。施工图审查机构按照有关法律、法规，对施工图涉及公共利益、公众安全和工程建设强制性标准的内容进行审查。审查的主要内容包括：

（1）是否符合工程建设强制性标准；

（2）地基基础和主体结构的安全性；

（3）勘察设计企业和注册执业人员以及相关人员是否按规定在施工图上加盖相应的图章和签字；

（4）其他法律、法规、规章规定必须审查的内容。

任何单位或者个人不得擅自修改审查合格的施工图。确需修改的，凡涉及上述审查内容的，建设单位应当将修改后的施工图送原审查机构审查。

2. 建设准备

（1）建设准备工作内容。工程项目在开工建设之前要切实做好各项准备工作，其主要内容包括：

① 征地、拆迁和场地平整工作；

② 完成施工用水、电、通信、道路等接通工作；

③ 组织招标选择工程监理单位、施工单位及设备、材料供应商；

④ 准备必要的施工图纸；

⑤ 办理工程质量监督和施工许可手续。

（2）工程质量监督手续的办理。建设单位在领取施工许可证或者开工报告前，应当到规定的工程质量监督机构办理工程质量监督注册手续。办理质量监督注册手续时需提供下列资料：

① 施工图设计文件审查报告和批准书；

② 中标通知书和施工、监理合同；

③ 建设单位、施工单位和监理单位工程项目的负责人和机构组成；

④ 施工组织设计和监理规划（监理实施细则）；

⑤ 其他需要的文件资料。

（3）施工许可证的办理。从事各类房屋建筑及其附属设施的建造、装修装饰和与其配套的线路、管道、设备的安装，以及城镇市政基础设施工程的施工，建设单位在开工前应当向工程所在地县级以上人民政府建设主管部门申请领取施工许可证。必须申请领取施工许可证的建筑工程未取得施工许可证的，一律不得开工。

工程投资额在30万元以下或者建筑面积在300㎡以下的建筑工程，可以不申请办理施工许可证。

3. 施工安装

建设工程具备开工条件并取得施工许可后才能开始土建工程施工和机电设备安装。

按照规定，建设工程新开工时间是指工程设计文件中规定的任何一项永久性工程第一次正式破土开槽的开始日期。不需要开槽的工程，以正式开始打桩的日期作为开工日期。铁路、公路、水库等需要进行大量土石方工程的，以开始进行土石方工程施工的日期作为正式开工日期。

工程地质勘查、平整场地、旧建筑物拆除、临时建筑、施工用临时道路和水、电等工程开始施工的日期不能算作正式开工日期。分期建设的工程分别按各期工程开工的日期计算,如二期工程应根据工程设计文件规定的永久性工程开工的日期计算。

施工安装活动应按照工程设计要求、施工合同及施工组织设计,在保证工程质量、工期、成本及安全、环保等目标的前提下进行。

4. 生产准备

对于生产性工程项目而言,生产准备是工程项目投产前由建设单位进行的一项重要工作。生产准备是衔接建设和生产的桥梁,是工程项目建设转入生产经营的必要条件。建设单位应适时组成专门机构做好生产准备工作,确保工程项目建成后能及时投产。

生产准备的主要工作内容包括:组建生产管理机构,制定管理有关制度和规定;招聘和培训生产人员,组织生产人员参加设备的安装、调试和工程验收工作;落实原材料、协作产品、燃料、水、电、气等的来源和其他需协作配合的条件,并组织工装、器具、备品、备件等的制造或订货等。

5. 竣工验收

建设工程按设计文件的规定内容和标准全部完成,并按规定将施工现场清理完毕后,达到竣工验收条件时,建设单位即可组织工程竣工验收。工程勘察、设计、施工、监理等单位应参加工程竣工验收。工程竣工验收要审查工程建设的各个环节,审阅工程档案、实地查验建筑安装工程实体,对工程设计、施工和设备质量等进行全面评价。不合格的工程不予验收。对遗留问题要提出具体解决意见,限期落实完成。

工程竣工验收是投资成果转入生产或使用的标志,也是全面考核工程建设成果、检验设计和施工质量的关键步骤。工程竣工验收合格后,建设工程方可投入使用。

建设工程自竣工验收合格之日起即进入工程质量保修期。建设工程自办理竣工验收手续后,发现存在工程质量缺陷的,应及时修复,费用由责任方承担。

1.3 建设工程监理相关法规

一、概述

建设工程监理涉及的法律法规很多,主要法律法规规章如下。

1. 法律

(1)《建筑法》。

(2)《合同法》。

(3)《招标投标法》。

(4)《中华人民共和国土地管理法》(以下简称《土地管理法》)。

(5)《中华人民共和国城乡规划法》(以下简称《城乡规划法》)。

（6）《中华人民共和国环境影响评价法》（以下简称《环境影响评价法》）。

（7）《中华人民共和国环境保护法》（以下简称《环境保护法》）。

（8）《中华人民共和国城市房地产管理法》（以下简称《城市房地产管理法》）。

2. 行政法规

（1）《建设工程质量管理条例》。

（2）《建设工程安全生产管理条例》。

（3）《建设工程勘察设计管理条例》。

3. 部门规章

（1）《注册监理工程师管理规定》。

（2）《房屋建筑工程施工旁站监理管理办法（试行）》。

（3）《建设工程监理范围和规模标准规定》。

（4）《工程监理企业资质管理规定》。

（5）《建筑工程施工许可管理办法》。

（6）《建筑工程施工发包与承包计价管理办法》。

（7）《房屋建筑工程质量保修办法》。

（8）《建筑安全生产监督管理规定》。

（9）《城市建设档案管理规定》。

（10）《评标委员会和评标方法暂行规定》。

（11）《房屋建筑工程和市政基础设施工程竣工验收备案管理暂行办法》。

（12）《建设工程设计招标投标管理办法》。

另外，对实际监理工作指导性很强的还有原建设部等有关部委制定的《建设工程监理规范》、原建设部《关于落实建设工程安全生产监理责任的若干意见》以及某些地方制定的地方监理规范等规范和文件。

二、建设工程监理规范和相关文件

（一）建设工程监理规范

行政主管部门制定颁发的工程建设方面的标准、规范和规程也是建设工程监理的依据。《建设工程监理规范》虽然不属于建设工程法律法规规章体系，但对建设工程监理工作有重要的作用

《建设工程监理规范》共分 9 章和 3 类附表，内容包括：总则；术语；项目监理机构及其设施；监理规划及监理实施细则；工程质量、造价、进度控制及安全生产管理的监理工作；工程变更、索赔及施工合同争议处理；监理文件资料管理；设备采购与设备监造；相关服务等。

1. 总则

在总则中，明确了监理规范制定的目的、适用范围、基本要求、监理依据等内容。

2. 术语

术语中对工程监理单位、建设工程监理、相关服务、项目监理机构、注册监理工程师、总监理工程师、总监理工程师代表、专业监理工程师、监理员、监理规划、监理实施细则、工程计量、旁

站、巡视、平行检验、见证取样、工程延期、工程延误、工程临时延期批准、工程最终延期批准、监理日志、监理月报、设备监造、监理文件资料等 24 个常用术语进行了解释。

3. 项目监理机构及其设施

该部分明确了项目监理机构的组成、总监理工程师的任命和监理人员调换,以及项目监理机构中总监理工程师、总监理工程师代表、专业监理工程师和监理员的职责;关于监理设施分别对建设单位、工程监理单位提出了要求。

4. 监理规划及监理实施细则

具体包括监理规划和监理实施细则编制、报送要求和主要内容。

5. 工程质量、造价、进度控制及安全生产管理的监理工作

该部分明确了项目监理机构在工程质量、造价、进度三大目标控制,组织协调及安全生产管理方面的监理工作原则、内容、程序和方法。

6. 工程变更、索赔及施工合同争议处理

该部分内容包括对工程暂停及复工、工程变更、费用索赔、工程延期及工程延误、施工合同争议和施工合同解除等方面的规定。

7. 监理文件资料管理

该部分内容包括监理文件资料的组成和归档要求。

8. 设备采购与设备监造

该部分明确了设备采购与设备监造的工作依据,明确了项目监理机构在设备采购、设备监造等方面的工作职责、原则、程序、方法和措施。

9. 相关服务

该部分明确了工程监理单位在工程勘察设计阶段和保修阶段开展相关服务的工作依据、内容、程序、职责和要求。

(二)原建设部关于落实建设工程安全生产监理责任的若干意见

为了贯彻《建设工程安全生产管理条例》(以下简称《条例》),指导和督促工程监理单位(以下简称"监理单位")落实安全生产监理责任,做好建设工程安全生产的监理工作,原建设部 2006 年 10 月 16 日发布了《关于落实建设工程安全生产监理责任的若干意见》,对建设工程安全监理的主要工作内容、工作程序、监理责任等做出了规定。

1. 建设工程安全监理的主要工作内容

监理单位应当按照法律、法规和工程建设强制性标准及监理委托合同实施监理,对所监理工程的施工安全生产进行监督检查。

1)施工准备阶段

(1)监理单位应根据《条例》的规定,按照工程建设强制性标准、《建设工程监理规范》和相关行业监理规范的要求,编制包括安全监理内容的项目监理规划,明确安全监理的范围、内容、工作程序和制度措施,以及人员配备计划和职责等。

(2)对中型及以上项目和《条例》第二十六条规定的危险性较大的分部分项工程,监理单位应当编制监理实施细则。实施细则应当明确安全监理的方法、措施和控制要点,以及对施工单位安全技术措施的检查方案。

（3）审查施工单位编制的施工组织设计中的安全技术措施和危险性较大的分部分项工程安全专项施工方案是否符合工程建设强制性标准要求。

（4）检查施工单位在工程项目上的安全生产规章制度和安全监管机构的建立、健全及专职安全生产管理人员配备情况，督促施工单位检查各分包单位的安全生产规章制度的建立情况。

（5）审查施工单位资质和安全生产许可证是否合法有效。

（6）审查项目经理和专职安全生产管理人员是否具备合法资格，是否与投标文件相一致。

（7）审核特种作业人员的特种作业操作资格证书是否合法有效。

（8）审核施工单位应急救援预案和安全防护措施费用使用计划。

2）施工阶段

介绍了监督、检查涉及安全生产的有关内容和要求。

2. 建设工程安全监理的工作程序

（1）监理单位按照《建设工程监理规范》和相关行业监理规范要求，编制含有安全监理内容的监理规划和监理实施细则。

（2）在施工准备阶段，监理单位审查核验施工单位提交的有关技术文件及资料，并由项目总监在有关技术文件报审表上签署意见；审查未通过的，安全技术措施及专项施工方案不得实施。

（3）在施工阶段，监理单位应对施工现场安全生产情况进行巡视检查，对发现的各类安全事故隐患，应书面通知施工单位，并督促其立即整改；情况严重的，监理单位应及时下达工程暂停令，要求施工单位停工整改，并同时报告建设单位。安全事故隐患消除后，监理单位应检查整改结果，签署复查或复工意见。施工单位拒不整改或不停工整改的，监理单位应当及时向工程所在地建设主管部门或工程项目的行业主管部门报告，以电话形式报告的，应当有通话记录，并及时补充书面报告。检查、整改、复查、报告等情况应记载在监理日志、监理月报中。

- 监理单位应核查施工单位提交的施工起重机械、整体提升脚手架、模板等自升式架设设施和安全设施等验收记录，并由安全监理人员签收备案。

（4）工程竣工后，监理单位应将有关安全生产的技术文件、验收记录、监理规划、监理实施细则、监理月报、监理会议纪要及相关书面通知等按规定立卷归档。

3. 建设工程安全生产的监理责任

（1）监理单位应对施工组织设计中的安全技术措施或专项施工方案进行审查，未进行审查的，监理单位应承担《条例》第五十七条规定的法律责任。

施工组织设计中的安全技术措施或专项施工方案未经监理单位审查签字认可，施工单位擅自施工的，监理单位应及时下达工程暂停令，并将情况及时书面报告建设单位。监理单位未及时下达工程暂停令并报告的，应承担《条例》第五十七条规定的法律责任。

（2）监理单位在监理巡视检查过程中，发现存在安全事故隐患的，应按照有关规定及时下达书面指令要求施工单位进行整改或停止施工。监理单位发现安全事故隐患没有及时下达书面指令要求施工单位进行整改或停止施工的，应承担《条例》第五十七条规定的法律责任。

（3）施工单位拒绝按照监理单位的要求进行整改或者停止施工的，监理单位应及时将情况向当地建设主管部门或工程项目的行业主管部门报告。监理单位没有及时报告，应承担《条例》第五十七条规定的法律责任。

（4）监理单位未依照法律、法规和工程建设强制性标准实施监理的，应当承担《条例》第五十七条规定的法律责任。

监理单位履行了上述规定的职责，施工单位未执行监理指令继续施工或发生安全事故的，应依法追究监理单位以外的其他相关单位和人员的法律责任。

为了切实落实监理单位的安全生产责任，应做好以下三个方面的工作。

① 健全监理单位安全监理责任制。监理单位法定代表人应对本企业监理工程项目的安全监理全面负责。总监理工程师要对工程项目的安全监理负责，并根据工程项目特点，明确监理人员的安全监理职责。

② 完善监理单位安全生产管理制度。在健全审查核验制度、检查验收制度和督促整改制度基础上，完善工地例会制度及资料归档制度。定期召开工地例会，针对薄弱环节，提出整改意见，并督促落实；指定专人负责监理内业资料的整理、分类及立卷归档。

③ 建立监理人员安全生产教育培训制度。监理单位的总监理工程师和安全监理人员需经安全生产教育培训后方可上岗，其教育培训情况记入个人继续教育档案。

（三）施工旁站监理管理办法

为了提高建设工程质量，原建设部于 2002 年 7 月 17 日颁布了《房屋建筑工程施工旁站监理管理办法（试行）》，该规范要求在工程施工阶段的监理工作中实行旁站监理，并明确了旁站监理的工作程序、内容及旁站监理人员的职责。

1. 旁站监理的概念

旁站监理是指监理人员在房屋建筑工程施工阶段监理中，对关键部位、关键工序的施工质量实施全过程现场跟班的监督活动。旁站监理是控制工程施工质量的重要手段之一，也是确认工程质量的重要依据。

在实施旁站监理工作中，如何确定工程的关键部位、关键工序，必须结合具体的专业工程而定。就房屋建筑工程而言，其关键部位、关键工序包括两类内容。一是基础工程类：土方回填，混凝土灌注桩浇筑，地下连续墙、土钉墙、后浇带及其他结构混凝土、防水混凝土浇筑，卷材防水层细部构造处理，钢结构安装。二是主体结构工程类：梁柱节点钢筋隐蔽过程，混凝土浇筑，预应力张拉，装配式结构安装，钢结构安装，网架结构安装，索膜安装。至于其他部位或工序是否需要旁站监理，可由建设单位与监理企业根据具体情况协商确定。

2. 旁站监理程序

旁站监理一般按下列程序实施。

（1）监理企业制订旁站监理方案，明确旁站监理的范围、内容、程序和旁站监理人员职责，并编入监理规划中。旁站监理方案同时报送建设单位、施工企业和工程所在地的建设行政主管部门或其委托的工程质量监督机构各一份。

（2）施工企业根据监理企业制订的旁站监理方案，在需要实施旁站监理的关键部位、关键工序进行施工前 24 小时，应当书面通知监理企业派驻工地的项目监理机构。

（3）项目监理机构应当安排旁站监理人员按照旁站监理方案实施旁站监理。

3. 旁站监理人员的工作内容和职责

（1）检查施工企业现场质检人员到岗、特殊工种人员持证上岗以及施工机械、建筑材料准备情况。

（2）在现场跟班监督关键部位、关键工序的施工执行施工方案以及工程建设强制性标准情况。

（3）核查进场建筑材料、建筑构配件、设备和商品混凝土的质量检验报告等，并可在现场监督施工企业进行检验或者委托具有资格的第三方进行复验。

（4）做好旁站监理记录和监理日记，保存旁站监理原始资料。

如果旁站监理人员或施工企业质检人员未在旁站监理记录上签字，则施工企业不能进行下一道工序施工，监理工程师或者总监理工程师也不得在相应文件上签字。旁站监理人员在旁站监理时，如果发现施工企业违反工程建设强制性标准行为，有权制止并责令施工企业立即整改；如果发现施工企业的施工活动已经或者可能危及工程质量的，应当及时向监理工程师或总监理工程师报告，由总监理工程师下达局部暂停施工指令或者采取其他应急措施，制止危害工程质量的行为。

1.4 国际工程咨询与实施组织模式

一、建设工程项目管理的类型

建设工程项目管理的类型可从不同的角度划分。

1. 按管理主体分

建设项目管理可以分为业主方的项目管理、设计单位的项目管理、施工单位的项目管理以及材料、设备供应单位的项目管理。在大多数情况下，业主没有能力自己实施建设项目管理，需要委托专业化的建设项目管理公司为其服务。另外，施工单位的项目管理所涉及的问题很复杂，对项目管理人员的要求也很高，因而是建设项目管理理论研究和实践的重要方面。

2. 按服务对象分

按专业化建设项目管理公司的服务对象分，建设项目管理可以分为为业主服务的项目管理、为设计单位服务的项目管理和为施工单位服务的项目管理。其中，为业主服务的项目管理最为普遍，所涉及的问题最多也最复杂，需要系统运用建设项目管理的基本理论。为设计单位服务的项目管理主要是为设计总包单位服务，这种情况很少见。至于为施工单位服务的项目管理，应用虽然较为普遍，但服务范围却较为狭窄，主要是在合同争议和索赔方面。

3. 按服务阶段分

根据专业化建设项目管理公司为业主服务的时间范围，建设项目管理可分为施工阶段的项目管理、实施阶段全过程的项目管理和工程建设全过程的项目管理。其中，实施阶段全过程的项目管理和工程建设全过程的项目管理则更能体现建设项目管理基本理论的指导作用，对建设工程目标控制的效果也更为突出。

美国项目管理学会（Project Management Institute，PMI）把项目管理的知识领域归纳为九个方面，即项目整体（或集成）管理、项目范围管理、项目进度（或时间）管理、项目费用管理、项目质量管理、项目人力资源管理、项目沟通管理、项目风险管理和项目采购管理（含合同管理）。

二、工程咨询及咨询工程师

1. 工程咨询的概念

所谓工程咨询，是指适应现代经济发展和社会进步的需要，集中专家群体或个人的智慧和经验，运用现代科学技术和工程技术以及经济、管理、法律等方面的知识，为建设工程决策和管理提供的智力服务。

2. 工程咨询的作用

（1）为决策者提供科学合理的建议。

（2）保证工程的顺利实施。

（3）为客户提供信息和先进技术。

（4）发挥仲裁人的作用。

（5）促进国际间工程领域的交流和合作。

3. 工程咨询的发展趋势

（1）与工程承包相互渗透、相互融合。具体表现主要有以下两种情况：一是工程咨询公司与工程承包公司相结合，组成大的集团企业或采用临时联合方式，承接交钥匙工程（或项目总承包工程）；二是工程咨询公司与国际大财团或金融机构紧密联系，通过项目融资取得项目的咨询业务。

（2）向全过程服务和全方位服务方向发展。全方位服务还可能包括决策支持、项目策划、项目融资或筹资、项目规划和设计、重要工程设备和材料的国际采购等。

（3）以工程咨询为纽带，带动本国工程设备、材料和劳务的出口。

4. 咨询工程师

咨询工程师是以从事工程咨询业务为职业的工程技术人员和其他专业（如经济、管理）人员的统称。咨询工程师一词在很多场合也指工程咨询公司。作为咨询工程师应该有很高的素质，包括知识面广，精通业务，协调、管理能力强，责任心强并且能不断进取，勇于开拓。

三、建设工程组织管理新型模式

1. CM 模式

所谓 CM（Construction Management）模式，就是在采用快速路径法时，从建设工程的开始阶段就雇用具有施工经验的 CM 单位（或 CM 经理）参与建设工程实施过程，以便为设计人员提供施工方面的建议且随后负责管理施工过程。这种安排的目的是将建设工程的实施作为一个完整的过程来对待，并同时考虑设计和施工的因素，力求使建设工程在尽可能短的时间内、以尽可能经济的费用和满足要求的质量建成并投入使用。CM 模式分为代理型 CM 模式和非代理型 CM 模式。

CM 模式一般适用于设计变更可能性较大的建设工程或因总的范围和规模不确定而无法准确定价的建设工程，以及时间因素最为重要的建设工程。

2. EPC 模式

EPC 为英文 Engineering Procurement Construction 的缩写,可将其翻译为设计、采购、建造。EPC 模式将承包(或服务)范围进一步向建设工程的前期延伸,业主只要大致说明一下投资意图和要求,其余工作均由 EPC 承包单位来完成。EPC 模式则特别强调适用于工厂、发电厂、石油开发和基础设施等建设工程。

3. Partnering 模式

Partnering 模式即合伙(partnering)模式,是在充分考虑建设各方利益的基础上确定建设工程共同目标的一种管理模式,它一般要求业主与参建各方在相互信任、资源共享的基础上达成一种短期或长期的协议,通过建立工作小组相互合作,及时沟通以避免争议和诉讼的产生,共同解决建设工程实施过程中出现的问题,共同分担工程风险和有关费用,以保证参与各方目标和利益的实现。

Partnering 模式被认为是一种在业主、承包方、设计方、供应商等各参与者之间为了达到彼此目标,满足长期的需要,实现未来的竞争优势的一种合作战略。

根据 Grandberg 博士的最新研究发现,与采用传统建设方式相比,采用 Partnering 模式可以对投资、进度、质量的控制产生显著的效果。合作伙伴式管理既可以保持分工的效率,又可以获得合作的好处。与传统建设方式相比,Partnering 模式在以下方面体现了优势。

一是采用 Partnering 模式的项目,平均实际工期比计划工期提前 4.7%,而传统建设方式的工程项目平均工期比计划工期要拖期 10.04%。

二是采用 Partnering 模式的项目,其工程变更、项目争议和工程索赔费用为传统建设方式项目的 20%~54%。

三是采用 Partnering 模式的项目工程质量较高,项目业主对质量的满意程度平均比传统建设方式的项目提高约 26%。

四是采用 Partnering 模式的工程项目,在信息沟通、决策指定、解决争端、团体合作等诸多方面都有很大改善,项目业主认为团队成员工作关系的占 67%,项目承包商有同样感受的达到了 71%。

总之,Partnering 模式在美国私营项目、军用项目和民用大小项目中被广泛采用,并取得了明显的效果。在欧美一些国家甚至出现了专门提供 Partnering 模式服务的咨询公司,在澳大利亚、新加坡、中国香港也已被广泛采用,在日本 Partnering 模式已经司空见惯。随着人们对 Partnering 模式的了解,在不久的将来也会服务于我国的工程建设。

4. Project Controlling 模式

Project Controlling 可直译为"项目控制"。Project Controlling 模式是适应大型建设工程业主高层管理人员决策需要而产生的,是工程咨询和信息技术相结合的产物。它的出现反映了建设项目管理专业化发展的一种新的趋势,即专业分工的细化。这样,不仅可以更好地适应业主的不同要求,而且有利于建设项目管理公司发挥各自的特长和优势。有利于在建设项目管理咨询服务市场形成有序竞争的局面。

案例分析

案例 1-1

建设工程监理与政府质量管理

建设工程监理发展到今天,人们对监理的认识已经比较深刻,但有人认为有政府工程质量监督部门对工程进行管理,监理可有可无,还有人认为二者职责是一样的。

问题:工程建设监理与政府工程质量监督有哪些区别?

分析解答:

工程建设监理与政府工程质量监督都属于工程建设领域的监督管理活动,但是两者是不同的。它们在性质、执行者、任务、工作范围、工作依据、工作深度和广度、工作权限,以及工作方法和工作手段等多方面都存在着明显的差异。

(1)性质的区别。工程建设监理是一种社会的、民间的行为,是发生在工程建设项目组织系统范围之内的平等经济主体之间的横向监督管理,是一种微观性质的、委托性的服务活动。而政府的工程质量监督则是一种行政行为,是工程建设项目组织系统各经济主体之外的监督管理主体对工程建设项目系统之内的各工程建设的主体进行的一种纵向的监督管理行为,是一种宏观性质的、强制性的政府监督行为。

(2)执行者的区别。工程建设监理的实施者是社会化、专业化的工程建设监理单位及其监理工程师,而政府工程质量监督的执行者则是政府工程建设行政主管部门中的专业执行机构——工程质量监督机构。

(3)任务的区别。工程建设监理是工程建设监理单位在接受项目业主的委托和授权之后,为项目业主提供的一种高智力工程技术服务工作,而政府工程质量监督则是政府的工程质量监督机构代表政府行使的对工程质量的监督职能。

(4)工作范围的区别。工程建设监理的工作范围伸缩性较大,它因项目业主委托的范围大小而变化。如果是全过程、全方位的工程建设监理,则其工作范围远远大于政府工程质量监督的范围。此时,工程建设监理包括整个工程建设项目的目标规划、动态控制、组织协调、合同管理、信息管理等一系列活动。而政府工程质量监督则只限于施工阶段的工程质量监督,且工作范围变化较小,相对稳定。

(5)工作依据的区别。政府工程质量监督以国家、地方颁发的有关法律和工程质量条例、规定、规范等法规为基本依据,维护法规的严肃性。而工程建设监理不仅以法律、法规为依据,还要以工程建设合同为依据,不仅要维护法律、法规的严肃性,还要维护合同的严肃性。

(6)工作深度和广度的区别。工程建设监理所进行的质量控制包括对工程建设项目质量目标详细规划,实施一系列主动控制措施,在控制过程中既要做到全面控制,又要做到事前、事中、事后控制,它需要连续性地持续在整个工程建设项目过程中。而政府工程质量监督则主要在工程建设项目的施工阶段,对工程质量进行阶段性的监督、检查、确认。

(7)工作权限的区别。它们具有不同的工作权限。例如,政府工程质量监督拥有最终确认工程质量等级的权力,而目前,工程建设监理则无权进行这项工作。

(8)工作方法和手段的区别。工程建设监理主要采取组织管理的方法,从多方面采取措施进行工程建设项目质量控制。而政府工程质量监督则更侧重于行政管理的方法和手段。

案例 1-2

"鲁布革"的思考

鲁布革本是个名不见经传的布依族小山寨,但它的名声随着改革开放后我国的工程建设制度改革而远播海内外。

1981 年 6 月,国家批准建设鲁布革水电站,并列为国家重点工程。鲁布革水电站位于云南、贵州交界的黄泥河上,装机容量 60 万千瓦,年平均发电量 27.5 亿千瓦·时。4 台 15 万千瓦水轮发电机组相继于 1988 年 12 月至 1991 年 6 月建成投产发电。鲁布革工程是改革开放后中国水电建设史上第一个引进外资、对外开放的国家重工程。以发电为单一目标,具有高堆石坝、长引水隧道、全地下多洞室厂房等特点。工程利用世界银行贷款 1.454 亿美元。引水隧道的施工及主要机电设备实行国际招标,并在建设中引进了国际通行的工程监理制和项目法人责任制等管理办法,工程取得了巨大的成功。1992 年 12 月,鲁布革电厂工程通过国家竣工验收。1993 年 3 月,鲁布革水电厂被国家电力公司正式命名为"一流水力发电厂"。从 1998 年 7 月 1 日开始,鲁布革电厂率先在云南电网中实施无人值班(少人值守)管理模式运行。

1984 年 4 月,原水利电力部决定在鲁布革工程采用世界银行贷款。根据使用贷款的协议,部分项目实行国际招标。鲁布革工程由原水利电力部第十四工程局(以下简称"水电十四局")施工,开工 3 年后,为了使用世界银行贷款,将工程三大部分之一——引水隧洞工程投入了国际施工市场。在中国、日本、挪威、意大利、美国、联邦德国、南斯拉夫、法国 8 国承包商的竞争中,日本大成公司(8463 万元)以比中国与外国公司联营体投标价低 3600 万元中标,当时的标底价格为 14 958 万元,比标底价格低了 43%。同时挪威和澳大利亚政府决定向工程提供赠款和咨询。于是形成一个项目工程三方施工的格局:一方是挪威专家咨询,由水电十四局三公司承建的厂房枢纽工程;一方是澳大利亚专家咨询,由水电十四局二公司承建首部枢纽工程;一方是日本大成公司承建的引水系统工程。

在日本大成公司的管理下,工程施工创造了惊人的效率。日本大成公司派到中国来的是 30 人的管理队伍,从水电十四局雇佣了 424 名劳动工人。从 1984 年 11 月 24 日开工,至 1986 年 10 月 30 日,隧洞全线贯通。开挖 23 个月,单头月平均进尺 222.5 米,相当于我国同类工程的 2 至 2.5 倍;全员劳动生产率 4.57 万元/每人每年(不包括非生产人员以及各类服务人员)。在开挖直径 8.8 米的圆形发电隧洞中,创造了单头进尺 373.7 米的国际先进纪录,并且提前完成了隧洞开挖任务。

相比之下,水电十四局承担的首部枢纽工程进度迟缓。世界银行特别咨询团于 1984 年 4 月和 1985 年 5 月两次来工地考察,都认为截流难以按期实现。

同样的工人,两者之间的差距为何那么大呢?

议论的同时在行动。经原水利电力部上报国务院批准,1985 年 11 月,鲁布革工程厂房工地开始试行外国先进管理方法。水电十四局在鲁布革地下厂房施工中率先进行项目管理的尝试。参照日本大成公司鲁布革事务所的建制,他们建立了精干的指挥机构,使用配套的先进施工机械,优化施工组织设计,改革内部分配办法,产生了我国最早的"项目法施工"雏形。在建设过程中,原水利电力部还实行了国际通行的工程监理制(工程师制)和项目法人责任制等管理办法,取得了投资少、工期短、质量好的经济效果。到 1986 年年底的 13 个月中,不仅把耽误的 3 个月时间抢了回来,还提前四个半月结束了开挖工程,安装车间混凝土提前半年完成。国务院领导视察工地时说:"看来大成的差距,原因不在工人,而在于管理,中国工人可以出高效率"。

从 1988 年我国建立工程建设监理制度到今天,30 多年来,在"鲁布革"经验的推广与"冲击"下,以项目法为指导的施工项目管理大大解放了生产力,使广大建筑企业、施工生产组织方式发生了深刻的变革。多年来的实践证明:工程监理工作在我国工程建设中发挥了重要作用,取得了显著成效,赢得了社会的广泛认同,例如,作为我国西部大开发和"西电东送"标志性工程之一的龙滩水电站,工程监理以事前控制和过程控制为重点,有效地保证了工程质量。据对地下引水发电系统完成的 3266 个单元工程检查,合格率达 100%,优良率为 89.1%,无一例质量事故。举世瞩目的"西气东输"工程,管道全长约 3900 千米,共有焊口约 35 万道,工程监理实施全过程质量控制,管道安装焊接质量平均一次合格率达 98.3%,比以往同灯工程建设提高了近 10 个百分点,创造了我国管道建设史上的新纪录。厦门海沧大桥,原概算投资 28.74 亿元,经过工程监理人员对工程设计和材料的严格审查、合理优化、科学论证,并在施工中严格控制工程款支付,共节省投资7.8亿元。广州大学城一期工程投资总额达150亿元,在工程监理人员科学严谨的组织协调下,仅用10个月便建成投入使用,工程质量全部达到了地方样板工程的质量验收标准。南京长江第三大桥(2019年更名为南京大胜关长江大桥)和润扬长江公路大桥这样的大型工程项目,在监理人员的有效控制下,工程进度工期分别提前了18个月和6个月,社会效益十分显著。

加入WTO(世界贸易组织)以来,随着监理制度的完善,我国建设了一大批像上海金茂大厦、上海环球金融中心、鸟巢、水立方、青藏铁路、苏通大桥等世界瞩目的超高层、大跨度、具有高科技含量的工程,取得了几百项全国优秀项目管理成果,使得世界刮目相看。相信我国的工程监理制度将越来越完善,监理水平会越来越高,工程监理也将为我国的建设事业做出更大的贡献。

实践训练

一、选择题

(一)单选题

1.建设工程监理的行为主体是(　　)。

A.建设单位　　　　　　　　　　B.工程监理单位

C.建设主管部门　　　　　　　　D.质量监督机构

(2009年全国监理工程师考试试题)

2.我国建设工程法律法规体系中,《建设工程质量管理条例》属于(　　)。

A.法律　　　　　　　　　　　　B.行政规章

C.行政法规　　　　　　　　　　D.部门规章

(2009年全国监理工程师考试试题)

3.根据《建设工程监理范围和规模标准规定》,总投资为2500万元的(　　)项目必须实行监理。

A.供水工程　　　　B.邮政通信　　　　C.生态环境保护　　　　D.体育场馆

(2016年全国监理工程师考试试题)

4.建设工程监理的性质可概括为(　　)。

A.服务性、科学性、独立性和公正性　　B.创新性、科学性、独立性和公正性

C.服务性、科学性、独立性和公平性　　D.创新性、科学性、独立性和公平性

(2014年全国监理工程师考试试题)

5.下列关于Project Controlling模式与建设项目管理差异的说法中,不正确的是(　　)。

A.两者所起的作用不同　　　　　B.两者的地位不同

C.两者的权力不同　　　　　　　D.两者的工作内容不同

(2010年全国监理工程师考试试题)

6.在开展工程监理的过程中,当建设单位与承建单位发生利益冲突时,监理单位应以事实为依据,以法律和有关合同为准绳,在维护建设单位的合法权益的同时,不损害承建单位的合法权益。这表明建设工程监理具有(　　)。

A. 公平性　　　　B. 自主性　　　　C. 独立性　　　　D. 公正性

（2008 年全国监理工程师考试试题）

7. 建设工程监理的作用是（　　）。

A. 促使承建单位保证建设工程质量和使用安全

B. 有利于实现建设工程社会效益最大化

C. 依靠自律机制规范工程建设参与各方的建设行为

D. 从产品生产者的角度对建设生产过程实施管理

（2008 年全国监理工程师考试试题）

8. Partnering 模式特别适用于（　　）的建设工程。

A. 业主长期有投资活动　　　　　　B. 承包商承担大部分风险

C. 时间因素最为重要　　　　　　　D. 业主需要信息决策支持

（2008 年全国监理工程师考试试题）

9. 我国目前的建设程序与计划经济时期的建设程序相比,发生了一些关键性变化,下列不属于建设工程管理制度体系的是（　　）。

A. 项目决策咨询评估制度　　　　　B. 工程招标投标制度

C. 建设工程监理制度　　　　　　　D. 项目法人责任制度

（2006 年全国监理工程师考试试题）

10. 工程监理企业应当拥有足够数量的、管理经验丰富和应变能力较强的监理工程师骨干队伍,这是建设工程监理（　　）的表现。

A. 服务性　　　　B. 科学性　　　　C. 独立性　　　　D. 公正性

（2006 年全国监理工程师考试试题）

11. 实施建设工程监理（　　）。

A. 有利于避免发生承建单位的不当建设行为,但不能避免发生建设单位的不当建设行为

B. 有利于避免发生建设单位的不当建设行为,但不能避免发生承建单位的不当建设行为

C. 既有利于避免发生承建单位的不当建设行为,又有利于避免发生建设单位的不当建设行为

D. 既不能避免发生承建单位的不当建设行为,又不能避免发生建设单位的不当建设行为

（2005 年全国监理工程师考试试题

12. 在工程监理行业,能承担全过程、全方位监理任务的综合性监理企业与能承担某一专业监理任务的监理企业应当协调发展,这体现的是建设工程监理（　　）的发展趋势。

A. 适应市场需求,优化工程监理企业结构

B. 以市场需求为导向,向全方位、全过程监理转化

C. 与国际惯例接轨

D. 加强培训工作,不断提高从业人员素质

13. 下列关于建设工程监理特点的说法中,不正确的是（　　）。

A. 建设工程监理的服务对象具有单一性

B. 建设工程监理具有监督功能

C. 建设工程监理市场准入实行双重控制

D. 建设工程监理有利于实现建设工程投资效益最大化

（2010年全国监理工程师考试试题）

14. 下列法律文件中，与建设工程监理有关的行政法规是（　　）。

A.《中华人民共和国建筑法》　　　　B.《建设工程安全生产管理条例》

C.《注册监理工程师管理规定》　　　D.《建筑工程施工许可管理办法》

15. 关于建设工程监理的说法，错误的是（　　）。

A. 履行建设工程安全生产管理的法定职责，是工程监理单位的××单位

B. 工程监理单位履行法律赋予的社会责任，具有工程建设重大问题的决策权

C. 建设工程监理应当由具有相应资质的工程监理单位实施

D. 工程监理单位与被监理工程地施工承包单位不得有隶属关系

（2016年全国监理工程师考试试题）

（二）多选题（每题的选项中至少有两个正确答案）

1.《建筑法》规定，工程监理单位与被监理工程的（　　）不得有隶属关系或者其他利害关系。

A. 设计单位　　　　　　　　　　　B. 承包单位

C. 建筑材料供应单位　　　　　　　D. 设备供应单位

E. 工程咨询单位

（2008年全国监理工程师考试试题）

2.《建设工程质量管理条例》关于施工单位对建筑材料、建筑构配件、设备和商品混凝土进行检验的具体规定有（　　）。

A. 检验必须按照工程设计要求、施工技术标准和合同约定进行

B. 检验结果未经监理工程师签字，不得使用

C. 检验结果未经施工单位质量负责人签字，不得使用

D. 未经检验或者检验不合格的，不得使用

E. 检验应当有书面记录和专人签字

（2008年全国监理工程师考试试题）

3.《建设工程安全生产管理条例》规定，施工单位的（　　）等特种作业人员，必须按照国家专门规定经过专门的安全作业培训，并取得特种作业操作资格证书后，方可上岗作业。

A. 垂直运输机械作业人员　　　　　B. 钢筋作业人员

C. 爆破作业人员　　　　　　　　　D. 登高架设作业人员

E. 起重信号工

（2008年全国监理工程师考试试题）

4.《建设工程监理规范》规定，工程项目的重点部位、关键工序应由（　　）共同确认。

A. 建设单位　　　B. 设计单位　　　C. 项目监理机构　　　D. 施工单位

E. 施工分包单位

（2006年全国监理工程师考试试题）

5. 建设工程组织管理模式中的 CM 模式可以分为（　　　）。

A. 代理型 CM 模式　　　　　　　　　　B. 非代理型 CM 模式

C. 设计采购建造 CM 模式　　　　　　　D. 业主代表管理型 CM 模式

E. 伙伴关系型 CM 模式

6. 在 EPC 模式中承包商承担的风险包括（　　　）。

A. 业主代表的工作失误风险

B. 设计风险

C. 一个有经验的承包商不可预见且无法合理防范的自然力风险

D. 对业主新提供数据的核查和解释风险

E. 为圆满完成工程今后发生的一切困难和费用风险

（2005 年全国监理工程师考试试题）

7. 掌握和运用建设程序是监理人员（　　　）的要求。

A. 科学、公正监理　　　　　　　　　　B. 业务素质

C. 职业准则　　　　　　　　　　　　　D. 监理义务

E. 监理职责

8. Partnering 模式的要素通常包括（　　　）。

A. 资源共享　　　　B. 效益共享　　　　C. 相互信任　　　　D. 有共同的目标

E. 短期协议

（2009 年全国监理工程师考试试题）

二、问答题

1. 什么是建设工程监理？

2. 建设工程监理有哪些性质？

3. 建设工程监理有哪些作用？

4. 我国现阶段建设工程监理有哪些特点？

5. 什么是建设程序？建设程序与建设工程监理的关系是什么？

6. 谈谈你对我国大中型建设项目的建设程序的认识。

7. 什么是工程咨询？工程咨询有何作用？

8. 简单谈谈国外建设工程组织管理有哪些新模式？

9. 与工程监理有关的法律法规有哪些？

三、实训题

资料：我国自 1988 年开始，在建设领域实行了工程监理制度。这是工程建设领域管理体制的重大改革。由于工程监理制度适应了我国发展社会主义市场经济的要求，符合构建和谐社会的客观需要，近几年这项制度在全国范围内健康、迅速地发展，形成了一支素质较高、规模较大的监理队伍。如举世瞩目的三峡工程、青藏铁路、南水北调、杭州湾跨海大桥和奥运工程等建设项目都实施了工程监理，并取得了显著成效，在工程建设中发挥着越来越重要、明显的作用，受到社会的广泛关注和普遍认可。

请你收集有关监理知识，根据以上资料，写一篇我国监理制度的产生和发展讲演稿。

第2章

工程监理单位与监理工程师

学习要求

1.了解工程监理单位的概念、主要组织形式、资质要素、资质管理、监理费、监理能力和监理效果含义;了解监理工程师的执业特点、法律地位和法律责任、考试有关要求。

2.掌握监理单位的资质等级划分和标准、经营管理的准则、监理单位的权利和义务;掌握监理工程师概念、注册要求、素质和职业道德要求。

3.重点掌握工程监理单位与工程建设各方的关系、监理费的构成、监理工程师执业要求。

2.1 工程监理单位

一、工程监理单位与组织形式

（一）工程监理单位的概念和地位

1. 工程监理单位的概念

工程监理单位是指依法成立并取得建设主管部门颁发的工程监理企业资质证书,从事建设工程监理与相关服务活动的服务机构。工程监理单位也可称为工程监理企业,它不同于生产经营企业,不直接进行工程设计施工,也不参加与施工单位的利润分成。

建设工程监理制度在我国经过 30 多年的推广与发展,已经形成了相当的社会影响力和社会效应,实践证明,工程监理单位已经在工程项目建设中发挥了重要的作用,为建筑市场的繁荣做出了巨大的贡献。我国的工程监理企业是推行工程监理制度后兴起的一种新企业,是建筑市场的三大主体之一,这种企业的主要责任是向项目法人提供高智能的技术服务。

2. 工程监理单位的地位

建筑市场的三大主体是项目业主、承建商和工程监理单位。就建筑市场而言,业主和承建商是买卖的双方。一般来说,建筑产品的买卖交易不是瞬间就可以完成的,往往经历较长的时间。交易的时间越长,或者说,阶段性交易的次数越多,买卖双方产生矛盾的概率就越高,需要协调的问题就越多。况且,建筑市场中交易活动的专业技术性都很强,没有相当高的专业技术水平,就难以圆满地完成建筑市场中的交易活动。工程监理单位正是介于业主和承建商之间的第三方,为促进建筑市场中交易活动顺利开展而服务的。

工程监理单位与工程建设其他各方都是平等的关系,除此之外,还有以下关系。

（1）与建设单位的关系是委托与被委托、授权与被授权的合同关系。工程监理单位接受业主的委托之后,双方订立合同,即建设工程监理合同。合同一经双方签订,这宗交易就意味着成立。业主把一部分工程项目建设的管理权力授予工程监理单位,工程监理单位就根据业主的授权开展具体的工程监理工作。

（2）与承建商的关系是监理与被监理的关系。虽然工程监理单位与承建商之间没有签订任何经济合同,但是,工程监理单位与业主签有工程监理合同,承建商与业主签有承发包合同。工程监理单位依据业主的授权,就有了监督管理承建商履行承发包合同的权利和义务。

（二）工程监理单位的组织形式

按照我国的法律法规规定,我国企业的组织形式分为五种:公司、合伙企业、个人独资、中外合资经营企业、中外合作经营企业。因此我国监理单位有可能存在的企业组织形式包括:公司制监理单位、合伙监理单位、个人独资监理单位、中外合资经营监理单位、中外合作经营监理单位,目前我国基本以公司制监理单位为主。

(三)监理单位的权利和义务

1. 监理单位的权利

(1)选择工程总设计单位和施工总承包单位的建议权。

(2)选择工程分包单位的认可权。

(3)对工程建设有关事项(包括工程规模、设计标准、规划设计、生产工艺设计和使用功能要求)向建设单位的建议权。

(4)对工程设计中的技术问题,按照安全和优化的原则向设计单位提出建议,并向建设单位提出书面报告。如果拟提出的建议会提高工程造价或延长工期,应事先取得建设单位的同意。

(5)审批工程施工组织设计和技术方案,按照保质量、保工期和降低成本的原则,向承建商提出建议,并向建设单位提供书面报告。

(6)工程建设有关的协作单位的组织协调的主持权,重要协调事项应当事先向建设单位报告。

(7)工程上使用的材料和施工质量的检验权。对不符合设计要求及国家质量标准的材料设备,有权通知承建商停止使用;不符合规范和质量标准的工序、分部分项工程和不安全的施工作业,有权通知承建商停工整改、返工。发布开工、停工、复工令应当事先向建设单位报告,如在紧急情况下未能事先报告时,则应在 24 小时内向建设单位做出书面报告。

(8)工程施工进度的检查、监督权,以及工程实际竣工日期提前或超过工程承包合同规定的竣工期限的签认权。

(9)在工程承包合同约定的工程价格范围内,工程款支付的审核和签认权,以及工程结算的复核确认权与否定权。

(10)监理单位在建设单位授权下,可对任何第三方合同规定的义务提出变更。

(11)在委托的工程范围内,业主或第三方对对方的任何意见和要求(包括索赔要求)均须首先向监理单位提出,由监理单位研究处置意见,再同双方协商确定。

2. 监理单位的义务

(1)向建设单位报送委派的总监理工程师及其监理机构主要成员名单、监理规划,完成监理合同专用条款中约定的监理工程范围内的监理业务。

(2)监理单位在履行合同的义务期间,应为建设单位提供与其监理水平相适应的咨询意见,认真、勤奋地工作,帮助建设单位实现合同预定的目标,公正地维护各方的合法权益。

(3)监理单位使用建设单位提供的设施和物品属于建设单位的财产。在监理工作完成或合同终止时,按合同约定的时间和方式移交此类设施和物品,并提交清单。

(4)在合同期内或合同终止后,未征得有关方同意,不得泄露与本工程、本合同业务活动有关的保密资料。

二、工程监理单位的资质管理

工程监理单位的资质是企业技术能力、管理水平、业务经验、经营规模、社会信誉等综合性实力指标。它主要体现在工程监理单位的监理能力和监理效果上。监理能力是指工程监理单位能够监理多大规模和多大复杂程度的工程建设项目;监理效果是指对工程建设实施监理后,在工程投资、工程质量、工程进度等方面的控制效果。

监理能力和监理效果主要取决于:监理人员素质、专业配套能力、管理水平、监理经历和业绩、技术装备等要素。这些要素是划分与审定监理单位资质等级的重要依据。

(一)监理单位的资质要素

1. 监理人员素质

监理单位负责人的要求是具有高级专业技术职称、取得监理工程师资格证书,并具有较强的组织协调和领导能力。监理单位的技术管理人员的要求是拥有足够数量的取得监理工程师资格的监理人员,且专业配套,其中高级建筑师、高级工程师、高级经济师要有足够的数量。监理单位的监理人员应有较高的学历,一般应为大专以上学历,且应以本科以上学历者为大多数;技术职称方面,监理单位拥有中级以上专业技术职称的人员应在70%左右,具有初级专业技术职称的人员在20%左右,没有专业技术职称的其他人员应在10%以下。工程监理人员要具备较高的工程技术、经济、法律等方面的知识。有较高的学历,一般应为大专以上学历,且应以本科以上学历者为大多数。

2. 专业配套能力

工程建设监理活动的开展需要各专业监理人员的相互配合,一个监理单位,应当按照它的监理业务范围的要求配备专业人员。同时,各专业都应拥有素质较高、能力较强的骨干监理人员。

审查监理单位资质和重要内容是看它的专业监理人员的配备是否与其所申请的监理业务范围相一致。例如,从事一般工业与民用建筑工程监理业务的监理单位,应当配备建筑、结构、电气、通信、给水、排水、暖气空调、工程测量、建筑经济、设备工艺等专业的监理人员。

从建设工程监理的基本内容要求出发,监理单位还应当在质量控制、进度控制、投资控制、合同管理、信息管理和组织协调方面具有专业配套能力。

3. 技术装备

监理单位应当拥有一定数量的检测、测量、交通、通信、计算机等方面的技术装备。例如,应有一定数量的计算机,以用于计算机辅助管理;应有一定的测量、检测仪器,以用于监理中的检查、检测工作;应有一定数量的交通、通信设备,以便于高效率地开展监理活动;应有一定的照相、录像设备,以便及时、真实地记录工程实况等。

监理单位用于工程项目监理的大量设施、设备可由业主方提供,或由有关检测单位代为检查、检测。

4. 管理水平

监理单位的管理水平,首先要看监理单位负责人的素质和能力,其次要看监理单位的规章制度是否健全完善。例如,有没有组织管理制度、人事管理制度、科技管理制度、档案管理制度等,并且能否有效执行。再者就是监理单位是否有一套系统有效的工程项目管理方法和手段,监理单位的管理水平主要反映在能否将本企业的人、财、物的作用充分发挥出来,做到人尽其才、物尽其用,监理人员能否做到遵纪守法,遵守监理工程师职业道德准则;能否沟通各种渠道,占领一定的监理市场；能否在工程项目监理中取得良好的业绩。

5.监理经历和业绩

一般来讲，监理单位开展监理业务的时间越长，监理的经验越丰富，监理能力也会越高，监理的业绩就会越大。监理经历是监理单位的宝贵财富，是构成其资质的要素之一。监理业绩主要是指在开展项目监理业务中所取得的成效，其中包括监理业务量的多少和监理效果的好坏。因此，有关部门把监理单位监理过多少工程，监理过什么等级的工程，以及取得什么样的监理效果作为监理单位的重要资质要素。

（二）工程监理单位资质等级标准

工程监理单位资质分为综合资质、专业资质和事务所资质。其中，专业资质按照工程性质和技术特点划分为若干工程类别。

综合资质、事务所资质不分级别。专业资质分为甲级、乙级；其中，房屋建筑、水利水电、公路和市政公用专业资质可设立丙级。

工程监理单位的资质等级标准如下。

1.综合资质标准

（1）具有独立法人资格且注册资本不少于600万元。

（2）企业技术负责人应为注册监理工程师，并具有15年以上从事工程建设工作的经历或者具有工程类高级职称。

（3）具有5个以上工程类别的专业甲级工程监理资质。

（4）注册监理工程师不少于60人，注册造价工程师不少于5人，一级注册建造师、一级注册建筑师、一级注册结构工程师或者其他勘察设计注册工程师合计不少于15人次。

（5）企业具有完善的组织结构和质量管理体系，有健全的技术、档案等管理制度。

（6）企业具有必要的工程试验检测设备。

（7）申请工程监理资质之日前一年内没有有关法律法规规定禁止的行为。

（8）申请工程监理资质之日前一年内没有因本企业监理责任造成重大质量事故。

（9）申请工程监理资质之日前一年内没有因本企业监理责任发生三级以上工程建设重大安全事故或者发生两起以上四级工程建设安全事故。

2.专业资质标准

1）甲级

（1）具有独立法人资格且注册资本不少于300万元。

（2）企业技术负责人应为注册监理工程师，并具有15年以上从事工程建设工作的经历或者具有工程类高级职称。

（3）注册监理工程师、注册造价工程师、一级注册建造师、一级注册建筑师、一级注册结构工程师或者其他勘察设计注册工程师合计不少于25人次；其中，相应专业注册监理工程师不少于"专业资质注册监理工程师人数配备表"（见表2-1）中要求配备的人数，注册造价工程师不少于2人。

（4）企业近2年内独立监理过3个以上相应专业的二级工程项目，但是，具有甲级设计资质或一级及以上施工总承包资质的企业申请本专业工程类别甲级资质的除外。

（5）企业具有完善的组织结构和质量管理体系，有健全的技术、档案等管理制度。

（6）企业具有必要的工程试验检测设备。

（7）申请工程监理资质之日前一年内没有有关法律法规规定禁止的行为。

（8）申请工程监理资质之日前一年内没有因本企业监理责任造成重大质量事故。

（9）申请工程监理资质之日前一年内没有因本企业监理责任发生三级以上工程建设重大安全事故或者发生两起以上四级工程建设安全事故。

2）乙级

（1）具有独立法人资格且注册资本不少于100万元。

（2）企业技术负责人应为注册监理工程师，并具有10年以上从事工程建设工作的经历。

（3）注册监理工程师、注册造价工程师、一级注册建造师、一级注册建筑师、一级注册结构工程师或者其他勘察设计注册工程师合计不少于15人次。其中，相应专业注册监理工程师不少于"专业资质注册监理工程师人数配备表"（见表2-1）中要求配备的人数，注册造价工程师不少于1人。

表 2-1　专业资质注册监理工程师人数配备表

序号	工程类别	甲级/人	乙级/人	丙级/人
1	房屋建筑工程	15	10	5
2	冶炼工程	15	10	
3	矿山工程	20	12	
4	化工石油工程	15	10	
5	水利水电工程	20	12	5
6	电力工程	15	10	
7	农林工程	15	10	
8	铁路工程	23	14	
9	公路工程	20	12	5
10	港口与航道工程	20	12	
11	航天航空工程	20	12	
12	通信工程	20	12	
13	市政公用工程	15	10	5
14	机电安装工程	15	10	

（4）有较完善的组织结构和质量管理体系，有技术、档案等管理制度。

（5）有必要的工程试验检测设备。

（6）申请工程监理资质之日前一年内没有有关法律法规规定禁止的行为。

（7）申请工程监理资质之日前一年内没有因本企业监理责任造成重大质量事故。

（8）申请工程监理资质之日前一年内没有因本企业监理责任发生三级以上工程建设重大安全事故或者发生两起以上四级工程建设安全事故。

3）丙级

（1）具有独立法人资格且注册资本不少于50万元。

（2）企业技术负责人应为注册监理工程师，并具有 8 年以上从事工程建设工作的经历。

（3）相应专业的注册监理工程师不少于"专业资质注册监理工程师人数配备表"（见表 2-1）中要求配备的人数。

（4）有必要的质量管理体系和规章制度。

（5）有必要的工程试验检测设备。

3. 事务所资质标准

（1）取得合伙企业营业执照，具有书面合作协议书。

（2）合伙人中有 3 名以上注册监理工程师，合伙人均有 5 年以上从事建设工程监理的工作经历。

（3）有固定的工作场所。

（4）有必要的质量管理体系和规章制度。

（5）有必要的工程试验检测设备。

（三）各种监理单位许可的业务范围

1. 综合资质

可以承担所有专业工程类别建设工程项目的工程监理业务。

2. 专业资质

1）专业甲级资质

可承担相应专业工程类别建设工程项目的工程监理业务（见表 2-2）。

2）专业乙级资质

可承担相应专业工程类别二级以下（含二级）建设工程项目的工程监理业务（见表 2-2）。

3）专业丙级资质

可承担相应专业工程类别三级建设工程项目的工程监理业务（见表 2-2）。

3. 事务所资质

可承担三级建设工程项目的工程监理业务（见表 2-2），但是，国家规定必须实行强制监理的工程除外。

工程监理单位可以开展相应类别建设工程的项目管理、技术咨询等业务。

表 2-2 房屋建筑类工程等级表

工程类别		一级	二级	三级
房屋建筑工程	一般公共建筑	28 层以上；36 米跨度以上（轻钢结构除外）；单项工程建筑面积 3 万平方米以上	14～28 层；24～36 米跨度（轻钢结构除外）；单项工程建筑面积 1 万至 3 万平方米	14 层以下；24 米跨度以下（轻钢结构除外）；单项工程建筑面积 1 万平方米以下
	高耸构筑工程	高度 120 米以上	高度 70～120 米	高度 70 米以下
	住宅工程	小区建筑面积 12 万平方米以上；单项工程 28 层以上	建筑面积 6 万至 12 万平方米；单项工程 14～28 层	建筑面积 6 万平方米以下；单项工程 14 层以下

注：其他工程类别也有相应的规定，详见《工程监理企业资质管理规定》。

（四）工程监理单位的资质申请和年检

1. 资质申请

申请综合资质、专业甲级资质的,应当向企业工商注册所在地的省、自治区、直辖市人民政府建设主管部门提出申请。专业乙级、丙级资质和事务所资质由企业所在地省、自治区、直辖市人民政府建设主管部门审批。

申请工程监理单位资质,应当提交以下材料:

（1）工程监理单位资质申请表(一式三份)及相应电子文档。

（2）企业法人、合伙企业营业执照。

（3）企业章程或合伙人协议。

（4）企业法定代表人、企业负责人和技术负责人的身份证明、工作简历及任命(聘用)文件。

（5）工程监理单位资质申请表中所列注册监理工程师及其他注册执业人员的注册执业证书。

（6）有关企业质量管理体系、技术和档案等管理制度的证明材料。

（7）有关工程试验检测设备的证明材料。

取得专业资质的企业申请晋升专业资质等级或者取得专业甲级资质的企业申请综合资质的,除前款规定的材料外,还应当提交企业原工程监理单位资质证书正、副本复印件,企业《监理业务手册》及近两年已完成代表工程的监理合同、监理规划、工程竣工验收报告及监理工作总结。

2. 资质年检

我国对工程监理单位实行资质年检。工程监理单位在规定时间内向建设行政主管部门提交"工程监理单位资质年检表""工程监理单位资质证书""监理业务手册"以及工程监理人员变化情况及其他有关资料,并交验"企业法人营业执照"。建设行政主管部门会同有关部门在收到工程监理单位年检资料后 40 日内,对工程监理单位资质年检做出结论,并记录在"工程监理单位资质证书"副本的年检记录栏内。

工程监理单位年检结论分为合格、基本合格、不合格三种。工程监理单位只有连续两年年检合格,才能申请晋升上一个资质等级。

（五）工程监理单位资质的监督管理

国务院建设主管部门负责全国工程监理单位资质的统一监督管理工作。国务院铁路、交通、水利、信息产业、民航等有关部门配合国务院建设主管部门实施相关资质类别工程监理单位资质的监督管理工作。

省、自治区、直辖市人民政府建设主管部门负责本行政区域内工程监理单位资质的统一监督管理工作。省、自治区、直辖市人民政府交通、水利、信息产业等有关部门配合同级建设主管部门实施相关资质类别工程监理单位资质的监督管理工作。

县级以上人民政府建设主管部门和其他有关部门依照有关法律、法规等规定,对工程监理单位的资质进行监督管理。

（1）有下列情形之一的,资质许可机关或者其上级机关根据利害关系人的请求或者依据职

权,可以撤销工程监理单位资质:

① 资质许可机关工作人员滥用职权、玩忽职守做出准予工程监理单位资质许可的;

② 超越法定职权做出准予工程监理单位资质许可的;

③ 违反资质审批程序做出准予工程监理单位资质许可的;

④ 对不符合许可条件的申请人做出准予工程监理单位资质许可的;

⑤ 依法可以撤销资质证书的其他情形。

以欺骗、贿赂等不正当手段取得工程监理单位资质证书的,应当予以撤销。

(2) 有下列情形之一的,工程监理单位应当及时向资质许可机关提出注销资质的申请,交回资质证书,国务院建设主管部门应当办理注销手续,公告其资质证书作废:

① 资质证书有效期届满,未依法申请延续的;

② 工程监理单位依法终止的;

③ 工程监理单位资质依法被撤销、撤回或吊销的;

④ 法律、法规规定的应当注销资质的其他情形。

三、工程监理单位的市场经营

(一)工程监理单位经营活动准则

工程监理单位从事建设工程监理活动,应当遵循"守法、诚信、公正、科学"的准则。

1. 守法

守法,即遵守国家的法律法规。对于工程监理单位来说,守法是指要依法经营,主要体现在以下几点。

(1) 工程监理单位只能在核定的业务范围内开展经营活动。工程监理单位的业务范围,是指填写在资质证书中,经工程监理资质管理部门审查确认的主项资质和增项资质。核定的业务范围包括两个方面:一是监理业务的工程类别;二是承接监理工程的等级。

(2) 工程监理单位不得伪造、涂改、出租、出借、转让、出卖"资质等级证书"。

(3) 建设工程监理合同一经双方签订,即具有法律约束力,工程监理单位应按照合同的约定认真履行,不得无故或故意违背自己的承诺。

(4) 工程监理单位离开原住所所在地承接监理业务,要自觉遵守工程所在地人民政府颁发的监理法规和有关规定,主动向监理工程所在地的省、自治区、直辖市建设行政主管部门备案登记,接受其指导和监督管理。

(5) 遵守国家关于企业法人的其他法律、法规的规定。

2. 诚信

诚信,即诚实守信用。诚信是道德规范在市场经济中的体现。它要求一切市场参加者在不损害他人利益和社会公共利益的前提下,追求自己的利益,目的是在当事人之间的利益关系和当事人与社会之间的利益关系中实现平衡,并维护市场道德秩序。诚信原则的主要作用在于指导当事人以善意的心态、诚信的态度行使民事权利,承担民事义务,正确地从事民事活动。

加强企业信用管理,提高企业信用水平,是完善我国工程监理制度的重要保证。企业信用的实质是解决经济活动中经济主体之间的利益关系。它是企业经营理念、经营责任和经营文化的集中体现。信用是企业的一种无形资产,良好的信用能为企业带来巨大的效益。我国是世贸组织成员,信用将成为我国企业走出去,进入国际市场的身份证。它是能给企业带来长期经济效益的特殊资本。监理单位应当树立良好的信誉意识,使企业成为讲道德、讲信用的市场主体。工程监理单位应当建立健全企业的信用管理制度。信用管理制度主要有以下几种。

(1)建立健全合同管理制度。

(2)建立健全与业主的合作制度,及时进行信息沟通,增强相互间的信任感。

(3)建立健全监理服务需求调查制度,这也是企业进行有效竞争和防范经营风险的重要手段之一。

(4)建立企业内部信用管理责任制度,及时检查和评估企业信用的实施情况,不断提高企业信用管理水平。

3. 公正

公正是指工程监理单位在工程监理活动中既要维护业主的利益,又不能损害承包商的合法利益,并根据合同公平合理地处理业主与承包商之间的争议。工程监理单位要做到公正,必须做到以下几点。

(1)要有良好的职业道德。

(2)要坚持实事求是。

(3)要熟悉有关建设工程合同条款。

(4)要提高专业技术水平,不断积累实践经验。

(5)要提高综合分析问题和解决问题的能力。

4. 科学

科学是指工程监理单位要根据科学的方案,运用科学的手段,采取科学的方法开展工程监理工作。监理工作结束后,要及时进行科学的总结。

科学的工程监理方案主要是指工程监理规划。其内容包括:工程监理的组织计划;工程监理工作的程序;各专业、各阶段监理的工作内容;工程的关键部位或可能出现的重大问题的监理措施;等等。在实施监理前,要尽可能预测出各种可能出现的问题,有针对性地拟定解决办法,制定科学可行的监理细则,使各项工程监理活动都纳入计划管理的轨道。

科学的手段,就是借助于先进的科学仪器来做好监理工作,如已经普遍使用的计算机,各种检测、实验、化验仪器、摄录像设备等。单凭人的感官直接进行监理,这是最原始的监理手段。

科学的方法,主要体现在监理人员在掌握大量的、确凿的有关监理对象及其外部环境实际情况的基础上,适时、妥帖、高效地处理有关问题,要用"事实说话""用书面文字说话""用数据说话",要开发、利用计算机进行辅助监理。

(二)企业管理的措施和制度

强化企业管理,提高科学管理水平,是建立现代企业制度的要求,也是监理单位提高市场竞争能力的重要途径。监理单位管理应抓好成本管理、资金管理、质量管理,增强法制意识,依法经营管理。

1. 基本管理措施

(1)市场定位。要加强自身发展战略研究,适应市场,根据本企业实际情况合理确定企业的市场定位,制定和实施明确的发展战略、技术创新战略,并根据市场变化适时调整。

（2）管理方法现代化。要广泛采用现代化管理技术、方法和手段,推广先进企业的管理经验,借鉴国外企业现代管理方法。

（3）建立市场信息系统。要加强现代信息技术的运用,建立灵敏、准确的市场信息系统,掌握市场动态。

（4）开展贯标活动。要积极实行 ISO19000 质量体系贯标认证工作,严格按照质量手册和程序文件的要求开展各项工作,防止贯标认证工作流于形式。贯标的作用一是能够提高企业市场竞争能力;二是能够提高企业人员素质;三是能够规范企业各项工作;四是能够避免或减少工作失误。

（5）要严格贯彻实施《建设工程监理规范》(以下简称《规范》),结合企业实际情况,制定相应的《规范》实施细则,组织全体员工学习,在签订委托监理合同、实施监理工作、检查考核监理业绩、制定企业规章制度等各个环节,都应当以《规范》为主要依据。

2. 建立健全各项内部管理规章制度

（1）组织管理制度。合理设置企业内容机构和各机构职能,建立严格的岗位责任制度,加强考核和督促检查,有效配置企业资源,提高企业工作效率,健全企业内容监督体系,完善制约机制。

（2）人事管理制度。健全工资分配、奖励制度,完善激励机制,加强对员工的业务素质培养和职业道德教育。

（3）劳动合同管理制度。推行职工全员竞争上岗,严格劳动纪律,严明奖惩,充分调动和发挥职工的积极性。

（4）财务管理制度。加强资产管理、财务计划管理、投资管理、资金管理、财务审计管理等。要及时编制资产负债表、损益表和现金流量表,真实反映企业经营状况,改进和加强经济核算。

（5）经营管理制度。制定企业的经营规划、市场开发计划。

（6）项目监理机构管理制度。制定项目监理机构的运行办法、各项监理工作的标准及检查评定办法等。

（7）设备管理制度。制度设备的购置办法、设备的使用、保养规定等。

（8）科技管理制度。制定科技开发规划、科技成果评审办法、科技成果应用推广办法等。

（9）档案文书管理制度。制定档案的整理和保管制度,文件和资料的使用、归档管理办法等。

有条件的监理单位,还要注重风险管理,实行监理责任保险制度,适当转移责任风险。

（三）市场开发

工程监理单位承揽监理业务的表现形式有两种:一是通过投标竞争取得监理业务;二是由业主直接委托取得监理业务。通过投标取得监理业务,是市场经济体制下比较普遍的形式。我国《招标投标法》明确规定,关系公共利益安全、政府投资、外资工程等实行监理的必须招标。在不宜公开招标的机密工程或没有投标竞争对手的情况下,或者是工程规模比较小、比较单一的监理业务,或者是对原工程监理单位的续用等情况下,业主也可以直接委托工程监理单位。

工程监理单位向业主提供的是管理服务,因此,工程监理单位投标书的核心是反映所提供的管理服务水平高低的工程监理大纲,尤其是主要的监理对策。业主在监理招标时应以监理大纲的水平作为评定投标书优劣的重要内容,而不应把监理费的高低当作选择工程监理单位的主要评定标准。作为工程监理单位,不应该以降低监理费作为竞争的主要手段去承揽监理业务。

(四) 选择监理单位

按照市场经济的观念,业主把监理业务委托给哪个监理单位是业主的自由,监理单位愿意接受哪个业主的监理委托是监理单位的权利。

业主在选择监理单位时,主要应考虑以下问题。

1. 监理经验

监理经验主要包括对一般工程项目的实际经验和对特殊工程项目的经验。最有效的检验办法就是要求监理单位提供以往所承担工程项目的一览表及其实际监理效果,业主可以实地考察。

2. 专业技能

专业技能主要表现在各类技术、管理人员专业构成及等级构成上,以及具有的工作设施与手段和工作经验等。

3. 工作人员

拟选择的工程监理单位是否有足够的可以胜任的工作人员。

4. 监理工作计划

拟选择的工程监理单位对工程项目的组织和管理是否有具体的、切实有效的建议计划,对在规定的工期和概算成本之内保证完成的任务是否有详细完成任务的措施。

5. 理解能力

建设单位根据与各监理公司的面谈,判断每个公司及其人员对自己的要求是否能显示出良好的理解能力。

6. 声誉

在科学、诚实、公正方面是否有良好的声誉。

7. 对项目所在地或所在国的了解

拟选择的工程监理单位对委托项目所在地或所在国家的条件和情况是否了解和熟悉,是否有在该地区工作的经历等。

8. 专业名望

工程监理单位在专业方面的名望、地位,以及在以往服务的工程项目中的信誉等,这些都是建设单位应考虑的因素。

四、工程监理费

工程建设是一个比较复杂,且需要花费较长时间才能完成的系统工程,要取得预期的、比较满意的效果,对工程建设的管理就要付出艰辛的劳动。建设监理是一种有偿的服务活动,而且是一种"高智能的有偿技术服务"。作为监理单位,要负担必要的支出,工程监理单位的经营活动应达到收支平衡,且有节余。而业主为了使工程监理顺利完成,必须付给监理单位一定的报酬,用以补偿监理单位在完成监理任务时的支出,包括监理人员的劳务支出、各项费用支出以及监理单位交纳各项税金和应提留的利润。

(一)工程监理费的构成

建设工程监理费是指业主依据委托监理合同支付给监理单位的监理酬金。它是构成工程概(预)算的一部分,在工程概(预)算中单独列支。

建设工程监理费的构成是指监理单位在工程项目建设监理活动中所需要的全部成本,再加上应交纳的税金和合理的利润。各国政府通常都有咨询服务费用划分标准分类,一般咨询服务费用包括以下部分。

1. 直接成本

直接成本是指监理单位履行委托监理合同时发生的成本。主要包括:

(1)监理人员和监理辅助人员的工资、津贴、补助、附加工资、奖金等。

(2)用于监理人员和监理辅助人员的其他专项开支,包括办公费、差旅费、通信费、书报费、会议费、劳保费、保险费、休假探亲费、医疗费等。

(3)用于监理工作的常规检测工器具、计算机等办公设施的购置费和其他仪器、机械的租赁费。

(4)其他费用。

2. 间接成本

间接成本是指全部业务经营开支及非工程监理的特定开支,具体内容包括:

(1)管理人员、行政人员以及后勤人员的工资、奖金、补助和津贴;

(2)经营性业务开支,包括为招揽业务而发生的广告费、宣传费、有关合同的公证费等;

(3)办公费,包括办公用品、报刊、会议费、文印费、上下班交通费等;

(4)公用设施使用费,包括办公使用的水、电、气、环境卫生、保安费等;

(5)业务培训费、图书和资料购置费等;

(6)附加费,包括劳动统筹、医疗统筹、福利基金工会经费、人身保险、住房公积金、特殊补助等;

(7)其他费用。

3. 税金

税金是指按照国家规定,工程监理单位应交纳的各种税金总额,如营业税、所得税、印花税等。

4. 利润

利润是指工程监理单位的监理活动收入扣除直接成本、间接成本和各种税金之后的余额。

(二)监理费的计算方法

监理费的计算方法,一般由业主与工程监理单位协商确定。监理费的计算方法主要有以下几种。

1. 按建设工程投资的百分比计算法

这种方法是按照工程规模的大小和所委托的监理工作的繁简,以建设工程投资的一定百分比来计算。这种方法比较简便，业主和工程监理单位均容易接受，也是国家制定监理取费标准的主要形式。采用这种方法的关键是确定计算监理费的基数。新建、改建、扩建工程以及较大型的技术改造工程所编制的工程的概算就是初始计算监理费的基数。工程结算时，再按实际工程投资进行调整。当然，作为计算监理费基数的工程概算仅限于委托监理的工程部分。

2. 工资加一定的比例的其他费用计算法

这种方法是以项目监理机构监理人员的实际工资为基数乘上一个系数而计算出来的。这个系数包括了应有的间接成本和税金、利润等。除了监理人员的工资之外，其他各项直接费用等均由业主另行支付。一般情况下，较少采用这种方法，因为在核定监理人员数量和监理人员的实际工资方面，业主与工程监理单位之间难以取得完全一致的意见。

3. 按时计算法

这种方法是根据委托监理合同约定的服务时间（计算时间的单位可以是小时，也可以是工作日或月），按照单位时间监理服务费来计算监理费的总额。单位时间的监理服务费一般是以工程监理单位员工的基本工资为基础，加上一定的管理费和利润（税前利润）。采用这种方法时，监理人员的差旅费、工作函电费、资料费以及试验和检验费、交通费等均由业主另行支付。

这种计算方法主要适用于临时性的、短期的监理业务，或者不宜按工程概算的百分比等其他方法计算监理费的监理业务。由于这种方法在一定程度上限制了工程监理单位潜在效益的增加，因而，单位时间内监理费的标准比工程监理单位内部实际的标准要高得多。

4. 固定价格计算法

这种方法是指在明确监理工作内容的基础上，业主与监理单位协商一致确定的固定监理费，或监理单位在投标中以固定价格报价并中标而形成的监理合同价格。当工作量有所增减时，一般也不调整监理费。这种方法适用于监理内容比较明确的中小型工程监理费的计算，业主和工程监理单位都不会承担较大的风险。如住宅工程的监理费，可以按单位建筑面积的监理费乘以建筑面积确定监理总价。

5. 监理实际成本加固定费用计算法

在工程项目监理实际成本确定后，再加上一个固定费用的计算法。项目监理实际成本由直接成本和间接成本两项组成，固定费用实际上就相当于项目监理利润和税金两项。采用该法时，双方必须经过认真协商委托合同条款，并加以明确。所以这种方法采用的机会也相对较少。

2.2 监理工程师

一、监理工程师及素质要求

（一）监理工程师的概念

监理工程师是指经全国监理工程师执业资格统一考试合格，取得监理工程师执业资格证书,并按有关规定注册,取得中华人民共和国注册监理工程师注册执业证书和执业印章,从事工程监理及相关业务活动的专业技术人员。

未取得注册证书和执业印章的人员,不得以注册监理工程师的名义从事工程监理及相关业务活动。

(二)监理工程师的执业特点

由于建设监理业务是工程管理服务,是涉及多学科、多专业的技术、经济、管理等知识的系统工程,执业资格条件要求较高。因此,监理工作需要一专多能的复合型人才来承担。监理工程师不仅要有理论知识,熟悉设计、施工、管理,还要有组织、协调能力,更重要的是应掌握并应用合同、经济、法律知识,具有复合型的知识结构。

建设工程监理的实践证明,没有专业技能的人不能从事监理工作;有一定专业技能,从事多年工程建设,具有丰富管理经验或工程建设经验的专业人员,如果没有学习过工程监理知识,也难以开展监理工作。

随着人类社会的不断进步,社会分工更趋向于专业化。由于工程类别十分复杂,不仅土建工程需要监理,工业交通、设备安装工程也需要监理,更为重要的是,监理工程师在工程建设中担负着十分重要的经济和法律责任,所以,无论已经具备何种高级专业技术职称的人,或已具备何种执业资格的人,如果不再学习建设监理知识,都无法从事工程监理工作。参加监理知识培训学习后,能否胜任监理工程工作,还要经过执业资格考试,取得监理工程师执业资格,并经注册后,方可从事监理工作。

国际咨询工程师联合会对从事工程咨询业务人员的职业地位和业务特点所做的说明是:"咨询工程师从事的是一份令人尊敬的职业,他仅按照委托人的最佳利益尽责,他在技术领域的地位等同于法律领域的律师和医疗领域的医生。他保持其行为相对于承包商和供应商的绝对独立性,他必须不得从他们那里接受任何形式的好处,而使他的决定的公正性受到影响或不利于他们先行使委托人赋予的职责。"这个说明同样适合我国的监理工程师。

在国际上流行的各种工程合同条款中,几乎毫无例外地都含有关于监理工程师的条款。在国际上多数国家的工程项目建设程序中,每一个阶段都有监理工程师的工作出现。如在国际工程招标和投标过程中,凡是有关审查投标人工程经验和业绩的内容,都要提供这些工程的监理工程师的名称。

从事建设监理工作,但尚未取得"监理工程师注册证书"的人员统称为监理员。在监理工作中,监理员与监理工程师的区别主要在于监理工程师具有相应的岗位责任的签字权,而监理员没有相应岗位责任的签字权。

(三)监理工程师的法律地位

监理工程师的法律地位是由国家法律法规确定的,并建立在委托监理合同的基础上。这是因为:第一,《建筑法》明确指出国家推行工程监理制度,《建设工程质量管理条例》赋予监理工程师多项签字权,并明确规定了监理工程师的多项职责,从而使监理工程师执业有了明确的法律依据,确立了监理工程师作为专业人士的法律地位;第二,监理工程师的主要业务是受建设单位委托从事监理工作,其权利和义务在合同中有具体约定。

监理工程师所具有的法律地位,决定了监理工程师在执业中一般应享有的权利和应履行的义务。

1. 注册工程师的权利

注册监理工程师享有下列权利：

（1）使用注册监理工程师称谓。

（2）在规定范围内从事执业活动。

（3）依据本人能力从事相应的执业活动。

（4）保管和使用本人的注册证书和执业印章。

（5）对本人执业活动进行解释和辩护。

（6）接受继续教育。

（7）获得相应的劳动报酬。

（8）对侵犯本人权利的行为进行申诉。

2. 注册监理工程师的义务

注册监理工程师应当履行下列义务：

（1）遵守法律、法规和有关管理规定。

（2）履行管理职责，执行技术标准、规范和规程。

（3）保证执业活动成果的质量，并承担相应责任。

（4）接受继续教育，努力提高执业水准。

（5）在本人执业活动所形成的工程监理文件上签字、加盖执业印章。

（6）保守在执业中知悉的国家秘密和他人的商业、技术秘密。

（7）不得涂改、倒卖、出租、出借或者以其他形式非法转让注册证书或者执业印章。

（8）不得同时在两个或者两个以上单位受聘或者执业。

（9）在规定的执业范围和聘用单位业务范围内从事执业活动。

（10）协助注册管理机构完成相关工作。

（四）监理工程师的法律责任

监理工程师的法律责任与其法律地位密切相关，同样是建立在法律法规和委托监理合同的基础上。因而，监理工程师法律责任的表现行为主要有两个方面：一是违反法律法规的行为，二是违反合同约定的行为。

1. 违法行为

现行法律法规对监理工程师的法律责任专门做出了具体规定。例如，《建筑法》第三十五条规定："工程监理单位不按照委托监理合同的约定履行监理义务，对应当监督检查的项目不检查或者不按照规定检查，给建设单位造成损失的，应当承担相应的赔偿责任。"

《中华人民共和国刑法》（以下简称《刑法》）第一百三十七条规定："建设单位、设计单位、施工单位、工程监理单位违反国家规定，降低工程质量标准，造成重大安全事故的，对直接责任人员，处五年以下有期徒刑或者拘役，并处罚金；后果特别严重的，处五年以上十年以下有期徒刑，并处罚金。"

《建设工程质量管理条例》第三十六条规定："工程监理单位应当依照法律、法规以及有关技术标准、设计文件和建设工程承包合同，代表建设单位对施工质量实施监理，并对施工质量承担监理责任。"

这些规定能够有效地规范、指导监理工程师的执业行为,提高监理工程师的法律责任意识,引导监理工程师公正守法地开展监理业务。

2. 违约行为

监理工程师一般主要受聘于工程监理单位,从事工程监理业务。工程监理单位是订立委托监理合同的当事人,是法律定义的合同主体。但委托监理合同在具体履行时,是由监理工程师代表监理单位来实现的,因此,如果监理工程师出现工作过失,违反了合同约定,其行为将被视为监理单位违约,由监理单位承担相应的违约责任。当然,监理单位在承担违约赔偿责任后,有权在企业内部向有相应过失行为的监理工程师追偿部分损失。所以,由监理工程师个人过失引发的合同违约行为,监理工程师应当与监理单位承担一定的连带责任。其连带责任的基础是监理单位与监理工程师签订的聘用协议或责任保证书。一般来说,授权委托书应包含职权范围和相应责任条款。

3. 安全生产责任

安全生产责任是法律责任的一部分,来源于法律法规和委托监理合同。国家现行法律法规未对监理工程师和建设单位是否承担安全生产责任做出明确规定,所以,目前监理工程师和建设单位承担安全生产责任尚无法律依据。由于建设单位没有管理安全生产的权力,因而不可能将不属于其所有的权力委托或转交给监理工程师,在委托合同中不会约定监理工程师负责管理建筑工程安全生产。

导致工作安全事故或问题的原因很多,有自然灾害、不可抗力等客观原因,也有建设单位、设计单位、施工企业、材料供应单位等主观原因。监理工程师虽然不管理安全生产,不直接承担安全责任,但不能排除其间接或连带承担安全责任的可能性。如果监理工程师有下列行为之一,则应当与质量、安全事故责任主体承担连带责任。

(1)违章指挥或者发出错误指令,引发安全事故的。

(2)将不合格的建设工程、建筑材料、建筑构配件和设备按照合格签字,造成工程质量事故,由此引发安全事故的。

(3)与建设单位或施工企业串通,弄虚作假、降低工程质量,从而引发安全事故的。

(五)监理工程师违规行为的处罚

监理工程师在执业过程中必须严格遵纪守法。政府建设行政主管部门对监理工程师的违法违规行为,将追究其责任,并根据不同情节给予必要的行政处罚。监理工程师的违规行为及相应的处罚办法,一般包括以下几个方面。

(1)未经注册,擅自以注册监理工程师的名义从事工程监理及相关业务活动的,由县级以上地方人民政府建设主管部门给予警告,责令停止违法行为,处以3万元以下罚款;造成损失的,依法承担赔偿责任。

(2)以欺骗、贿赂等不正当手段取得注册证书的,由国务院建设主管部门撤销其注册,3年内不得再次申请注册,并由县级以上地方人民政府建设主管部门处以罚款,其中没有违法所得的,处以1万元以下罚款,有违法所得的,处以违法所得3倍以下且不超过3万元的罚款;构成犯罪的,依法追究刑事责任。

(3)如果监理工程师出借"监理工程师执业资格证书""监理工程师注册证书"和执业印章,

情节严重的,将被吊销证书,收回执业印章,3 年之内不允许考试和注册。

(4)未办理变更注册仍执业的,由县级以上地方人民政府建设主管部门给予警告,责令限期改正;逾期不改的,可处以 5000 元以下的罚款。

(5)同时受聘于两个及两个以上单位执业的,将被注销其"监理工程师注册证书",收回执业印章,并将受到罚款处理;有违法所得的将被没收。

(6)对监理工程师在执业中出现的行为过失,产生不良后果的,《建设工程质量管理条例》有明确规定:监理工程师因过错造成质量事故的,责令停止执业 1 年;造成重大质量事故的,吊销执业资格证书,5 年以内不予注册;情节特别恶劣的,终身不予注册。

(六)监理工程师的素质

具体从事监理工作的监理人员不仅要有一定的工程技术或工程经济方面的专业知识、较强的专业技能,能够对工程建设进行监督管理,提出指导性的意见,而且要有一定的组织协调能力,能够组织、协调工程建设有关各方共同完成工程建设任务。因此,监理工程师应具备以下素质。

1. 较高的专业学历和复合型的知识结构

工程建设涉及的学科很多,其中主要学科就有几十种。作为一名监理工程师,当然不可能掌握这么多的专业理论知识,但至少应掌握一种专业理论知识。没有专业理论知识的人员是无法承担监理工程师岗位工作。所以,要成为一名监理工程师,首先应具有工程类大专以上学历,并应了解或掌握一定的工程建设经济、法律、组织和管理等方面的理论知识;不断了解新技术、新设备、新材料、新工艺;具备一定的计算机知识,能以现代化的信息处理手段完成信息处理工作;熟悉与工程建设相关的现行法律法规、政策规定,成为一专多能的复合型人才,持续保持较高的知识水准。

在国外,监理工程师或者咨询工程师,都具有大专以上学历,大部分具有硕士、博士学位。这是保证监理工程师素质的重要基础。

2. 丰富的工程建设实践经验

监理工程师的业务内容体现的是工程技术理论与工程管理理论的应用,具有很强的实践性特点。因此,实践经验是监理工程师的重要素质之一。据有关资料统计分析,工程建设中出现的失误,少数原因是责任心不强,多数原因是缺乏实践经验。实践经验丰富则可以避免或减少工作失误。工程建设中的实践经验主要包括立项评估、地质勘测、规划设计、工程招标投标、工程设计及设计管理、工程施工及施工管理、工程监理、设备制造等方面的工作实践经验。一般来说,理论知识应用的时间越长,次数越多,经验就越丰富,反之则是经验不足。所以,世界各国都将工程建设实践经验放在重要地位。例如,英国咨询工程师协会规定,入会会员年龄必须在 38 岁以上。新加坡要求工程结构方面的监理工程师必须具有 8 年以上的工程结构设计经验。我国根据自己的具体情况在监理工程师的考试和注册中也做出了必要的规定。

同时,考察监理工程师的实践经验,除了看其工程实践的时间长短外,更应注重其实践的成果。如果只是具有较长时间的工程实践,而不善于总结对理论知识应用的经验,同样无法提高监理工作水平。

3. 良好的品德

监理工程师的良好品德主要体现在以下几个方面。

(1) 热爱祖国,热爱人民,热爱社会主义建设事业,热爱本职工作,这是潜心钻研、积极进取、努力工作的动力。

(2) 具有科学的工作态度和综合分析问题的能力;处理问题以事实和数据为依据,在复杂的现象中抓本质,而不是"想当然""差不多",草率行事。

(3) 具有廉洁奉公、为人正直、办事公道的高尚情操;对自己,不谋私利;对上级和业主,既能贯彻其正确的意图,又能坚持原则;对设计单位和承包单位等,既能严格监理,又能热情服务;对有争议问题的处理要合情合理,维护各方面的正当权益。

(4) 能够听取不同方面的意见,冷静分析问题。具有良好的性格,善于同各方面合作共事。

4. 健康的体魄和充沛的精力

尽管建设工程监理是一种高智能的技术服务,以脑力劳动为主,但是,也必须具有健康的体魄和充沛的精力,才能胜任繁忙、严谨的监理工作。尤其在建设工程施工阶段,由于露天作业,工作条件艰苦,工期往往紧迫,业务繁忙,更需要有健康的身体,否则,难以胜任工作。我国对年满65周岁的监理工程师不再进行注册,主要就是考虑监理从业人员身体健康状况的适应能力而设定的条件。

二、监理工程师的考试与注册

(一)监理工程师执业资格考试

1. 监理工程师执业资格考试制度

执业资格是政府对某些责任较大、社会通用性强、关系公共利益的专业技术工作实行的市场准入控制,是专业技术人员依法独立开业或独立从事某种专业技术工作所必备的学识、技术和能力标准。我国按照有利于国家经济发展、得到社会公认、具有国际可比性、事关社会公共利益等四项原则,在涉及国家、人民生命财产安全的专业技术工作领域,实行专业技术人员执业资格制度。执业资格一般要通过考试方式取得,这体现了执业资格制度公开、公平、公正的原则。只有当某一专业技术执业资格刚刚设立,为了确保该项专业技术工作启动实施,才有可能对首批专业技术人员的执业资格采用考核方式确认。监理工程师是新中国成立以来在工程建设领域第一个设立的执业资格。

实行监理工程师执业资格考试制度的意义在于:(1)促进监理人员努力钻研监理业务,提高业务水平;(2)统一监理工程师的业务能力标准;(3)有利于公正地确定监理人员是否具备监理工程师的资格;(4)合理建立工程监理人才库;(5)便于同国际接轨,开拓国际工程监理市场。因此,我国要建立监理工程师执业资格考试制度。

2. 报考监理工程师的条件

国际上多数国家在设立执业资格时,通常比较注重执业人员的专业学历和工作经验。他们认为这是执业人员的基本素质,也是保证执业工作有效实施的主要条件。我国根据对监理工程师业务素质和能力的要求,对参加监理工程师执业资格考试的报名条件也从两个方面做出了限制:一是要有一定的专业学历;二是要有一定年限的工程建设实践经验。

3.考试内容

由于监理工程师的业务主要是控制建设工程质量、投资、进度、监督管理建设工程合同,协调工程建设各方的关系,所以,监理工程师执业资格考试的内容主要是工程建设监理基本理论、工程质量控制、工程进度控制、建设工程合同管理和涉及工程监理的相关法律法规等方面的理论知识和实务技能。

考试科目:"工程建设监理基本理论和相关法规""工程建设合同管理""工程建设质量、投资、进度控制"和"工程建设监理案例分析"等四科。其中前三科题型为选择题。

对从事工程建设监理工作并同时具备下列四项条件的报考人员,可免试"工程建设合同管理"和"工程建设质量、投资、进度控制"两科。

(1)1970年以前(含1970年)工程技术或工程经济专业大专以上(含大专)毕业。

(2)具有按照国家有关规定评聘的工程技术或工程经济专业高级专业技术职务。

(3)从事工程设计或工程管理工作15年以上(含15年)。

(4)从事监理工作1年以上(含1年)。

4.考试方式和管理

监理工程师执业资格考试是一种水平考试,是对考生掌握监理理论知识和监理实务技能的抽检。为了体现公开、公平、公正原则,考试实行全国统一考试大纲、统一命题、统一组织、统一时间、闭卷考试、分科记分、2年内有效、统一录取标准的办法,一般每年举行一次。考试所用语言为汉语。

对考试合格人员,由省、自治区、直辖市人民政府人事行政主管部门颁发由国务院人事行政主管部门统一印制,国务院人事行政主管部门和建设行政主管部门共同用印的"监理工程师执业资格证书"。取得执业资格证书并经注册后,即成为监理工程师。

我国对监理工程师执业资格考试工作实行政府统一管理。国务院建设行政主管部门负责编制监理工程师执业资格考试大纲、编写考试教材和组织命题工作,统一规划、组织或授权组织监理工程师执业资格考试的考前培训等有关工作。

国务院人事行政主管部门负责审定监理工程师执业资格考试科目、考试大纲和考试试题,组织实施考务工作,会同国务院建设行政主管部门对监理工程师执业资格考试进行检查、监督、指导和确定合格标准。

中国建设监理协会负责组织有关专业的专家拟定考试大纲、组织命题和编写培训教材工作。

(二)监理工程师的注册

取得资格证书的人员,经过注册方能以注册监理工程师的名义执业。注册监理工程师依据其所学专业、工作经历、工程业绩,按照《工程监理单位资质管理规定》划分的工程类别,按专业注册。每人最多可以申请两个专业注册。

监理工程师的注册,根据注册内容的不同分为三种形式,即初始注册、延续注册和变更注册。

1.初始注册

初始注册者,可自资格证书签发之日起3年内提出申请。逾期未申请者,须符合继续教育的要求后方可申请初始注册。

（1）申请初始注册应具备的条件：

① 经全国注册监理工程师执业资格统一考试合格，取得资格证书。

② 受聘于一个相关单位。

③ 达到继续教育要求。

④ 没有《注册监理工程师管理规定》中不予注册规定的情形。

（2）初始注册需要提交的材料：

① 申请人的注册申请表。

② 申请人的资格证书和身份证复印件。

③ 申请人与聘用单位签订的聘用劳动合同复印件。

④ 所学专业、工作经历、工程业绩、工程类中级及中级以上职称证书等有关证明材料。

⑤ 逾期初始注册的，应当提供达到继续教育要求的证明材料。

（3）申请初始注册的程序：

① 申请人向聘用单位提出申请。

② 聘用单位同意后，连同上述材料由聘用单位向所在省、自治区、直辖市人民政府建设行政主管部门提出申请。

③ 省、自治区、直辖市人民政府建设行政主管部门初审合格后，报国务院建设行政主管部门。

④ 国务院建设行政主管部门对初审意见进行审核，对符合条件者准予注册，并颁发由国务院建设行政主管部门统一印制的"监理工程师注册证书"和执业印章。执业印章由监理工程师本人保管。

2. 延续注册

注册监理工程师每一注册有效期为 3 年，注册有效期满需继续执业的，应当在注册有效期满 30 日前，按照规定的程序申请延续注册。延续注册有效期 3 年。

（1）延续注册需要提交下列材料：

① 申请人延续注册申请表。

② 申请人与聘用单位签订的聘用劳动合同复印件。

③ 申请人注册有效期内达到继续教育要求的证明材料。

（2）申请续期注册的程序：

① 申请人向聘用单位提出申请。

② 聘用单位同意后，连同上述材料由聘用单位向所在省、自治区、直辖市人民政府建设行政主管部门提出申请。

③ 省、自治区、直辖市人民政府建设行政主管部门进行审核，对无前述不予续期注册情形的准予续期注册。

④ 省、自治区、直辖市人民政府建设行政主管部门在准予续期注册后，将准予续期注册的人员名单，报国务院建设行政主管部门备案。

3. 变更注册

在注册有效期内，注册监理工程师变更执业单位，应当与原聘用单位解除劳动关系，并按规定的程序办理变更注册手续，变更注册后仍延续原注册有效期。变更注册需要提交下列材料：

（1）申请人变更注册申请表。

（2）申请人与新聘用单位签订的聘用劳动合同复印件。

（3）申请人的工作调动证明（与原聘用单位解除聘用劳动合同或者聘用劳动合同到期的证明文件、退休人员的退休证明）。

4. 注册的其他有关规定

（1）不予初始注册、延续注册或者变更注册的情形：

① 不具有完全民事行为能力的。

② 刑事处罚尚未执行完毕或者因从事工程监理或者相关业务受到刑事处罚，自刑事处罚执行完毕之日起至申请注册之日止不满 2 年的。

③ 未达到监理工程师继续教育要求的。

④ 在两个或者两个以上单位申请注册的。

⑤ 以虚假的职称证书参加考试并取得资格证书的。

⑥ 年龄超过 65 周岁的。

⑦ 法律、法规规定不予注册的其他情形。

（2）注册证书和执业印章失效。

注册监理工程师有下列情形之一的，其注册证书和执业印章失效：

① 聘用单位破产的。

② 聘用单位被吊销营业执照的。

③ 聘用单位被吊销相应资质证书的。

④ 已与聘用单位解除劳动关系的。

⑤ 注册有效期满且未延续注册的。

⑥ 年龄超过 65 周岁的。

⑦ 死亡或者丧失行为能力的。

⑧ 其他导致注册失效的情形。

（3）注册证书和执业印章收回并作废。

注册监理工程师有下列情形之一的，负责审批的部门应当办理注销手续，收回注册证书和执业印章或者公告其注册证书和执业印章作废：

① 不具有完全民事行为能力的。

② 申请注销注册的。

③ 有注册证书和执业印章失效所列情形发生的。

④ 依法被撤销注册的。

⑤ 依法被吊销注册证书的。

⑥ 受到刑事处罚的。

⑦ 法律、法规规定应当注销注册的其他情形。

三、注册监理工程师的继续教育

随着现代科学技术日新月异的发展，注册后的监理工程师不能一劳永逸地停留在原有知识水平上,而要随着时代的进步不断更新知识、扩大其知识面,学习新的理论知识、政策法规,了解新技术、新工艺、新材料、新设备,这样才能不断提高执业能力和工作水平,以适应建设事业发展及监理实务的需要。因此,注册监理工程师每年都要接受一定学时的继续教育。一些国家,如美国、英国等,对执业人员的年度考核也有类似的要求。

注册监理工程师在每一注册有效期内应当达到国务院建设主管部门规定的继续教育要求。继续教育作为注册监理工程师逾期初始注册、延续注册和重新申请注册的条件之一。继续教育分为必修课和选修课,在每一注册有效期内各为48学时。继续教育可采取多种不同的方式,如脱产学习、集中授课、参加研讨会(班)、撰写专业论文等。

四、监理工程师的职业道德

(一)我国对监理工程师的职业道德的规定

工程监理工作的主要特点之一是要体现公正原则。监理工程师在执业过程中不能损害工程建设任何一方的利益。因此,为了确保建设监理事业的健康发展,对监理工程师的职业道德和工作纪律都有严格的要求,在有关法规里也做了具体的规定。在监理行业中,监理工程师应严格遵守如下通用职业道德守则:

(1)维护国家的荣誉和利益,按照"守法、诚信、公正、科学"的准则执业。

(2)执行有关工程建设的法律、法规、标准、规范、规程和制度,履行监理合同规定的义务和职责。

(3)努力学习专业技术和建设监理知识,不断提高业务能力和监理水平。

(4)不以个人名义承揽监理业务。

(5)不同时在两个或两个以上监理单位注册和从事监理活动,不在政府部门和施工材料设备的生产供应等单位兼职。

(6)不为所监理项目指定承包商、建筑构配件、设备、材料生产厂家和施工方法。

(7)不收受被监理单位的任何礼金。

(8)不泄露所监理工程各方认为需要保密的事项。

(9)坚持独立自主地开展工作。

(二)国际咨询工程师联合会道德准则

在国外,监理工程师的职业道德准则,由其协会组织制定并监督实施。国际咨询工程师联合会于1991年在慕尼黑召开的全体成员大会上,讨论批准了国际咨询工程师联合会通用道德准则。该准则分别规定了监理工程师的责任、能力、正直性、公正性、对他人的公正5个问题计14个方面,规定了监理工程师的道德行为准则。目前,国际咨询工程师联合会的会员国家都在认真地执行这一准则。

为了使监理工程师的工作充分有效,不仅要求监理工程师必须不断增长他们的知识和技能,而且要求社会尊重他们的道德公正性,信赖他们做出的评审,同时给予公正的报酬。

国际咨询工程师联合会的全体会员协会同意并且相信,如果要想使社会对其专业顾问具有必要的信赖,下述准则是其成员行为的基本准则。

1. 对社会和职业的责任

（1）接受对社会的职业责任。

（2）寻求与确认的发展原则相适应的解决办法。

（3）在任何时候,维护职业的尊严、名誉和荣誉。

2. 能力

（1）保持其知识和技能与技术、法规、管理的发展相一致的水平,对委托人要求的服务采用相应的技能,并尽心尽力。

（2）仅在有能力从事服务时方才进行。

3. 正直性

在任何时候均为委托人的合法权益行使其职责,并且正直和忠诚地进行职业服务。

4. 公正性

（1）在提供职业咨询、评审或决策时不偏不倚。

（2）通知委托人在行使其委托权时可能引起的任何潜在的利益冲突。

（3）不接受可能导致判断不公的报酬。

5. 对他人的公正

（1）加强"按照能力进行选择"的观念。

（2）不得故意或无意地做出损害他人名誉或事务的事情。

（3）不得直接或间接取代某一特定工作中已经任命的其他咨询工程师的位置。

（4）通知该咨询工程师并且接到委托人终止其先前任命的建议前不得取代该咨询工程师的工作。

（5）在被要求对其他咨询工程师的工作进行审查的情况下,要以适当的职业行为和礼节进行。

案例分析

案例 2-1

某监理单位,资质等级为丙级,有正式在职工程技术和管理人员 6 人,其中 3 人有中级职称,其余为初级职称或无职称者。该监理单位通过熟人关系取得一幢 26 层综合大楼建设工程项目施工阶段的监理任务。该工程建设项目预算造价为 2 亿元人民币。双方所签监理合同中规定,建设单位支付监理人报酬为 80 万元人民币。此外,建设单位还以本单位工程部人员参加监理进行合作监理为由,使监理单位又给建设单位回扣人民币 10 万元。在监理过程中,由于监理单位给被监理方提供方便,监理单位接受被监理方生活补贴费 6 万元人民币。

问题:

1. 该监理单位本身及其行为有哪些违反国家规定?

2. 上述违反国家规定的监理应受到什么处罚?

分析解答:

监理单位应该按资质等级来承揽相应业务,应当按照其拥有的注册资本、专业技术人员和工程监理业绩等资质条件申请资质,经审查合格,取得相应等级的资质证书后,方可在其资质等级许可的范围内从事工程监理活动。

1.监理单位违反国家规定的行为有以下几种：

（1）该监理单位的存在本身就不符合《工程监理单位资质管理规定》中的规定。因为：

① 该监理单位无取得监理工程师注册证书人员做单位负责人或技术负责人。

② 该单位中的监理工程师人数不足。

（2）该监理单位为越级承接监理业务，违反《工程监理单位资质管理规定》中的规定。该监理单位按丙级资质标准只能承接16层以下的民用工程。

（3）监理收费违反《关于发布工程建设监理费有关规定的通知》（以下简称《通知》）中的收费标准。《通知》中规定，工程预算2亿元应收预算额的0.8%～1.2%。按规定下限计，应是160万元人民币，但该监理单位只收80万元人民币，仅占0.4%。这属于一种不正当的竞争行为，它将扰乱监理市场，应予制止。

（4）以合作监理为由，给建设单位回扣也属不正当经营行为，违反国家规定。并且所谓的合作监理是指监理单位之间的合作，并非建设单位与监理单位的合作。

（5）给被监理方提供方便，并接受其生活补贴费，这属于徇私舞弊行为。因此，有可能损害委托人的利益，也是违反国家规定的。

2.上述违反国家规定的行为，按《工程监理单位资质管理规定》中的规定，由资质管理部门根据情节，分别给予警告、通报批评、罚款、降低资质等级、停业整顿直至收缴"监理申请批准书"或者"监理许可证书""资质等级证书"的处罚；构成犯罪的，由司法机关依法追究主要责任者的刑事责任。

案例 2-2

某大型剧院的工程项目，已具备开工条件，开工前质量控制的流程是：开工准备—提交工程开工报审表—审查开工条件—批准开工申请。在该工程全部工程完成后，应进行竣工验收，其工作流程为：竣工验收文件资料准备—申请工程竣工验收—审核竣工验收申请—签署工程竣工验收申请—组织工程验收。

问题：

1.开工前的各项流程由哪个单位进行？

2.竣工验收阶段的各流程由哪个单位完成？

分析解答：

判断工程流程由谁完成的问题，应根据各单位的责任和义务是什么来解答。

1.开工前的各项流程的实施者是：

（1）开工准备由承包单位进行；

（2）提交工程开工报审表由承包单位进行；

（3）审查开工条件由监理单位完成；

（4）批准开工申请由监理单位完成。

2.竣工阶段各流程的完成者是：

（1）竣工验收文件资料准备由承包单位完成；

（2）申请工程竣工验收由承包单位完成；

（3）审核竣工验收申请由监理单位完成；

（4）签署工程竣工验收申请由监理单位完成；

（5）组织工程竣工验收由建设单位完成。

案例 2-3

某城市建设项目，建设单位委托监理单位承担施工阶段的监理任务，并通过公开招标选定甲施工单位作为施工总承包单位。工程实施中发生了下列事件：

事件1：

桩基工程开始后，专业监理工程师发现，甲施工单位未经建设单位同意将桩基工程分包给乙施工单位，为此，项目监理机构要求暂停桩基施工。征得建设单位同意分包后，甲施工单位将乙施工单位的相关材料报项目监理机构审查，经审查乙施工单位的资质条件符合要求，可进行桩基施工。

事件2：

桩基施工过程中，出现断桩事故。经调查分析，此次断桩事故是因为乙施工单位抢进度，擅自改变施工方案引起。对此，原设计单位提供的事故处理方案为：断桩清除，原位重新施工。乙施工单位按处理方案实施。

事件3：

为进一步加强施工过程质量控制，总监理工程师代表指派专业监理工程师对原监理实施细则中的质量控制措施进行修改，修改后的监理实施细则经总监理工程师代表审查批准后实施。

问题：

1.在事件1中，项目监理机构对乙施工单位资质审查的程序和内容是什么？

2.项目监理机构应如何处理事件2中的断桩事故？

3.在事件3中，总监理工程师代表的做法是否正确？说明理由。

分析解答：

1.（1）审查甲施工单位报送的分包单位资格报审表，符合有关规定后，由总监理工程师予以签认。

（2）对乙施工单位资格审核以下内容：

① 营业执照、企业资质等级证书。

② 公司业绩。

③ 乙施工单位承担的桩基工程范围。

④ 专职管理人员和特种作业人员的资格证、上岗证。

2.（1）及时下达工程暂停令。

（2）责令甲施工单位报送断桩事故调查报告。

（3）审查甲施工单位报送的施工处理方案、措施。

（4）审查同意后签发工程复工令。

（5）对事故的处理过程和处理结果进行跟踪检查和验收。

（6）及时向建设单位提交有关事故的书面报告，并应将完整的质量事故处理记录整理归档。

3.（1）指派专业监理工程师修改原监理实施细则的做法正确。总监理工程师代表可以行使总监理工程师的这一职责。

（2）审批监理实施细则的做法不妥。应由总监理工程师审批。

实践训练

一、选择题

（一）单选题

1. 下列关于工程监理单位的表述中正确的有（　　）。

A. 工程监理单位年检合格，可晋升上一个资质等级

B. 建设行政主管部门对工程监理单位资质实行年检制度

C. 工程监理单位年检结论分为合格、不合格两种

D. 工程监理单位资质等级分为甲级、乙级、丙级和暂定级

2. 根据《工程监理单位资质管理规定》，乙级工程监理单位可以监理（　　）。

A. 相应专业工程类别二级以下（含二级）建设工程项目的工程监理业务

B. 本地区、本部门经核定工程类别中的二等、三等工程

C. 经核定工程类别中的二等工程

D. 本地区、本部门经核定工程类别中的三等工程

3. 监理单位履行委托监理合同时发生的直接成本是（　　）。

A. 监理辅助人员的办公费、通信费、差旅费和快报费

B. 管理人员的工资、资金、补助和津贴

C. 办公使用的水、电、气、环境卫生和保安费用

D. 工程监理单位应交纳的各种税金

4. 合理设置企业内部机构职能、建立严格的岗位责任制度，属于监理单位规章制度中（　　）管理制度的内容。

A. 人事　　　　　　　B. 劳动合同　　　　　　C. 组织　　　　　　　D. 项目监理机构

5. 依据《工程监理单位资质管理规定》，下列工程监理单位资质标准中，属于乙级专业资质标准的是（　　）。

A. 具有独立法人资格且注册资本不少于300万元

B. 有必要的工程试验检测设备

C. 注册造价工程师不少于2人

D. 企业技术负责人具有15年以上从事工程建设工作的经历

（2009年全国监理工程师考试试题）

6. 依据《工程监理单位资质管理规定》，具有专业乙级资质的工程监理单位，可以承担（　　）建设工程项目的监理业务。

A. 所有专业类别三级以下（含三级）　　　　B. 相应专业类别三级以下（含三级）

C. 相应专业类别二级以下（含二级）　　　　D. 所有专业类别二级以下（含二级）

（2008年全国监理工程师考试试题）

7. 我国专业甲级监理单位的注册资本不少于（　　）万元。

A. 300　　　　　　　　B. 200　　　　　　　　C. 100　　　　　　　　D. 50

8. 依据《建设工程质量管理条例》，施工单位在进行下一道工序的施工前需经（　　）签字。

A. 项目负责人　　　　B. 建造师　　　　　　　C. 监理工程师　　　　D. 监理员

（2009年全国监理工程师考试试题）

9. 依据《注册监理工程师管理规定》,注册监理工程师在注册有效期满需继续执业的,要办理（　　）注册。

A. 初始　　　　　　　　B. 延续　　　　　　　　C. 变更　　　　　　　　D. 长期

（2009年全国监理工程师考试试题）

10. 依据《建设工程监理规范》,监理资料的管理应由（　　）负责。

A. 总监理工程师　　　　　　　　　　　B. 总监理工程师代表

C. 专业监理工程师　　　　　　　　　　D. 监理员

（2009年全国监理工程师考试试题）

11. 监理工程师应严格遵守的职业道德守则是（　　）。

A. 热爱本职工作　　　　　　　　　　　B. 保证执业活动成果的质量

C. 坚持独立自主地开展工作　　　　　　D. 为监理项目指定合理的施工方法

（2008年全国监理工程师考试试题）

12. 下列关于监理工程师注册规定的表述中,正确的是（　　）。

A. 初始注册者,可自资格证书签发之日起3年内提出申请

B. 注册有效期满需继续执业的,应在有效期满1周前,提出延续注册申请

C. 在注册有效期内变更执业单位时,应办理变更注册手续,变更注册有效期为3年

D. 每次申请注册均需提供达到继续教育要求的证明材料

（2008年全国监理工程师考试试题）

13.《建设工程监理规范》规定,总监理工程师代表应由具有（　　）年以上同类工程监理工作经验的人员担任。

A. 4　　　　　　　　B. 3　　　　　　　　C. 2　　　　　　　　D. 1

（2008年全国监理工程师考试试题）

14. 对建设工程实施监理时,负责检查进场材料、设备、构配件的原始凭证和检测报告等质量证明文件的人员是（　　）。

A. 专业监理工程师　　　B. 材料试验员　　　C. 质量监理员　　　D. 材料监理员

（2007年全国监理工程师考试试题）

15.《建设工程监理规范》规定,总监理工程师不得委托总监理工程师代表的工作是（　　）。

A. 审查分包单位的资质　　　　　　　　B. 主持整理工程项目的监理资料

C. 审查和处理工程变更　　　　　　　　D. 审批项目监理实施细则

（2007年全国监理工程师考试试题）

16. 监理工程师要有丰富的工程建设实践经验。世界各国也都如此,例如英国咨询工程师协会规定（　　）。

A. 必须有中级以上职称　　　　　　　　B. 必须工作8年以上

C. 必须工作6年以上　　　　　　　　　D. 入会会员年龄必须在38岁以上

17.《建设工程监理规范》规定,监理员在施工阶段的职责不包括（　　）。

A. 做好监理日记和监理记录　　　　　　B. 担任旁站工作

C. 对合格的进场材料进行签认　　　　　D. 对施工工序进行检查

（二）多选题（每题的选项中至少有两个正确答案）

1.对工程监理单位业务范围的规定,下列说法正确的是（　　）。

A.甲级资质监理单位的经营范围不受国内地域限制,乙级、丙级资质监理单位的经营范围受国内地域限制

B.甲级、乙级、丙级资质监理单位可以承担所有专业工程类别建设工程项目的工程监理业务

C.甲级工程监理单位可承担相应专业工程类别建设工程项目的工程监理业务

D.丙级工程监理单位可以监理本省内经核定的三等工程

E.乙级工程监理单位可承担相应专业工程类别二级以下(含二级)建设工程项目的工程监理业务

2.工程监理单位应当按照"守法、诚信、公正、科学"的准则从事建设工程监理活动,守法应体现在（　　）。

A.在核定的业务范围内开展经营活动

B.认真全面履行委托监理合同

C.根据建设单位委托,客观、公正地执行监理任务

D.建立健全企业内部各项管理制度

E.不转让工程监理业务

（2008年全国监理工程师考试试题）

3.下列属于监理费中间接成本的有（　　）。

A.管理人员的工资　　　　　　　B.招揽业务而发生的广告费

C.办公用品、报刊费　　　　　　D.公用设施使用费

E.监理员的津贴

4.以下费用中,属于监理直接成本的有（　　）。

A.监理人员工资、奖金、津贴、补助、附加工资等

B.监理辅助人员的工资、奖金、津贴、补助、附加工资等

C.用于监理工作的常规检测工器具、计算机等办公设施的购置费和其他仪器、机械的租赁费

D.业务培训费

E.为招标监理业务而发生的广告费、宣传费、有关合同的公证费等

（2003年全国监理工程师考试试题）

5.依据《注册监理工程师管理规定》,注册监理工程师在执业活动中发生（　　）的行为,由县级以上地方人民政府建设主管部门做出相应处罚;造成损失的,依法承担赔偿责任;构成犯罪的依法追究刑事责任。

A.以个人名义承接业务

B.同时受聘于两个或两个以上单位从事执业活动

C.涂改、倒卖、出售营业执照

D.弄虚作假提供执业活动成果

E.超出规定执业范围从事执业活动

（2008年全国监理工程师考试试题）

6.《建设工程监理规范》规定,专业监理工程师的职责有(　　)。

A. 负责编制监理实施细则　　　　　　B. 负责分项工程验收

C. 审定施工组织设计　　　　　　　　D. 监督指导监理员的工作

E. 主持整理监理资料(2008 年全国监理工程师考试试题)

7.《建设工程监理规范》规定,监理员应履行的职责有(　　)。

A. 根据本专业监理工作实施情况做好监理日记

B. 检查承包单位投入工程项目的主要设备使用、运行状况,并做好检查记录

C. 核查进场材料的原始凭证、检测报告等质量证明文件及质量情况,合格时予以签认

D. 负责监理资料的收集、汇总及整理

E. 按设计图纸及有关标准对承包单位的施工工序进行检查和记录

(2008 年全国监理工程师考试试题)

8. 总监理工程师应承担的职责有(　　)等。

A. 审查承包单位的竣工申请　　　　　B. 参与工程项目的竣工验收

C. 主持分项工程验收及隐蔽工程验收　D. 根据监理工作实际情况记录监理日记

E. 主持整理工程项目的监理资料

9.《建设工程监理规范》规定,监理员的职责包括(　　)。

A. 复核工程计量的有关数据并签署原始凭证

B. 做好监理日记和有关的监理记录

C. 验收分项工程

D. 收集、汇总及整理监理资料

E. 核查进场材料、设备、构配件的原始凭证、检测报告等质量证明文件

(2006 年全国监理工程师考试试题)

10. 我国监理工程师的执业特点主要有(　　)。

A. 执业范围广泛　　B. 执业内容复杂　　C. 执业条件高

D. 执业技能全面　　E. 执业责任重大

11. 监理工程师要有良好的品德,其良好品德主要表现在(　　)。

A. 热爱本职工作

B. 具有科学的工作态度

C. 具有廉洁奉公、为人正直、办事公道的高尚情操

D. 能听取不同意见,而且有冷静分析问题的能力

E. 能够独立地开展工作

12. 在(　　)情况下,申请注册人员不能获得注册。

A. 同时注册于两个及两个以上单位　　B. 年龄在 60 周岁以上

C. 不具备完全民事行为能力　　　　　D. 在申报注册过程中有弄虚作假行为

E. 受到刑事处罚,自刑事处罚执行完毕之日起至申请注册之日不满 2 年

13. 依据国家相关法律法规的规定,下列情形中,监理工程师应当承担连带责任的有(　　)。

A. 对应当监督检查的项目不检查或不按照规定检查,给建设单位造成损失的

B. 与施工企业串通,弄虚作假、降低工程质量,从而导致安全事故的

C.将不合格的建筑材料按照合格签字,造成工程质量事故,由此引发安全事故的

D.未按照工程监理规范的要求实施监理的

E.转包或违法分包所承揽的监理业务的

(2009年全国监理工程师考试试题)

二、问答题

1.什么是工程监理单位?其与业主和施工企业关系如何?

2.我国的工程监理单位有哪些组织形式?

3.按资质分类,工程监理单位分为哪几种?

4.工程监理单位的资质要素包括哪些内容?

5.试论监理工程师的法律责任。

6.实行监理工程师执业资格考试和注册制度的目的是什么?

7.对监理工程师的素质有哪些要求?

8.监理工程师执业资格考试的科目有哪些?

9.谈谈各级监理人员的职责。

三、实训题

实训一

某实行监理的工程,实施过程中发生下列事件:

事件1:

建设单位于2005年11月30日向中标的监理单位发出监理中标通知书,监理中标价为280万元;建设单位与监理单位协商后,于2006年1月10日签订了委托监理合同。监理合同约定:合同价为260万元;因非监理单位原因导致监理服务期延长,每延长1个月增加监理费8万元;监理服务自合同签订之日起开始,服务期26个月。

建设单位通过招标确定了施工单位,并与施工单位签订了施工承包合同,合同约定:开工日期为2006年2月10日,施工总工期为24个月。

事件2:

由于施工单位的原因,施工总工期延误5个月,监理服务期达29个月。监理单位要求建设单位增加监理费32万元,而建设单位认为监理服务期延长是施工单位造成的,监理单位对此负有责任,不同意增加监理费。

问题:

1.指出事件1中建设单位做法的不妥之处,写出正确做法。

2.事件2中,监理单位要求建设单位增加监理费是否合理?说明理由。

实训二

某工程,建设单位将土建工程、安装工程分别发包给甲、乙两家施工单位。在合同履行过程中发生了如下事件:

事件1:

项目监理机构在审查土建工程施工组织设计时,认为脚手架工程危险性较大,要求甲施工单位编制脚手架工程专项施工方案。甲施工单位项目经理部编制了专项施工方案,凭以往经验进行了安全估算,认为方案可行,并安排质量检查员兼任施工现场安全员工作,遂将方案报送总监理工程师签认。

事件 2：

开工前，专业监理工程师复核甲施工单位报验的测量成果时，发现对测量控制点的保护措施不当，造成建立的施工测量控制网失效，随即向甲施工单位发出了"监理工程师通知单"。

事件 3：

专业监理工程师在检查甲施工单位投入的施工机械设备时，发现数量偏少，即向甲施工单位发出了"监理工程师通知单"要求整改；在巡视时发现乙施工单位已安装的管道存在严重质量隐患，即向乙施工单位签发了"工程暂停令"，要求对该分部工程停工整改。

问题：

1. 指出事件 1 中脚手架工程专项施工方案编制和报审过程中的不妥之处，写出正确做法。

2. 事件 2 中专业监理工程师的做法是否妥当？"监理工程师通知单"中对甲施工单位的要求应包括哪些内容？

3. 分别指出事件 3 中专业监理工程师做法是否妥当。不妥之处，说明理由并写出正确做法。

实训三

（2006 年全国监理工程师考试案例分析题）

某工程，施工总承包单位依据施工合同约定，与甲安装单位签订了安装分包合同。基础工程完成后：由于项目用途发生变化，建设单位要求设计单位编制设计变更文件，并授权项目监理机构就设计变更引起的有关问题与总承包单位进行协商。项目监理机构在收到经相关部门重新审查批准的设计变更文件后，经研究对其今后工作安排如下：

（1）由总监理工程师负责与总承包单位进行质量、费用和工期等问题的协商工作；

（2）要求总承包单位调整施工组织设计，并报建设单位同意后实施；

（3）由总监理工程师代表主持修订监理规划；

（4）由负责合同管理的专业监理工程师全权处理合同争议；

（5）安排一名监理员主持整理工程监理资料。

在协商变更单价过程中，项目监理机构未能与总承包单位达成一致意见，总监理工程师决定以双方提出的变更单价的均值作为最终的结算单价。

项目监理机构认为甲安装分包单位不能胜任变更后的安装工程，要求更换安装分包单位。总承包单位认为项目监理机构无权提出该要求，但仍表示愿意接受，随即提出由乙安装单位分包。

甲安装单位依据原定的安装分包合同已采购的材料，因设计变更需要退货，向项目监理机构提出了申请，要求补偿因材料退货造成的费用损失。

问题：

1. 逐项指出项目监理机构对其今后工作的安排是否妥当，不妥之处，写出正确做法。

2. 指出在协商变更单价过程中项目监理机构做法的不妥之处，并按《建设工程监理规范》写出正确做法。

3. 总承包单位认为项目监理机构无权提出更换甲安装分包单位的意见是否正确？为什么？写出项目监理机构对乙安装单位分包资格的审批程序。

4. 指出甲安装单位要求补偿材料退货造成费用损失申请程序的不妥之处，写出正确做法。该费用损失应由谁承担？

第 3 章

建设工程监理招投标

1. 了解建设工程监理招标方式、建设工程监理评标方法。
2. 熟悉建设工程监理招标程序、建设工程监理评标内容。
3. 掌握建设工程监理投标策略。
4. 重点掌握建设工程监理投标工作内容。

建设工程监理与相关服务可以由建设单位直接委托,也可以通过招标方式委托。但是,法律法规规定招标的,建设单位必须通过招标方式委托。因此,建设工程监理招投标是建设单位委托监理与相关服务工作和工程监理单位承揽监理与相关服务工作的主要方式。

3.1 建设工程监理招标程序和评标方法

一、建设工程监理招标方式和程序

(一)建设工程监理招标方式

建设工程监理招标可分为公开招标和邀请招标两种方式。建设单位应根据法律法规、工程项目特点、工程监理单位的选择空间及工程实施的急迫程度等因素合理选择招标方式,并按规定程序向招投标监督管理部门办理相关招投标手续,接受相应的监督管理。

1. 公开招标

公开招标是指建设单位以招标公告的方式邀请不特定工程监理单位参加投标,向其发售监理招标文件,按照招标文件规定的评标方法、标准,从符合投标资格要求的投标人中优选中标人,并与中标人签订建设工程监理合同的过程。

国有资金占控股或者主导地位等依法必须进行监理招标的项目,应当采用公开招标方式委托监理任务。公开招标属于非限制性竞争招标,其优点是能够充分体现招标信息公开性、招标程序规范性、投标竞争公平性,有助于打破垄断,实现公平竞争。公开招标可使建设单位有较大的选择范围,可在众多投标人中选择经验丰富、信誉良好、价格合理的工程监理单位,能够大大降低串标、围标、抬标和其他不正当交易的可能性。公开招标的缺点是,准备招标、资格预审和评标的工作量大,因此,招标时间长,招标费用较高。

2. 邀请招标

邀请招标是指建设单位以投标邀请书方式邀请特定工程监理单位参加投标,向其发售招标文件,按照招标文件规定的评标方法、标准,从符合投标资格要求的投标人中优选中标人,并与中标人签订建设工程监理合同的过程。

邀请招标属于有限竞争性招标,也称为选择性招标。采用邀请招标方式,建设单位不需要发布招标公告,也不进行资格预审(但可组织必要的资格审查),使招标程序得到简化。这样,既可节约招标费用,又可缩短招标时间。邀请招标虽然能够邀请到有经验和资信可靠的工程监理单位投标,但由于限制了竞争范围,选择投标人的范围和投标人竞争的空间有限,可能会失去技术和报价方面有竞争力的投标者,失去理想中标人,达不到预期竞争效果。

(二)建设工程监理招标程序

建设工程监理招标一般包括:招标准备;发出招标公告或投标邀请书;组织资格审查;编制

和发售招标文件;组织现场踏勘;召开投标预备会;编制和递交投标文件;开标、评标和定标;签订建设工程监理合同等程序。

1. 招标准备

建设工程监理招标准备工作包括:确定招标组织,明确招标范围和内容,编制招标方案等内容。

(1)确定招标组织。建设单位自身具有组织招标的能力时,可自行组织监理招标,否则,应委托招标代理机构组织招标。建设单位委托招标代理进行监理招标时,应与招标代理机构签订招标代理书面合同,明确委托招标代理的内容、范围及双方义务和责任。

(2)明确招标范围和内容。综合考虑工程特点、建设规模、复杂程度、建设单位自身管理水平等因素,明确建设工程监理招标范围和内容。

(3)编制招标方案。编制招标方案包括划分监理标段、选择招标方式、选定合同类型及计价方式、确定投标人资格条件、安排招标工作进度等。

2. 发出招标公告或投标邀请书

建设单位采用公开招标方式的,应当发布招标公告。招标公告必须通过一定的媒介进行发布,投标邀请书是指采用邀请招标方式的建设单位,向三个以上具备承担招标项目能力、资信良好的特定工程监理单位发出的参加投标的邀请。

招标公告与投标邀请书应当载明:建设单位的名称和地址;招标项目的性质;招标项目的数量;招标项目的实施地点;招标项目的实施时间;获取招标文件的办法等内容。

3. 组织资格审查

为了保证潜在投标人能够公平地获取投标竞争的机会,确保投标人满足招标项目的资格条件、同时避免招标人和投标人不必要的资源浪费,招标人应组织审查监理投标人资格。资格审查分为资格预审和资格后审两种。

(1)资格预审。资格预审是指在投标前,对申请参加投标的潜在投标人进行资质条件、业绩、信誉、技术、资金等多方面情况的审查。只有资格预审中被认定为合格的潜在投标人(或投标人)才可以参加投标。资格预审的目的是排除不合格的投标人,进而降低招标人的招标成本,提高招标工作效率。

(2)资格后审。资格后审是指在开标后,由评标委员会根据招标文件中规定的资格审查因素、方法和标准,对投标人资格进行的审查。

建设工程监理资格审查大多采用资格预审的方式进行。

4. 编制和发售招标文件

(1)编制建设工程监理招标文件。招标文件既是投标人编制投标文件的依据,也是招标人与中标人签订建设工程监理合同的基础。招标文件一般应由以下内容组成:

① 投标邀请函。

② 投标人须知。

③ 评标办法。

④ 拟签订监理合同主要条款及格式,以及履约担保格式等。

⑤ 投标报价。

⑥ 设计资料。

⑦ 技术标准和要求。

⑧ 投标文件格式。

⑨ 要求投标人提交的其他材料。

（2）发售监理招标文件。按照招标公告或投标邀请书规定的时间、地点发售招标文件。投标人对招标文件内容有异议，可在规定时间内要求招标人澄清、说明或纠正。

5. 组织现场踏勘

组织投标人进行现场踏勘的目的在于了解工程场地和周围环境情况，以获取认为有必要的信息。招标人可根据工程特点和招标文件规定，组织潜在投标人对工程实施现场的地形地质条件、周边和内部环境进行实地踏勘，并介绍有关情况。潜在投标人自行负责据此做出的判断和投标决策。

6. 召开投标预备会

招标人按照招标文件规定的时间组织投标预备会，澄清、解答潜在投标人在阅读招标文件和现场踏勘后提出的疑问。所有的澄清、解答都应当以书面形式予以确认，并发给所有购买招标文件的潜在投标人。招标文件的书面澄清、解答属于招标文件的组成部分。招标人同时可以利用投标预备会对招标文件中有关重点、难点内容主动做出说明。

7. 编制和递交投标文件

投标人应按照招标文件要求编制投标文件，对招标文件提出的实质性要求和条件做出实质性响应，按照招标文件规定的时间、地点、方式递交投标文件，并根据要求提交投标保证金。投标人在提交投标截止日期之前，可以撤回、补充或者修改已提交的投标文件，并书面通知招标人。补充、修改的内容为投标文件的组成部分。

8. 开标、评标和定标

（1）开标。招标人应按招标文件规定的时间、地点主持开标，邀请所有投标人派代表参加。开标时间、开标过程应符合招标文件规定的开标要求和程序。

（2）评标。评标由招标人依法组建的评标委员会负责。评标委员会应当熟悉、掌握招标项目的主要特点和需求，认真阅读、研究招标文件及其评标办法，按招标文件规定的评标办法进行评标，编写评标报告，并向招标人推荐中标候选人，或经招标人授权直接确定中标人。

（3）定标。招标人应按有关规定在招标投标监督部门指定的媒体或场所公示推荐的中标候选人，并根据相关法律法规和招标文件规定的定标原则和程序确定中标人，向中标人发出中标通知书。同时，将中标结果通知所有未中标的投标人，并在 15 日内按有关规定将监理招标投标情况书面报告提交招标投标行政监督部门。

9. 签订建设工程监理合同

招标人与中标人应当自发出中标通知书之日起 30 日内，依据中标通知书、招标文件中的合同构成文件签订工程监理合同。

二、建设工程监理评标内容和方法

工程监理单位不承担建筑产品生产任务，只是受建设单位委托提供技术和管理咨询服务。建设工程监理招标属于服务类招标，其标的是无形的"监理服务"，因此，建设单位在选择工程监理单位最重要的原则是"基于能力的选择",而不应将服务报价作为主要考虑因素。有时甚至不考虑建设工程监理服务报价,只考虑工程监理单位的服务能力。

(一)建设工程监理评标内容

建设工程监理评标办法中,通常会将下列要素作为评标内容:

(1)工程监理单位的基本素质。包括工程监理单位资质、技术及服务能力、社会信誉和企业诚信度,以及类似工程监理业绩和经验。

(2)工程监理人员配备。工程监理人员的素质与能力直接影响建设工程监理工作的优劣,进而影响整个工程监理目标的实现。项目监理机构监理人员的数量和素质,特别是总监理工程师的综合能力和业绩是建设工程监理评标需要考虑的重要内容。对工程监理人员配备的评价内容具体包括:项目监理机构的组织形式是否合理;总监理工程师人选是否符合招标文件规定的资格及能力要求;监理人员的数量、专业配置是否符合工程专业特点要求;工程监理整体力量投入是否能满足工程需要;工程监理人员年龄结构是否合理;现场监理人员进退场计划是否与工程进展相协调等。

(3)建设工程监理大纲。建设工程监理大纲是反映投标人技术、管理和服务综合水平的文件,反映了投标人对工程的分析和理解程度。评标时应重点评审建设工程监理大纲的全面性、针对性和科学性。

① 建设工程监理大纲内容是否全面,工作目标是否明确,组织机构是否健全,工作计划是否可行,质量、造价、进度控制措施是否全面、得当,安全生产管理、合同管理、信息管理等方法是否科学,以及项目监理机构的制度建设规划是否到位,监督机制是否健全等。

② 建设工程监理大纲中应对工程特点、监理重点与难点进行识别。在对招标工程进行透彻分析的基础上,结合自身工程经验,从工程质量、造价、进度控制及安全生产管理等方面确定监理工作的重点和难点,提出针对性措施和对策。

③ 除常规监理措施外,建设工程监理大纲中应对招标工程的关键工序及分部分项工程制定有针对性的监理措施;制定针对关键点、常见问题的预防措施;合理设置旁站清单和保障措施等。

④ 试验检测仪器设备及其应用能力。重点评审投标人在投标文件中所列的设备、仪器、工具等能否满足建设工程监理要求。对建设单位在现场另建试验、检测等中心的工程项目,应重点考查投标人评价分析、检验测量数据的能力。

⑤ 建设工程监理费用报价。建设工程监理费用报价所对应的服务范围、服务内容、服务期限应与招标文件中的要求相一致。要重点评审监理费用报价水平和构成是否合理、完整,分析说明是否明确,监理服务费用的调整条件和办法是否符合招标文件要求等。

(二)建设工程监理评标方法

建设工程监理评标通常采用"综合评标法",即通过衡量投标文件是否最大限度地满足招标文件中规定的各项评价标准,对技术、企业资信、服务报价等因素进行综合评价从而确定中标人。

根据具体的分析方式的不同,综合评标法可分为定性综合评估法和定量综合评估法两种。

1. 定性综合评估法

定性综合评估法是对投标人的资质条件、人员配备、监理方案、投标价格等评审指标分项进行定性比较分拆、全面评审，综合评议较优者作为中标人，也可采取举手表决或无记名投票方式决定中标人。

定性综合评估法的特点是不量化各项评审指标，简单易行，能在广泛深入地开展讨论分析的基础上集中各方面观点，有利于评标委员会成员之间的直接对话和深入交流，集中体现各方意见，能使综合实力强、方案先进的投标单位处于优势地位。缺点是评估标准弹性较大，衡量尺度不具体，透明度不高，受评标专家人为因素影响较大，可能会出现评标意见相差悬殊，使定标决策左右为难。

2. 定量综合评估法

定量综合评估法又称打分法、百分制计分评价法。通常是在招标文件中明确规定需量化的评价因素及其权重，评标委员会根据投标文件内容和评分标准逐项进行分析记分、加权汇总，计算出各投标单位的综合评分，然后按照综合评分由高到低的顺序确定中标候选人或直接选定得分最高者为中标人。

定量综合评估法是目前我国各地广泛采用的评标方法，其特点是量化所有评标指标，由评标委员会专家分别打分，减少了评标过程中的相互干扰，增强了评标的科学性和公正性。需要注意的是，评标因素指标的设置和评分标准分值或权重的分配，应能充分评价工程监理单位的整体素质和综合实力，体现评标的科学、合理性。

（三）建设工程监理评标示例

某房屋建筑工程监理评标办法中规定，采用定量综合评估法进行评标，以得分最高者为中标单位。评价内容包括：总监理工程师素质、资源配置、监理大纲、类似工程业绩及诚信行为、监理服务报价等进行综合评分，并按综合评分顺序推荐3名合格中标候选人。

1. 初步评审

评标委员会对投标文件进行初步评审，并填写符合性检查表。只有通过初步评审的投标文件才能参加详细评审。不能通过初步评审的主要条件包括：

（1）投标人以他人名义投标、以行贿手段谋取中标或以其他方式弄虚作假。

（2）投标文件未按招标文件规定加盖本单位公章及法定代表人印章或签字。

（3）总监理工程师资格条件不符合招标文件要求，或担任在建工程项目总监理工程师超出规定。

（4）投标文件未对招标文件的实质性要求和条件做出响应。

（5）投标人递交两份或多份内容不同的投标文件，或在一份投标文件中对同一项目的报价有两个或多个报价，且未声明哪一个为最终报价。

（6）有两个或两个以上招标人的投标文件内容基本一致。

（7）投标文件未按招标文件要求提交投标保证金。

（8）投标文件有其他重大偏差。

（9）招标文件明确规定可以废标的其他情形。

投标文件存在以上条件之一的，经评标委员会讨论，应认为其存在重大偏差，对该投标文件做废标处理,并记录在评标报告中。

2. 详细评审

评标委员会按评标办法中规定的量化因素和分值进行打分,并计算出综合评估得分。

(1)监理评标详细评审内容及分值构成,见表3-1。

表3-1　监理评标详细评审内容及分值构成

序号	评审内容	分值构成
1	总监理工程师素质	24
2	资源配置	36
3	监理大纲	20
4	类似工程业绩及诚信行为	8
5	监理服务报价	12
总计		100

(2)具体评分标准。

① 总监理工程师素质评分标准(24分),见表3-2。

表3-2　总监理工程师素质评分标准(24分)

序号	评分内容	分值分配	评分办法
1.1	总体素质	12	有房屋建筑工程注册监理工程师证书得10分,此外,每一个工程类注册资格证书(注册监理工程师除外)得1分。最高得12分。以注册执业证书原件为评分依据
1.2	书面答辩情况	12	由总监理工程师在现场书面回答评标委员会提出的问题,评标委员会根据总监理工程师的书面答辩材料,视其对工程熟悉情况、阐述问题准确程度酌情予以打分,最高可得12分 (注:总监理工程师未参加答辩的,不得推荐为中标候选人)

② 资源配置评分标准(36分),见表3-3。

表3-3　资源配置评分标准(36分)

序号	评分内容	分值分配	评分办法
2.1	专业配置	14	1.满足专业要求,进场计划合理,在工地时间满足监理工作需要,得6~8分;进场计划基本合理,得4~6分;进场计划不太合理,得0~4分; 2.监理人员(总监理工程师除外)中具有高级职称,每位得1分,中级职称每位得0.5分,最高得6分;
2.2	注册及上岗证	11	1.监理人员(总监理工程师除外)中有监理工程师注册执业证书的,每位得2分,最高得6分; 2.监理人员(总监理工程师除外)中有工程类执业资格证书的,每一个得1分,有造价员资格的,每一个得0.5分,最高得2分; 3.监理员有监理员资格证书,每一个得0.5分,最高得3分
2.3	年龄结构	2	25岁以下和60以上的监理人员不得超过2人,每超1人扣1分,最多扣2分

序号	评分内容	分值分配	评 分 办 法
2.4	仪器设备	6	1.配备混凝土钢筋检测仪得1分； 2.配备全站仪得1分； 3.配备经纬仪得1分； 4.配备水准仪得1分； 5.配备回弹仪得1分； 6.配备工程检测组合工具得1分。 混凝土钢筋检测仪、全站仪、经纬仪、回弹仪、水准仪须提供鉴定证书及投入承诺书，否则本项不得分
2.5	实验检测	3	试验检测安排合理、满足工程需要的，得3分，其他酌情扣分

③ 监理大纲评分标准（20 分），见表 3-4。

表 3-4　监理大纲评分标准（20 分）

序号	评分内容	分值分配	评 分 办 法
3	监理大纲	20	1.质域控制内容齐全，得0～1分，有质量控制措施及手段具有针对性，得1～2分； 2.制订了详细的旁站方案，得0～1分，方案措施得力、切实可行，得0～1分； 3.有进度控制工作内容，得0～1分，制定了进度控制措施，得0～1分； 4.有造价控制工作内容，得0～1分，制定了造价控制措施，得0～2分； 5.有详细的工程信息管理措施，得0～1分，有详细的合同管理措施，得0～1分； 6.有详细的现场组织协调方案，方案得力、切实可行，得0～2分； 7.制定了安全生产管理措施，得0～1分，管理措施得力、切实可行，得0～1分； 8.针对工程特点、难点、重点分析准确，得0～1分，制定相应措施，得0～1分； 9.对本工程提出好的技术建议，得0～2分

④ 类似工程业绩及诚信行为评分标准（8 分），见表 3-5。

表 3-5　类似工程业绩及诚信行为评分标准（8 分）

序号	评分内容	分值分配	评 分 办 法
4	类似工程业绩及诚信行为	8	1.企业自2010年1月1日以来，每获得省级"优秀监理企业"一次得1分，本项最高得2分（以证书或文件原件为准）。 2.企业监理过的类似工程获得"鲁班奖"（含国家工程建设质量奖审定委员会评审的"国家优质工程"）得1.5分，有效期3年；获得省优工程的（有效期2年）得1分（同一工程获奖奖项不累计得分，按最高奖项计分），最高得2分。 3.监理工程师2010年以来监理过工程造价在3000万～5000万元的得2分；监理工程师2010年以来监理过工程造价在5000万元及以上的得4分，最高得4分。 4.总监理工程师在1年内（从投标截止日及行政处罚之日起算）有受到本市及以上建设行政管理部门行政处罚的，扣2分。 5.投标人在1年内（从投标截止日及行政处罚之日起算）在本市建设工程投标中有串通投标、弄虚作假等违法、违规行为受到市级及以上建设行政管理部门行政处罚的，扣2分

⑤ 监理服务报价评分标准(12 分),见表 3-6。

表 3-6 监理服务报价评分标准(12 分)

序号	评分内容	分值分配	评分办法
5	监理服务报价	12	报价得分计算办法采用评标基准价,评标基准价＝按《建设工程监理与相关服务收费管理规定》(发改价格[2007] 670 号)文件规定的政府指导价。报价＜评标基准价 80%或报价＞评标基准价 120%,得 0 分;评标基准价 80%≤报价＜评标基准价 90%,得 12 分;评标基准价 90%≤报价＜评标基准价 100%,得 10 分;评标基准价 100%≤报价＜评标基准价 110%,得 8 分;评标基准价 110%≤报价＜评标基准价 120%,得 6 分

(3) 总监理工程师资格条件不符合招标文件要求,或担任在建工程项目总监工程师超出规定。

3. 投标文件的澄清

除评标办法中规定的重大偏差外,投标文件存在的其他问题应视为细微偏差。为了有助于投标文件的审查、评价和比较,评标委员会可书面通知投标人澄清或说明其投标文件中不明确的内容,或要求补充相应资料或对细微偏差进行补正。投标人对此不得拒绝,否则,做废标处理。

有关澄清、说明和补正的要求和回答均以书面形式进行,但招标人和投标人均不得因此而提出改变招标文件或投标文件实质内容的要求。投标人的书面澄清、说明或补正属于投标文件的组成部分。

评标委员会不接受投标人对投标文件的主动澄清、说明和补正。

4. 评标结果

评标委员会汇总每位评标专家的评分后,去掉一个最高分和一个最低分,取其他评标专家评分的算术平均值计算每个投标人的最终得分,并以投标人的最终得分高低顺序推荐 3 名中标候选人。投标人综合评分相等时,以投标报价低的优先;投标报价也相等的,由招标人自行确定。

评标委员会完成评标后,应当向招标人提交书面评标报告。

3.2 建设工程监理投标工作内容和策略

一、建设工程监理投标工作内容

建设工程监理投标是一项复杂的系统性工作,工程监理单位的投标工作内容包括投标决策、投标策划、投标文件编制、参加开标及答辩、投标后评估等内容。

（一）建设工程监理投标决策

工程监理单位要想中标获得建设工程监理任务并获得预期利润,就需要认真进行投标决策。所谓投标决策,主要包括两个方面的内容:一是决定是否参与竞标;一是如果参加投标,应采取什么样的投标策略。投标决策的正确与否,关系到工程监理单位能否中标及中标后的经济效益。

1. 投标决策原则

投标决策活动要从工程特点与工程监理企业自身需求之间选择最佳结合点。为实现最优赢利目标,可以参考如下基本原则进行投标决策。

（1）充分衡量自身人员和技术实力能否满足工程项目要求,且要根据工程监理单位自身实力、经验和外部资源等因素来确定是否参加竞标。

（2）充分考虑国家政策、建设单位信誉、招标条件、资金落实情况等,保证中标后工程项目能顺利实施。

（3）由于目前工程监理单位普遍存在注册监理工程师稀缺、监理人员数量不足的情况.因此在一般情况下,工程监理单位与其将有限人力资源分散到几个小工程投标中,不如集中优势力量参与一个较大建设工程监理投标。

（4）对竞争激烈、风险特别大或把握不大的工程项目,应主动放弃投标。

2. 投标决策定量分析方法

常用的投标决策定量分析方法有综合评价法和决策树法。

（1）综合评价法。综合评价法是指决策者决定是否参加某建设工程监理投标时,将影响其投标决策的主客观因素用某些具体指标表示出来,并定量地进行综合评价,以此作为投标决策依据。

在实际操作过程中,投标考虑的因素及其权重、等级可由工程监理单位投标决策机构组织企业经营、生产、人事等有投标经验的人员,以及外部分家进行综合分析、评估后确定。综合评价法也可用于工程监理单位对多个类似工程监理投标机会选择,综合评价分值高将作为优先投标对象。

（2）决策树法。工程监理单位有时会同时收到多个不同或类似建设工程监理投标邀请书,而工程监理单位的资源是有限的,若不分重点地将资源平均分布到各个投标工程,则每一个工程中标的概率都很低。为此,工程监理单位应针对每项工程特点进行分析,比选不同方案,以期选出最佳投标对象。这种多项目多方案的选择,通常可以应用决策树法进行定量分析。

① 适用范围。决策树分析法是适用于风险型决策分析的一种简便易行的实用方法,其特点是用一种树状图表示决策过程,通过事件出现的概率和损益期望值的计算比较,帮助决策者对行动方案做出抉择。当工程监理单位不考虑竞争对手的情况(投标时往往事先不知道参与投标的竞争对手),仅根据自身实力决定某些工程是否投标及如何报价时,则是典型的风险型决策问题,适用于决策树法进行分析。

② 基本原理。决策树是模拟树木成长过程,从出发点(称决策点)开始不断分枝来表示所分析问题的各种发展可能性,并以分枝的期望值中最大(或最小)者作为选择依据。从决策点分出的枝称为方案枝,从方案枝分出的枝称为概率分枝。方案枝分出的各概率分枝的分叉点及概率分枝的分叉点,称为自然状态点。概率分枝的终点称为损益值点。

（二）建设工程监理投标策划

建设工程监理投标策划是指从总体上规划建设工程监理投标活动的目标、组织、任务分工等，通过严格的管理过程，提高投标效率和效果。

（1）明确投标目标，决定资源投入。一旦决定投标，首先要明确投标目标，投标目标决定了企业层面对投标过程的资源支持力度。

（2）成立投标小组并确定任务分工。投标小组要由有类似建设工程监理投标经验的项目负责人全面负责收集信息，协调资源，做出决策，并组织参与资格审查、购买标书、编写质疑文件、进行质疑和现场踏勘、编制投标文件、封标、开标和答辩、标后总结等。同时，需要落实各参与人员的任务和职责，做到界面清晰，人尽其职。

（三）建设工程监理投标文件编制

建设工程监理投标文件反映了工程监理单位的综合实力和完成监理任务的能力，是招标人选择工程监理单位的主要依据之一。投标文件编制质量的高低，直接关系到中标可能性的大小，因此，如何编制好建设工程监理投标文件是工程监理单位投标的首要任务。

1. 投标文件编制原则

（1）响应招标文件，保证不被废标。建设工程监理投标文件编制的前提是要按招标文件要求的条款和内容格式编制，必须在满足招标文件要求的基本条件下，尽可能精益求精，响应招标文件实质性条款，防止废标发生。

（2）认真研究招标文件，深入领会招标文件意图。一本规范化的招标文件少则十余页，多则几十页，甚至上百页，只有全部熟悉并领会各项条款要求，事先发现不理解或前后矛盾、表述不清的条款，通过标前答疑会，解决所有发现的问题，防止因不熟悉招标文件导致"失之毫厘，差之千里"的后果发生。

（3）投标文件要内容详细、层次分明、重点突出。完整、规范的投标文件，应尽可能将投标人的想法、建议及自身实力叙述详细，做到内容深入而全面。为了尽可能让招标人或评标专家在很短的评标时间内了解投标文件内容及投标单位实力，就要在投标文件的编制上下功夫，做到层次分明，表达清楚，重点突出。投标文件体现的内容要针对招标文件评分办法的重点得分内容，如企业业绩、人员素质及监理大纲中建设工程目标控制要点等，要有意识地说明和标设，并在目录上专门列出或在编辑包装中采用装饰手法等，力求起到加深印象的作用，这样做会起到事半功倍的效果。

2. 投标文件编制依据

（1）国家及地方有关建设工程监理投标的法律法规及政策。必须以国家及地方有关建设工程监理投标的法律法规及政策为准绳编制建设工程监理投标文件，否则，可能会造成投标文件的内容与法律法规及政策相抵触，甚至造成废标。

（2）建设工程监理招标文件。工程监理投标文件必须对招标文件做出实质性响应，而且其内容尽可能与建设单位的意图或建设单位的要求相符合。越是能够贴切满足建设单位需求的投标文件，则越会受到建设单位的青睐，其获取中标的概率也相对较高。

（3）企业现有的设备资源。编制建设工程监理投标文件时，必须考虑工程监理单位现有的设备资源。要根据不同监理标的具体情况进行统一调配,尽可能将工程监理单位现有可动用的设备资源编入建设工程监理投标文件,提高投标文件的竞争实力。

（4）企业现有的人力及技术资源。工程监理单位现有的人力及技术资源主要表现为有精通所招标工程的专业技术人员和具有丰富经验的总监理工程师、专业监理工程师、监理员有工程项目管理、设计及施工专业特长,能帮助建设单位协调解决各类工程技术难题的能力拥有同类建设工程监理经验在各专业有一定技术能力的合作伙伴,必要时可联合向建设单位提供咨询服务。此外,应当将工程监理单位内部现有的人力及技术资源优化组合后编入监理投标文件中,以便在评标时获得较高的技术标得分。

（5）企业现有的管理资源。建设单位判断工程监理单位是否能胜任建设工程监理任务,在很大程度上要看工程监理单位在日常管理中有何特长,类似建设工程监理经验如何,针对本工程有何具体管理措施等。为此,工程监理单位应当将其现有的管理资源充分展现在投标文件中,以获得建设单位的注意,从而最终获取中标。

3. 监理大纲的编制

建设工程监理投标文件的核心是反映监理服务水平高低的监理大纲,尤其是针对工程具体情况制定的监理对策,以及向建设单位提出的原则性建议等。

监理大纲一般应包括以下主要内容:

（1）工程概述。根据建设单位提供和自己初步掌握的工程信息,对工程特征进行简要描述,主要包括:工程名称、工程内容及建设规模;工程结构或工艺特点;工程地点及自然条件概况;工程质量、造价和进度控制标等。

（2）监理依据和监理工作内容:

① 监理依据:法律法规及政策;工程建设标准（包括《建设工程监理规范》GB/T 50319—2013）;工程勘察设计文件;建设工程监理合同及相关建设工程合同等。

② 监理工作内容一般包括质量控制、造价控制、进度控制、合同管理、信息管理、组织协调、安全生产管理的监理工作等。

（3）建设工程监理实施方案。建设工程监理实施方案是监理评标的重点。根据监理招标文件的要求,针对建设单位委托监理工程特点,拟定监理工作指导思想、工作计划主要管理措施、技术措施以及控制要点、拟采用的监理方法和手段、监理工作制度和流程、监理文件资料管理和工作表式、拟投入的资源等。建设单位一般会特别关注工程监理单位资源的投入:一方面是项目监理机构的设置和人员配备,包括监理人员（尤其是总监理工程师）素质、监理人员数量和专业配套情况;另一方面是监理设备配置,包括检测、办公、交通和通信等设备。

（4）建设工程监理难点、重点及合理化建议。建设工程监理难点、重点及合理化建议是整个投标文件的精髓。工程监理单位在熟悉招标文件和施工图的基础上,要按实际监理工作的开展和部署进行策划,既要全面涵盖"四控、三管、一协调"的内容,又要有针对性地提出重点工作内容、分部分项工程控制措施和方法以及合理化建议,并说明采纳这些建议将会在工程质量、造价、进度等方面产生的效益。

4. 编制投标文件的注意事项

建设工程监理招标、评标注重对工程监理单位能力的选择。因此,工程监理单位在投标时应在体现监理能力方面下功夫,应着重解决下列问题:

（1）投标文件应对招标文件内容做出实质性响应。

（2）项目监理机构的设置应合理，要突出监理人员素质，尤其是总监理工程师人选，将是建设单位重点考察的对象。

（3）应有类似建设工程监理经验。

（4）监理大纲能充分体现工程监理单位的技术、管理能力。

（5）监理服务报价应符合国家收费规定和招标文件对报价的要求，以及建设工程监理成本-利润测算。

（6）投标文件既要响应招标文件要求，又要巧妙回避建设单位的苛刻要求，同时还要避免为提高竞争力而盲目扩大监理工作范围，否则会给合同履行留下隐患。

（四）参加开标及答辩

1. 参加开标

参加开标是工程监理单位需要认真准备的投标活动，应按时参加开标，避免废标情况发生。

2. 答辩

工程监理单位要充分做好答辩前准备工作，强化工程监理人员答辩能力，提高答辩信心，积累相关经验，提升监理队伍的整体实力，包括仪表、自信心、表达力、知识储备等。平时要有计划地培训学习，逐步提高整体实战能力，并形成一整套可复制的模拟实战方案，这样才能实现专业技术与管理能力同步，做到精心准备与快速反应有机结合。答辩前、应拟定答辩的基本范围和纲领，细化到人和具体内容，组织演练，相互提问。另外，要了解对手、知己知彼、百战不殆，了解竞争对手的实力和拟定安排的总监理工程师及团队，完善自己的团队，发挥自身优势、在各组织成员配齐后，总监理工程师就可以担当答辩的组织者，以团队精神做好心理准备，有了内容心里就有了底，再调整每个人的情绪，以饱满的精神沉着应对。

（五）投标后评估

投标后评估是对投标全过程的分析和总结，对一个成熟的工程监理企业，无论建设工程监理投标成功与否，投标后评估不可缺少。投标后评估要全面评价投标决策是否正确，影响因素和环境条件是否分析全面，重难点和合理化建议是否有针对性，总监理工程师及项目监理机构成员人数、资历及组织机构设置是否合理，投标报价预测是否准确，参加开标和总监理工程师答辩准备是否充分，投标过程组织是否到位等。投标过程中任何导致成功与失败的细节都不能放过，这些细节是工程监理单位在随后投标过程中需要注意的问题。

二、建设工程监理投标策略

建设工程监理投标策略的合理制定和成功实施关键在于对影响投标因素的深入分析、招标文件的把握和深刻理解、投标策略的针对性选择、项目监理机构的合理设置、合理化建议的重视以及答辩的有效组织等环节。

（一）深入分析影响监理投标的因素

深入分析影响投标的因素是制定投标策略的前提。针对建设工程监理特点，结合中国监理行

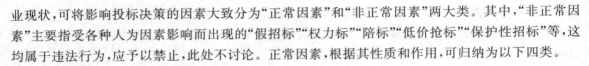

业现状,可将影响投标决策的因素大致分为"正常因素"和"非正常因素"两大类。其中,"非正常因素"主要指受各种人为因素影响而出现的"假招标""权力标""陪标""低价抢标""保护性招标"等,这均属于违法行为,应予以禁止,此处不讨论。正常因素,根据其性质和作用,可归纳为以下四类。

1. 分析建设单位(买方)

招投标是一种买卖交易,在当今建筑市场属于买方市场的情况下,工程监理单位要想中标,分析建设单位(买方)因素是至关重要的。

(1) 分析建设单位对中标人的要求和建设单位提供的条件。目前。我国建设工程监理招标文件里都有综合评分标准及评分细则,它集中反映了建设单位需求。工程监理单位应对照评分标准逐一进行自我测评,做到心中有数。特别要分析建设单位在评分细则中关于报价的分值比重,这会影响工程监理单位的投标策略。

建设单位提供的条件在招标文件中均有详细说明,工程监理单位应一一认真分析,特别是建设单位的授权和监理费用的支付条件等。

(2) 分析建设单位对工程建设资金的落实和筹措情况。

(3) 分析建设单位领导层核心人物及下层管理人员资质、能力、水平、素质等,特别是对核心人物的心理分析更为重要。

(4) 如果在建设工程监理招标时,施工单位事先已经被选定,建设单位与施工单位的关系也是工程监理单位应关心的问题之一。

2. 分析投标人(卖方)自身

(1) 根据企业当前经营状况和长远经营目标,决定是否参加建设工程监理投标。如果企业经营管理不善或因其他政治经济环境变化,造成企业生存危机,就应考虑"生存型"投标,即使不盈利甚至赔本也要投标;如果企业希望开拓市场、打入新的地区(或领域),可以考虑"竞争型"投标,即使低盈利也可投标;如果企业经营状况很好,在某些地区已打开局面,对建设单位有较好的名牌效应,信誉度较高时,可以采取。盈利型。投标,即使难度大,困难多一些,也可以参与竞争,以获取丰厚利润和社会经济效益。

(2) 根据自身能力,量力而行。就我国目前情况来看,相当多的工程监理单位或多或少处于任务不饱满的状况,有鉴于此,应尽可能积极参与投标,特别是接到建设单位邀请的项目。这主要是基于以下四点:第一,参加投标项目多,中标机会就多;第二,经常参加投标,在公众面前出现的机会就多,起到了广告宣传的作用;第三,通过参加投标,积累经验,掌握市场行情,收集信息,了解竞争对手惯用策略;第四,当建设单位邀请时,如果不参加(或不响应),于情于理都不合适,有可能会破坏信誉度,从而失去开拓市场的机会。

(3) 采用联合体投标,可以扬长补短。在现代建筑越来越大、越来越复杂的情况下,多大的企业也不可能是万能的,因此,联合是必然的,特别是加入 WTO 之后,中外监理企业的联合更是"双赢"的需要,在这种情况下,就需要对联合体合作伙伴进行深入了解和分析。

3. 分析竞争对手

商场即战场,我们的取胜就意味着对手的失败,要击败对手,就必然要对竞争者进行分析。综合起来,要从以下几个方面分析对手。

(1) 分析竞争对手的数量和实际竞争对手,以往同类工程投标竞争的结果,竞争对手的实力等。

(2) 分析竞争对手的投标积极性。如果竞争对手面临生存危机,势必采用"生存型"投标策略;如果竞争者是作为联合体投标,势必采用"盈利型"投标策略。总之,要分析竞争对手的发展目标、经营策略、技术实力、以往投标资料、社会形象及目前建设工程监理任务饱满度等,判断其投标积极性,进而调整自己的投标策略。

(3) 了解竞争对手决策者情况。在分析竞争对手的同时,详细了解竞争对手决策者年龄、文化程度、心理状态、性格特点及其追求目标,从而可以推断其在投标过程中的应变能力和谈判技巧,根据其在建设单位心目中留下的印象,调整自己的投标策略和技巧。

4. 分析环境和条件

(1) 要分析施工单位。施工单位是建设工程监理最直接、至关重要的环境条件,如果一个信誉不好、技术力量薄弱、管理水平低下的施工单位作为被监理对象,不仅管理难度大、费人费时,而且由工程监理单位来承担其工作失误所带来的风险也就比较大。如果这类施工单位再与建设单位关系暧昧,建设工程监理工作难度将大幅增加。此外,要特别注意了解施工单位履行合同的能力,从而制定有针对性的监理策略和措施。

(2) 要分析工程难易程度。

(3) 要分析水文、气候、地形地貌等自然条件及工作环境的艰苦程度。

(4) 要分析设计单位的水平和人员素质。

(5) 要分析工程所在地社会文化环境,特别是当地政府与人民群众的态度等。

(6) 要分析工程条件和环境风险。

项目监理机构设置、人员配备、交通和通信设备的购置、工作生活的安置以及所需费用列支,都离不开对上述环境和条件的分析。

(二) 把握和深刻理解招标文件精神

招标文件是建设单位对所需服务提出的要求,是工程监理单位编制投标文件的依据。因此,把握和深刻理解招标文件精神是制定投标策略的基础。工程监理单位必须详细研究招标文件,吃透其精神,才能在编制投标文件中全面、最大程度、实质性地响应招标文件的要求。

在领取招标文件时,应根据招标文件目录仔细检查其是否有缺页、字迹模糊等情况。若有,应立即或在招标文件规定的时间内,向招标人换取完整无误的招标文件。

研究招标文件时,应先了解工程概况、工期、监理工作范围与内容、监理目标要求等。如对招标文件有疑问需要解释的,要按招标文件规定的时间和方式,及时向招标人提出询问。招标文件的书面修改也是招标文件的组成部分,投标单位也应予以重视。

(三) 选择有针对性的监理投标策略

由于招标内容不同、投标人不同,所采取的投标策略也不相同,下面介绍几种常用的投标策略,投标人可根据实际情况进行选择。

1. 以信誉和口碑取胜

工程监理单位依靠其在行业和客户中长期形成的良好信誉和口碑,争取招标人的信任和支持,不参与价格竞争,这个策略适用于特大、代表性或有重大影响力的工程,这类工程的招标人注重工程监理单位的服务品质,对价格因素不是很敏感。

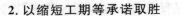
2. 以缩短工期等承诺取胜

程监理单位如对某类工程的工期很有信心,可做出对招标人有力的保证,靠此吸引招标人的注意。同时,工程监理单位需向招标人提出保证措施和惩罚性条款,确保承诺的可实施性。此策略适用于建设单位对工期等因素比较敏感的工程。

3. 以附加服务取胜

目前,随着建设工程复杂性程度的加大,招标人对前期配套、设计管理等外延的服务需求越来越强烈,但招标人限于工程概算的限制,没有额外的经费聘请能提供此类服务的项目管理单位,如工程监理单位具有工程咨询、工程设计、招标代理、造价咨询及其他相关的资质,可在投标过程中向招标人推介此项优势。此策略适用于工程项目前期建设较为复杂,招标人组织结构不完善,专业人才和经验不足的工程。

4. 适应长远发展的策略

其目的不在于当前招标工程上获利。而着眼于发展,争取将来的优势,如为了开辟新市场、参与某项有代表意义的工程等,宁可在当前招标工程中以微利甚至无利价格参与竞争。

(四)充分重视项目监理机构的合理设置

充分重视项目监理机构的设置是实现监理投标策略的保证。由于监理服务性质的特殊性,监理服务的优劣不仅依赖于监理人员是否遵循规范化的监理程序和方法,更取决于监理人员的业务素质、经验、分析问题、判断问题和解决问题的能力以及风险意识。因此,招标人会特别注重项目监理机构的设置和人员配备情况。工程监理单位必须选派与工程要求相适应的总监理工程师、配备专业齐全、结构合理的现场监理人员。具体操作中应特别注意以下内容。

(1)项目监理机构成员应满足招标文件要求。有必要的话,可提交一份,工程监理单位支撑本工程的专家名单。

(2)项目监理机构人员名单应明确每一位监理人员的姓名、性别。年龄、专业、职称、拟派职务、资格等,并以横道图形式明确每一位监理人员拟派驻现场及退场时间。

(3)总监理工程师应具备同类建设工程监理经验、有良好的组织协调能力。若工程项目复杂或者考虑特殊管理需求,可考虑配备总监理工程师代表。

(4)对总监理工程师及其他监理人员的能力和经验介绍要尽量做到翔实——重点说明现有人员配备对完成建设工程监理任务的适应性和针对性等。

(五)重视提出合理化建议

招标人往往会比较关心投标人此部分内容,借此了解投标人的专业技术能力、管理水平,以及投标人对工程的熟悉程度和关注程度等,从而提升招标人对工程监理单位承担和完成监理任务的信心。因此,重视提出合理化建议是促进投标策略实现的有力措施。

(六)有效地组织项目监理团队答辩

项目监理团队答辩的关键是总监理工程师的答辩,而总监理工程师是否成功答辩已成为招标人和评标委员会选择工程监理单位的重要依据。因此,有效地组织总监理工程师及项目监理团队答辩已成为促进投标策略实现的有力措施,可以大大提升工程监理单位的中标率。

总监理工程师参加答辩会,应携带答辩提纲和主要参考资料。另外、还应带上笔和笔记本,以便将专家提出的问题记录下来。在进行充分准备的基础上,要树立信心,消除紧张慌乱心理,才能在答辩时有良好表现。答辩时要集中注意力,认真聆听,并将问题记在笔记本上,仔细推敲问题的要害和本质,切忌未弄清题意就匆忙作答。要充满自信地以流畅的语言和肯定的语气将自己的见解讲述出来。回答问题,一要抓住要害、简明扼要;二要力求客观、全面、辩证,留有余地三要条理清晰,层次分明。如果对问题中有些概念不太理解,可以请提问专家做些解释,或者将自己对问题的理解表达出来,并问清是不是该意思,得到确认后再作答。

案例分析

案例 3-1

某建设项目,采用公开招标方式,业主邀请了5家投标人参加投标;5家投标人在规定的投标截止时间(5月10日)前都交送了标书,5月15日组织了开标;开标由市建设局主持;市公证处代表参加;公证处代表对各份标书审查后,认为都符合要求;评标由业主指定的评标委员会进行;评标委员会成员共6人;其中业主代表3人,其他方面专家3人。

问题:

1.找出该项目招标过程中的问题。

2.资格预审的主要内容有哪些?

3.在招标过程中,假定有下列情况发生,你如何处理?

(1)在招标文件售出后,招标人希望将其中的一个变电站项目从招标文件的工程量清单中删除,于是,在投标截止日前10天,书面通知了每一个招标文件收受人。

(2)由于该项目时间紧,招标人要求每一个投标人提交合同估价的3.0%作为投标保证金。

(3)从招标公告发出到招标文件购买截止之日的时间为6个工作日。

(4)招标人自5月20日向中标人发出中标通知,中标人于5月23日收到中标通知。由于中标人的报价比排在第二位的投标人报价稍高,于是,招标人在中标通知书发出后,与中标人进行了多次谈判,最后,中标人降低价格,于6月23日签订了合同。

4.在参加投标的5家单位中,假定有下列情况发生,你认为如何处理?

(1)A单位在投标有效期内撤销了标书。

(2)B单位提交了标书之后,于投标截止日前用电话通知招标单位其投标报价7000万元有误,多报了300万元,希望在评标时进行调整。

(3)C的投标书上只有投标人的公章。

(4)投标人D在投标函上填写的报价,大写与小写不一致。

(5)E单位没有参加标前会议。

分析解答:

1.该项目招标过程中存在的问题:

(1)采用公开招标,不能采用邀请了5家投标人参加。

(2)5月10日(投标截止时间)前都交送了标书,5月15日组织开标,违背了"开标时间与截止时间应该是同一时间"的规定。

(3)由市建设局主持不妥,开标应由招标人主持。

（4）公证处代表对各份标书审查后，应该是招标人审查。

（5）评标由业主指定的评标委员会进行不妥，一般应从评标专家库选取。

（6）评标委员会成员共 6 人，应该为 5 人以上单数，其中技术经济等方面的专家不得少于成员总数的 2/3。

2.资格预审主要有以下内容。

（1）投标单位组织机构和企业概况。

（2）近 3 年完成工程的情况。

（3）目前正在履行的合同情况。

（4）资源方面情况（财务、管理人员、劳动力、机械设备等）。

（5）其他奖惩情况。

3.在招标过程中，假定情况发生应做如下处理：

（1）招标文件修改在投标截止日前 15 天，或者延后投标截止日。

（2）投标保证金一般不超过投标报价的 2%。

（3）正确，截止之日的时间为 5 个工作日。

（4）发出中标通知到签订合同，时间为 30 天。合同谈判不能改变实质性内容。

4.在参加投标的 5 家单位中，假定情况发生，应做如下处理：

（1）A 单位在投标有效期内撤销了标书，应没收保证金。其中，投标有效期指开标时间到投标结束的时间。

（2）B 单位提交了标书之后，于投标截止日前用电话通知招标单位其投标报价 7000 万元有误，多报了 300 万元，希望在评标时进行调整；虽然在评标进行时不可以调整，但投标书在投标截止日前，可以修改，只是应采用书面形式。

（3）C 的投标书上只有投标人的公章做废标处理。

（4）D 单位的报价以大写为准。

（5）不处理，可将标前会议纪要给 E 单位。

案例 3-2

某建设单位相关主管部门批准，组织某建设项目全过程总承包（即 EPC 模式）的公开招标工作。根据实际情况和建设单位要求，该工程工期定为 2 年，考虑到各种因素的影响，决定该工程在基本方案确定后即开始招标，确定的招标程序如下：

（1）成立该工程招标领导机构。

（2）委托招标代理机构代理招标。

（3）发出投标邀请书。

（4）对报名参加投标者进行资格预审，并将结果通知合格的申请投标人。

（5）向所有获得投标资格的投标人发售招标文件。

（6）召开投标预备会。

（7）招标文件的澄清与修改。

（8）建立评标组织，制定标底和评标、定标办法。

（9）召开开标会议，审查投标书。

（10）组织评标。

（11）与合格的投标者进行质疑澄清。

（12）决定中标单位。

（13）发出中标通知书。

（14）建设单位与中标单位签订承发包合同。

问题：指出上述招标程序中不妥和不完善之处。

分析解答：

（1）（2）有不妥之处，应首先向招标投标办事机构提出招标申请书，再编制招标文件和标底，并报告招标投标办事机构审定。

（5）有不妥之处。不是向投标单位发售招标文件，应该是分发给各投标单位，还要设计样图、技术资料等。

（7）有不妥之处。应组织投标单位现场考察，并对招标文件答疑。

（11）有不妥之处。在招标的实际程序中并无该项内容。

实践训练

一、选择题

（一）单选题

1. 根据《招标投标法》，招标人应当自确定中标人之日起（   ）日内，向有关行政监督部门提交招标投标情况的书面报告。

A. 25　　　　　　　B. 20　　　　　　　C. 15　　　　　　　D. 10

（2016 年全国监理工程师考试试题）

2. 根据《招标投标法实施条例》，招标文件要求中标人提交履约保证金的，履约保证金不得超过中标合同金额的（   ）。

A. 10%　　　　　　B. 8%　　　　　　C. 5%　　　　　　D. 3%

（2016 年全国监理工程师考试试题）

3. 对申请参加监理投标的潜在投标人进行资格预审的目的是（   ）。

A. 排除不合格的投标人　　　　　　B. 选择实力强的投标人

C. 排除不满意的投标人　　　　　　D. 便于对投标人能力进行考察

（2016 年全国监理工程师考试试题）

4. 在建设工程监理招标中，选择工程监理单位应遵循的最重要的原则是（   ）。

A. 报价优先　　　B. 基于制度的要求　　　C. 技术优先　　　D. 基于能力的选择

（2016 年全国监理工程师考试试题）

5. 下列不属于招标公告与投标邀请书应当载明的内容的是（   ）。

A. 建设单位的名称和地址　　　　　　B. 招标项目的性质

C. 招标项目的实施地点　　　　　　D. 投标邀请函

（2015 年全国监理工程师考试试题）

6. 根据《招标投标法》，招标人和中标人应当自中标通知书发出之日起（   ）日内，按照招标文件和中标人的投标文件订立书面合同。

A. 10　　　　　　B. 15　　　　　　C. 20　　　　　　D. 30

（2014 年全国监理工程师考试试题）

7.根据《招标投标法实施条例》,潜在投标人对招标文件有异议的,应当在投标截止时间( )日前提出。

A. 2   B. 3   C. 5   D. 10

(2014年全国监理工程师考试试题)

8.根据《招标投标法实施条例》,按照国家有关规定需要履行项目审批、核准手续依法必须进行招标的项目,若采用公开招标方式的费用占项目合同金额的比例过大,可经( )认定后采用邀请招标方式。

A.项目审批、核准部门   B.建设单位

C.工程监理单位   D.建设行政主管部门

(2014年全国监理工程师考试试题)

(二)多选题(每题的选项中至少有两个正确答案)

1.根据《招标投标法》,招标投标活动中,投标人不得采取的行为包括( )。

A.相互串通投标报价   B.以低于成本的报价竞标

C.要求进行现场踏勘   D.以他人名义投标

E.以联合体方式投标

(2016年全国监理工程师考试试题)

2.根据《招标投标法实施条例》,应视为投标人相互串通投标的情形有( )。

A.互相借用投标保证金   B.投标文件由同一单位编制

C.投标保证金从统一单位账户转出   D.投标文件出现异常一致

E.有相同的类似工程业绩

(2016年全国监理工程师考试试题)

3.根据《招标投标法》,关于联合体投标的说法,正确的有( )。

A.联合体资质等级按联合体各方较高资质确定

B.联合体各方均应具备承担招标项目的相应能力

C.联合体各方应当签订共同投标协议

D.联合体各方共同投标协议应作为合同文件组成部分

E.中标的联合体各方应当共同与招标人签订合同

(2015年全国监理工程师考试试题)

4.根据《招标投标法实施条例》,可以不进行招标的情形有( )。

A.技术复杂、有特殊要求或者自然环境限制的工程

B.需要采用不可替代的专利或者专有技术的工程

C.采用招标方式的费用占项目合同金额的比例过大的工程

D.采购人依法能够自行建设的工程

E.因功能配套要求需要向原中标人采购的工程

(2015年全国监理工程师考试试题)

5.建设工程监理招标方案中需要明确的内容有( )。

A.监理招标组织   B.监理标段划分

C. 监理投标人条件 D. 监理招标工作进度

E. 监理招标程序

（2014 年全国监理工程师考试试题）

二、问答题

1. 建设工程监理招标程序有哪些？

2. 建设工程监理评标内容有哪些？

3. 建设工程监理投标文件编制内容那些？

4. 如何制定建设工程监理投标策略？

三、实训题

实训一

某投资公司建设一幢办公楼,采用公开招标方式选择施工单位,投标保证金有效期时间同投标有效期。提交投标文件截止时间为 2003 年 5 月 30 日。该公司于 2003 年 3 月 6 日发出招标公告,后有 A、B、C、D、E 等 5 家建筑施工单位参加了投标,E 单位由于工作人员疏忽于 6 月 2 日提交投标保证金。开标会于 6 月 3 日由该省建委主持,D 单位在开标前向投资公司要求撤回投标文件。经过综合评选,最终确定 B 单位中标。双方按规定签订了施工承包合同。

问题：

（1）E 单位的投标文件按要求如何处理？为什么？

（2）对 D 单位撤回投标文件的要求应当如何处理？为什么？

（3）上述招标投标程序中,有哪些不妥之处？请说明理由。

实训二

某建设项目概算已批准,项目已列入地方年度固定资产投资计划,并得到规划部门批准,根据有关规定采用公开招标确定招标程序如下,如有不妥,请改正。

1. 向建设部门提出招标申请。

2. 得到批准后,编制招标文件,招标文件中规定外地区单位参加投标需垫付工程款,垫付比例可作为评标条件;本地区单位不需要垫付工程款。

3. 对申请投标单位发出招标邀请函（4 家）。

4. 投标文件递交。

5. 由地方建设管理部门指定有经验的专家与本单位人员共同组成评标委员会。为得到有关领导的支持,各级领导占评标委员会的 1/2。

6. 召开投标预备会由地方政府领导主持会议。

7. 投标单位报送投标文件时,A 单位在投标截止时间之前 3 小时,在原报方案的基础上,又补充了降价方案,被招标方拒绝。

8. 由政府建设主管部门主持,公证处人员派人监督,召开开标会,会议上只宣读 3 家投标单位的报价（另一家投标单位退标）。

9. 由于未进行资格预审,故在评标过程中进行资格审查。

10. 评标后评标委员会将中标结果直接通知了中标单位。

11. 中标单位提出因主管领导生病等原因 2 个月后再进行签订承包合同。

第4章

建设工程监理组织与组织协调

1. 了解组织和组织结构的概念和特点、组织构成因素和组织活动基本原理，了解监理工程师组织协调时应注意的事项。

2. 掌握建设工程组织管理模式，掌握组织协调的概念、范围、层次、工作内容，掌握各级监理人员的职责。

3. 重点掌握建设项目监理模式、监理实施原则和程序、建立项目监理机构的步骤、人员配备、组织协调的方法。

4.1 组织的基本原理

组织是管理中的一项重要职能。建立精干、高效的项目监理机构并使之正常运行，是实现建设工程监理目标的前提条件。因此，组织的基本原理是监理工程师必备的基础知识。

组织理论的研究分为两个相互联系的分支学科，即组织结构学和组织行为学。组织结构学侧重于组织的静态研究，即组织是什么，其研究目的是建立一种精干、合理、高效的组织结构；组织行为学则侧重组织的动态研究，即组织如何才能够达到其最佳效果，其研究目的是建立良好的组织关系。本节重点介绍组织结构学部分。

一、组织和组织结构

1. 组织

所谓组织，就是为了使系统达到特定的目标，使全体参加者经分工与协作以及设置不同层次的权力和责任制度而构成的一种人的组合体。它含有三层意思：① 目标是组织存在的前提（目的性）；② 没有分工与协作就不是组织（协作性）；③ 没有不同层次的权力和责任制度就不能实现组织活动和组织目标（制度性）。

作为生产要素之一，组织有如下特点：其他要素可以互相替代，如增加机器设备可以替代劳动力，而组织不能替代其他要素，也不能被其他要素所替代。但是，组织可以使其他要素合理配合而增值，即可以提高其他要素的使用效益。随着现代化社会大生产的发展，随着其他生产要素复杂程度的提高，组织在提高经济效益方面的作用也越来越显著。

2. 组织结构

组织内部构成和各部分间所确立的较为稳定的相互关系和联系方式，称为组织结构。即组织中各部门或各层次之间所建立的相互关系，或是一个组织内部各要素的排列组合方式，并且用组织图和职位说明加以表示。

（1）组织结构与职权形态之间存在着一种直接的相互关系，这是因为组织结构与职位，以及职位间关系的确立密切相关，因而组织结构为职权关系提供了一定的格局。组织中的职权指的就是组织中成员间的关系，而不是某一个人的属性。职权的概念是与合法地行使基本职位的权力紧密相关的，而且是以下级服从上级的命令为基础的。

（2）组织结构与职责的关系。组织结构与组织中各部门、各成员的职责的分派直接有关。在组织中，只要有职位就有职权，而只要有职权也就有职责。组织结构为职责的分配和确定奠定了基础，而组织的管理则是以机构和人员职责为基础的，利用组织结构可以评价组织各个成员的功绩，从而使组织中的各项活动有效地开展起来。

（3）组织结构图。组织结构图是组织结构简化了的抽象模型。但是，它不能准确、完整地表

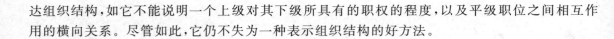

达组织结构,如它不能说明一个上级对其下级所具有的职权的程度,以及平级职位之间相互作用的横向关系。尽管如此,它仍不失为一种表示组织结构的好方法。

二、组织构成因素

组织构成一般是上小下大的形式,由管理层次、管理跨度、管理部门、管理职能四大因素组成。各因素是密切相关、相互制约的。

1. 管理层次

管理层次是指从组织的最高管理者到最基层的实际工作人员之间的等级层次的数量。

管理层次可分为三个层次,即决策层、协调层和执行层、作业层或操作层。决策层的任务是确定管理组织的目标和大政方针以及实施计划,它必须精干、高效;协调层的任务主要是参谋、咨询,其人员应有较高的业务工作能力,执行层的任务是直接调动和组织人力、财力、物力等具体活动内容,其人员应有实干精神并能坚决贯彻管理指令;作业层或操作层的任务是从事操作和完成具体任务,其人员应有熟练的作业技能。这三个层次的职能和要求不同,标志着不同的职责和权限,同时也反映出组织机构中的人数变化规律。

组织的最高管理者到最基层的实际工作人员权责逐层递减,而人数却逐层递增。

如果组织缺乏足够的管理层次将使其运行陷于无序的状态。因此,组织必须形成必要的管理层次。不过,管理层次也不宜过多,否则会造成资源和人力的浪费,也会使信息传递慢、指令走样、协调困难。

2. 管理跨度

管理跨度是指一名上级管理人员所直接管理的下级人数。在组织中,某级管理人员的管理跨度的大小直接取决于这一级管理人员所需要协调的工作量。管理跨度越大,领导者需要协调的工作量越大,管理的难度也越大。因此,为了使组织能够高效地运行,必须确定合理的管理跨度。

管理跨度的大小受很多因素影响,它与管理人员性格、才能、个人精力、授权程度以及被管理者的素质有关。此外,还与职能的难易程度、工作的相似程度、工作制度和程序等客观因素有关。确定适当的管理跨度,需积累经验并在实践中进行必要的调整。

3. 管理部门

组织中各部门的合理划分对发挥组织效应是十分重要的。如果部门划分不合理,会造成控制、协调困难,也会造成人浮于事,浪费人力、物力、财力。管理部门的划分要根据组织目标与工作内容确定,形成既有相互分工又有相互配合的组织机构。

4. 管理职能

组织设计确定各部门的职能,应使纵向的领导、检查、指挥灵活,达到指令传递快、信息反馈及时,使横向各部门间相互联系、协调一致,使各部门有职有责、尽职尽责。

三、监理组织活动基本原理

1. 要素有用性原理

一个组织系统中的基本要素有人力、物力、财力、信息、时间等,这些要素都是有作用的,但实际情况经常是有的要素作用大，有的要素作用小；有的要素起核心作用，有的要素起辅助作用；有的要素暂时不起作用，将来才有可能起作用；有的要素在某种条件下、在某一方面、在某个地方不能发挥作用，但在另一条件下、在另一方面、在另一个地方就能发挥作用。

运用要素有用性原理，首先就看到人力、物力、财力等因素在组织活动中的有用性，充分发挥各要素的作用，根据各要素作用的大、小、主、次、好、坏进行合理安排、组合和使用，做到人尽其才、才尽其利、物尽其用，尽最大可能提高各要素的有用率。

一切要素都有作用，这是要素的共性，然而要素不仅有共性，而且有个性。例如，同样是监理工程师，由于专业、知识、能力、经验等水平的差异，所起的作用也就不同。因此，管理者不但要看到一切要素都有作用，还要具体分析各要素的特殊性，以便充分发挥每一要素的作用。

2. 动态相关性原理

组织系统处在静止状态是相对的，处在运动状态则是绝对的。组织系统内部各要素之间既相互联系，又相互制约，既相互依存，又相互排斥，这种相互作用推动组织活动的进行与发展。这种相互作用的因子，称为相关因子。充分发挥相关因子的作用，是提高组织管理效应的有效途径。事物在组合过程中，由于相关因子的作用，可以发生质变。1加1可以等于2，也可以大于2，还可以小于2。"三个臭皮匠，顶个诸葛亮"，就是相关因子起了积极作用；"一个和尚挑水喝，两个和尚抬水喝，三个和尚没水喝"，就是相关因子起了内耗作用。整体效应不等于其各局部效应的简单相加，各局部效应之和与整体效应不一定相等，这就是动态相关性原理。

3. 主观能动性原理

人是有生命、有思想、有感情、有创造力的。人可以发挥主观能动性，在劳动中运用和发展前人的知识。人是生产力中最活跃的因素，组织管理者的重要任务就是要把人的主观能动性发挥出来，当能动性发挥出来后就会取得很好的效果。

4. 规律效应原理

规律是客观事物内部的、本质的、必然的联系。组织管理者在管理过程中要掌握规律，按规律办事，把注意力放在抓事物内部的、本质的、必然的联系上，以达到预期的目标，取得良好的效应。规律与效应的关系非常密切，一个成功的管理者懂得只有努力研究规律，才有取得效应的可能，而要取得好的效应，就要主动研究规律，坚决按规律办事。

4.2 建设工程监理模式

建设监理制度的实行，使工程项目建设形成了三大主体（项目业主、承建商和建设工程监理企业）结构体系。三大主体在这个体系中形成平等的关系，它们为实现工程建设项目的总目标"联结、联合、结合"在一起，形成工程项目建设的组织系统，在市场经济条件下，维持它们关系的主人是合同，工程建设项目承发包模式在很大程度上影响了工程项目建设中三大主体形成的工程建设项目组织合同。

工程建设项目承发包模式与建设工程监理模式对工程建设项目规划、控制、协调起着重要作用。不同的模式有不同的合同体系和不同的管理特点。

一、平行承发包模式条件下的监理模式选择

1. 平行承发包模式特点

所谓工程项目建设的平行承发包,是指工程建设项目的业主将工程建设项目的设计、施工,以及设备和材料采购的任务经过分解分别发包给若干个设计单位、施工单位和材料设备供应厂商,并分别与各方签订工程承包合同(或供销合同)。各设计单位之间的关系是平行的,各施工单位之间的关系也是平行的,各材料和设备供应厂商的关系也是平行的,如图 4-1 所示。

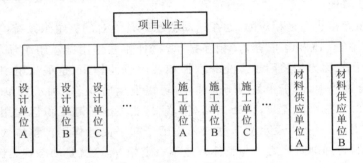

图 4-1　工程项目建设的平行承发包模式

采用这种模式首先应合理地进行工程项目建设任务的分解,然后进行分类综合,确定每个合同的发包内容,以便选择适当的承建商。

进行任务分解与确定合同数量和内容时应考虑以下因素。

1) 工程情况

工程建设项目的性质、规模、结构等是决定合同数量和内容的重要因素。规模大、范围广、业务多的工程建设项目往往比规模小、范围窄、专业单一的工程建设项目合同数量要多。工程建设项目实施时间的长短、计划的安排也对合同数量有影响。例如,对分期建设的两个单项工程,就可以考虑分成两个合同分别发包。

2) 市场情况

首先是市场结构,各类承建商的专业性质、规模大小在不同市场的分布状况不同,工程建设项目的分解发包应力求使其与市场结构相适应。其次,合同任务和内容要对市场具有吸引力。中小合同对中小承建商有吸引力,又不妨碍大承建商参与竞争。另外,还应按市场管理做法、市场范围和有关规定来决定合同内容和大小。

3) 贷款协议要求

对两个以上贷款人的情况,可能贷款人对贷款使用范围有不同要求,对贷款人资格也有不同要求等,因此,需要在拟定合同结构时予以考虑。

2. 平行承发包模式的优缺点

1) 优点

(1) 有利于缩短工期目标。由于设计和施工任务经过分解分别发包,设计与施工阶段有可能形成搭接关系,从而缩短整个工程建设项目工期。

（2）有利于质量控制。整个工程经过分解分别发包给各承建商,合同约束与相互制约使每一部分能够较好地实现质量要求。如主体与装修分别由两个施工单位承包,当主体工程不合格,装修单位不会同意在不合格的主体上进行装修的,这相当于有了他人控制,比自己控制更有约束力。

（3）有利于项目业主选择承建商。在大多数国家的工程建筑市场上,专业性强、规模小的承建商一般占较大的比例。这种模式的合同内容比较单一、合同价值小、风险小,使它们有可能参与竞争。因此,无论大型承建商还是中小型承建商都有机会竞争。业主可以在很大范围内选择承建商,为提高择优性创造了条件。

（4）有利于繁荣建设市场。这种方式给各类承建商提供承包机会和生存机会,促进了市场经济的发展和繁荣。

2）缺点

（1）合同数量多,会造成合同管理困难。合同关系复杂,使建设工程系统内结合部位数量增加,组织协调工作量大。因此,应加强合同管理的力度,加强各承建商之间的横向协调工作,沟通各种渠道,使工程有条不紊地进行。

（2）投资控制难度大。这主要表现在:一是总合同价不易确定,影响投资控制实施;二是工程招标任务量大,需控制多项合同价格,增加了投资控制难度;三是在施工过程中设计变更和修改较多,导致投资增加。

3. 平行承发包模式条件下的监理模式

与建设工程平行承发包模式相适应的监理模式有以下两种主要形式。

1）业主委托一家监理单位监理

这种监理委托模式是指业主只委托一家监理单位为其进行监理服务。这种模式要求被委托的监理单位应该具有较强的合同管理与组织协调能力,并能做好全面规划工作。监理单位的项目监理机构可以组建多个监理分支机构对各承建单位分别实施监理。在具体的监理过程中,项目总监理工程师应重点做好总体协调工作,加强横向联系,保证建设工程监理工作的有效运行。这种模式如图 4-2 所示。

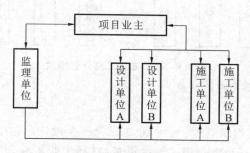

图 4-2　业主委托一家监理单位监理的模式

2）业主委托多家监理单位监理

这种监理委托模式是指业主委托多家监理单位为其进行监理服务。采用这种模式,业主分别委托几家监理单位针对不同的承建单位实施监理。由于业主分别与多个监理单位签订委托监理合同,所以各监理单位之间的相互协作与配合需要业主进行协调。采用这种模式,监理单位对象相对单一,便于管理。但建设工程监理工作被分解,各监理单位各负其责,缺少一个对建设工程进行总体规划与协调控制的监理单位。这种模式如图 4-3 所示。

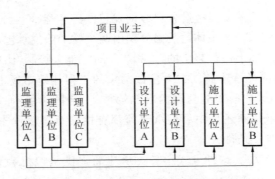

图 4-3　业主委托多家监理单位监理的模式

二、设计或施工总分包模式条件下的监理模式选择

1. 设计或施工总分包模式特点

所谓设计或施工总分包,是指业主将全部设计或施工任务发包给一个设计单位或一个施工单位作为总包单位,总包单位可以将其部分任务再分包给其他承包单位,形成一个设计总包合同或一个施工总包合同以及若干个分包合同的结构模式,如图 4-4 所示。

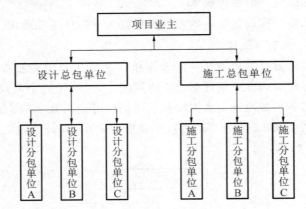

图 4-4　设计或施工总分包模式

2. 设计或施工总分包模式的优缺点

1) 优点

(1) 有利于建设工程的组织管理。由于业主只与一个设计总包单位或一个施工总包单位签订合同,工程合同数量比平行承发包模式要少得多,有利于业主的合同管理,也使业主协调工作量减少,可发挥监理与总包单位多层次协调的积极性。

(2) 有利于投资控制。总包合同价格可以较早确定,并且监理单位也易于控制。

(3) 有利于质量控制。在质量方面,既有分包单位的自控,又有总包单位的监督,还有工程监理单位的检查认可,对质量控制有利。

(4) 有利于工期控制。总包单位具有控制的积极性,分包单位之间也有相互制约的作用,有利于总体进度的协调控制,也有利于监理工程师控制进度。

2）缺点

（1）建设周期较长。由于设计图纸全部完成后才能进行施工总包的招标，不仅不能将设计阶段与施工阶段搭接，而且施工招标需要的时间也较长。

（2）总包报价可能较高。对于规模较大的建设工程来说，通常只有大型承建单位才具有总包的资格和能力，竞争相对不甚激烈；另一方面，对分包出去的工程内容，总包单位都要在分包报价的基础上加收管理费向业主报价。

3.设计或施工总分包模式条件下的监理模式

对设计或施工总分包模式，业主可以委托一家监理单位进行全过程的监理，也可以分别按照设计阶段和施工阶段委托监理单位。

虽然总包单位对承包合同承担乙方的最终责任，但监理工程师必须做好对分包单位资质的审查、确认工作。

三、项目总承包模式条件下的监理模式选择

1.项目总承包模式的特点

所谓项目总承包模式是指业主将工程设计、施工、材料和设备采购等工作全部发包给一家承包公司，由其进行实质性设计、施工和采购工作，最后向业主交出一个已达到动用条件的工程。这种发包的工程也称"交钥匙工程"，如图4-5所示。

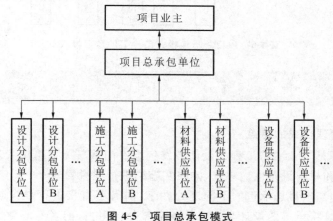

图 4-5　项目总承包模式

2.项目总承包模式的优缺点

1）优点

（1）合同关系简单，组织协调工作量小。业主只与项目总承包单位签订一个合同，合同关系大大简化。监理工程师主要与项目总承包单位进行协调。许多协调工作量转移到项目总承包单位内部及其与分包单位之间，这就使建设工程监理的协调量大为减少。

（2）缩短建设周期。由于设计与施工由一个单位统筹安排，使两个阶段能够有机地融合，一般都能做到设计阶段与施工阶段相互搭接，因此对进度目标控制有利。

（3）有利于投资控制。通过设计与施工的统筹考虑可以提高项目的经济性，从价值工程或全寿命费用的角度可以取得明显的经济效果，但这并不意味着项目总承包的价格低。

2）缺点

（1）招标发包工作难度大。合同条款不易准确确定，容易造成较多的合同争议。因此，虽然合同量最少，但是合同管理的难度一般较大。

（2）业主择优选择承包方范围小。由于承包范围大、介入项目时间早、工程信息未知数多，因此承包方要承担较大的风险，而有此能力的承包单位数量相对较少，这往往导致合同价格较高。

（3）质量控制难度大。其原因：一是质量标准和功能要求不易做到全面、具体、准确，质量控制标准制约性受到影响；二是"他人控制"机制薄弱。

3. 项目总承包模式条件下的监理模式

在项目总承包模式下，一般宜委托一家监理单位进行监理。在这种模式下，监理工程师需具备较全面的知识，做好合同管理工作，如图 4-6 所示。

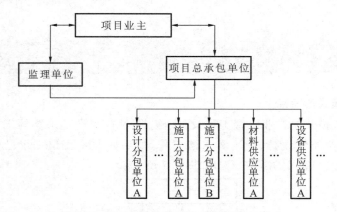

图 4-6　项目总承包模式条件下的监理模式

四、项目总承包管理模式条件下的监理模式选择

1. 项目总承包管理模式的特点

项目总承包管理是指业主将工程建设任务发包给专门从事项目组织管理的单位，再由它分包给若干设计、施工和材料设备供应单位，并在实施中进行项目管理。

项目总承包管理与项目总承包的不同之处在于：前者不直接进行设计与施工，没有自己的设计和施工力量，而是将承接的设计与施工任务全部分包出去，前者专心致力于建设工程管理。后者有自己的设计、施工实体，是设计、施工、材料和设备采购的主要力量。项目总承包管理模式如图 4-7 所示。

2. 项目总承包管理模式的优缺点

1）优点

项目总承包管理模式的优点：合同管理、组织协调比较有利，进度控制也有利。

2）缺点

（1）由于项目总承包管理单位与设计、施工单位是总包与分包关系，后者才是项目实施的基本力量，所以监理工程师对分包的确认工作就成了十分关键的问题。

（2）项目总承包管理单位自身经济实力一般比较弱，而承担的风险相对较大，因此建设工

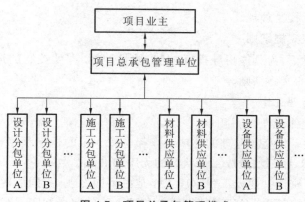

图 4-7　项目总承包管理模式

采用这种承发包模式应持慎重态度。

3. 项目总承包管理模式条件下的监理模式

在项目总承包管理模式下,一般宜委托一家监理单位进行监理,这样便于监理工程师对项目总承包管理合同和项目总承包管理单位进行分包等活动的监理。

4.3 建设工程监理实施程序与原则

一、建设工程监理实施程序

1. 确定项目总监理工程师

监理单位应根据建设工程的规模、性质、业主对监理的要求,委派称职的人员担任项目总监理工程师,代表监理单位全面负责工程的监理工作。

一般情况下,监理单位在承接工程监理任务时,在参与工程监理的投标、拟订监理方案(大纲),以及与业主商签委托监理合同时,即应选派称职的人员主持该项工作。在监理任务确定并签订委托监理合同后,该主持人即可作为项目总监理工程师。这样,项目的总监理工程师在承接任务阶段就早已经介入,从而更能了解业主的建设意图和对监理工作的要求,并能与后续工作进行更好的衔接。总监理工程师是一个建设工程监理工作的总负责人,他对内向监理单位负责,对外向业主负责。

2. 成立项目监理机构

监理机构的人员构成是监理投标书中的重要内容,是业主在评标过程中认可的,总监理工程师在组建项目监理机构时,应根据监理大纲内容和签订的委托监理合同内容组建,并在监理规划和具体实施计划执行中进行及时的调整。

3. 收集相关资料,编制建设工程监理规划

收集有关工程建设项目有关的资料,包括项目特征的有关资料、当地的政策和法规有关资料、所在地区的技术经济和建设条件,以及类似工程建设情况等有关资料。然后再根据大纲和

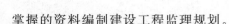

掌握的资料编制建设工程监理规划。

4. 制定各专业监理实施细则

在监理规划的指导下,为具体指导投资控制、质量控制、进度控制的进行,还需结合建设工程实际情况,制定相应的实施细则。

5. 规范化地开展监理工作

监理工作的规范化体现在以下几点:

(1)工作的时序性。这是指监理的各项工作都应按一定的逻辑顺序先后展开,从而使监理工作能有效地达到目标,而不致造成工作状态的无序和混乱。

(2)职责分工的严密性。建设工程监理工作是由不同专业、不同层次的专家群体共同来完成的,这些群体之间严密的职责分工是协调进行监理工作的前提和实现监理目标的重要保证。

(3)工作目标的确定性。在职责分工的基础上,每一项监理工作的具体目标都应是确定的,完成的时间也应有时限规定,从而能通过报表资料对监理工作及其效果进行检查和考核。

6. 参与验收,签署建设工程监理意见

建设工程施工完成后,监理单位应在正式验交前组织竣工预验收,在预验收中发现的问题,应及时与施工单位沟通,提出整改要求。监理单位应参加业主组织的工程竣工验收,签署监理单位意见。

7. 向业主提交建设工程监理档案资料

建设工程监理工作完成后,监理单位向业主提交的监理档案资料应在委托监理合同文件中约定。如在合同中没有做出明确规定,监理单位一般应提交设计变更、工程变更资料,监理指令性文件,各种签证资料等档案资料。

8. 监理工作总结

监理工作完成后,项目监理机构应及时从两个方面进行监理工作总结。其一,是向业主提交的监理工作总结,其主要内容包括:委托监理合同履行情况概述,监理任务或监理目标完成情况的评价,由业主提供的供监理活动使用的办公用房、车辆、试验设施等的清单,表明监理工作终结的说明等。其二,是向监理单位提交的监理工作总结,其主要内容包括:监理工作经验和监理工作中存在的问题及改进的建议。

二、建设工程监理实施原则

监理单位受业主委托对建设工程实施监理时,应遵守以下基本原则。

1. 公正、独立、自主的原则

监理工程师在建设工程监理中必须尊重科学、尊重事实,组织各方协同配合,维护有关各方的合法权益。为此,必须坚持公正、独立、自主的原则。业主与承建单位虽然都是独立运行的经济主体,但他们追求的经济目标有差异,监理工程师应在按合同约定的权、责、利关系的基础上,协调双方的一致性。只有按合同的约定建成工程,业主才能实现投资的目的,承建单位才能实现自己生产的产品的价值,取得工程款和实现盈利。

2. 权责一致的原则

监理工程师承担的职责应与业主授予的权限相一致。监理工程师的监理职权,依赖于业主的授权。这种权力的授予,除体现在业主与监理单位之间签订的委托监理合同之中,而且应作为业主与承建单位之间建设工程合同的合同条件。据此,监理工程师才能开展监理活动。

总监理工程师代表监理单位全面履行建设工程委托监理合同,承担合同中确定的监理方向业主方所承担的义务和责任。因此,在委托监理合同实施中,监理单位应给总监理工程师充分授权,体现权责一致的原则。

3. 总监理工程师负责制的原则

总监理工程师是工程监理全部工作的负责人。要建立和健全总监理工程师负责制,就要明确权、责、利关系,健全项目监理机构,具有科学的运行制度、现代化的管理手段,形成以总监理工程师为首的高效能的决策指挥体系。

总监理工程师负责制的内涵包括:

(1)总监理工程师是工程监理的责任主体。责任是总监量工程师负责制的核心,它构成了对总监理工程师的工作压力与动力,也是确定总监理工程师权力和利益的依据。所以总监理工程师应是向业主和监理单位所负责任的承担者。

(2)总监理工程师是工程监理的权力主体。根据总监理工程师承担责任的要求,总监理工程师全面领导建设工程的监理工作,包括组建项目监理机构,主持编制建设工程监理规划,组织实施监理活动,对监理工作总结、监督、评价。

4. 严格监理、热情服务的原则

严格监理,就是各级监理人员严格按照国家政策、法规、规范、标准和合同控制建设工程的目标,依照既定的程序和制度,认真履行职责,对承建单位进行严格监理。

监理工程师还应为业主提供热情的服务,"应运用合理的技能,谨慎而勤奋地工作"。由于业主一般不熟悉建设工程管理与技术业务,监理工程师应按照委托监理合同的要求多方位、多层次地为业主提供良好的服务,维护业主的正当权益。但是,不能因此而一味地向各承建单位转嫁风险,从而损害承建单位的正当经济利益。

5. 综合效益的原则

建设工程监理活动既要考虑业主的经济效益,又必须考虑与社会效益和环境效益的有机统一。建设工程监理活动虽经业主的委托和授权才得以进行,但监理工程师应首先严格遵守国家的建设法律、法规、标准等,以高度负责的态度和责任感,既对业主负责,谋求最大的经济效益,又要对国家和社会负责,取得最佳的综合效益。只有在符合宏观经济效益、社会效益和环境效益的条件下,业主投资项目的微观经济效益才能得以实现。

4.4 项目监理机构与监理人员职责

一、项目监理机构

监理单位与业主签订委托监理合同后,在实施建设工程监理之前,应建立项目监理机构。

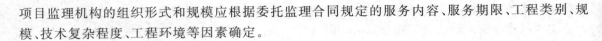

项目监理机构的组织形式和规模应根据委托监理合同规定的服务内容、服务期限、工程类别、规模、技术复杂程度、工程环境等因素确定。

（一）建立项目监理机构的步骤

监理单位在组建项目监理机构时，一般按以下步骤进行：

1. 确定项目监理机构目标

建设工程监理目标是项目监理机构建立的前提，项目监理机构的建立应根据委托监理合同中确定的监理目标，制定总目标并明确划分监理机构的分解目标。

2. 确定监理工作内容

根据监理目标和委托监理合同中规定的监理任务，明确列出监理工作内容，并进行分类归并及组合。监理工作的归并及组合应便于监理目标控制，并综合考虑监理工程的组织管理模式、工程结构特点、合同工期要求、工程复杂程度、工程管理及技术特点，还应考虑监理单位自身的管理水平、监理人员数量、技术业务特点等。

3. 设计项目监理机构的组织结构

1）选择组织结构形式

由于建设工程规模、性质、建设阶段等的不同，设计项目监理机构的组织结构时应选择适宜的组织结构形式以适应监理工作的需要。组织结构形式选择的基本原则是：有利于工程合同管理，有利于监理目标控制，有利于决策指挥，有利于信息沟通。

2）合理确定管理层次与管理跨度

项目监理机构中一般应有三个层次：

（1）决策层。决策层由总监理工程师和其他助手组成，主要根据建设工程委托监理合同的要求和监理活动内容进行科学化、程序化决策与管理。

（2）中间控制层（协调层和执行层）。中间控制层由各专业监理工程师组成，具体负责监理规划的落实，监理目标控制及合同实施的管理。

（3）作业层（操作层）。作业层（操作层）主要由监理员、检查员等组成，具体负责监理活动的操作实施。项目监理机构中管理跨度的确定应考虑监理人员的素质、管理活动的复杂性和相似性、监理业务的标准化程度、各项规章制度的建立健全情况、建设工程的集中或分散情况等，按监理工作实际需要确定。

3）划分项目监理机构部门

项目监理机构中合理划分各职能部门，应依据监理机构目标、监理机构可利用的人力和物力资源以及合同结构情况，将投资控制、进度控制、质量控制、合同管理、组织协调等监理工作内容按不同的职能活动形成相应的管理部门。

4）制定岗位职责及考核标准

岗位职务及职责的确定，要有明确的目的性，不可因人设事。根据责权一致的原则，应进行适当的授权，以承担相应的职责；并应确定考核标准，对监理人员的工作进行定期考核，包括考核内容、考核标准及考核时间。表4-1和表4-2分别为项目总监理工程师和专业监理工程师岗位职责与考核标准。

表 4-1 项目总监理工程师岗位职责与考核标准

项目	职责内容	考核要求	
		标准	时间
工作目标	1.投资控制	符合投资控制计划目标	每月(季)末
	2.进度控制	符合合同工期及总进度控制计划目标	每月(季)末
	3.质量控制	符合质量控制计划目标	工程各阶段末
基本职责	1.根据监理合同,建立和有效管理项目监理机构	1.监理组织机构科学合理; 2.监理机构有效运行	每月(季)末
	2.主持编写与组织实施监理规划;审批监理实施细则	1.对工程监理工作系统策划; 2.监理实施细则符合监理规划要求,具有可操作性	编写和审核完成后
	3.审查分包单位资质	符合合同要求	一周内
	4.监督和指导专业监理工程师对投资进度、质量进行监理;审核、签发有关文件资料;处理有关事项	1.监理工作处于正常工作状态 2.工程处于受控状态	每月(季)末
	5.做好监理过程中有关各方的协调工作	工程处于受控状态	每月(季)末
	6.主持整理建设工程的监理资料	及时、准确、完整	按合同约定

表 4-2 专业监理工程师岗位职责与考核标准

项目	职责内容	考核要求	
		标准	时间
工作目标	1.投资控制	符合投资控制分解目标	每周(月)末
	2.进度控制	符合合同工期及总进度控制分解目标	每周(月)末
	3.质量控制	符合质量控制分解目标	工程各阶段末
基本职责	1.熟悉工程情况,制定本专业监理工作计划和监理实施细则	反映专业特点,具有可操作性	实施前一个月
	2.具体负责本专业的监理工作	1.工程监理工作有序; 2.工程处于受控状态	每周(月)末
	3.做好监理机构内各部门之间的监理任务的衔接、配合工作	监理工作各负其责,相互配合	每周(月)末
	4.处理与本专业有关的问题;对投资、进度、质量有重大影响的问题应及时报告总监	1.工程处于受控状态; 2.及时、真实	每周(月)末
	5.负责与本专业有关的签证、通知、备忘录,及时向总监理工程师提交报告、报表资料等	及时、真实、准确	每周(月)末
	6.管理本专业建设工程的监理资料	及时、准确、完整	每周(月)末

5)选派监理人员

根据监理工作的任务,选择适当的监理人员,包括总监理工程师、专业监理工程师和监理员,必要时可配备总监理工程师代表。监理人员的选择除应考虑个人素质外,还应考虑人员总体构成的合理性与协调性。

4. 制定工作流程和信息流程

为使监理工作科学、有序进行,应按监理工作的客观规律制定工作流程和信息流程。

(二)项目监理机构的组织形式

项目监理机构的组织形式是指项目监理机构具体采用的管理组织结构,应根据建设工程的特点、建设工程组织管理模式、业主委托的监理任务以及监理单位自身情况而确定。常用的项目监理机构组织形式有以下几种。

1. 直线制监理组织形式

这种组织形式的特点是项目监理机构中任何一个下级只接受唯一上级的命令。各级部门主管人员对所属部门的问题负责,项目监理机构中不再另设职能部门。

这种组织形式适用于能划分为若干相对独立的子项目的大、中型建设工程。监理工程师负责整个工程的规划、组织和指导,并负责整个工程范围内各方面的指挥、协调工作;子项目监理组分别负责各子项目的目标值控制,具体领导现场专业或专项监理组的工作。如果业主委托监理单位对建设工程实施全过程监理,项目监理机构的部门还可按不同的建设阶段分解设立直线制监理组织形式。

对小型建设工程,监理单位也可以采用按专业内容分解的直线制监理组织形式。

直线制监理组织形式的主要优点是组织机构简单,权力集中,命令统一,职责分明,决策迅速,隶属关系明确。缺点是实行没有职能部门的"个人管理",这就要求总监理工程师博晓各种业务,通晓多种知识技能,成为"全能"式人物。

2. 职能制监理组织形式

职能制监理组织形式,是在监理机构内设立一些职能部门,把相应的监理职责和权力交给职能部门,各职能部门在本职能范围内有权直接指挥下级。此种组织形式一般适用于大、中型建设工程。

这种组织形式的主要优点是加强了项目监理目标控制的职能化分工,能够发挥职能机构的专业管理作用,提高管理效率,减轻总监理工程师负担。但由于下级人员受多头领导,如果上级指令相互矛盾,将使下级在工作中无所适从。

3. 直线职能制监理组织形式

直线职能制监理组织形式是吸收了直线制监理组织形式和职能制监理组织形式的优点而形成的一种组织形式。这种组织形式把管理部门和人员分为两类:一类是直线指挥部门的人员,他们拥有对下级实行指挥和发布命令的权力,并对该部门的工作全面负责;另一类是职能部门和人员,他们是直线指挥人员的参谋,他们只能对下级部门进行业务指导,而不能对下级部门直接进行指挥和发布命令。直线职能制监理组织形式如图4-8所示。

这种形式保持了直线制组织实行直线领导、统一指挥、职责清楚的优点,另一方面又保持了职能制组织目标管理专业化的优点;其缺点是职能部门与指挥部门易产生矛盾,信息传递路线长,不利于互通情报。

4. 矩阵制监理组织形式

矩阵制监理组织形式是由纵横两套管理系统组成的矩阵性组织结构,一套是纵向的职能系统,另一套是横向的子项目系统,如图 4-9 所示。

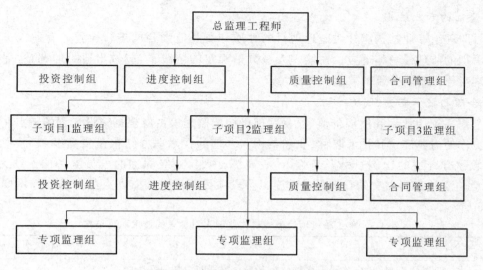

图 4-8　直线职能制监理组织形式

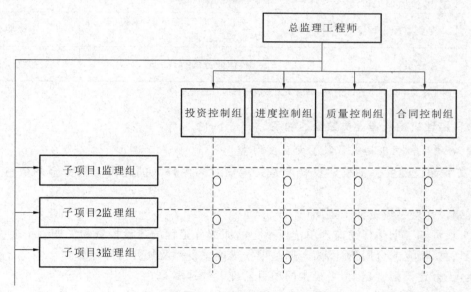

图 4-9　矩阵制监理组织形式

这种形式的优点是加强了各职能部门的横向联系,具有较大的机动性,把上下左右集权与分权实行最优的结合,有利于解决复杂难题,有利于监理人员业务能力的培养。缺点是纵横向协调工作量大,处理不当会造成扯皮现象,产生矛盾。

(三)项目监理机构的人员配备

项目监理机构中配备监理人员的数量和专业应根据监理的任务范围、内容、期限,以及工程的类别、规模、技术复杂程度、工程环境等因素综合考虑,并应符合委托监理合同中对监理深度和密度的要求,能体现项目监理机构的整体素质,满足监理目标控制的要求。

1. 项目监理机构的人员结构

1）合理的专业结构

项目监理组专业结构应针对监理项目的性质和委托监理合同进行设置。专业人员的配备要与所承担的监理任务相适应。在监理人员数量确定的情况下，应做出适当的调整，保证监理组织结构与任务智能分工的要求得到满足。

2）合理的技术职称、职称结构

为了提高管理效率和经济价值，项目监理机构的监理人员应根据建设工程的特点和建设工程监理工作的需要确定其技术职称、职称结构。合理的技术职称结构是指高级职称、中级职称和初级职称有合适的比例。根据经验，一般高级、中级、初级职称的人员配备比例约为 10%、60%、20%，另有 10% 左右的行政人员。施工阶段项目监理机构监理人员要求的技术职称结构如表 4-3 所示。

表 4-3　施工阶段项目监理机构监理人员要求的技术职称结构

层次	人员	职能	职称职务要求
决策层	总监理工程师、总监理工程师代表、专业监理工程师	项目监理的策划、规划；组织、协调、监控、评价等	高级职称
执行层/协调层	专业监理工程师	项目监理实施的具体组织、指挥、控制、协调	中级职称
作业层/操作层	监理员	具体业务的执行	初级职称

注：管理层对应的职称并不是绝对的，表中列举的是大多数项目的对应情况。

2. 项目监理机构监理人员数量的确定

1）影响项目监理机构人员数量的主要因素

（1）工程建设强度。工程建设强度是指单位时间内投入的建设工程资金的数量，用下式表示：

工程建设强度＝投资额÷工期

其中，投资和工期是指由监理单位所承担的那部分工程的建设投资和工期。一般投资费用可按工程估算、概算或合同价计算，工期是根据进度总目标及其分目标计算。

显然，工程建设强度越大，需投入的项目监理人数越多。

（2）建设工程复杂程度。根据一般工程的情况，工程复杂程度涉及以下各项因素：设计活动多少、工程地点位置、气候条件、地形条件、工程地质、施工方法、工程性质、工期要求、材料供应、工程分散程度等。

根据上述各项因素的具体情况，可将工程分为五级工程复杂等级：简单、一般、一般复杂、复杂、很复杂。工程复杂程度定级可采用定量办法：对构成工程复杂程度的每一因素通过专家评估，根据工程实际情况给出相应权重，将各影响因素的评分加权平均后根据其值的大小确定该工程的复杂程度等级。将工程复杂程度按 10 分制计评，则平均分值 1～3 分、3～5 分、5～7 分、7～9 分者依次为简单工程、一般工程、一般复杂工程和复杂工程，9 分以上为很复杂工程。

显然，简单工程需要的项目监理人员较少，而复杂工程需要的项目监理人员较多。

（3）监理单位的业务水平。每个监理单位的业务水平和对某类工程的熟悉程度不完全相同,在监理人员素质、管理水平和监理的设备手段等方面也存在差异,这都会直接影响到监理效率的高低。高水平的监理单位可以投入较少的人力完成一个建设工程的监理工作,而一个经验不多或管理水平不高的监理单位则需投入较多的监理人员。因此,各监理单位应当根据自己的实际情况制定监理人员需要量定额。

(4)项目监理机构的组织结构和任务职能分工。项目监理的组织结构情况关系到具体的监理人员配备,务必使项目监理机构任务职能分工的要求得到满足。必要时,还需要根据项目监理机构的职能分工对监理人员的配备做进一步的调整。

有时监理工作需要委托专业咨询机构或专业监测、检验机构进行,当然,项目监理机构的监理人员数量可适当减少。

(5)监理设备。监理设备越先进,配备数量越多,监理机构配备的人员就可以越少。

2)监理人员数量的确定方法

(1)测定、编制项目监理机构人员需要量定额。

(2)计算工程建设强度。

(3)确定工程复杂程度。

(4)根据工程建设强度和复杂程度套用监理人员需要量定额。

(5)根据实际情况确定监理人员数量。

二、监理人员职责

监理人员的基本职责应按照工程建设阶段和建设工程的情况确定。

施工阶段,按照《建设工程监理规范》的规定,项目总监理工程师、总监理工程师代表、专业监理工程师和监理员应分别履行以下职责:

1. 总监理工程师职责

(1)确定项目监理机构人员的分工和岗位职责。

(2)组织编写监理规划,审批监理实施细则。

(3)根据工程进展及监理工作情况调配监理人员,检查监理人员工作。

(4)组织召开监理例会。

(5)组织审核分包单位的资质。

(6)组织审查施工组织设计、(专项)施工方案。

(7)审查工程开复工报审表,签发工程开工令、暂停令和复工令。

(8)组织检查施工单位现场质量、安全生产管理体系的建立及运行情况。

(9)组织审核施工单位的付款申请,签发工程款支付证书,组织审核竣工结算。

(10)组织审查和处理工程变更。

(11)调解建设单位与施工单位的合同争议,处理工程索赔。

(12)组织验收分部工程,组织审查单位工程质量检验资料。

(13)审查施工单位的竣工申请,组织工程竣工预验收,组织编写工程质量评估报告,参与工程竣工验收。

(14)参与或配合工程质量安全事故的调查和处理。

（15）组织编写监理月报、监理工作总结，组织整理监理文件资料。

2. 总监理工程师不得将下列工作委托总监理工程师代表

（1）组织编制监理规划，审批监理实施细则。

（2）根据工程进展及监理工作情况调配监理人员。

（3）组织审查施工组织设计、（专项）施工方案。

（4）签发工程开工令、暂停令和复工令。

（5）签发工程款支付证书，组织审核竣工结算。

（6）调解建设单位与施工单位的合同争议，处理工程索赔。

（7）审查施工单位的竣工申请，组织工程竣工预验收，组织编写工程质量评估报告，参与工程竣工验收。

（8）参与或配合工程质量安全事故的调查和处理。

3. 专业监理工程师应履行以下职责

（1）参与编制监理规划，负责编制监理实施细则。

（2）审查施工单位提交的涉及本专业的报审文件，并向总监理工程师报告。

（3）参与社会分包单位资格。

（4）指导检查监理员工作，定期向总监理工程师报告本专业监理工作实施情况。

（5）检查进场的工程材料、构配件、设备的质量。

（6）验收检验批、隐蔽工程、分项工程，参与验收分部工程。

（7）处置发现的质量问题和安全事故隐患。

（8）进行工程计量。

（9）参与工程变更的审查和处理。

（10）组织编写监理日志，参与编写监理月报。

（11）收集、汇总、参与整理监理文件资料。

（12）参与工程竣工预验收和进程验收。

4. 监理员应履行以下职责

（1）检查施工单位投入工程的人力、主要设备的使用及运行状况。

（2）进行见证取样。

（3）复核工程计量有关数据。

（4）检查工序施工结果。

（5）发现工作中的问题，及时指出并向专业监理工程师报告。

4.5 组织协调

建设工程监理目标的实现，需要监理工程师扎实的专业知识和对监理程序的有效执行，此外，还要求监理工程师有较强的组织协调能力。通过组织协调，使影响监理目标实现的各方主体有机配合,使得项目体系结构均衡,监理工作实施和运行过程顺利。

一、组织协调的概念

协调就是联结、联合、调和所有的活动及力量,使各方配合得适当,其目的是促使各方协同一致,以实现预定目标。协调工作应贯穿于整个建设工程实施及其管理过程中。

建设工程系统就是一个由人员、物质、信息等构成的系统。用系统方法分析,建设工程的协调一般有三大类:一是"人员/人员界面";二是"系统/系统界面";三是"系统/环境界面"。

建设工程组织是由各类人员组成的工作班子,每个人的性格、习惯、能力、岗位、任务、作用的不同,即使只有两个人在一起工作,也有潜在的人员矛盾或危机。这种人和人之间的间隔,就是所谓的"人员/人员界面"。

建设工程系统是由若干个子项目组成的完整体系,子项目即子系统。由于子系统的功能、目标不同,容易产生各自为政的趋势和相互推诿的现象。这种子系统和子系统之间的间隔,就是所谓的"系统/系统界面"。

建设工程系统是一个典型的开放系统。它具有环境适应性,能主动从外部世界取得必要的能量、物质和信息。在取得的过程中,肯定有障碍和阻力。这种系统与环境之间的间隔,就是所谓的"系统/环境界面"。

项目监理机构的协调管理就是在"人员/人员界面""系统/系统界面""系统/环境界面"之间,对所有的活动及力量进行联结、联合、调和的工作。系统方法强调,要把系统作为一个整体来研究和处理,因为总体的作用要比各子系统的作用之和大。为了顺利实现建设工程系统目标,必须重视协调管理,发挥系统整体功能。在建设工程监理中,要保证项目的参与各方围绕建设工程开展工作,使项目目标顺利实现。组织协调工作最为重要,也最为困难,是监理工作能否成功的关键。

建设工程项目主要包含三个主要的组织系统,即项目业主、承建商和监理。而整个建设项目又处于社会的大环境中,项目的组织协调工作包括系统内部的协调,即项目业主、承建商和监理之间的协调,也包括系统的外部协调,如政府部门、金融机构、社会团体、服务单位、新闻媒体以及周边群众等的协调。系统外部协调又分为近外层协调和远外层协调。近外层和远外层的主要区别是,建设工程与近外层关联单位一般有合同关系,与远外层关联单位一般没有合同关系。

协调的目的是实现质量高、投资少、工期短的三大目标。按工程合同做好协调工作,固然为三大目标的实现创造了很好的条件,但仅有这方面的条件还不够,还需要通过更大范围的协调,创造良好的人际、组织关系,以及与政府和社团组织的良好关系等多方面的内外条件。

二、项目监理机构组织协调的工作内容

1. 项目监理机构内部的协调

1)项目监理机构内部人际关系的协调

项目监理机构是由人组成的工作体系,工作效率很大程度上取决于人际关系的协调程度,总监理工程师应首先抓好人际关系的协调。

(1)在人员安排上要量才录用。对项目监理机构各种人员,要根据每个人的专长进行安排,

做到人尽其才。人员的搭配应注意能力互补和性格互补,人员配置应尽可能少而精,防止不胜任和忙闲不均现象的发生。

(2)在工作委任上要职责分明。对项目监理机构内的每一个岗位,都应订立明确的目标和岗位责任制,做到事事有人管,人人有专责,同时明确岗位职权。

(3)在成绩评价上要实事求是。谁都希望自己的工作能做出成绩,并得到肯定。但工作成绩的取得,不仅需要主观努力,而且需要一定的工作条件和相互配合。要发扬民主作风,实事求是评价,以免人员无功自傲或有功受屈,使每个人热爱自己的工作,并对工作充满信心和希望。

(4)在矛盾调解上要恰到好处。人员之间的矛盾总是存在的,一旦出现矛盾就应进行调解,要多听取项目监理机构成员的意见,及时沟通,使人员始终处于团结、和谐、热情高涨的工作气氛之中。

2)项目监理机构内部组织关系的协调

项目监理机构是由若干部门(专业组)组成的工作体系。每个专业组都有自己的目标和任务。如果每个子系统都从建设工程的整体利益出发,理解和履行自己的职责,则整个系统就会处于有序的良性状态,否则,整个系统便处于无序的紊乱状态,导致功能失调,效率下降,项目监理机构内部组织关系的协调可从以下几个方面进行。

(1)在职能划分的基础上设置配套组织机构,根据工程对象及委托监理合同所规定的工作内容,确定职能划分,并相应设置配套的组织机构。

(2)明确规定每个部门的目标、职责和权限,最好以规章制度的形式做出明文规定。

(3)事先约定各个部门在工作中的相互关系。在工程建设中许多工作是由多个部门共同完成的,其中有主办、牵头和协作、配合之分,事先约定,才不至于出现误事、脱节等贻误工作的现象。

(4)建立信息沟通制度,及时消除工作中的矛盾或冲突。如采用工作例会、业务碰头会,发会议纪要、工作流程图或信息传递卡等方式来沟通信息,采用民主的作风,注意从心理学、行为科学的角度来激励各个成员的工作积极性;采用公开的信息政策,让大家了解建设工程实施情况、遇到的问题或危机;经常性地指导工作,和成员一起商讨遇到的问题,多倾听他们的意见、建议,鼓励大家同舟共济,这样可使局部了解全局,服从并适应全局需要。

3)项目监理机构内部需求关系的协调

建设工程监理实施中有人员需求、试验设备需求、材料需求等,而资源是有限的,因此,内部需求平衡至关重要。需求关系的协调可从以下环节进行。

(1)监理设备、材料的平衡。建设工程监理开始时,要做好监理规划和监理实施细则的编写工作,提出合理的监理资源配置,要注意抓住期限上的及时性、规格上的明确性、数量上的准确性、质量上的规定性。

(2)监理人员的平衡。要抓住调度环节,注意各专业监理工程师的配合。一个工程包括多个分部分项工程,复杂性和技术要求各不相同,这就存在监理人员配备、衔接和调度问题。如土建工程的主体阶段,主要是钢筋混凝土工程或预应力钢筋混凝土工程;设备安装阶段,材料、工艺和测试手段就不同;还有配套、辅助工程等。监理力量的安排必须考虑到工程进展情况,做出合理的安排,以保证工程监理目标的实现。

2. 项目监理机构与业主的协调

实践证明,项目监理机构监理目标的顺利实现与业主协调的好坏有很大关系。

　　我国长期的计划经济体制使得业主合同意识差、随意性大,主要体现在:一是沿袭计划经济时期的基建管理模式,搞"大统筹,小监理",在一个建设工程上,业主的管理人员要比监理人员多或管理层次多,对监理工作干涉多,并插手监理人员应做的具体工作;二是不把合同中规定的权力交给监理单位,致使监理工程师有职无权,发挥不了作用;三是科学管理体制意识差,在建设工程目标确定上压工期、压造价,在建设工程实施过程中变更多或时效不按要求,给监理工作的质量、进度、投资控制带来困难。因此,与业主的协调是监理工作的重点和难点。监理工程师应从以下方面加强与业主的协调。

　　(1)监理工程师首先要理解建设工程总目标,理解业主的意图。对未能参加项目决策过程的监理工程师,必须了解项目构思的基础、起因、出发点,否则可能对监理目标及完成任务有不完整的理解,会给工作造成很大的困难。

　　(2)利用工作之便做好监理宣传工作,增进业主对监理工作的理解,特别是对建设工程管理各方职责及监理程序的理解;主动帮助业主处理建设工程中的事务性工作,以自己规范化、标准化、制度化的工作去影响和促进双方工作的协调一致。

　　(3)尊重业主,让业主一起投入建设工程全过程。尽管有预定的目标,但建设工程实施必须执行业主的指令,使业主满意。对业主提出的某些不适当的要求,只要不属于原则问题,可采取书面报告等方式说明原委,尽量避免发生误解,以使建设工程顺利实施。

3. 项目监理机构与承包商的协调

　　监理工程师对质量、进度和投资的控制都是通过承包商的工作来实现的,所以做好与承包商的协调工作是监理工程师组织协调工作的重要内容。

　　1)坚持原则,实事求是,严格按规范、规程办事,讲究科学态度

　　监理工程师在工作中应强调各方面利益的一致性和建设工程总目标;监理工程师应鼓励承包商将建设工程实施状况、实施结果、遇到的困难和意见向他汇报,以寻找对目标控制可能的干扰。双方了解得越多越深刻,监理工作中的对抗和争执就越少。

　　2)协调不仅是方法、技术问题,更多的是语言艺术、感情交流和用权适度的问题

　　有时尽管协调意见是正确的,但由于方式或表达不妥,反而会激化矛盾。而高超的协调能力则往往能起到事半功倍的效果,令各方面都满意。

　　3)施工阶段的协调工作

　　(1)与承包商项目经理关系的协调。从承包商项目经理及其工地工程师的角度来说,他们最希望监理工程师是公正、通情达理并容易理解别人的;希望从监理工程师处得到明确而不是含糊的指示,并且能够对他们所询问的问题给予及时的答复;希望监理工程师的指示能够在他们工作之前发出。他们可能对本本主义者以及工作方法僵硬的监理工程师最为反感。这些心理现象,作为监理工程师来说,应该非常清楚。一个既懂得坚持原则,又善于理解承包商项目经理的意见,工作方法灵活,随时可能提出或愿意接受变通办法的监理工程师肯定是受欢迎的。

　　(2)进度问题的协调。由于影响进度的因素错综复杂,因而进度问题的协调工作也十分复杂。实践中,可采用如下方法:一是业主和承包商双方共同商定一级网络计划,并由双方主要负责人签字,作为工程施工合同的附件;二是设立提前竣工奖,由监理工程师按一级网络计划节点考核,分期支付阶段工期奖,如果整个工程最终不能保证工期,由业主从工程款中将已付的阶段工期奖扣回并按合同规定予以罚款。

（3）质量问题的协调。在质量控制方面应实行监理工程师质量签字认可制度。对没有出厂证明、不符合使用要求的原材料、设备和构件，不准使用；对工序交接实行报验签证；对不合格的工程部位不予验收签字，也不予计算工程量，不予支付工程款。在建设工程实施过程中，设计变更或工程内容的增减是经常出现的，有些是合同签订时无法预料和明确规定的。对这种变更，监理工程师要认真研究，合理计算价格，与有关方面充分协商，达成一致意见，并实行监理工程师签证制度。

（4）对承包商违约行为的处理。在施工过程中，监理工程师对承包商的某些违约行为或是用了不符合合同规定的材料时，监理工程师除了立即制止外，可能还要采取相应的处理措施。遇到这种情况，监理工程师应该考虑的是自己的处理意见是否是监理权限以内的，根据合同要求，自己应该怎么做，等等。在发现质量缺陷并需要采取措施时，监理工程师必须立即通知承包商。监理工程师要有时间期限的概念，否则承包商有权认为监理工程师对已完成的工程内容是满意或认可的。

监理工程师最担心的可能是工程总进度和质量受到影响。有时，监理工程师会发现，承包商的项目经理或某个工地工程师不称职，此时明智的做法是继续观察一段时间，待掌握足够的证据时，总监理工程师可以正式向承包商发出警告。万不得已时，总监理工程师有权要求撤换承包商的项目经理或工地工程师。

（5）合同争议的协调。对工程中的合同争议，监理工程师应首先采用协商解决的方式，协商不成时才由当事人向合同管理机关申请调解。只有当对方严重违约而使自己的利益受到重大损失，而不能得到补偿时才采用仲裁或诉讼手段。如果遇到非常棘手的合同争议问题，不妨暂搁置等待时机，另谋良策。

（6）对分包单位的管理。主要是对分包单位明确合同管理范围，分层次管理。将总包合同作为一个独立的合同单元进行投资、进度、质量控制和合同管理，不直接和分包合同发生关系。对分包合同中的工程质量、进度进行直接跟踪监控，通过总包商进行调控、纠偏。分包商在施工中发生的问题，由总包商负责协调处理，必要时，监理工程师帮助协调。当分包合同条款与总包合同发生抵触时，要以总包合同条款为准。此处，分包合同不能解除总包商对总包合同所承担的任何责任和义务。分包合同发生的索赔问题，一般由总包商负责，涉及总包合同中业主义务和责任时，由总包商通过监理工程师向业主提出索赔，由监理工程师进行协调。

（7）处理好人际关系。在监理过程中，监理工程师处于一种十分特殊的位置。业主希望得到独立、专业的高质量服务，而承包商则希望监理单位能对合同条件有一个公正的解释。因此，监理工程师必须善于处理各种人际关系，既要严格遵守职业道德，礼貌而坚决地拒收任何礼物，以保证行为的公正性；也要利用各种机会增进与各方面人员的友谊与合作，以利于工程的进展。否则，便有可能引起业主或承包商对其可依赖程度的怀疑。

4. 项目监理机构与设计单位的协调

监理单位必须协调与设计单位的工作，以加快工程进度，确保质量，降低消耗。

（1）真诚尊重设计单位的意见。例如：组织设计单位向承包商介绍工程概况、设计意图、技术要求、施工难点等，把标准过高、设计遗漏、图纸差错等问题解决在施工之前；施工阶段，严格按图施工；结构工程验收、专业工程验收、竣工验收等工作，约请设计代表参加；若发生质量事故，认真听取设计单位的处理意见，等等。

（2）施工中发现设计问题，应及时向设计单位提出，以免造成大的直接损失；若监理单位掌握比原设计更先进的新技术、新工艺、新材料、新结构、新设备时，可主动向设计单位推荐。为使设计单位有修改设计的余地而不影响施工进度，可与设计单位达成协议，限定一个期限，争取设计单位、承包商的理解和配合。

（3）注意信息传递的及时性和程序性。监理工程师联系单、设计单位申报表或设计变更通知单传递，要按设计单位（经业主同意）—监理单位—承包商之间的程序进行。

这里要注意的是，在施工监理的条件下，监理单位主要是和设计单位做好交流工作，协调要靠业主的支持。设计单位应就其设计质量对建设单位负责，因此《建筑法》指出：工程监理人员发现工程设计不符合建筑工程质量标准或者合同约定的质量要求的，应当报告建设单位要求设计单位改正。

5. 项目监理机构与政府部门及其他单位的协调

一个建设工程的开展还存在政府部门及其他单位的影响，如政府部门、金融组织、社会团体、新闻媒介等，它们对建设工程起着一定的控制、监督、支持、帮助作用，这些关系若协调不好，建设工程实施也可能严重受阻。

1）与政府部门的协调

（1）工程质量监督站是由政府授权的工程质量监督的实施机构，对委托监理的工程，质量监督站主要是核查勘察设计、施工单位的资质和工程质量检查。监理单位在进行工程质量控制和质量问题处理时应做好与工程质量监督站的交流和协调。

（2）重大质量事故，在承包商采取急救、补救措施的同时，应敦促承包商立即向政府有关部门报告情况，接受检查和处理。

（3）建设工程合同应送公证机关公证，并报政府建设管理部门备案；征地、拆迁、移民要争取政府有关部门支持和协作；现场消防设施的配置，宜请消防部门检查认可；要敦促承包商在施工中注意防止环境污染，坚持做到文明施工。

2）协调与社会团体的关系

一些大中型建设工程建成后，不仅会给业主带来效益，还会给该地区的经济发展带来好处，同时给当地人民生活带来方便，因此必然会引起社会各界关注。业主和监理单位应把握机会，争取社会各界对建设工程的关心和支持。

对本部分的协调工作，从组织协调的范围看是属于远外层的管理，监理单位有组织协调的主持权，但重要协调事项应当事先向业主报告。根据目前的工程监理实践，对外部环境协调，应由业主负责主持，监理单位主要是针对一些技术性工作协调。如业主和监理单位对此有分歧，可在委托监理合同中详细注明。

三、建设工程监理组织协调的方法

1. 会议协调法

会议协调法是建设工程监理中最常用的一种协调方法，实践中常用的会议协调法包括第一次工地会议、监理例会、专业性监理会议等。

1）第一次工地会议

（1）第一次工地会议是建设工程尚未全面展开前，履约各方相互认识、确定联络方式的会议，也是检查开工前各项准备工作是否就绪并明确监理程序的会议。

（2）第一次工地会议应在项目总监理工程师下达开工令之前举行，会议由建设单位主持召

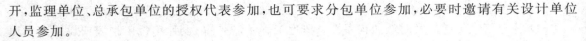

开,监理单位、总承包单位的授权代表参加,也可要求分包单位参加,必要时邀请有关设计单位人员参加。

2)监理例会

(1)监理例会是由总监理工程师组织与主持,按一定程序召开的,研究施工中出现的计划、进度、质量及工程款支付等问题的工地会议。监理工程师将会议讨论的问题和决定记录下来,形成会议纪要,供与会者确认和落实。

(2)监理例会应当定期召开,宜每周召开一次。

(3)参加人包括:项目总监理工程师(也可以是总监理工程师代表)、其他有关监理人员、承包商项目经理、承包单位其他有关人员。需要时,还可邀请其他有关单位代表参加。

(4)会议的主要议题如下:① 对上次会议存在问题的解决和纪要的执行情况进行检查;② 工程进展情况;③ 对下月(或下周)的进度预测;④ 施工单位投入的人力、设备情况;⑤ 施工质量、加工订货、材料的质量与供应情况;⑥ 有关技术问题;⑦ 索赔工程款支付;⑧ 业主对施工单位提出的违约罚款要求。

(5)会议记录(或会议纪要)。会议记录由监理工程师形成纪要,经与会各方认可,然后分发给有关单位。会议纪要内容如下:① 会议地点及时间;② 出席者姓名、职务及他们代表的单位;③ 会议中发言者的姓名及所发言的主要内容;④ 决定事项;⑤ 诸事项分别由何人何时执行。

3)专业性监理会议

除定期召开工地监理例会以外,还应根据需要组织召开一些专业性协调会议,例如加工订货会、业主直接分包的工程内容承包单位与总包单位之间的协调会、专业性较强的分包单位进场协调会等,均由监理工程师主持会议。

2. 交谈协调法

在实践中,并不是所有问题都需要开会来解决,有时可采用"交谈"这一方法。交谈包括面对面的交谈和电话交谈两种形式。无论是内部协调还是外部协调,这种方法使用频率都是相当高的。其原因在于:

(1)它是一条保持信息畅通的最好渠道。由于交谈本身没有合同效力及其方便性和及时性,所以建设工程参与各方之间及监理机构内部都愿意采用这一方法。

(2)它是寻求协作和帮助的最好方法。寻求别人帮助和协作往往要及时了解对方的反应和意见,以便采取相应的对策。另外,相对于书面寻求协作,人们更难以拒绝面对面的请求。因此,采用交谈方式请求协作和帮助比采用书面方法实现的可能性要大。

(3)它是正确及时地发布工程指令的有效方法。在实践中,监理工程师一般都采用交谈方式先发布口头指令,这样,一方面可以使对方及时地执行指令,另一方面可以和对方进行交流,了解对方是否正确理解了指令。随后,再以书面形式加以确认。

3. 书面协调法

当会议或者交谈不方便或不需要时,或者需要精确地表达自己的意见时,就会用到书面协调的方法。书面协调方法的特点是具有合同效力,一般常用于以下几个方面:

(1)不需双方直接交流的书面报告、报表、指令和通知等。

(2)需要以书面形式向各方提供详细信息和情况通报的报告、信函和备忘录等。

(3)事后对会议记录、交谈内容或口头指令的书面确认。

4. 访问协调法

访问协调法主要用于外部协调中,有走访和邀访两种形式。走访是指监理工程师在建设工程施工前或施工中,对与工程施工有关的各政府部门、公共事业机构、新闻媒介或工程毗邻单位等进行访问,向他们解释工程的情况,了解他们的意见。邀访是指监理工程师邀请上述各单位(包括业主)代表到施工现场对工程进行指导性巡视,了解现场工作。因为在多数情况下,这些有关方面并不了解工程,不清楚现场的实际情况,如果进行一些不恰当的干预,会对工程产生不利影响。这个时候,采用访问法可能是一个相当有效的协调方法。

5. 情况介绍法

情况介绍法通常是与其他协调方法紧密结合在一起的,它可能是在一次会议前,或是一次交谈前,或是一次走访或邀访前向对方进行的情况介绍。形式上主要是口头的,有时也伴有书面的。介绍往往作为其他协调的引导,目的是使别人首先了解情况。因此,监理工程师应重视任何场合下的每一次介绍,要使别人能够理解你介绍的内容、问题和困难、你想得到的协助等。

6. 现场协调法

现场协调法是一种快速有效的协调方式。把有关人员带到问题现场,请当事人自己讲述产生问题的原因和解决问题的办法,同时允许相关部门提要求,使各相关人员都能感到现场出现的问题和面临的困难,促使各方统一认识,想办法尽快解决问题。如对一些扯皮问题、参建各方意见大的问题,采用现场协调法就很恰当。

7. 结构协调法

结构协调法是通过调整组织结构、健全组织职能、完善职责分工、建立制度等办法来进行协调。对待那些处于分包单位与分包单位之间、分包单位与总包单位之间的结合部的问题,以及由于分工不清、职责不明所造成的问题,应当采取结构协调的措施。

总之,组织协调是一种管理艺术和技巧,监理工程师尤其是总监理工程师需要掌握领导科学、心理学、行为科学方面的知识和技能,如激励、交际、表扬和批评的艺术、开会的艺术、谈话的艺术、谈判的艺术,等等。只有这样,监理工程师才能进行有效的协调。

案例分析

案例 4-1

坚持监理例会,做好会议纪要,搞好组织协调

某县政府综合大楼,建筑面积 23 000 平方米,虽然只有一个总包单位,但分包单位较多。在这样的情况下,为了更好地贯彻项目监理组的意图,协调总包与分包各工种之间的关系,监理例会就显得更为重要了。

现场监理组要求施工总包方的项目经理、技术负责人、各项目负责人以及各分包方的负责人参加每周例会。同时也请业主共同参与监理例会。会议汇总施工现场的实际情况,提出问题、解决问题,充分提高会方效率。

现场例会由监理主持,议程有以下几个方面:

1.由总包方汇报一周完成的工作量及安全、质量情况,提出本周计划完成的工作量。

2.各分包谈在施工过程中需解决的问题。

3.监理方着重在监控过程中发现的进度和质量问题进行分析,对施工方反映的问题,探讨

解决问题的办法。对施工方在安全生产意识上的宣传和教育。

4.业主对施工方提出的问题,给予明确答复。

问题:

1.监理方在整理"会议纪要"时要注意哪些事项?

2.开好监理例会有何作用?

分析解答:

1.整理"会议纪要"时要注意:

(1)文字简略,用词准确,措辞严谨,否则影响对"会议纪要"的理解。

(2)要分清问题的性质,脉络清楚,条理分明,避免记"流水账"。

(3)有关安全问题、安全教育事项都要记录在案,提醒各方将安全问题置于头等重要的地位,这是对监理自身的保护。

(4)要及时整理。

2.开好监理例会,做好会议纪要,有助于各方顺利地开展工作,促进工程顺利地按要求进行,并有助于树立监理的威信。目前,该县政府大楼按期顺利竣工验收,这是监理工程师在监理该工程项目过程的心得,从中感觉到组织协调的重要。

案例 4-2

做好本职工作,搞好组织协调

某实行监理的工程,建设单位与总承包单位按《建设工程施工合同(示范文本)》签订了施工合同,总承包单位按合同约定将某一专业工程分包。

施工过程中发生下列事件:

事件1:

工程开工前,总监理工程师在熟悉设计文件时发现部分设计图纸有误,即向建设单位进行了口头汇报。建设单位要求总监理工程师组织召开设计交底会,并向设计单位指出设计图纸中的错误,在会后整理会议纪要。

在工程定位放线期间,总监理工程师指派专业监理工程师审查"分包单位资格报审表"及相关资料,安排监理员到现场复验总承包单位报送的原始基准点、基准线和测量控制点。

事件2:

由建设单位负责采购的一批材料,因规格、型号与合同约定不符,施工单位不予接收保管,建设单位要求项目监理机构协调处理。

问题:

1.分别指出事件1中建设单位、总监理工程师的不妥之处,写出正确做法。

2.在事件1中,专业监理工程师在审查分包单位的资格时,应审查哪些内容?

3.针对事件2,项目监理机构应如何协调处理?

分析解答:

1.(1)建设单位要求总监理工程师组织召开设计交底会和整理会议纪要不妥。

设计交底会应由建设单位组织召开,会议纪要应由设计单位负责整理。

(2)① 口头汇报不妥,应书面汇报。② 派监理员复验不妥,应派专业监理工程师复验。

2.(1)营业执照、资质等级证书。

（2）业绩。

（3）拟分包工程的内容和范围。

（4）专职管理人员和特种作业人员的资格证、上岗证。

3.协调施工单位保管该批材料,若经设计单位确认可以使用,则该批材料可用于本工程;若不能使用,应要求退货。

案例 4-3

某第一次监理例会纪要样本

总监:×××××

×××××公司

×××××项目监理部

时间:2006 年 12 月 31 日 9 点 0 分

地点:现场办公室

参加单位:×××××（建设单位）

×××××监理有限公司

×××××建筑工程有公司限

参加人员:详见会议签到表

本次会议为第一次监理例会,由建设单位代表×××××主持,会议主要内容如下:

一、建设、施工、监理单位分别介绍各自驻现场组织机构人员及其分工

1.建设单位:×××××

现场工程师:×××××

2.监理单位:×××××

总监:×××××

水电安装监理:×××××

土建监理:×××××

安全监理:×××××

3.施工单位:×××××

项目经理:×××××

现场技术负责:×××××

质量员:×××××

安全员:×××××

施工员:×××××

资料员:×××××

材料员:×××××

二、建设单位根据委托监理合同宣布对总监理工程师的授权

建设单位宣布本工程全权委托×××××监理有限公司监理,总监理工程师×××××全面负责本工程施工阶段的进度、质量、投资、安全监理工作。

三、建设单位和总监理工程师对施工准备情况提出意见和要求

（1）项目经理、现场技术负责、质量员、安全员、施工员、资料员、材料员开工前必须到位。

（2）项目部管理人员、特殊工种作业人员岗位证书尽快报监理审核。

（3）施工单位进场机械设备尽快报验。

（4）施工单位企业资质、中标通知书、施工合同尽快报监理。

（5）施工组织设计及临时用电、桩基施工、土方开挖、井点降水、活动房搭拆、塔吊安拆、应急预案等专项施工方案尽快报验。

（6）进场施工材料、构配件尽快报验。

（7）桩基分包单位资质尽快报监理审核。

（8）施工总进度计划及现场布置总平面图尽快报监理审核。

（9）开工前其他相关资料尽快报验。

（10）建设方提出本工程工期较紧，要求施工方合理安排工期，计划2007年×月×日开工，争取春节前地下室施工完成。

（11）建设方提出基坑围护采用四周井点降水及中间一排井点降水的措施。

四、研究确定各方在施工过程中参加监理例会的主要人员

（1）建设方：现场代表。

（2）现场全体监理人员。

（3）施工单位项目部主要管理人员及分包单位主要管理人员。

五、总监理工程师进行监理交底

详见监理交底记录。

六、研究确定召开例会周期、地点

（1）例会召开周期：两周一次。

（2）时间：星期一。

（3）地点：现场会议室。

七、研究确定召开例会的主要议题

（1）检查上次例会议定事项的落实情况，分析未完事项原因。

（2）检查分析工程项目进度计划完成情况，提出下一阶段进度目标及其落实措施。

（3）检查分析工程项目质量状况，针对存在的质量问题提出改进措施。

（4）检查工程量核定及工程款支付情况。

（5）解决需要协调的有关事项。

（6）安全生产、文明施工及其他有关事宜。

参加单位会签：

×××××（建设单位）（签字和盖章）　×××××（施工单位签字盖章）

×××××（监理单位签字盖章）

案例 4-4

因施工现场管理、协调不善导致的索赔

某研究单位科研楼工程，甲方经过了解后决定直接分包给不同性质的3个公司，分别与T公司签订了土建施工合同，与S公司签订了科研设备安装合同，与D公司签订了电梯安装合同。3个合同协议中都对甲方提出了一个相同的条款，即"甲方应协调现场其他施工单位为乙方创造如垂直运输等可利用条件。"合同执行后，发生了如下事件：

1.顶层结构楼板吊装后,T公司立刻拆除塔吊,改用卷扬机运材料做屋面及装饰,D公司原计划由甲方协调使用塔吊将电梯机房设备吊上9层楼顶的设想落空后,提出用T公司的卷扬机运送,T公司提出卷扬机吨位不足,不能运送。最后,D公司只好为机房设备的吊装重新确定方案。

2.进入科研设备安装阶段后,S公司按照协议条款,把设备的垂直运输方案定在使用新装电梯这一条件上。设备到梯待运时,D公司提出不准使用,理由一是虽能运行,仍在调试阶段,二是没有帮其他人运送设备的义务。按合同时间专程从远方进场安装科研设备的人员只好等到电梯验收后才开始工作。

由于甲方没有协调好 T、S、D 三个承包单位的协作关系,T、S、D公司之间又没有合同约束,最终引起 D公司和 S公司的索赔要求,理由是"甲方没有能够按协议条款为乙方创造垂直运输条件,使乙方改变方案、推迟进度、增大了开支。"

【评析】

在一些较大的工业、科研工程中,由于专业技术能力的限制,不宜由其中一个承包单位进行统一管理时,建筑单位往往分别委托几个分单位独立签订分包合同,这就很容易造成几个分包单位同在一个现场,甚至在同一工程部位施工的情况。由于各分包单位之间没有合同关系,即使甲方代表事先考虑或采取了避免干扰的措施,但实际工程中,互相配合、协调不好的事件仍时有发生。特别是在某先导工序不能按计划进度完成时,由其他分包单位所承接的后续工序就会被迫因此而延迟进行。在多单位分包情况下,所有被迫延迟的乙方都有权向甲方提出索赔。

在实际工作中,当在同一个现场多个单位同时施工时,因施工的先后顺序,场地占用,水、电使用及现场交通等方面相互干扰、影响的问题是常见的。如果处理不当,会对整个工程产生严重的后果。只有采取由总承包单位统一负责下的分包方法,才可能避免发生这种索赔的情况。

实践训练

一、选择题

(一)单选题

1.建设工程监理的基本程序宜按( )实施。

A.编制建设工程监理大纲、监理规划、监理细则,开展监理工作

B.编制监理规划,成立项目监理机构,编制监理细则,开展监理工作

C.编制监理规划,成立项目监理机构,开展监理工作,参加工程竣工验收

D.成立项目监理机构,编制监理规划,开展监理工作,向业主提交工程监理档案资料

2.为使监理工作科学、有序进行,应按监理工作的客观规律制定工作流程和信息流程,规范化地开展监理工作建立项目监理机构的基本程序是( )。

A.任命总监理工程师,编制监理规划,制定工作流程

B.签订监理合同,任命总监理工程师,确定监理机构目标,制定工作流程

C.确定监理机构目标,确定监理工作内容,组织结构设计,制定工作流程和信息流程

D.选择组织结构形式,确定管理层次与跨度,划分监理机构部门,制定考核标准

3. 在建设工程监理组织协调方法中,最具有合同效力的是( )。

A. 访问协调法　　　B. 书面协调法　　　C. 情况介绍法　　　D. 交谈协调法

(2007年全国监理工程师考试试题)

4. 项目总承包模式的优点是( )。

A. 合同关系简单　　　　　　　　　B. 招标发包工作难度小

C. 业主择优选择承包方的范围大　　　D. 容易进行质量控制

(2009年全国监理工程师考试试题)

5. 建设工程施工实行平行发包时,若业主委托多家监理单位实施监理,则"总监理工程师单位"在监理工作中的主要职责是( )。

A. 协调、管理各承建单位的工作　　　　B. 协调、管理各监理单位的工作

C. 协调业主与各参建单位的关系　　　　D. 协调、管理各承建单位和监理单位的工作

(2009年全国监理工程师考试试题)

6. 进行项目监理机构的组织结构设计时,首先是选择组织结构形式,然后是( )。

A. 划分项目监理机构部门　　　　　　B. 确定管理层次和管理跨度

C. 制定岗位职责和考核标准　　　　　D. 安排监理人员

(2009年全国监理工程师考试试题)

7. 直线制监理组织形式的主要特点是( )。

A. 接受职能部门多头指挥,指令矛盾时,将使直线指挥部门人员无所适从

B. 统一指挥、直线领导,但职能部门与指挥部门易产生矛盾

C. 有较大的机动性和适应性,但纵横向协调工作量大

D. 组织机构简单、权力集中、命令统一、职责分明、隶属关系明确

(2009年全国监理工程师考试试题)

8. 组织设计一般应遵循的基本原则之一是( )。

A. 分权管理　　　B. 跨度适中　　　C. 责任明确　　　D. 经济效率

(2008年全国监理工程师考试试题)

9. 与建设工程平行承发包模式相比,建设工程设计或施工总分包模式的优点是( )。

A. 有利于投资控制　　　　　　　　B. 有利于质量控制

C. 有利于缩短建设周期　　　　　　D. 合同价格较低

(2008年全国监理工程师考试试题)

10. 下列关于项目监理机构组织形式的表述中,正确的是( )。

A. 职能制监理组织形式最适用于小型建设工程

B. 职能制监理组织形式具有较大的机动性和适应性

C. 直线职能制监理组织形式的缺点是职能部门与指挥部门易产生矛盾

D. 矩阵制监理组织形式的优点之一是其中任何一个下级只接受唯一上级的指令

(2008年全国监理工程师考试试题)

11. 在建设工程监理过程中,要保证项目的参与各方围绕建设工程开展工作,使项目目标顺利实现,监理单位最重要也最困难的工作是( )。

A. 合同管理　　　　B. 组织协调　　　　C. 目标控制　　　　D. 信息管理
（2008年全国监理工程师考试试题）

12. 项目监理机构的组织设计和建设工程监理实施均应遵循（　　）的原则，但两者却有着不同的内涵。

A. 集权与分权统一　　　　　　　　B. 分工与协作统一
C. 才职相称　　　　　　　　　　　D. 权责一致
（2006年全国监理工程师考试试题）

13. 某工程项目监理机构具有统一指挥、职责分明、目标管理专业化的特点，则该项目监理机构的组织形式为（　　）。

A. 直线制　　　　B. 职能制　　　　C. 直线职能制　　　　D. 矩阵制
（2006年全国监理工程师考试试题）

（二）多选题（每题的选项中至少有两个正确答案）

1. 建设工程项目总承包管理模式的特点主要有（　　）。

A. 有利于业主选择承包方　　　　B. 业主的组织协调工作量小
C. 总承包管理单位的风险较大　　D. 有利于进度控制
E. 有利于质量控制
（2009年全国监理工程师考试试题）

2. 建设工程实行施工总分包时，被监理的单位可能包括（　　）。

A. 设计总包单位　　　　　　　　B. 施工总包单位
C. 材料设备供应单位　　　　　　D. 设计分包单位
E. 施工分包单位
（2009年全国监理工程师考试试题）

3. 影响项目监理机构人员数量的主要因素有（　　）。

A. 建设工程复杂程度　　　　　　B. 工程建设强度
C. 监理单位的业务水平　　　　　D. 监理合同的要求
E. 建设工程组织管理模式
（2009年全国监理工程师考试试题）

4. 项目监理机构内部需求关系的协调主要包括对（　　）的平衡。

A. 监理设备　　B. 监理资金　　C. 监理资料　　D. 监理时间
E. 监理人员
（2009年全国监理工程师考试试题）

5. 对建设工程监理规划中项目监理机构人员配备方案审查的主要内容应当包括（　　）。

A. 组织形式是否与项目承发包模式相协调
B. 监理人员的职责分工是否合理
C. 监理人员的专业满足程度
D. 监理人员的数量满足程度

E.派驻现场人员计划是否与工程进度计划相适应

（2009年全国监理工程师考试试题）

6.组织构成需要考虑的因素包括（　　）。

A.管理层次　　　　B.管理职权　　　　C.管理职能　　　　D.管理部门

E.管理人员

（2008年全国监理工程师考试试题）

7.项目监理机构的组织形式和规模,应根据（　　）等因素确定。

A.委托监理合同的服务内容　　　　B.委托监理合同的服务期限

C.建设工程的技术复杂程度　　　　D.建设工程的类别、规模

E.建设工程的承包模式

（2008年全国监理工程师考试试题）

8.确定项目监理机构人员数量的步骤包括（　　）。

A.确定工程建设强度和工程复杂程度

B.确定项目监理机构的工作目标和工作内容

C.确定项目监理机构的管理层次及管理跨度

D.测定、编制项目监理机构监理人员需要量定额

E.套用监理人员需要量定额,并根据实际情况确定监理人员数量

（2008年全国监理工程师考试试题）

9.组织构成一般是上小下大的形式,由（　　）等因素组成。

A.管理层次　　　　B.管理制度　　　　C.管理程序　　　　D.管理部门

E.管理职能

10.对建设单位而言,平行承发包模式的主要缺点有（　　）。

A.协调工作量大　　　　B.投资控制难度大

C.不利于缩短工期　　　　D.质量控制难度大

E.选择承包方范围小

（2006年全国监理工程师考试试题）

11.项目监理机构的工作效率在很大程度上取决于人际关系的协调,总监理工程师在进行项目监理机构内部人际关系的协调时,可从（　　）等方面进行。

A.部门职能划分　　　　B.监理设备调配

C.工作职责委任　　　　D.人员使用安排

E.信息沟通制度

（2006年全国监理工程师考试试题）

12.项目监理机构的组织结构设计步骤有（　　）。

A.确定监理工作内容　　　　B.选择组织结构形式

C.确定管理层次和管理跨度　　　　D.划分项目监理机构部门

E.制定岗位职责和考核标准

（2006年全国监理工程师考试试题）

二、问答题

1. 什么是组织和组织结构？
2. 组织设计应该遵循哪些原则？
3. 组织活动的基本原理是什么？
4. 建设工程监理实施的基本原则和程序各是什么？
5. 项目监理机构中的人员如何配备？
6. 简述建立项目监理机构的步骤？
7. 什么是协调？项目监理机构协调的工作内容有哪些？
8. 组织协调的方法有哪些？
9. 谈谈作为一名监理工程师在协调中的艺术。

三、实训题

实训一

某工程施工中，施工单位对将要施工的某分部工程提出疑问，认为原设计选用图集有问题，且设计图不够详细，无法进行下一步施工。监理单位组织召开了技术方案讨论会，会议由总监理工程师主持，建设、设计、施工单位参加。

问题：

1. 会议纪要由谁整理？
2. 会议纪要主要内容有哪些？
3. 会议上出现不同意见时，会议纪要应该如何处理？
4. 会议纪要写完后如何处理？
5. 该会议纪要归档时是否应该列入监理文件？属于哪类保存期档案？

实训二

结合下面的资料，以"第一次工地会议的认识"为题写一篇短文。

资料一：

第一次工地会议是建设工程尚未全面展开、总监理工程师下达开工令前，建设单位、工程监理单位和施工单位对各自人员及分工、开工准备、监理例会的要求等情况进行沟通和协调的会议，也是检查开工前各项准备工作是否就绪，并明确监理程序的会议。

资料二：

第一次工地会议应由建设单位主持，监理单位、总承包单位授权代表参加，也可邀请分包单位代表参加，必要时可邀请有关设计单位人员参加。第一次工地会议上，总监理工程师应介绍监理工作的目标、范围和内容、项目监理机构及人员职责分工、监理工作程序、方法和措施等。

资料三：

第一次工地会议的主要作用有三点。一是相互认识，相互沟通。参加工程建设的各方，通过第一次工地会议分别介绍各自驻现场的项目组织机构、人员及其分工以及通信方式等，以便增强了解，相互配合与沟通。二是委托授权，明确职责。三是检查落实开工准备。

第 5 章

建设工程监理规划

1. 了解监理规划系列文件的构成及作用。

2. 掌握监理规划三个文件之间的关系;掌握监理规划编写的依据、要求、内容和审批程序。

3. 重点掌握监理实施细则的内容、编制要求和审核。

5.1 监理规划系列文件

一、建设工程监理工作文件的构成

建设工程监理工作文件是指监理单位投标时编制的监理大纲、监理合同签订以后编制的监理规划和专业监理工程师编制的监理实施细则。

1. 监理大纲

监理大纲又称监理方案，它是监理单位在业主开始委托监理的过程中，特别是在业主进行监理招标的过程中，为承揽到监理业务而编写的监理方案性文件。

监理企业编制监理大纲有以下两个作用：一是使业主认可监理大纲中的监理方案，从而承揽到监理业务；二是为项目监理机构今后开展监理工作制订基本的方案。为使监理大纲的内容和监理实施过程紧密结合，监理大纲的编制人员应当是监理企业经营部门或技术管理部门人员，也应包括拟定的总监理工程师。总监理工程师参与编制监理大纲有利于监理规划的编制。监理大纲的内容应当根据业主所发布的监理招标文件的要求而制定，一般来说，应该主要包括如下内容：

1）拟派往项目监理机构的监理人员情况介绍

在监理大纲中，监理企业需要介绍拟派往所承揽或投标工程的项目监理机构的主要监理人员，并对他们的资格情况进行说明。其中重点介绍拟派往投标工程的项目总监理工程师的情况，这往往决定承揽监理业务的成败。

2）拟采用的方案

监理企业应当根据业主所提供的工程信息，并结合自己为投标所初步掌握的工程资料，制订出拟采用的监理方案、工程建设各种合同的管理方案、项目监理机构在监理过程中进行组织协调的方案等。

3）将提供给业主的监理阶段性文件

在监理大纲中，监理企业还应该明确未来工程监理工作中向业主提供的阶段性监理文件，这将有助于满足业主掌握工程建设过程的需要，有利于监理企业顺利承揽建设工程的监理业务。

2. 监理规划

监理规划是监理企业接受业主委托并签订监理合同之后，在项目总监理工程师的主持下，根据委托监理合同，在监理大纲的基础上，结合工程的具体情况，广泛收集工程信息和资料的情况下制定，经监理企业技术负责人批准，用来指导项目监理机构全面开展监理工作的指导性文件。

从内容范围上来讲，监理大纲与监理规划都是围绕着整个项目监理机构所开展的监理工作来编写的，但监理规划的内容要比监理大纲更详细、更全面。

3. 监理实施细则

监理实施细则又称监理细则,它与监理规划的关系可以比作施工图设计与初步设计的关系。也就是说,监理实施细则是在监理规划的基础上,由项目监理机构的专业监理工程师针对建设工程中某一专业或某一方面的监理工作编写,并经总监理工程师批准实施的操作性文件。

监理实施细则的作用是指导本专业或本子项目具体监理业务的开展。

4. 监理大纲、监理规划、监理实施细则三者之间的关系

监理大纲、监理规划、监理实施细则是相互关联的,都是建设工程监理工作文件的组成部分,它们之间存在着明显的依赖性关系:在编写监理规划时,一定要严格根据监理大纲的有关内容来编写;在制定监理实施细则时,一定要在监理规划的指导下进行。

一般来说,监理企业开展监理活动应当编制以上工作文件,但这也不是一成不变的,就像工程设计一样。对简单的监理活动只编写监理实施细则就可以了,而有些建设工程也可以制定较详细的监理规划,而不再编写监理实施细则。

二、建设工程监理规划的作用

1. 指导项目监理机构全面开展监理工作

监理规划的基本作用就是指导项目监理机构全面开展监理工作。

建设工程监理的中心目的是协助业主实现建设工程的总目标。实现建设工程总目标是一个系统的过程。它需要制订计划,建立组织,配备合适的监理人员,进行有效的领导,实施工程的目标控制。只有系统地做好上述工作,才能完成建设工程监理的任务,实施目标控制。在实施建设监理的过程中,监理单位要集中精力做好目标控制工作。因此,监理规划需要对项目监理机构开展的各项监理工作做出全面、系统的组织和安排。它包括确定监理工作目标,制定监理工作程序,确定目标控制、合同管理、信息管理、组织协调等各项措施和确定各项工作的方法和手段。

2. 监理规划是建设监理主管机构对监理单位监督管理的依据

政府建设监理主管机构对建设工程监理单位要实施监督、管理和指导,对其人员素质、专业配套和建设工程监理业绩要进行核查和考评以确认其资质和资质等级,以使我国整个建设工程监理行业能够达到应有的水平。要做到这一点,除了进行一般性的资质管理工作之外,更重要的是通过监理单位的实际监理工作来认定它的水平。监理单位的实际水平可从监理规划和它的实施中充分地表现出来。因此,政府建设监理主管机构对监理单位进行考核时,应当十分重视对监理规划的检查,也就是说,监理规划是政府建设监理主管机构监督、管理和指导监理单位开展监理活动的重要依据。

3. 监理规划是业主确认监理单位履行合同的主要依据

监理单位如何履行监理合同,如何落实业主委托监理单位所承担的各项监理服务工作,作为监理的委托方,业主应当了解和确认监理单位的工作。同时,业主有权监督监理单位全面、认真执行监理合同。而监理规划正是业主了解和确认这些问题的最好材料,是业主确认监理单位是否履行监理合同的主要说明性文件。监理规划应当能够全面而详细地为业主监督监理合同的履行提供依据。

实际上,监理规划的前期文件(即监理大纲)是监理规划的框架性文件。而且,经由谈判确定的监理大纲应当纳入监理合同的附件之中,成为监理合同文件的组成部分。

4. 监理规划是监理单位内部考核的依据和重要的存档资料

从监理单位内部管理制度化、规范化、科学化的要求出发,需要对各项监理机构(包括总监理工程师和专业监理工程师)的工作进行考核,其主要依据是经过内部主管负责人审批的监理规划。通过考核,可以对有关监理人员的监理工作水平和能力做出客观、正确的评价,从而有利于今后在其他工程上更加合理地安排监理人员,提高监理工作效率。

从建设工程监理控制的过程可知,监理规划的内容必然随着工程的进展而逐步调整、补充和完善。它在一定程度上真实地反映了一个建设工程监理工作的全貌,是最好的监理工作过程记录。因此,它是每一家工程监理企业的重要存档资料。

5.2 监理规划的编写依据和要求

监理规划是在项目总监理工程师和项目监理机构充分分析和研究建设工程的目标、技术、管理、环境,以及参与工程建设的各方等方面的情况后制定的。监理规划要真正能起到指导项目监理机构进行监理工作的作用,监理规划中就应当有明确具体的、符合该工程要求的工作内容、工作方法、监理措施、工作程序和工作制度,并应具有可操作性。

一、建设工程监理规划编写的依据

1. 工程建设方面的法律、法规

(1)国家颁布的有关工程建设的法律、法规和政策。这是工程建设相关法律、法规的最高层次。在任何地区或任何部门进行工程建设,都必须遵守国家颁布的工程建设方面的法律、法规、政策。

(2)工程所在地或所属部门颁布的工程建设相关的法律、规定和政策。一项建设工程必须是在某一地区实施的,也必然是归属于某一部门的,这就要求工程建设必须遵守建设工程所在地颁布的工程建设相关的法规、规定和政策,同时也必须遵守工程所属部门颁布的工程建设相关规定和政策。

(3)工程建设的各种标准、规范。

2. 建设工程外部环境调查研究资料

1)自然条件方面的资料

自然条件方面的资料包括:建设工程所在地点的地质、水文、气象、地形,以及自然灾害发生情况等方面的资料。

2)社会和经济条件方面的资料

社会和经济条件方面的资料包括:建设工程所在地政治局势、社会治安、建筑市场状况、相关单位(勘察和设计单位、施工单位、材料和设备供应单位、工程咨询和建设工程监理单位)、基础设施(交通设施、通信设施、公用设施、能源设施)、金融市场情况等方面的资料。

3. 政府批准的工程建设文件

(1)政府工程建设主管部门批准的可行性研究报告、立项批文。

(2)政府规划部门确定的规划条件、土地使用条件、环境保护要求、市政管理规定。

4. 建设工程监理合同

在编写监理规划时,必须依据建设工程监理合同以下内容:建设工程监理企业和监理工程师的权利和义务,监理工作范围和内容,有关建设工程监理规划方面的要求。

5. 其他建设工程合同

在编写监理规划时,也要考虑其他建设工程合同关于业主和承建商的权利和义务的内容。

6. 业主的正当要求

根据监理企业应竭诚为客户服务的宗旨,在不超出合同职责范围的前提下,监理企业应最大限度地满足业主的正当要求。

7. 监理大纲

监理大纲中的监理组织计划,拟投入的主要监理人员,投资、进度、质量控制方案,合同管理方案,信息管理方案,定期提交给业主的监理工作阶段性成果等内容都是监理规划编写的依据。

8. 工程实施过程输出的有关工程信息

这方面的内容包括:方案设计、初步设计、施工图设计文件,工程招标投标情况,工程实施状况,重大工程变更,外部环境变化等。

二、建设工程监理规划编写的要求

1. 规划的基本构成内容应当力求统一

监理规划在总体内容组成上应力求做到统一。这是监理工作规范化、制度化、科学化的要求。

监理规划基本构成内容的确定,首先应考虑整个建设监理制度对建设工程监理的内容要求。建设工程监理的主要内容是控制建设工程的投资、工期和质量,进行建设工程合同管理,协调有关单位间的工作关系。这些内容无疑是构成监理规划的基本内容。如前所述,监理规划的基本作用是指导项目监理机构全面开展监理工作。因此,对整个监理工作的组织、控制、方法、措施等将成为监理规划必不可少的内容。这样,监理规划构成的基本内容就可以确定下来。至于某一个具体建设工程的监理规划,则要根据监理企业与业主签订的监理合同所确定的监理实际范围和深度来加以取舍。

归纳起来,建设工程监理规划的基本内容应当包括:目标规划、项目组织、监理组织、合同管理、信息管理和目标控制。这样,就可以将建设工程监理规划的内容统一起来。建设工程监理规划统一的内容应当在建设工程监理法规文件或建设工程监理合同中明确下来。例如,美国政府建设工程监理合同标准文本中就有专门的关于建设工程监理规划的条款,并且为了"监理规划编写和使用的统一和方便,对监理规划的内容组成结构特做如下考虑……"。其中,明确规定建设工程监理规划的内容由9部分组成,即工程建设项目说明、工程建设项目目标、三方义务说明、工程建设项目结构分解、组织结构、建设工程监理人员工作义务、职责关系、进度计划、协调工作程序。

2. 规划的具体内容应具有针对性

建设工程监理规划基本内容应当统一,但各项具体的内容则要有针对性。这是因为,建设工程监理规划是指导某一个特定建设工程监理工作的技术组织文件,它的具体内容应与这个建设工程相适应。由于所有建设工程都具有单件性和一次性的特点,也就是说每个建设工程都有自身的特点,而且,每一个监理企业和每一位总监理工程师对某一个具体建设工程在监理思想、监理方法和监理手段等方面都会有自己的独到之处,因此,不同的监理企业和不同的监理工程师在编写监理规划的具体内容时,必然会体现出自己鲜明的特色。或许有人会认为这样难以有效辨别建设工程监理规划编写的质量。实际上,由于建设工程监理的目的就是协助业主实现其投资目的,因此,某一个建设工程监理规划只要能够有效地对工程做好监理指导工作,能够圆满地完成所承担的建设工程监理业务,就是一个合格的建设工程监理规划。

每一个监理规划都是针对某一个具体建设工程的监理工作计划,都有它自己的投资目标、进度目标、质量目标,有它自己的项目组织形式,有它自己的监理组织机构,有它自己的目标控制措施、方法和手段、有它自己的信息管理制度、有它自己的合同管理措施。只有具有针对性,建设工程监理规划才能真正起到指导具体监理工作的作用。

3. 监理规划应当遵循建设工程的运行规律

监理规划是针对一个具体建设工程编写的,而不同的建设工程具有不同的工程特点、工程条件和运行方式。这也决定了建设工程监理规划必然与工程运行客观规律具有一致性,必须把握、遵循建设工程运行的规律。只有把握建设工程运行的客观规律,监理规划的运行才是有效的,才能实施对这项工程的有效监理。

因此,监理规划要随着建设工程的展开进行不断的补充、修改和完美。在建设工程运行的过程中,内外因素和条件不可避免地要发生变化,造成工程的实施情况偏离计划,往往需要调整计划乃至目标,这就必然造成监理规划在内容上也要相应地调整。其目的是使建设工程能够在监理规划的有效控制之下,不能让它成为脱缰的野马,变得无法驾驭。

监理规划要把握建设工程运行的客观规律,就需要不断地收集大量的编写信息。如果掌握的工程信息很少,就不可能对监理工作进行详尽的规划。例如,随着设计的不断进展工程招标方案的出台和实施,工程信息量越来越多,监理规划的内容也就越来越趋于完整。就一项建设工程的全过程监理规划来说,想一气呵成的做法是不实际的,也是不科学的,即使编写出来也是一纸空文,没有任何实施的价值。

4. 项目总监理工程师是监理规划编写的主持人

监理规划应当在项目总监理工程师主持下编写制定,这是建设工程监理实施项目总监理工程师负责制的必然要求。当然,编制好建设工程监理规划,还要充分调动整个项目监理机构中专业监理工程师的积极性,要广泛征求各专业监理工程师的意见和建议,并吸收其中水平比较高的专业监理工程师共同编写。

在监理规划编写的过程中,应当充分听取业主的意见,最大限度地满足他们的合理要求,为进一步搞好监理服务奠定基础。

作为监理企业的业务工作,在编写监理规划时还应当按照本企业界的要求进行编写。

5.监理规划一般要分阶段编写

如前所述,监理规划的内容与工程进展密切相关,没有规划信息也就没有规划内容。因此,监理规划的编写需要有一个过程,需要将编写的整个过程划分为若干个阶段。

监理规划编写阶段可按工程实施的各阶段来划分,这样,工程实施各阶段所输出的工程信息就成为相应的监理规划信息,例如,可划分为设计阶段、施工招标阶段和施工阶段。设计的前期阶段,即设计准备阶段应完成规划的总框架,并将设计阶段的监理工作进行"近细远粗"的规划,使监理规划内容与已经掌握的工程信息紧密结合;设计阶段结束,大量的工程信息能够提供出来,所以施工招标阶段监理规划的大部分内容能够落实;随着施工招标的进展,各承包单位逐步确定下来,工程施工合同逐步签订,施工阶段监理规划所需的工程信息基本齐备,足以编写出完整的施工阶段监理规划。在施工阶段,有关监理规划的主要工作是根据工程进展情况进行调整、修改,使监理规划能够动态地控制整个建设工程的正常进行。

在监理规划的编写过程中需要进行审查和修改,因此,监理规划的编写还要留出必要的审查和修改的时间。为此,应当对监理规划的编写时间事先做出明确的规定,以免编写时间过长,从而耽误了监理规划对监理工作的指导,使监理工作陷于被动和无序。

6.监理规划的表达方式应当格式化、标准化

现代科学管理应当讲究效率和效益,其表现之一就是使控制活动的表达方式格式化、标准化,从而使控制的规划显得更明确、更简洁、更直观。因此,需要选择最有效的方式和方法来表示监理规划的各项内容。比较而言,图、表和简单的文字说明应当是采用的基本方法。我国的建设监理制度应当走规范化、标准化的道路,这是科学管理与粗放型管理在具体工作上的明显区别。可以这样说,规范化、标准化是科学管理的标志之一,所以,编写建设工程监理规划各项内容时应当采用什么表格、图示,以及哪些内容需要采用简单的文字说明应当做出统一规定。

7.监理规划应该经过审核

监理规划在编写完成后需进行审核并经批准。监理企业的技术主管部门是内容审核单位,其负责人应当签认,同时,还应当按合同约定提交给业主,由业主确认并监督实施。

从监理规划编写的上述要求来看,监理规划的编写既需要由主要负责者(项目总监理工程师)主持,又需要形成编写班子。同时,项目监理机构的各部门负责人也有相关的任务和责任。监理规划涉及建设工程监理工作的各方面,所以有关部门和人员都应当关注它,使监理规划编制得科学、完备,真正发挥全面指导监理工作的作用。

三、监理规划编制的程序

监理规划编制的程序如下:

(1)签订委托监理合同及收到设计文件后开始编写。

(2)总监主持,组织编写班子,专业监理工程师参与编写。

(3)分析监理委托合同,研究监理大纲。

(4)研究监理项目实际情况。

(5)分工起草,专业监理工程师参与讨论并负责本专业内的大纲编写。

(6)总监签署后报监理企业技术负责人审核批准。

（7）在召开第一次工地会议前报送建设单位。

（8）如果实际情况或条件有很大的变化，总监组织研究修改监理规划，并按原程序报审和批准后报建设单位。

5.3 监理规划的内容及报审

一、建设工程监理规划的内容

建设工程监理规划应将委托监理合同中规定的监理单位承担的责任及监理任务具体化，并在此基础上制定实施监理的具体措施。

施工阶段建设工程监理规划通常包括以下内容。

1. 建设工程概况

建设工程概况包括以下内容：建设工程名称；建设工程地点；建设工程组成及建筑规模；主要建筑结构类型；预计工程投资总额；建设工程计划工期；工程质量要求；建设工程设计单位及施工单位名称；建设工程项目结构图与编码系统。

建设工程计划工期可以以建设工程的计划持续时间或以建设工程开、竣工的具体日历时间表示：

（1）以建设工程的计划持续时间表示：建设工程计划工期为"××个月"或"××天"；

（2）以建设工程开、竣工的具体日历时间表示：建设工程工期由××年××月××日至××年××月××日。

2. 监理工作范围

监理工作范围是指监理企业所承担的监理任务的工程范围。如果监理企业承担全部建设工程的监理任务，监理范围为全部建设工程，否则应按监理企业所承担的建设工程的建设标段或子项目划分确定建设工程监理范围。

3. 监理工作内容

1）建设工程立项阶段建设监理工作的主要内容

（1）协助业主准备工程报建手续。

（2）可行性研究咨询/监理。

（3）技术经济论证。

（4）编制建设工程投资概算。

2）设计阶段建设监理工作的主要内容

（1）结合建设工程特点，收集设计所需的技术经济资料。

（2）编写设计要求文件。

（3）组织建设工程设计方案竞赛或设计招标，协助业主选择好勘察设计单位。

（4）拟定和商谈设计委托合同内容。

（5）向设计单位提供设计所需的基础资料。

（6）配合设计单位开展技术经济分析，搞好设计方案的比选，优化设计。

（7）配合设计进度，组织设计单位与有关部门，如消防、环保、土地、人防、防汛、园林，以及供水、供电、供气、供热、电信等部门的协调工作。

（8）组织各设计单位之间的协调工作。

（9）参与主要设备、材料的选型。

（10）审核工程估算、概算、施工图预算。

（11）审核主要设备、材料清单。

（12）审核工程设计图纸。

（13）检查和控制设计进度。

（14）组织设计文件的报批。

3）施工招标阶段建设监理工作的主要内容

（1）拟订建设工程施工招标方案并征得业主同意。

（2）准备建设工程施工招标条件。

（3）办理施工招标申请。

（4）编写施工招标文件。

（5）标底经业主认可后，报送所在地方建设主管部门审核。

（6）组织建设工程施工招标工作。

（7）组织现场勘察与答疑会，回答投标人提出的问题。

（8）组织开标、评标及定标工作。

（9）协助业主与中标单位签订施工合同。

4）材料、设备采购供应的建设监理工作主要内容

对由业主负责采购供应的材料、设备等物资，监理工程师应负责制订计划，监督合同的执行和供应工作。具体内容包括：

（1）制订材料、设备供应计划和相应的资金需求计划。

（2）通过质量、价格、供货期、售后服务等条件的分析和比选，确定材料、设备等物资的供应单位。重要设备先应访问现有使用用户，并考察生产单位的质量保证体系。

（3）拟定并商签材料、设备的订货合同。

（4）监督合同的实施，确保材料、设备的及时供应。

5）施工准备阶段建设监理工作的主要内容

（1）审查施工单位选择的分包单位的资质。

（2）监督检查施工单位质量保证体系及安全技术措施，完善质量管理程序与制度。

（3）检查设计文件是否符合设计规范及标准，检查施工图纸是否能满足施工需要。

（4）协助做好优化设计和改善设计工作。

（5）参加设计单位向施工单位的技术交底。

（6）审查施工单位上报的实施性施工组织设计，重点对施工方案、劳动力、材料、机械设备的组织及保证工程质量、安全、工期和控制造价等方面的措施进行监督，并向业主提出监理意见。

（7）在单位工程开工前检查施工单位的复测资料，特别是两个相邻施工单位之间的测量资料、控制桩橛是否交接清楚，手续是否完善，质量有无问题，并对贯通测量、中线及水准桩的设置、固桩情况进行审查。

（8）对重点工程部位的中线、水平控制进行复查。

（9）监督落实各项施工条件，审批一般单项工程、单位工程的开工报告，并报业主备查。

6）施工阶段建设监理工作的主要内容

（1）施工阶段的质量控制：

① 对所有的隐蔽工程在进行隐蔽以前进行检查和办理签证，对重点工程要派监理人员驻点跟踪监理，签署重要的分项工程、分部工程和单位工程质量评定表。

② 对施工测量、放样等进行检查，对发现的质量问题应及时通知施工单位纠正，并做好监理记录。

③ 检查确认运到现场的工程材料、构件和设备质量，并应查验试验、化验报告单、出厂合格证是否齐全、合格，监理工程师有权禁止不符合质量要求的材料、设备进入工地和投入使用。

④ 监督施工单位严格按照施工规范、设计图纸要求进行施工，严格执行施工合同。

⑤ 对工程主要部位、主要环节及技术复杂工程加强检查。

⑥ 检查施工单位的工程自检工作，数据是否齐全，填写是否正确，并对施工单位质量评定自检工作做出综合评价。

⑦ 对施工单位的检验测试仪器、设备、度量衡定期检验，不定期地进行抽验，保证度量资料的准确。

⑧ 监督施工单位对各类土木和混凝土试件按规定进行检查和抽查。

⑨ 监督施工单位认真处理施工中发生的一般质量事故，并认真做好监理记录。

⑩ 对重大质量事故以及其他紧急情况，应及时报告业主。

（2）施工阶段的进度控制：

① 监督施工单位严格按施工合同规定的工期组织施工。

② 对控制工期的重点工程，审查施工单位提出的保证进度的具体措施，如发生延误，应及时分析原因，采取对策。

③ 建立工程进度台账，核对工程形象进度，按月、季向业主报告施工计划执行情况、工程进度及存在的问题。

（3）施工阶段的投资控制：

① 审查施工单位申报的月、季度计量报表，认真核对其工程数量，不超计、不漏计，严格按合同规定进行计量支付签证。

② 保证支付签证的各项工程质量合格、数量准确。

③ 建立计量支付签证台账，定期与施工单位核对清算。

④ 按业主授权和施工合同的规定审核变更设计。

7）施工验收阶段建设监理工作的主要内容

（1）督促、检查施工单位及时整理竣工文件和验收资料，受理单位工程竣工验收报告，提出监理意见。

（2）根据施工单位的竣工报告，提出工程质量检验报告。

（3）组织工程预验收，参加业主组织的竣工验收。

8）建设监理合同管理工作的主要内容

（1）拟定本建设工程合同体系及合同管理制度，包括合同草案的拟定、会签、协商、修改、审批、签署、保管等工作制度及流程。

（2）协助业主拟定工程的各类合同条款，并参与各类合同的商谈。

（3）合同执行情况的分析和跟踪管理。

（4）协助业主处理与工程有关的索赔事宜及合同争议事宜。

9）委托的其他服务

监理单位及其监理工程师受业主委托，还可承担以下几个方面的服务：

（1）协助业主办理供水、供电、供气、电信线路等申请或签订协议。

（2）协助业主制订产品营销方案。

（3）为业主培训技术人员。

4. 监理工作目标

建设监理工作目标是指监理企业所承担的建设工程的监理控制预期达到的目标。通常以建设工程的投资、进度、质量三大目标的控制值来表示。

（1）投资控制目标：以年预算为基价，静态投资为　　　万元（或合同价为　　　万元）。

（2）进度控制目标：　　　个月或自　　年　　月　　日至　　年　　月　　日。

（3）质量控制目标：建设工程质量合格及业主的其他要求。

5. 监理工作依据

（1）工程建设方面的法律、法规。

（2）政府批准的工程建设文件。

（3）建设工程监理合同。

（4）其他建设工程合同。

6. 项目监理机构的组织形式

项目监理机构的组织形式应根据建设工程监理要求选择。

项目监理机构可用组织结构图表示。

7. 项目监理机构的人员配备计划

项目监理机构的人员配备应根据建设工程监理的进程合理安排，如表 5-1 所示。

表 5-1　项目监理机构的人员配备计划

时间	3 月	4 月	5 月	…	12 月
专业监理工程师	7 人	8 人	10 人		5 人
监理员	20 人	23 人	28 人		18 人
文秘人员	3 人	3 人	4 人		3 人

8. 项目监理机构的人员岗位职责

详见第 4 章（略）。

9. 监理工作程序

监理工作程序比较简单的表达方式是监理工作流程图。一般可对不同的监理工作内容分别制定监理工作程序,例如,分包单位资质审查基本程序(见图 5-1)。

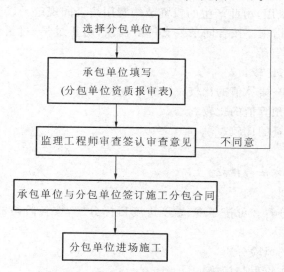

图 5-1　分包单位资质审查基本程序

10. 监理工作方法及措施

建设工程监理目标控制的方法与措施应重点围绕投资控制、进度控制、质量控制这三大控制任务展开。

1) 投资目标控制的方法与措施

(1) 投资目标分解。可按建设工程的投资费用组成分解,按年度、季度分解,按建设工程实施阶段分解,按建设工程组成分解。

(2) 投资使用计划。

投资使用计划见表 5-2。

表 5-2　投资使用计划表

工程名称	××年度				××年度				××年度				总额
	一	二	三	四	一	二	三	四	一	二	三	四	

(3) 投资目标实现的风险分析。

(4) 投资控制的工作流程与措施:

① 工作流程图。

② 投资控制的具体措施。

③ 投资控制的组织措施。建立健全的项目监理机构,完善职责分工及有关制度,落实投资控制的责任。

④ 投资控制的技术措施。在设计阶段,推行限额设计和优化设计;在招标投标阶段,合理确定标底及合同价;对材料、设备采购,通过审核施工组织设计和施工方案,使组织施工合理化。

⑤ 投资控制的经济措施。及时进行计划费用与实际费用的分析比较。对原设计或施工方案提出合理化建议并被采用,由此产生的投资节约费用按合同规定予以奖励。

⑥ 投资控制的合同措施。按合同条款支付工程款,防止过早、过量的支付。减少施工单位的索赔,正确处理索赔事宜等。

(5) 投资控制的动态比较:

① 投资目标分解值与概算值的比较。

② 概算值与施工图预算值的比较。

③ 合同价与实际投资的比较。

(6) 投资控制表格。

2) 进度目标控制的方法与措施

(1) 工程总进度计划。

(2) 总进度目标的分解。可按年度、季度进度目标分解,按各阶段的进度目标分解,按各子项目的进度目标分解。

(3) 进度目标实现的风险分析。

(4) 进度控制的工作流程与措施:

① 工作流程图。

② 进度控制的具体措施。

③ 进度控制的组织措施。落实进度控制的责任,建立进度控制协调制度。

④ 进度控制的技术措施。建立多级网络计划体系,监控承建单位的作业实施计划。

⑤ 进度控制的经济措施。对工期提前者实行奖励;对应急工程实行较高的计件单价;确保资金的及时供应等。

⑥ 进度控制的合同措施。按合同要求及时协调有关各方的进度,以确保建设工程的总体进度。

(5) 进度控制的动态比较:

① 进度目标分解值与进度实际值的比较。

② 进度目标值的预测分析。

(6) 进度控制表格。

3) 质量目标控制的方法与措施

(1) 质量控制目标的描述:

① 设计质量控制目标。

② 材料质量控制目标。

③ 设备质量控制目标。

④ 土建施工质量控制目标。

⑤ 设备安装质量控制目标。

⑥ 其他说明。

(2) 质量目标实现的风险分析。

(3) 质量控制的工作流程与措施:

① 工作流程图。

② 质量控制的具体措施。

③ 质量控制的组织措施。建立健全项目监理机构,完善职责分工,制定有关质量监督制度,

落实质量控制责任。

④ 质量控制的技术措施。协助完善质量保证体系;严格事前、事中和事后的质量检查监督。

⑤ 质量控制的经济措施及合同措施。严格质检和验收,不符合合同规定质量要求的拒付工程款;达到业主特定质量目标要求的,按合同支付质量补偿金或奖金。

(4) 质量目标状况的动态分析。

(5) 质量控制表格。

4) 合同管理的方法与措施

(1) 合同结构。可以以合同结构图的形式表示。

(2) 合同目录一览表(见表 5-3)。

表 5-3　合同目录一览表

序号	合同编号	合同名称	承包商	合同价	合同工期	质量要求

(3) 合同管理的工作流程与措施:

① 工作流程图。

② 合同管理的具体措施。

③ 合同执行状况的动态分析。

④ 合同争议调解与索赔处理程序。

⑤ 合同管理表格。

5) 信息管理的方法与措施

(1) 信息分类表(见表 5-4)。

表 5-4　信息分类表

序号	信息类别	信息名称	信息管理要求	责任人

(2) 机构内部信息流程图(见图 5-2)。

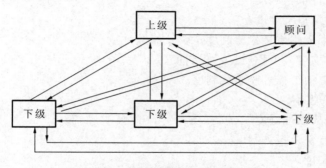

图 5-2　机构内部信息流程图

（3）信息管理的工作流程与措施：

① 工作流程图。

② 信息管理的具体措施。

（4）信息管理表格。

6）组织协调的方法与措施

（1）与建设工程有关的单位

① 建设工程系统内的单位：主要有业主、设计单位、施工单位、材料和设备供应单位、资金提供单位等。

② 建设工程系统外的单位：主要有政府建设行政主管机构、政府其他有关部门、工程毗邻单位、社会团体等。

（2）协调分析。

① 建设工程系统内的单位协调重点分析。

② 建设工程系统外的单位协调重点分析。

（3）协调工作程序。

① 投资控制协调程序。

② 进度控制协调程序。

③ 质量控制协调程序。

④ 其他方面工作协调程序。

（4）协调工作表格。

11. 监理工作制度

1）施工招标阶段

（1）招标准备工作有关制度。

（2）编制招标文件有关制度。

（3）标底编制及审核制度。

（4）合同条件拟定及审核制度。

（5）组织招标实务有关制度等。

2）施工阶段

（1）设计文件、图纸审查制度。

（2）施工图纸会审及设计交底制度。

（3）施工组织设计审核制度。

（4）工程开工申请审批制度。

（5）工程材料、半成品质量检验制度。

（6）隐蔽工程分项（部）工程质量验收制度。

（7）单位工程、单项工程总监验收制度。

（8）设计变更处理制度。

（9）工程质量事故处理制度。

（10）施工进度监督及报告制度。

（11）监理报告制度。

（12）工程竣工验收制度。

（13）监理日志和会议制度。

3）项目监理机构内部工作制度

（1）监理组织工作会议制度。

（2）对外行文审批制度。

（3）监理工作日志制度。

（4）监理周报、月报制度。

（5）技术、经济资料及档案管理制度。

（6）监理费用预算制度。

12.监理设施

（1）办公设施。

（2）交通设施。

（3）通信设施。

（4）生活设施。

根据建设工程类别、规模、技术复杂程度、建设工程所在地的环境条件，按委托监理合同的约定，配备满足监理工作要求的常规检测设备和工具（见表5-5）。

表5-5　常规检测设备和工具

序号	仪器设备名称	型号	数量	使用时间	备注

二、建设工程监理规划的报审

建设工程监理规划在编写完成后需要进行审核并经批准。监理企业的技术主管部门是内部审核单位，其负责人应当签认。监理规划审核的内容主要包括以下几个方面。

1.监理范围、工作内容及监理目标的审核

依据监理招标文件和委托监理合同，看其是否理解了业主对该工程的建设意图，监理范围、监理工作内容是否包括了全部委托的工作任务，监理目标是否与合同要求和建设意图相一致。

2.项目监理机构结构的审核

1）组织机构

在组织形式、管理模式等方面是否合理，是否结合了工程实施的具体特点，是否能够与业主的组织关系和承包方的组织关系相协调等。

2）人员配备

人员配备方案应从以下几个方面来审查。

（1）派驻监理人员的专业满足程度。应根据工程特点和委托监理任务的工作范围审查，不仅考虑专业监理工程师（如土建监理工程师、机械监理工程师等）能否满足开展监理工作的需要，而且还要看其专业监理人员是否覆盖了工程实施过程中的各种专业要求，以及高、中级职称和年龄结构的组成。

（2）人员数量的满足程度。主要审核从事监理工作人员在数量和结构上的合理性。按照我国已完成监理工作的工程资料统计测算，在施工阶段，大中型建设工程每年完成 100 万元人民币的工程量所需监理人员为 0.6～1 人，专业监理工程师、一般监理人员和行政文秘人员的结构比例为：1∶3∶1。专业类别较多的工程的监理人员数量应适当增加。

（3）专业人员不足时采取的措施是否恰当。大中型建设工程由于技术复杂、涉及的专业面宽，当监理企业的技术人员不能满足全部监理工作要求时，对拟临时聘用的监理人员的综合素质应认真审核。

（4）派驻现场人员计划表。对大中型建设工程，不同阶段对监理人员人数和专业等方面的要求不同，应对各阶段所派驻现场监理人员的专业数量计划是否与建设工程的进度计划相适应进行审核。还应平衡正在其他工程上执行监理业务的人员，是否能按照预定计划进入本工程参加监理工作。

3. 工作计划审核

在工程进展中各个阶段的工作实施计划是否合理、可行，审查其在每个阶段中如何控制建设工程目标以及组织协调的方法。

4. 投资、进度、质量控制方法的审核

对三大目标的控制方法和措施应重点审查，看其如何应用组织、技术、经济、合同措施保证目标的实现，方法是否科学、合理、有效。

5. 监理工作制度审核

监理工作制度审核主要审核监理的内、外工作制度是否健全。

5.4 监理实施细则

监理实施细则是根据监理规划，由专业监理工程师编写，并经总监理工程师批准，针对工程项目中某一专业或某一方面监理工作的操作性文件。对中型及以上或专业性较强的工程项目，项目监理机构应编制监理实施细则，而对项目规模较小技术不复杂，管理有成熟的经验和措施，并且监理规划可以起到监理实施细则的作用时，监理实施细则可不必另行编写。

一、监理实施细则的作用

1. 对业主的作用

业主与监理是委托与被委托的关系，是通过监理委托合同确定的，监理代表业主的利益工作。监理实施细则是监理工作指导性资料，它反映了监理单位对项目控制的理解能力、程序控制技术水平。一份翔实且针对性较强的监理实施细则可以消除业主对监理工作能力的疑虑，增强信任感，有利于业主对监理工作的支持。

2. 对承包人的作用

（1）承包人在收到监理实施细则后，会十分清楚各分项工程的监理控制程序与监理方法。

在以后的工作中能加强与监理的沟通、联系,明确各质量控制点的检验程序与检查方法,在做好自检的基础上,为监理的抽查做好各项准备工作。

(2)在监理实施细则中,对工程质量的通病、工程施工的重点、难点都有预防与应急处理措施。这对承包人起着良好的警示作用,它能时刻提醒承包人在施工中注意哪些问题,如何预防质量通病的产生,避免工程质量留下隐患及延误工期。

(3)促进承包人加强自检工作,完善质量保证体系,进行全面的质量管理,提高整体管理水平。

3. 对监理的作用

(1)指导监理工作,使监理人员通过各种控制方法能更好地进行质量控制。

(2)增加监理对本工程的认识和熟悉程度,针对性地开展监理工作。

(3)监理实施细则中质量通病、重点、难点的分析及预控措施能使现场监理人员在施工中迅速采取补救措施,有利于保证工程的质量。

(4)有助于提高监理的专业技术水平与监理素质。

监理实施细则应有针对性、切合实际的可行性,要求专业性一定要突出,明显体现监理程序与监理方法。

二、监理实施细则编制

1. 编写依据

(1)已批准的监理规划。

(2)与专业工程相关的标准设计文件和技术资料。

(3)施工组织设计。

2. 编写要求

(1)要结合本专业自身的特点并兼顾其他专业的施工。监理细则是具体指导各专业开展监理工作的技术性文件,但一个项目的目标实现,必须依靠各专业间相互配合协调,才能实现项目的有序进行。如果各管各的专业特点,而不考虑其他专业,那么整个项目的实施就会出现混乱,甚至影响到目标的实现。

(2)严格执行国家的规范、规程并考虑项目自身特点。国家的标准、规范和规程以及施工技术文件,是开展监理工作的主要依据。但是,对国家非强制性的规范、规程可以结合项目当地专业施工的自身特点和监理目标,有选择地采纳适合项目自身特点的部分,决不能照抄、照搬,否则就会出现偏差,影响监理目标的实现。

(3)尽可能对专业方面的技术指标细化、量化,使其更具有可操作性。监理细则的目的是指导项目实施过程中的各项活动,并对各专业的实施进行监督和对结果进行评价。因此,专业监理工程师必须尽可能依靠技术指标来进行检验评定。在监理细则编写中,要明确国家规范、规程和规定中的技术指标及要求。只有这样,采纳使监理细则更具有针对性和可操作性。

另外,监理实施细则监理应由专业监理工程师编制,在相应工程施工开始前编制完成,并必须经总监理工程师批准。当发生工程变更计划变更或原监理实施细则所确定的方法措施流程不能有效地发挥管理和控制作用等情况时,总监理工程师应及时根据实际情况安排专业监理工程师对监理实施细则进行补充修改和完善。

3. 监理实施细则的内容

监理规范规定,监理实施细则应包括的主要内容有以下几点。

(1) 专业工程的特点。

(2) 监理工作的流程。

(3) 监理工作的控制要点及目标值。

(4) 监理工作的方法及措施。

4. 监理实施细则的写法

监理实施细则应有针对性、切合实际的可行性,要求专业性一定要突出,明显体现监理程序与监理方法。具体写法如下:

(1) 在施工准备阶段,如何审查承包人的施工技术方案;在各分部工程开工之前,如何对承包人的准备工作做具体的检查及说明检查内容。

(2) 在施工阶段,如何对工程的质量进行控制;明确各质量控制点的位置及对质量控制点检查的方法;对质量通病提出预控措施,提醒承包人如何进行预控。

(3) 指导质量监理的工作内容,如何进行动态控制,做好事前、事中、事后控制工作。

(4) 明确施工质量监理的方法,即检查核实、抽样试验、检测与测量、旁站、工地巡视、签发指令文件的适用范围;对各个阶段及施工中各个环节各道工序进行严格的、系统的、全面的质量监督和管理,保证达到质量监理的目标。

(5) 突出重点,书写如何对工程的难点、重点进行质量控制,如何预防和处理施工中可能出现的异常情况。

(6) 制定质量监理程序(即工作流程)来指导工程的施工和监理,规范承包人的施工活动,统一承包人和监理工程师监督检查和管理的工作步骤。

案例分析

案例 5-1

某无支护土方工程质量控制监理实施细则样本

1. 目的

为了加强工程质量监督管理,确保无支护土方工程质量,制定本细则。

2. 适用范围:适用于无支护土方工程的质量控制及验收。

3. 引用标准:《建筑工程施工质量验收统一标准》(GB 50300—2013)、《建筑地基基础工程施工质量验收标准》(GB 50202—2018)。

4. 职责:土建专业监理工程师负责本细则的实施,总监理工程师负监督和领导责任。

5. 工作程序

5.1 施工准备

5.1.1 熟悉图纸、有关技术资料、相应的施工规范和质量标准。了解工程情况、地质资料和设计意图,参加设计交底和图纸会审。

5.1.2 审查施工单位的专业资质、施工人员素质、施工机械和技术力量、质量管理体系和质量检验制度,相关人员的上岗资格证(书)等是否配套齐全,能否满足施工需要。

5.1.3 审查施工单位提交的施工组织设计(方案),重点审查施工技术措施,质量检查及保证措施,施工机具设备配置,劳动力组织、施工计划、工期保证、安全技术措施等能否满足施工质量及工期要求。

5.2 土方开挖

5.2.1 土方开挖之前,必须具备完整的地质勘查资料及地下管线、建(构)筑物和其他公共设施的情况,必要时应督促或配合施工单位进行施工勘察和调查,以确保工程质量及邻近建筑的安全。施工勘察要点详见《建筑地基基础工程施工质量验收标准》GB 50202—2018。

5.2.2 施工单位必须具备相应专业资质,并建立完善的质量管理体系和质量检验制度。

5.2.3 从事地基基础工程检测及见证试验的单位,必须具备省级以上(含省、自治区、直辖市)建设行政主管部门颁发的资质证书和计量行政主管部门颁发的计量认证合格证书。

5.2.4 土方工程施工之前应审核挖填方的平衡计算,运距是否最短,运程是否合理,土方的平衡调配应尽量与城市规则相结合,一次性运到弃土场,做到文明施工。

5.2.5 在土方开挖前应审查地面排水和降低地下水位的措施。

5.2.6 土方开挖前应检查定位放线、排水和降低地下水位系统,督促施工单位合理安排土方运输车的运行路线和弃土场地。

5.2.7 在施工区内,有碍施工的已有建(构)筑物、道路、沟渠、管线、树木等,应在施工前妥善处理。

5.2.8 平整场地的表面坡度应符合设计要求,如无设计要求时,排水沟方向的坡度应不小于 2%。平整后场地表面应逐点检查,检查点为每 $100 \sim 400 \ m^2$ 取一点,但不少于 10 点;长度、宽度和边坡均为 20 m 取一点,每边不少于 1 点。

5.2.9 土方工程施工时,应经常测量和校核其平面位置、水平标高和边坡坡度。检查平面控制桩和水准控制点是否采取了可靠的保护措施,定期复测和检查。

5.2.10 土方施工过程中出现异常情况时,应停止施工,由监理或建设单位组织勘察、设计、施工等有关单位共同分析情况,解决问题,清除质量隐患,并应形成文件资料。

5.2.11 当土方开挖较深时,应督促施工单位采取措施,防止基坑底部土的隆起并避免危害周边环境。土方不应堆放在基坑边缘。

5.2.12 对雨季施工时还应督促施工单位按照国家现行有关标准,采取相应的施工措施。

5.2.13 土方开挖时,应防止附近已有建(构)筑物、道路、管线等发生下沉和变形。必要时应与设计单位或建设单位协商采取防护措施,在施工中应督促施工单位进行沉降和位移的观测。

5.2.14 夜间施工时,应督促施工单位按场地需要设照明设施,并合理安排施工项目,防止超挖。在危险地段应设置明显标志。

5.2.15 施工过程中应检查平面位置、水平标高、边坡坡度、压实度、排水、降水系统,并随时观测周围的环境变化。

5.2.16 临时性挖方的边坡值,有设计要求时应符合设计标准,否则应按《建筑地基基础工程施工质量验收标准》GB 50202—2018 的规定进行检查(有降水或加固措施时,可不受本标准限制,但应计算复核。开挖深度,对软土不应超过 4 m,对硬土不应超过 8 m)。

5.2.17 土方开挖工程的质量检查应符合《建筑地基基础工程施工质量验收标准》GB 50202—2018 的规定。

5.3 土方回填

5.3.1 土方回填前应督促施工单位清除基底垃圾、树根等杂物,抽除坑穴积水、淤泥,验收基底标高。如在耕植土或松土上填方,应将基底压实后进行。

5.3.2 填土前应对填方基底和已完隐蔽工程进行检查和中间验收,并做记录。

5.3.3 对填方土料按设计要求验收后方可填入。

5.3.4 填方施工过程中应检查排水措施,每层填入厚度、含水量控制、压实程度。填筑厚度及压实遍数应根据土质、压实系数及所用机具确定。如无试验依据时,填土施工的分层厚度及压实遍数应符合 GB 50202—2018《建筑地基基础工程施工质量验收标准》的规定。

5.3.5 填方施工应接近水平分层填土、压实和测定压实后土的干容重,检验其压实系数和压实范围符合设计要求后才能填筑上层。填土压实的质量要求和取样数量应符合如下规定:

填土压实的干容重应有 90% 以上符合要求,其余 10% 的最低值与设计值的差不得大于 0.08 g/cm³,且分散不得集中。

采用环刀法取样时,基坑回填每 20～50 m³ 取样一组(每个基坑不少于一组);基槽回填每层按长度 20～50 m 取样一组,室内填土每层按 100～500 m² 取样一组;场地平整填方每层按 400～900 m² 取样一组。取样部位应在每层压实后的下半部。

5.3.6 填方土料如无设计要求时,应符合下列规定:

(1)碎石类土,砂土(使用细砂、粉砂应取得设计单位同意)可用作表层以下的填料。

(2)含水量符合压实要求的黏性土,可用作各层填料。

(3)碎块草皮和有机质含量大于 8% 的土,仅用于无压实要求的填方。

5.3.7 填料为黏性土时,填土前应检验其含水量是否在控制范围内,如含水量偏高,可采用翻松、晾晒、均匀掺入干土(或吸水性材料)等措施;如含水量偏低,可采用预先洒水润湿,增加压实遍数或用大功能压实机械等措施。填土为碎石类土(填充物为砂土)时,碾压前充分洒水湿透,以提高压实效果。

5.3.8 黏性土填料施工含水量的控制范围,应在填料的干容重——含水量关系曲线中,根据设计干容重确定。如无击实试验条件,设计压实系数为 0.9 时,施工含水量与最优含水量之差可控制在−4%～+2%范围内(使用振动辗时,可控制在−6%～+2%范围内)。

5.3.9 碎石类土用作填料时,其最大粒径不得超过每层铺填厚度的 2/3(当使用振动碾时,不得超过每层铺填厚度的 3/4)。铺填时,大块料不应集中,且不得填在分段接头处。填方内有打桩或其他特殊工程时,块(漂)石填料的最大粒径不应超过设计要求。

5.3.10 振动平碾适用填料的石碴、碎石类土、杂填土或轻亚黏土的大型填方(填料为亚黏土或黏土时,宜使用振动凸块碾)。使用 8～15 t 重的振动平碾压实碎石类土时,铺填厚度一般为 0.6～1.5 m,宜先静压后碾压,碾压遍数应由现场试验确定,一般为 6～8 遍。

5.3.11 碾压机械压实填方时,应控制行驶速度,一般不超过下列规定:

平碾,2 km/h;

羊足碾,3 km/h;

振动碾,2 km/h。

5.3.12 采用机械填方时,应保证边缘部位的压实质量。填土后,如设计不要求边缘修整,宜将填方边缘宽填 0.5 m;如设计要求边缘整平拍实,宽填可为 0.2 m。

5.3.13 分段填筑时,每层接缝处应做成斜坡形,碾迹重叠 0.5～1.0 m。上、下层接缝应错开不小于 1 m。

5.3.14 填方应按设计要求预留沉降量,如设计无要求时,可根据工程性质、填方高度、填料种类、压实系数和地基情况等与建设单位共同确定(沉降量一般不超过填方高度的 3%)。

5.3.15 填土中采用两种透水性不同的填料分层填筑时,上层宜填筑透水性较小的填料,下层宜填筑透水性较大的填料,填方基土表面应做适当的排水坡度,边坡不得用透水性较小的填料封闭。如施工条件限制,上层必须填筑透水性较大的填料时,应将下层透水性较小的土层表面做成适当的排水坡度或设置盲沟。

5.3.16 取土坑的位置和要求应由设计单位或建设单位确定,但不得影响建(构)筑物安全和挖、填方边坡的稳定。取土坑的排水设施应按设计要求施工。

5.3.17 挡土墙后的填土,应选用透水性较好的土或在黏性土中掺入石块做填料。填土时应分层夯实,确保填土质量,并应按设计要求做好滤水层和排水盲沟。

5.3.18 填料为黏土时,其施工含水量宜高于最优含水量 2%～4%,填筑中应防止土料发生干缩、结块现象。填方压实宜使用中、轻型碾压机械。

5.3.19 填方基土为软土时,应根据设计要求进行地基处理。如设计无要求时,应符合下列规定:

(1)大面积填土在开挖基坑(槽)之前完成,并尽量留有较长间歇时间。

(2)软土层厚度较小时,可用换土或抛石挤淤等处理方法。

(3)软土层厚度较小时,可采用砂垫层、砂井、砂桩等方法加围。

5.3.20 填方基土为杂填土时,应按设计要求加围地基,并应妥善处理基底下的软硬点、空洞、旧基、暗塘等。

5.3.21 在地形、工程地质复杂地区内的填方,且对填土密实度要求较高时,应采取措施(如排水暗沟、护坡等),以防填方土粒流失,不均匀下沉和坍滑等。

5.3.22 填方施工结束后,应检查标高、边坡坡度、压实程度等,检验标准应符合规范 GB 50202—2018《建筑地基基础工程施工质量验收标准》的规定。

5.4 工程质量验收

5.4.1 分项工程、分部(子分部)工程质量的验收,均应在施工单位自检合格的基础上进行。施工单位确认自检合格后提出工程验收申请,工程验收时应提出下列技术文件的记录:

(1)原材料的质量合格证和质量鉴定文件。

(2)施工记录及隐蔽工程验收文件。

(3)检测试验及见证取样文件。

(4)其他必须提供的文件或记录。

5.4.2 对隐蔽工程进行中间验收。

5.4.3 分部(子分部)工程验收应由总监理工程师或建设单位项目负责人组织勘察,设计单位及施工单位的项目负责人、技术质量负责人、共同按设计要求和规范及相关规定进行。

5.4.4 检验工作应按下列规定进行:

(1) 分项工程的质量验收应分别按主控项目和一般项目验收。

(2)隐蔽工程应在施工单位自检合格后,于隐蔽前通知有关人员检查验收,并形成中间验收文件。

(3)分部(子分部)工程的验收,应在分项工程通过验收的基础上,对必要的部位进行见证检验。

5.4.5 主控项目必须符合验收规范规定,发现问题应立即处理直至符合要求,一般项目应有 80%合格。

5.5 资料收集

工程完工后,应收集整理如下资料:

(1)设计图纸、会审纪要、文件、设计变更、技术核定单、开工报告等。

（2）自检或专检记录、测量记录、检验、试验报告。

（3）隐蔽工程验收记录、工程竣工图纸及竣工报告。

分析：以上是无支护土方工程质量控制监理实施细则，从中可以看出，该细则专业性很强，可操作性很强，可以指导监理工作的具体开展。这也是监理实施细则的作用所在。

案例 5-2

某监理单位承接了一工程项目施工阶段监理工作。该建设单位要求监理单位必须在监理进场后的 1 个月内提交监理规划。监理单位因此立即着手编制工作。

1.为了使编制工作顺利地在要求时间内完成，监理单位认为首先必须明确以下问题：

（1）编制工程建设监理规划的重要性。

（2）监理规划由谁来组织编制。

（3）规定其编制的程序和步骤。

2.收集制定编制监理规划的依据资料：

（1）施工承包合同资料。

（2）建设规范、标准。

（3）反映项目法人对项目监理要求的资料。

（4）反映监理项目特征的有关资料。

（5）关于项目承包单位、设计单位的资料。

3.监理规划编制如下基本内容：

（1）各单位之间的协调程序。

（2）工程概况。

（3）监理工作范围和工作内容。

（4）监理工作程序。

（5）项目监理工作责任。

（6）工程基础施工组织等。

问题：

1.工程建设监理规划的重要性是什么？

2.在一般情况下，监理规划应由谁来组织编制？

3.在所收集的制定监理规划的资料中哪些是必要的？你认为还应补充哪些方面的资料？

4.所编制的监理规划与监理大纲之间有何关系？

5.所编制的监理规划内容中，哪些内容应该编入监理规划中？并请进一步说明它们包括哪些具体内容。

6.建设单位要求编制完成的时间合理吗？

分析解答：

1.工程建设监理规划的重要性：它是监理工作的指导性文件，是监理组织有序地开展监理工作的依据和基础。

2.监理规划由监理单位在总监理工程师的主持下负责编写制定。

3.第 2、3、4 条是必要的。还应补充的资料：反映项目建设条件的有关资料；反映当地工程建设政策、法规方面的资料。

4.监理规划是在监理大纲的基础上编写的；监理规划包括的内容与深度比监理大纲更为具体和详细。

5.应该编入的内容有第 2、3、4 条。

工程概况应包括:工程名称、建设地址;工程项目组成及建筑规模;主要建筑结构类型;预计工程投资总额;预计项目工期;工程质量等级;主体工程设计单位及施工总承包单位名称;工程特点的简要描述。

监理工作范围和工作内容应包括:施工阶段质量控制;施工阶段的进度控制;施工阶段投资控制。

6.不合理。应在召开第一次工地会议前报送建设单位

案例 5-3

某监理单位受业主委托,全权对一写字楼工程进行施工阶段工程建设监理,并签订了监理合同。由于业主要缩短建设周期,采用了边设计、边施工。签订监理合同时,设计单位仅完成地下室施工图;施工单位已通过邀请招标选定但尚未签订合同。因此,业主口头提出监理单位 3 日内提交监理规划,并要求对设计图纸质量把关。

问题:

一、项目总监理工程师为了满足业主的要求,拟订了监理规划编写提纲如下:

1.收集有关资料。

2.分解监理合同内容。

3.确定监理组织。

4.确定机构人员。

5.设计要把关,按设计和施工两部分编写规划。

6.图纸不齐,按基础、主体、装修三阶段编写规划。

你认为提纲中是否有不妥的内容,为什么?

二、总监理工程师提交的监理规划的部分内容如下:

1.工程概况(略)

2.监理目标

2.1 监理工作目标。

2.1.1 工期目标:24 个月。

2.1.2 质量等级:优良。

2.1.3 投资目标:静态投资×××万元。

3.设计阶段监理工作范围

3.1 收集设计所需技术经济资料。

3.2 配合设计单位开展技术经济分析。

3.3 参与主要设备、材料的选型。

3.4 组织对设计方案的评审。

3.5 审核工程概算。

3.6 审核施工图纸。

3.7 检查和控制设计进度(略)。

4.施工阶段监理工作范围

4.1 质量控制。

4.1.1 事前控制。

(1)审核总包单位的资质。

（2）审核总包单位质量保证体系。

（3）原材料质量预控措施。

（其他略）

你认为该监理规划内容有无不正确的地方，为什么？

分析解答：

一、

① 第5点不正确，设计阶段的监理规划不需要写。

② 因为业主没有委托设计监理，仅签订了施工阶段工程监理的合同。施工图纸质量把关的工作可以在施工阶段监理规划中写。

③ 第6点不妥，不需要分阶段编写规划。

④ 因为监理规划是监理合同的细化，施工图纸是否完整对监理规划的内容影响不大。

二、

① 第3点不正确，合同没有委托设计监理，内容与实际情况不符。

② 3.6的内容应写入4.1中。

③ 4.1.1审核总包单位的资质和审核总包单位质量保证体系的内容不应在规划中写，其应是监理细则的内容。

④ 总包单位的资质不需要审核，施工单位已通过招标选定。

实践训练

一、选择题

（一）单选题

1.下列文件中，由专业监理工程师编制并报总监理工程师批准后实施的操作性文件是（   ）。

A. 监理规划　　　　B. 监理实施细则　　C. 监理大纲　　　　　D. 监理月报

（2009年全国监理工程师考试试题）

2.编制建设工程监理规划需满足的要求是（   ）。

A. 基本构成内容和具体内容都具有针对性

B. 基本构成内容和具体内容都应当力求统一

C. 基本构成内容应力求统一，具体内容应有针对性

D. 基本构成内容应有针对性，具体内容应力求统一

（2009年全国监理工程师考试试题）

3.监理规划中，建立健全项目监理机构，完善职责分工，落实质量控制责任，属于质量控制的（   ）措施。

A. 技术　　　　　　B. 经济　　　　　　　C.合同　　　　　　　D. 组织

（2009年全国监理工程师考试试题）

4.下列关于监理大纲、监理规划和监理实施细则之间关系的表述中，正确的是（   ）。

A. 监理大纲的内容比监理规划的内容更全面、更翔实

B. 监理实施细则应在监理规划的基础上进行编写

C. 监理大纲应按监理规划的有关内容编写

D. 三者编写顺序为监理规划、监理大纲和监理实施细则

（2008 年全国监理工程师考试试题）

5. 监理规划内容要随着建设工程的展开不断地补充、修改和完善,这符合监理规划编写中（   ）的要求。

A. 基本构成内容应力求统一　　　　　　B. 具体内容应具有针对性

C. 应当遵循建设工程的运行规律　　　　D. 一般要分阶段编写

（2008 年全国监理工程师考试试题）

6. 监理大纲、监理规划和监理实施细则之间互相关联,下列表述中正确的是（   ）。

A. 监理大纲和监理规划都应依据签订的委托监理合同内容编写

B. 监理单位开展监理工作均须编制监理大纲、监理规划和监理实施细则

C. 监理规划和监理实施细则均须经监理单位技术负责人签认

D. 建设工程监理工作文件包括监理大纲、监理规划和监理实施细则

（2007 年全国监理工程师考试试题）

7. 下列关于监理大纲、监理规划、监理实施细则的表述中,错误的是（   ）。

A. 它们共同构成了建设工程监理工作文件

B. 监理单位开展监理活动必须编制上述文件

C. 监理规划依据监理大纲编制

D. 监理实施细则经总监理工程师批准后实施

8. 下列关于监理规划作用的表述中,错误的是（   ）。

A. 监理规划的基本作用是指导项目监理机构全面开展监理工作

B. 监理规划是政府建设主管部门对监理单位在设立时审查的主要材料

C. 监理规划是业主了解和确认监理单位履行合同的依据

D. 监理规划是监理单位内部考核的依据和重要的存档资料

9. 监理大纲的编制目的是（   ）。

A. 指导监理工作　　　　　　　　　　B. 为编制监理施工组织文件提供依据

C. 承揽监理业务　　　　　　　　　　D. 进行建设工程监理组织协调

10. 下列关于建设工程监理规划的说法,不正确的是（   ）。

A. 监理规划在监理单位接受业主委托并签订委托监理合同后编制

B. 监理规划由总监理工程师批准实施

C. 监理规划的内容比监理大纲更翔实、更全面

D. 监理大纲、监理规划和监理实施细则之间存在依据性关系

11. 从监理大纲、监理规划和监理实施细则内容的关联性来看,监理规划的作用是（   ）。

A. 指导项目监理机构全面开展监理工作

B. 指导监理企业全面开展监理工作

C. 作为业主确认监理单位履行合同的依据

D. 作为监理单位内部考核的依据

(二) 多选题(每题的选项中至少有两个正确答案)

1. 就监理单位内部而言,监理规划的作用主要体现在(   )。

A. 作为对项目监理机构及其人员工作进行考核的依据

B. 作为业主确认监理单位履行合同的依据

C. 作为监理主管部门对监理单位监督管理的依据

D. 指导项目监理机构全面开展监理工作

E. 作为监理单位的重要存档资料

(2008 年全国监理工程师考试试题)

2. 监理单位技术负责人审核监理规划时,主要审核(   )。

A. 监理范围与工作内容是否包括了全部委托的工作任务

B. 监理组织形式、管理模式等是否合理

C. 监理的内、外工作制度是否健全

D. 项目监理机构是否有保证监理目标实现的充分依据

E. 监理工作计划是否符合国家强制性标准

(2008 年全国监理工程师考试试题)

3. 项目监理规划中应包括的安全监理内容有(   )。

A. 安全监理的范围和内容　　　　　　　B. 安全监理的工作程序

C. 安全监理的制度措施　　　　　　　　D. 施工安全技术措施

E. 安全监理人员配备计划和职责

(2007 年全国监理工程师考试试题)

4. 监理规划中的投资、进度、质量目标控制方法和措施应包括(   )等内容。

A. 风险分析　　　　B. 目标规划　　　　C. 动态比较　　　　D. 协调分析

E. 工作流程

5. 工程建设方面的法律、法规具体包括(   )

A. 国家颁布的有关工程建设的法律、法规和政策

B. 工程所在地或所属部门颁布的工程建设相关的法规、规定和政策

C. 工程建设的各种标准、规范

D. 建设工程监理规划

E. 政府批准的工程建设文件

二、问答题

1. 简述建设工程监理大纲、监理规划、监理实施细则三者之间的关系。

2. 建设工程监理规划有何作用?

3. 编写建设工程监理规划应注意哪些问题?

4. 建设工程监理规划一般包括哪些内容?

5.建设工程监理规划编写的依据是什么？程序如何？

6.建设工程监理规划的审核主要包括哪几个方面？

7.监理实施细则有何作用？

8.监理实施细则的内容包括哪些？

三、实训题

实训一

某监理公司承担了一个工程项目的全过程全方位的监理工作。在讨论制定监理规划的会议上，监理单位人员对编制监理规划的主要原则和依据提出以下内容：

(1)建设监理规划必须符合监理大纲的内容。

(2)建设监理规划必须符合监理合同的要求。

(3)建设监理规划必须结合项目的具体实际。

(4)建设监理规划的作用应为监理单位的经营目标服务。

(5)监理规划的依据包括政府部门的批文、国家和地方的法律、法规、规范、标准等。

(6)应对影响目标实现的多种风险进行建设监理规划，并考虑采取相应的措施。

问题：

1.判断以下说法的是非：

(1)建设监理规划应在监理合同签订以后编制。（　　　）

(2)在项目的设计、施工等实施过程中，监理规划作为指导整个监理工作的纲领性文件，不能修改和调整。（　　　）

(3)建设监理规划应由项目总监主持编制，是项目监理组织有序地开展监理工作的依据和基础。（　　　）

(4)建设监理规划中必须对项目的三大目标进行分析论证，并提出保证的措施。（　　　）

2.监理单位人员对编制监理规划的主要原则和依据提出的内容，你认为哪一点是错误的？

实训二

某工程建设单位分别与监理单位、施工单位签订了监理合同和工程承包合同。施工开始前，建设单位的要求监理单位提交监理规划。但总监理工程师认为目前只有基础施工图，±0.000以上设计单位尚未出施工图，不能进行监理规划的编写，于是拒绝建设单位要求。但建设单位急需该项目的监理规划，总监理工程师建议先用监理大纲代替，建设单位无奈同意了该做法。不久，设计单位送来±0.000以上施工图，于是总监理工程师委托总监理工程师代表主持编写项目监理规划。

问题：

1.设计图纸不全是否影响监理规划的编写？编写监理规划的依据是什么？

2.监理规划与监理大纲的作用有何不同？

3.总监理工程师是否能委托总监理工程师代表主持编写项目监理规划？

实训三

某建设工程项目，建设单位委托某监理公司负责施工阶段的监理工作。该公司副经理出任项目总监理工程师。

总监理工程师责成公司技术负责人组织经营、技术部门人员编制该项目监理规划。参编人员根据本公司已有的监理规划标准范本,将投标时的监理大纲做适当改动后编成该项目监理规划,该监理规划经公司经理审核签字后,报送建设单位。

该监理规划包括以下八项内容:①工程项目概况;②监理工作依据;③监理工作内容;④项目监理机构的组织形式;⑤项目监理机构人员配备计划;⑥监理工作方法及措施;⑦项目监理机构的人员岗位职责;⑧监理设施。

在第一次工地会议上,建设单位根据监理中标通知书及监理公司报送的监理规划,宣布了项目总监理工程师的任命及授权范围。项目总监理工程师根据监理规划介绍了监理工作内容、项目监理机构的人员岗位职责和监理设施等内容。其中:

1. 监理工作内容

(1) 编制项目施工进度计划,报建设单位批准后下发施工单位执行。

(2) 检查现场质量情况并与规范标准对比,发现偏差时下达监理指令。

(3) 协助施工单位编制施工组织设计。

(4) 审查施工单位投标报价的组成,对工程项目造价目标进行风险分析。

(5) 编制工程量计量规则,依此进行工程计量。

(6) 组织工程竣工验收。

2. 项目监理机构的人员岗位职责

本项目监理机构设总监理工程师代表,其职责包括:

(1) 负责日常监理工作。

(2) 审批"监理实施细则"。

(3) 调换不称职的监理人员。

(4) 处理索赔事宜,协调各方的关系。

监理员的职责包括:

(1) 进场工程材料的质量检查及签认。

(2) 隐蔽工程的检查验收。

(3) 现场工程计量及签认。

3. 监理设施

监理工作所需测量仪器、检验及试验设备向施工单位借用,如不能满足需要,指令施工单位提供。

问题(请根据《建设工程监理规范》GB/T 50319—2013回答):

1. 请指出该监理公司编制"监理规划"做法的不妥之处,并写出正确的做法。

2. 请指出该"监理规划"内容的项目名称。

3. 请指出"第一次工地会议"上建设单位不正确的做法,并写出正确做法。

4. 在总监理工程师介绍的监理工作、内容、项目监理机构的人员岗位职责和监理的内容中,找出不正确的内容并改正。

第6章

建设工程目标控制

6.1 建设工程目标

一、建设工程目标概述

任何建设工程都有投资、进度、质量三大目标,这三大目标构成了建设工程目标系统。即任何建设工程都需在一定的投资额内或一定的投资限制条件下实现的;任何建设工程都需时间的限制,都会有明确的进度和工期要求;任何建筑工程为了实现它的功能要求,都会有明确的质量要求。因此工程监理的主要任务就是帮助建设单位实现其目标,即在计划的投资和工期目标范围内,按规定完成工程项目的建设。

二、建设工程三大目标之间的关系

建设工程投资、进度、质量三大目标两两之间存在既对立又统一的关系。从建设单位的角度出发,往往希望建设工程投资少、工期短、质量好。如果采取某种措施可以同时实现其中两个目标(如投资少、工期短),则该两个目标之间就是统一的关系;反之,如果只能实现一个目标(如投资少),而另一个要求不能实现(如质量差),则该两个目标之间就是对立关系。

(一)建设工程三大目标之间的对立关系

建设工程三大目标(投资、进度、质量)之间存在着矛盾和对立关系。例如:如果提高工程质量目标,就要投入较多的资金,需要较长的时间;如果要缩短项目工期,投资要相应提高,不能保证工程质量标准或者质量出现隐患;如果降低投资就会降低项目的功能要求和质量标准。由于建设工程三大目标存在对立关系,因此,不能奢望投资、进度、质量三大目标同时到达最优。在确定建设工程目标时,不能将投资、进度、质量三大目标割裂开来,分别独立地分析和论证,必须将投资、进度、质量三大目标作为一个系统统筹考虑,反复协调和平衡,力求实现整个目标系统最优。

(二)建设工程三大目标之间的统一关系

建设工程三大目标(投资、进度和质量)之间存在统一的关系。例如,适当增加投资额,为加快进度提供经济条件,即可加快工程建设进度、缩短工期,使工程项目尽早完成,投资尽早收回,建设工程全寿命期经济效益得到提高;适当提高项目功能要求和质量标准,虽然会造成一次性投资额的增加和工期的延长,但能够节约项目动用后的运行费和维修费,从而获得更好的经济效益。如果建设工程进度计划制订得既科学又合理,使工程进展具有连续性、均衡性,不但可以缩短工期,而且有可能获得较好的质量和降低工程造价。这些表明建设工程三大目标之间存在着统一的一面。

在确定建设工程目标时,应当对投资、进度、质量三大目标之间的统一关系进行客观的且尽可能定量的分析。

在分析时要注意以下几个方面的问题。

1. 掌握客观规律,充分考虑制约因素

例如,一般来说,加快进度、缩短工期所提前发挥的投资效益都超过加快进度所需要增加的投资,但不能由此而得出工期越短越好的错误结论,因为加快进度、缩短工期会受到技术、环境、场地等因素的制约(当然还要考虑对投资和质量的影响),不可能无限制地缩短工期。

2. 对未来的、可能的收益不宜过于乐观

通常,当前的投入是现实的,其数额也是较为确定的,而未来的收益却是预期的、不很确定的。例如,提高功能和质量要求所需要增加的投资可以很准确地计算出来,但今后的收益却受到市场供求关系的影响,如果届时同类工程(如五星级宾馆、智能化办公楼等)供大于求,则预期收益就难以实现。

3. 将目标规划和计划结合起来

如前所述,建设工程所确定的目标要通过计划的实施才能实现。如果建设工程进度计划制订得既可行又优化,使工程进度具有连续性、均衡性,则不但可以缩短工期,而且有可能获得较好的质量且耗费较低的投资。从这个意义上来讲,优化的计划是投资、进度、质量三大目标统一的计划。

在对建设工程三大目标对立统一关系进行分析时,同样需要将投资、进度、质量三大目标作为一个系统统筹考虑,同样需要反复协调和平衡,力求实现整个目标系统最优也就是实现投资、进度、质量三大目标的统一。

三、建设工程目标的确定

(一)建设工程目标确定的依据

如前所述,目标规划是一项动态性工作,在建设工程的不同阶段都要进行,因而建设工程的目标并不是一经确定就不再改变的。由于建设工程不同阶段所具备的条件不同,目标确定的依据自然也就不同。一般来说,在施工图设计完成之后,目标规划的依据比较充分,目标规划的结果也比较准确和可靠。但是,对于施工图设计完成以前的各个阶段来说,建设工程数据库具有十分重要的作用,应予以足够的重视。

建设工程的目标规划总是由某个单位编制的,如设计院、监理公司或其他咨询公司。这些单位都应当把自己承担过的建设工程的主要数据存入数据库。若某一地区或城市能建立本地区或本市的建设工程数据库,则可以在大范围内共享数据,增加同类建设工程的数量,从而大大提高目标确定的准确性和合理性。

(二)建设工程数据库的应用

要确定某一拟建工程的目标,首先必须大致明确该工程的基本技术要求,如工程类型、结构体系、基础形式、建筑高度、主要设备、主要装饰要求等。然后,在建设工程数据库中检索并选择尽可能相近的建设工程(可能有多个),将其作为确定该拟建工程目标的参考对象。由于建设工程具有多样性和单件生产的特点,有时很难找到与拟建工程基本相同或相似的同类工程,因此,在应用建设工程数据库时,往往要对其中的数据进行适当的综合处理,必要时可将不同类型工程的不同分部工程加以组合。例如若拟建造一座多功能综合办公楼,根据其基本的技术要求,可能在建设工程数据库中选择某银行的基础工程、某宾馆的主体结构工程、某办公楼的装饰工程和内部设施作为确定其目标的依据。

同时，要认真分析拟建工程的特点，找出拟建工程与已建类似工程之间的差异，并定量分析这些差异对拟建工程目标的影响，从而确定拟建工程的各项目标。例如，上海市地铁二号线与地铁一号线（将地铁一号线作为建设工程数据库中的已建类似工程，地铁二号线作为拟建工程）总体上非常相似，但通过深入分析发现，地铁二号线的人民广场站是与地铁一号线的交汇点，建在地铁一号线人民广场站的下方，显然在技术上有其特殊要求；另外，地铁二号线需要穿越黄浦江，这一段的区间隧道就与地铁一号线所有的区间隧道都不同，有必要参考其他的越江隧道工程（如延安路隧道工程）。地铁二号线的其他车站和区间隧道工程则可参照地铁一号线的车站和区间隧道工程确定其目标，必要时可能还需要根据车站工程规模的大小和区间隧道工程的长度确定对应关系。在此基础上确定的地铁二号线的总目标就比较合理和可靠。

另外，建设工程数据库中的数据都是历史数据，由于拟建工程与已建工程之间存在"时间差"，因而对建设工程数据库中的有些数据不能直接应用，而必须考虑时间因素和外部条件的变化，采取适当的方式加以调整。例如，对投资目标，可以采用线性回归分析法或加权移动平均法进行预测分析，还可能需要考虑技术规范的发展对投资的影响；对工期目标，需要考虑施工技术和方法以及施工机械的发展，还需要考虑法规变化对施工时间的限制，如不允许夜间施工等；对质量目标，要考虑强制性标准的提高，如城市规划、环保、消防等方面的新规定。

由以上分析可知，建设工程数据库中的数据表面上是静止的，但实际上是动态的（需要不断充实）；表面上是孤立的，实际上内部有着非常密切的联系。因此，建设工程数据库的应用并不是一项简单的复制工作。要用好、用活建设工程数据库，关键在于客观分析拟建工程的特点和具体条件，并采用适当的方式加以调整，这样才能充分发挥建设工程数据库对合理确定拟建工程目标的作用。

四、建设工程目标的分解

为了在建设工程实施过程中有效地进行目标控制，仅有总目标还不够，还需要将总目标进行适当的分解。

（一）目标分解的原则

建设工程目标分解应遵循以下几个原则。

1. 能分能合

这要求建设工程的总目标能够自上而下逐层分解，也能够根据需要自下而上逐层综合。这一原则实际上是要求目标分解要有明确的依据并采用适当的方式，避免目标分解的随意性。

2. 按工程部位分解，而不按工种分解

这是因为建设工程的建造过程也是工程实体的形成过程，这样分解比较直观，而且可以将投资、进度、质量三大目标联系起来，也便于对偏差原因进行分析。

3. 区别对待，有粗有细

根据建设工程目标的具体内容、作用和所具备的数据，目标分解的粗细程度应当有所区别。例如，在建设工程的总投资构成中，有些费用数额大，占总投资的比例大，而有些费用则相反。从投资控制工作的要求来看，重点在于前一类费用。因此，对前一类费用应当尽可能分解得细一些、深一些；而对后类费用则分解得粗一些、浅一些。另外，有些工程内容的组成非常明确、具体（如建筑工程、设备等），所需要的投资和时间也较为明确，可以分解得很细；而有些工程内容则比较笼统，难以详细分解。因此，对不同工程内容目标分解的层次或深度，不必强求一律，要根据目标控制的实际需要和可能来确定。

4. 有可靠的数据来源

目标分解本身不是目的而是手段，是为目标控制服务的。目标分解的结果是形成不同层次的分目标，这些分目标就成为各级目标控制组织机构和人员进行目标控制的依据。如果数据来源不可靠，分目标就不可靠，就不能作为目标控制的依据。因此，目标分解所达到的深度应当以能够取得可靠的数据为原则，并非越深越好。

5. 目标分解结构与组织分解结构相对应

如前所述，目标控制必须要有组织加以保障，要落实到具体的机构和人员，因而就存在一定的目标控制组织分解结构。只有使目标分解结构与组织分解结构相对应，才能进行有效的目标控制。当然，一般而言，目标分解结构较细、层次较多，而组织分解结构较粗、层次较少，目标分解结构在较粗的层次上应当与组织分解结构一致。

（二）目标分解的方式

建设工程总目标可以按照不同的方式进行分解。对于建设工程投资、进度、质量三个目标来说，目标分解的方式并不完全相同，其中，进度目标和质量目标的分解方式较为单一，而投资目标的分解方式较多。

按工程内容分解是建设工程目标分解最基本的方式，适用于投资、进度、质量三个目标的分解，但是，三个目标分解的深度不一定完全一致。一般来说，将投资、进度、质量三个目标分解到单项工程和单位工程是比较容易办到的，其结果也是比较合理和可靠的。在施工图设计完成之前，目标分解至少都应当达到这个层次。至于是否分解到分部工程和分项工程，一方面取决于工程进度所处的阶段、资料的详细程度、设计所达到的深度等，另一方面还取决于目标控制工作的需要。

建设工程的投资目标还可以按总投资构成内容和资金使用时间（即进度）分解。

6.2 建设工程目标控制的相关内容

一、建设工程目标控制概述

控制是建设工程监理的重要管理活动。在管理学中，控制通常是指管理人员按计划标准来衡量所取得的成果，纠正所发生的偏差，使目标和计划得以实现的管理活动。管理首先开始于确定目标和制订计划，继而进行组织和人员配备，并进行有效的领导，一旦计划付诸实施或运行，就必须进行控制和协调，检查计划实施情况，找出偏离目标和计划的误差，确定应采取的纠正措施，以实现预定的目标和计划。

（一）控制流程及其基本环节

1. 控制流程

不同的控制系统都有区别于其他系统的特点,但同时又都存在许多共性。建设工程目标控制的流程如图 6-1 所示。

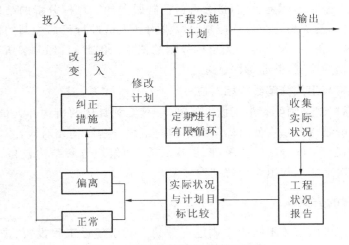

图 6-1　建设工程目标控制流程图

由于建设工程的建设周期长,在工程实施过程中所受到的风险因素很多,因而实际状况偏离目标和计划的情况是经常发生的,往往出现投资增加、工期拖延、工程质量和功能未达到预定要求等问题。这就需要在工程实施过程中,通过对目标、过程和活动的跟踪,全面、及时、准确地掌握有关信息,将工程实际状况与目标和计划进行比较。如果偏离了目标和计划,就需要采取纠正措施,或改变投入,或修改计划,使工程能在新的计划状态下进行。而任何控制措施都不可能一劳永逸,原有的矛盾和问题解决了,还会出现新的矛盾和问题,需要不断地进行控制,这就是动态控制原理。上述控制流程是一个不断循环的过程,直至工程建成交付使用,因而建设工程的目标控制是一个有限循环的过程。

对于建设工程目标控制系统来说,由于收集实际数据、偏差分析、制定纠偏措施都主要是由目标控制人员来完成,都需要时间,这些工作不可能同时进行并在瞬间完成,因而其控制实际上表现为周期性的循环过程。通常,在建设工程监理的实践中,投资控制、进度控制和质量控制一般周期按周或月计。

动态控制的概念还可以从另一个角度来理解。由于系统本身的状态和外部环境是不断变化的,相应地就要求控制工作也随之变化。目标控制人员对建设工程本身的技术经济规律、目标控制工作规律的认识也是在不断变化的,目标控制人员的目标控制能力和水平也是在不断提高的,因而,即使在系统状态和环境变化不大的情况下,目标控制工作也可能发生较大的变化。这表明,目标控制也可能包含着对已采取的目标控制措施的调整或控制。

2. 控制流程的基本环节

图 6-1 所示的控制流程可以进一步抽象为投入、转换、反馈、对比、纠正五个基本环节,如图 6-2 所示。对于每个控制循环来说,如果缺少某一环节或某一环节出现问题,就会导致循环障碍,就会降低控制的有效性,就不能发挥循环控制的整体作用。因此,必须明确控制流程各个基

本环节的有关内容并做好相应的控制工作。

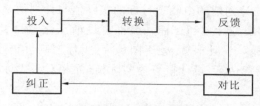

图6-2　控制流程的基本环节

1）投入

控制流程的每一循环始于投入。对于建设工程的目标控制流程来说，投入首先涉及的是传统的生产要素，包括人力（管理人员、技术人员、工人）、建筑材料、工程设备、施工机具、资金等；此外还包括施工方法、信息等。工程实施计划本身就包含着有关投入的计划。要使计划能够正常实施并达到预定的目标，就应当保证将质量、数量符合计划要求的资源按规定时间和地点投入建设工程实施过程。

2）转换

所谓转换，是指由投入产出的转换过程，如建设工程的实施过程，设备购置等活动。转换过程通常表现为劳动力（管理人员、技术人员、工人）运用劳动资料（如施工机具）将劳动对象（如建筑材料、工程设备等）转变为预定的产出品，在转换过程中，计划的运行往往受到来自外部环境和内部系统的多因素干扰，从而造成实际状况偏离预定的目标和计划。同时，由于计划本身不可避免地存在一定的问题，例如，计划没有经过科学的资源、技术、经济和财务可行性分析，从而造成实际输出与计划输出之间发生偏差。

转换过程中的控制工作是实现有效控制的重要工作。在建设工程实施过程中，监理工程师应当跟踪了解工程进展情况，掌握第一手资料，为分析偏差原因、确定纠偏措施提供可靠依据。同时，对可以及时解决的问题，应及时采取纠偏措施，避免"积重难返"。

3）反馈

即使是一项制订得相当完善的计划，其运行结果也未必与计划一致。因为在计划实施过程中，实际情况的变化是绝对的，不变是相对的，每个变化都会对目标和计划的实现带来一定的影响。所以，控制部门和控制人员需要全面、及时、准确地了解计划的执行情况及其结果，而这就需要通过反馈信息来实现。

反馈信息包括工程实际状况、环境变化等信息，如投资、进度、质量的实际状况，现场条件，合同履行条件，经济、法律环境变化等。控制部门和人员需要什么信息，取决于监理工作的需求以及工程的具体情况。为了使信息反馈能够有效地配合控制的各项工作，使整个控制过程流畅地进行，需要设计信息反馈系统，预先确定反馈信息的内容、形式、来源、传递等，使每个控制部门和人员都能及时获得他们所需要的信息。

信息反馈方式可以分为正式和非正式两种。正式信息反馈是指书面的工程状况报告之类的信息，它是控制过程中应当采用的主要反馈方式；非正式信息反馈主要指口头方式，如口头指令，口头反映的工程实施情况，对非正式信息反馈也应当予以足够的重视。当然，非正式信息反馈应当适时转化为正式信息反馈，才能更好地发挥其对控制的作用。

4）对比

对比是将目标的实际值与计划值进行比较，以确定是否发生偏离。目标的实际值来源于反馈信息。在对比工作中,要注意以下几点。

(1) 明确目标实际值与计划值的内涵。目标的实际值与计划值是两个相对的概念。随着建设工程实施过程的进展,其实施计划和目标一般都将逐渐深化、细化,往往还要做适当的调整。以投资目标为例,有投资估算、设计概算、施工图预算、投标控制价、合同价、结算价等表现形式,其中,施工图预算相对于投资估算、设计概算为实际值,而相对于投标控制价、合同价、结算价则为计划值。

(2) 合理选择比较的对象。在实际工作中,最为常见的是相邻两种目标值之间的比较。在许多建设工程中,我国建设单位往往以批准的设计概算作为投资控制的总目标,这时,合同价与设计概算、结算价与设计概算的比较也是必要的。另外,结算价以外各种投资值之间的比较都是一次性的,而结算价与合同价(或设计概算)的比较则是经常性的,一般是定期(如每月)比较。

(3) 建立目标实际值与计划值之间的对应关系。建设工程的各项目标都要进行适当的分解,通常,目标的计划值分解较粗,目标的实际值分解较细。例如,建设工程初期制定的总进度计划中的工作可能只达到单位工程,而施工进度计划中的工作却达到分项工程。因此,为了保证能够切实地进行目标实际值与计划值的比较,并通过比较发现问题,必须建立目标实际值与计划值之间的对应关系。这就要求目标的分解深度、细度可以不同,但分解的原则、方法必须相同,从而可以在较粗的层次上进行目标实际值与计划值的比较。

(4) 确定衡量目标偏离的标准。要正确判断某一目标是否发生偏差,就要预先确定衡量目标偏离的标准。例如,某建设工程的某项工作的实际进度比计划要求拖延了一段时间,如果这项工作是关键工作,或者虽然不是关键工作,但该项工作拖延的时间超过了它的总时差,则应当判断为发生偏差,即实际进度偏离计划进度。反之,如果该项工作不是关键工作,且其拖延的时间未超过总时差,则虽然该项工作本身偏离计划进度,但从整个工程的角度来看,则实际进度并未偏离计划进度。

5) 纠正

对目标实际值偏离计划值的情况要采取措施加以纠正(或称为纠偏)。根据偏差的具体情况,可以分为以下三种情况进行纠偏。

(1) 直接纠偏。所谓直接纠偏,是指在轻度偏离的情况下,不改变原定目标的计划值,基本不改变原定的实施计划,在下一个控制周期内,使目标的实际值控制在计划值范围内。

(2) 不改变总目标的计划值,调整后期实施计划。这是在中度偏离情况下所采取的对策。由于目标实际值偏离计划值的情况已经比较严重,已经不可能通过直接纠偏在下一个控制周期内恢复到计划状态,因而必须调整后期实施计划。

(3) 重新确定目标的计划值,并据此重新制订实施计划。这是在重度偏离情况下所采取的对策。由于目标实际值偏离计划值的情况已经很严重,已经不可能通过调整后期实施计划来保证原定目标计划值的实现,因而必须重新确定目标的计划值。

(二) 控制类型

根据划分依据的不同,可将控制分为不同的类型。例如,按照控制措施作用于控制对象的时间,可分为事前控制、事中控制和事后控制;按照控制信息的来源,可分为前馈控制和反馈控制;按照控制过程是否形成闭合回路,可分为开环控制和闭环控制;按照控制措施制定的出发点,可分为主动控制和被动控制。控制类型的划分是人为的(主观的),是根据不同的分析目的而选择的,而控制措施本身是客观的。因此,同一控制措施可以表述为不同的控制类型,或者说,不同划分依据的不同控制类型之间存在内在的同一性。

1. 主动控制

所谓主动控制是在预先分析各种风险因素及其导致目标偏离的可能性和程度的基础上,拟订和采取有针对性的预防措施,从而减少乃至避免目标偏离。

主动控制也可以表述为其他不同的控制类型。

主动控制是一种事前控制。它必须在计划实施之前就采取控制措施,以降低目标偏离的可能性或其后果的严重程度,起到防患于未然的作用。

主动控制是一种前馈控制。它主要是根据已建同类工程实施情况的综合分析结果,结合拟建工程的具体情况和特点,将教训上升为经验,用以指导拟建工程的实施,起到避免重蹈覆辙的作用。

主动控制通常是一种开环控制。

综上所述,主动控制是一种面对未来的控制,它可以解决传统控制过程中存在的时滞影响,尽最大可能避免偏差已经成为现实的被动局面,降低偏差发生的概率及其严重程度,从而使目标得到有效控制。

2. 被动控制

所谓被动控制,是从计划的实际输出中发现偏差,通过对产生偏差原因的分析,研究制定纠偏措施,以使偏差得以纠正,工程实施恢复到原来的计划状态,或虽然不能恢复到原来的计划状态,但可以减少偏差的严重程度。

被动控制也可以表述为其他的控制类型。

被动控制是一种事中控制和事后控制。它是在计划实施过程中对已经出现的偏差采取控制措施,它虽然不能降低目标偏离的可能性,但可以降低目标偏离的严重程度,并将偏差控制在尽可能小的范围内。

被动控制是一种反馈控制。它是根据本工程实施情况(即反馈信息)的综合分析结果进行的控制,其控制效果在很大程度上取决于反馈信息的全面性、及时性和可靠性。

被动控制是一种闭环控制(见图 6-3)。闭环控制即循环控制,也就是说,被动控制表现为一个循环过程:发现偏差—分析产生偏差的原因—研究制定纠偏措施并预计纠偏措施的成效—落实并实施纠偏措施—产生实际成效—收集实际实施情况—对实施的实际效果进行评价—将实际效果与预期效果进行比较—发现偏差……直至整个工程建成。

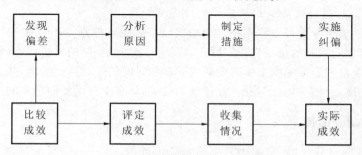

图 6-3 被动控制的闭合回路图

综上所述,被动控制是一种面对现实的控制。虽然目标偏离已成为客观事实,但是,通过被动控制措施,仍然可能使工程实施恢复到计划状态,至少可以减少偏差的严重程度。不可否认,被动控制仍然是一种有效的控制,也是十分重要而且经常运用的控制方式。因此,对被动控制应当予以足够的重视并努力提高其控制效果。

3. 主动控制与被动控制的关系

由以上分析可知,在建设工程实施过程中,如果仅仅采取被动控制措施,出现偏差是不可避免的,而且偏差可能有累积效应,即虽然采取了纠偏措施,但偏差可能越来越大,从而难以实现预定的目标。另一方面,主动控制的效果虽然比被动控制好,但是,仅仅采取主动控制措施却是不现实的,或者说是不可能的。因为建设工程实施过程中有相当多的风险因素是不可预见,甚至是无法防范的,如政治、社会自然等因素。而且,采取主动控制措施往往要付出一定的代价,即耗费一定的资金和时间,对那些发生概率小且发生后损失亦较小的风险因素,采取主动控制措施有时可能是不经济的。这表明,是否采取主动控制措施以及究竟采取什么主动控制措施,应在对风险因素进行定量分析的基础上,通过技术经济分析和比较来决定。在某些情况下,被动控制倒可能是较佳的选择。因此,对于建设工程目标控制来说,主动控制和被动控制两者缺一不可,都是实现建设工程目标所必须采取的控制方式,应将主动控制与被动控制紧密结合起来,如图 6-4 所示。

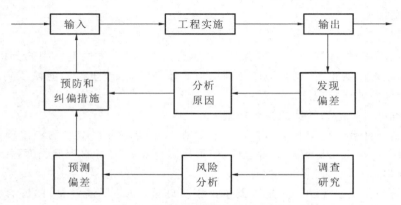

图 6-4　主动控制与被动控制相结合

要做到主动控制与被动控制相结合,关键在于处理好以下两个方面的问题:一是要扩大信息来源,即不仅要从本工程获得实施情况的信息,而且要从外部环境获得有关信息,包括已建同类工程的有关信息,这样才能对风险因素进行定量分析,使纠偏措施有针对性;二是要把握好输入这个环节,即要输入两类纠偏措施,不仅有纠正已经发生的偏差的措施,而且有预防和纠正可能发生的偏差的措施,这样才能取得较好的控制效果。

需要说明的是,虽然在建设工程实施过程中仅仅采取主动控制是不可能的,有时是不经济的,但不能因此而否定主动控制的重要性。实际上,牢固确立主动控制的思想,认真研究并制订多种主动控制措施,尤其要重视那些基本上不需要耗费资金和时间的主动控制措施,并力求加大主动控制在控制过程中的比例,对提高建设工程目标控制的效果,具有十分重要而现实的意义。

(三) 目标控制的前提工作

为了进行有效的目标控制,必须做好两项重要的前提工作:一是目标规划和计划,二是目标控制的组织。

1. 目标规划和计划

如果没有目标,就无所谓控制;而如果没有计划,就无法实施控制。因此,要进行目标控制,首先必须对目标进行合理的规划并制订相应的计划。目标规划和计划越明确、越具体、越全面,目标控制的效果就越好。

1）目标规划和计划与目标控制的关系

图 6-5 表示的是建设工程各阶段的目标规划和目标控制的关系。

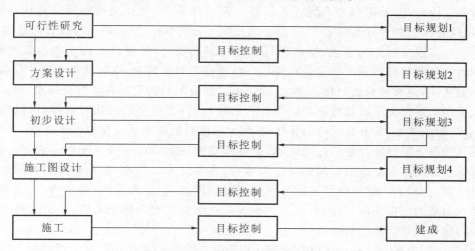

图 6-5　目标规划与目标控制的关系

由图 6-5 可知,建设一项工程,首先要根据业主的建设意图进行可行性研究并制定目标规划 1,即确定建设工程总体投资、进度、质量目标。例如,就投资目标而言,目标规划 1 就表现为投资估算,同时要确定实现建设工程目标的总体计划和下阶段工作的实施计划。然后,按照目标规划 1 的要求进行方案设计。在方案设计的过程中要根据目标规划 1 进行控制,力求使方案设计符合目标规划 1 的要求。同时,根据输出的方案设计还要对目标规划 1 进行必要的调整、细化,以解决目标规划 1 中不适当的地方。在此基础上,制定目标规划 2,即细度和精度均较目标规划 1 有所提高的新的投资估算。然后根据目标规划 2 进行初步设计,在初步设计过程中进行控制,例如,进行限额设计,根据初步设计的结果制定目标规划 3,即设计概算。目标规划 4 是在施工图设计基础上制定的。其最初表现为施工图预算,经过招标投标后则表现为投标控制价和合同价。最后,在施工过程中,要根据目标规划 4 进行控制,直至整个工程建成。

不难看出,目标规划需要反复进行多次。这表明,目标规划和计划与目标控制的动态性相一致。建设工程的实施要根据目标规划和计划进行控制,力求使之符合目标规划和计划的要求。另一方面,随着建设工程的进展,工程内容、功能要求、外界条件等都可能发生变化,工程实施过程中的反馈信息可能表明目标和计划出现偏差,这都要求目标规划与之相适应,需要在新的条件和情况下不断深入、细化,并可能需要对前一阶段的目标规划做出必要的修正或调整,真正成为目标控制的依据。由此可见,目标规划和计划与目标控制之间表现出一种交替出现的循环关系,但这种循环不是简单的重复,而是在新的基础上不断前进的循环,每一次循环都有新的内容、新的发展。

2）目标控制的效果在很大程度上取决于目标规划和计划的质量

应当说,目标控制的效果直接取决于目标控制的措施是否得力,是否将主动控制与被动控制有机地结合起来,以及采取控制措施的时间是否及时等。目标控制的效果虽然是客观的,但人们对目标控制效果的评价却是主观的,通常是将实际结果与预定的目标和计划进行比较。如果出现较大的偏差,一般就认为控制效果较差;反之,则认为控制效果较好。从这个意义上来讲,目标控制的效果在很大程度上取决于目标规划和计划的质量。如果目标规划和计划制订得不合理,甚至根本不可能实现,则不仅难以客观地评价目标控制的效果,而且可能使目标控制人员丧失信心,难以发挥他们在目标控制工作方面的主动性、积极性和创造性,从而严重降低目标控制的效果。因此,为了提高并客观评价目标控制的效果,需要提高目标规划和计划的质量。为此,必须做好以下两个方面的工作:一是合理确定并分解目标;二是制订可行且优化的计划。

计划是对实现总目标的方法、措施和过程的组织和安排,是建设工程实施的依据和指南。通过计划可以分析目标规划所确定的投资、进度、质量总目标是否平衡、能否实现。如果发现不平衡或不能实现,则必须修改目标。通过计划,可以按分解后的目标落实责任体系,调动和组织各方面人员为实现建设工程总目标共同工作。通过计划,即科学的组织和安排,可以协调各单位、各专业之间的关系,充分利用时间和空间,最大限度地提高建设工程的整体效益。

制订计划首先要保证计划的可行性,即保证计划的技术、资源、经济和财务的可行性,保证建设工程的实施能够有足够的时间、空间、人力、物力和财力。为此,首先必须了解并认真分析拟建建设工程自身的客观规律性,在充分考虑工程规模、技术复杂程度、质量水平、主要工作的逻辑关系等因素的前提下制订计划,切不可不合理地缩短工期和降低投资。其次,要充分考虑各种风险因素对计划实施的影响,留有一定的余地。

在确保计划可行的基础上,还应力求使计划优化。对计划的优化实际上是做多方案的技术经济分析和比较。当然,限于时间和人们对客观规律认识的局限性,最终制订的计划只是相对意义上最优的计划而不可能是绝对意义上最优的计划。

计划制订得越明确、越完善,目标控制的效果就越好。

2. 组织

由于建设工程目标控制的所有活动以及计划的实施都是由目标控制人员来实现的,因此,如果没有明确的控制机构和人员,目标控制就无法进行;或者虽然有了明确的控制机构和人员,但其任务和职能分工不明确,目标控制就不能有效地进行。这表明,合理而有效的组织是目标控制的重要保障。目标控制的组织机构和任务分工越明确、越完善,目标控制的效果就越好。为了有效地进行目标控制,需要做好以下几个方面的组织工作。

(1)设置目标控制机构。

(2)配备合适的目标控制人员。

(3)落实目标控制机构和人员的任务和职能分工。

(4)合理组织目标控制的工作流程和信息流程。

二、建设工程目标控制的含义

建设工程投资、进度、质量控制的含义既有区别又有内在联系和共性,从目标、系统控制、全过程控制和全方位控制来阐述建设工程目标控制的含义。

(一)控制的目标

1. 建设工程投资控制的目标

它就是通过有效的控制工作和具体的投资控制措施,在满足工程进度和工程质量要求的前提下,力求使工程实际投资不超过计划投资。投资控制的含义如图6-6所示。实际投资不超过计划投资,有以下三种情况。

（1）在投资目标分解的各个层次上，实际投资不超过计划投资。

（2）在投资目标分解的较低层次上，在有些层次上，实际投资超过计划投资，但在大多数层次上不超过计划投资，因而在投资目标分解的较高的层次上，实际投资不超过计划投资。

（3）实际总投资未超过计划总投资，在投资目标分解的各个层次上，都出现实际投资超过计划投资的现象，但在大多数情况下，实际投资未经过计划投资，因而实际总投资未超过计划总投资。

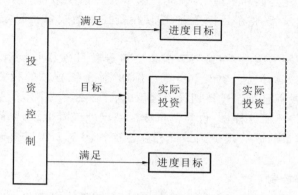

图 6-6 投资控制的含义

2. 建设工程进度控制的目标

它就是通过有效的工程进度控制工作和具体的工程进度控制措施，在满足投资和质量要求的前提下，力求使工程实际工期不超过计划工期。

实际工期不超过计划工期，这一进度控制的目标要得以实现，主要取决于处在关键线路上的每项工作能否按计划的时间完成，同时还应该注意非关键线路上的工作，不能转化为关键线路上的工作。在工程实施过程，总会有不同程度地发生局部工期延误的情况，它对工程进度目标的影响需要通过网络计划定量计算来确定对工程进度目标的影响程度。

3. 建设工程质量控制的目标

它就是通过有效的工程质量控制工作和具体的工程质量控制措施，在满足投资和进度要求的前提下，实现工程预订的质量目标。

建设工程质量目标包括两个方面的内容。一是建设工程的质量必须符合国家现行的关于工程质量的法律、法规、技术标准和规范等有关规定，尤其是强制标准的规定，这也是对工程设计、工程施工质量的基本标准。二是建设工程的质量目标，又是通过工程合同加以约定的，其范围更广，内容更具体。任何建设工程都有其特定的功能和使用价值，特别是应根据业主的要求而兴建，因此应满足不同业主的不同功能和使用价值的质量目标。

因此，建设工程质量控制的目标就要实现以上两个方面的工程质量目标。由于国家强制性质量目标一般都有严格、明确的规定，因而质量控制工作的对象和内容都比较明确。而工程合同的质量标准具有一定的主观性，有时没有明确、统一标准，因而质量控制工作的对象和内容较难把握。因此，在建设工程质量控制工作中，要注意对工程合同质量目标的控制，最好能预先明确控制效果定量评价的方法和标准。另外，对合同约定的质量目标，必须保证其不得低于国家强制性质量标准的质量要求。

（二）系统控制

系统控制的思想就是要实现目标规划与目标控制之间的统一，实现三大目标控制的统一。

1. 投资控制的系统控制

投资控制的系统控制是投资控制与进度控制和质量控制同时进行的,它是针对整个建设工程目标系统所实施的控制活动的一个组成部分,在实施投资控制的同时,需要满足预定的进度目标和质量目标。因此,在投资控制的过程中,要协调好与进度控制和质量控制的关系,做到三大目标控制的有机配合和相互平衡,而不能片面强调投资控制。在目标规划时,对投资、进度、质量三大目标进行了反复协调和平衡,力求实现整个目标系统最优。如果在投资控制的过程中破坏了这种平衡,也就破坏了整个目标系统,即使投资控制的效果看起来较好或很好,但其结果肯定不是目标系统最优。

当采取某项投资控制措施时,如果某项措施会对进度目标和质量目标产生不利的影响,就要考虑是否还有别的更好的措施,要慎重决策。例如,整个工程总的投资估算额应控制在投资限额以内,当发现实际投资已经超过计划投资之后,为了控制投资,不能简单地删减工程内容或降低设计标准,即使不得已而这样做,也要慎重选择被删减或降低设计标准的具体工程内容,力求使减少投资对工程质量的影响减少到最低程度。这种协调工作在投资控制过程中是绝对不可缺少的。

2. 进度控制的系统控制

进度控制的系统控制思想与投资控制基本相同,但其具体内容和表现有所不同。

在采取进度控制措施时,要尽可能采取可对投资目标和质量目标产生有利影响的进度控制措施,例如完善的施工组织设计、优化的进度计划等。相对于投资控制和质量控制而言,进度控制措施可能对其他两个目标产生直接的有利作用,这一点显得尤为突出,应当予以足够的重视并加以充分利用,以提高目标控制的总体效果。

当然,采取进度控制措施也可能对投资目标和质量目标产生不利影响。一般来说,局部关键工作发生工期延误,但延误程度尚不严重时,通过调整进度计划来保证进度目标是比较容易做到的,例如可以采取加班加点的方式,或适当增加施工机械和人力的投入。这时,就会对投资目标产生不利影响,而且由于夜间施工或施工速度过快,也可能对质量目标产生不利影响。因此,当采取进度控制措施时,不能仅仅保证进度目标的实现,而不顾投资目标和质量目标,所以应当综合考虑三大目标。根据工程进展的实际情况和要求以及进度控制措施选择的可能性,有以下三种处理方式。

(1) 在保证进度目标的前提下,将对投资目标和质量目标的影响减少到最低程度。

(2) 适当调整进度目标(延长计划总工期),不影响或基本不影响投资目标和质量目标。

(3) 介于上述两者之间。

3. 质量控制的系统控制

质量控制的系统控制应从以下几个方面来考虑。

(1) 避免不断提高质量目标的倾向。建设工程的建设周期较长,随着技术、经济水平的发展,会不断出现新设备、新工艺、新材料、新理念等,在工程建设早期(如可行性研究阶段)所确定的质量目标,到设计阶段和施工阶段有时就显得相对滞后。不少业主往往要求相应地提高质量标准,这样势必要增加投资,而且由于要修改设计、重新制订材料和设备采购计划,甚至将已经施工完毕的部分工程拆除重建也会影响进度目标的实现。因此,要避免这种倾向。首先,在工程建设早期确定质量目标时要有一定的前瞻性;其次,对质量目标要有一个理性的认识,不要盲目追求"最新""最高""最好"等目标;再次,要定量分析提高质量目标后对投资目标和进度目标的影响。在这一前提下,即使确实有必要适当提高质量标准,也要把对投资目标和进度目标的不利影响减少到最低程度。

（2）确保基本质量目标的实现。建设工程的质量目标关系到生命安全、环境保护等社会问题，国家有相应的强制性标准。因此，不论发生什么情况，也不论在投资和进度方面要付出多大的代价，都必须保证建设工程安全可靠、质量合格的目标予以实现。另外，建设工程都有预定的功能，若无特殊原因，也应确保实现。严格地说，改变功能或删减功能后建成的建设工程与原定功能的建设工程是两个不同的工程，不宜直接比较，有时也难以评价其目标控制的效果。

（3）尽可能发挥质量控制对投资目标和进度目标的积极作用。

（三）全过程控制

所谓全过程，是指工程建设全过程；我国现阶段主要是指建设工程实施的全过程。它包括设计阶段（含设计准备）、招标阶段、施工阶段、竣工阶段和保修阶段。

1. 投资控制的全过程控制

在投资控制的全过程控制时，要求建设工程从设计阶段就开始进行投资控制，并将投资控制工作贯穿于建设工程实施的全过程，直至整个工程建设完成且延续到保修期结束。特别强调投资控制的早期控制的重要性，其越早进行控制，投资控制的效果越好，节约投资的可能性越大。如果能真正实现工程建设全过程控制效果会更好。

建设工程的实施过程，一方面表现为工程建设实体的形成过程；另一方面表现为价值形成过程，即其投资不断累加的过程。这两种过程对建设工程的实施来说都是很重要的，而从投资控制的方面来看更为关心后一种过程。

在建设工程实施过程中，累计投资在设计阶段和招标阶段缓慢增加，进入施工阶段后则迅速增加，到施工后期，累计投资的增加又趋于平缓。另一方面，节约投资的可能性（或影响投资的程度）从设计阶段到施工开始前迅速降低，其后的变化就相当平缓了。

2. 进度控制的全过程控制

关于进度控制的全过程控制，要注意以下三个方面的问题。

（1）在工程建设的早期就应当编制进度计划。为此，首先要澄清将进度计划狭隘地理解为施工进度计划的模糊认识；其次要纠正工程建设早期由于资料详细程度不够且可变因素很多而无法编制进度计划的错误观念。

业主方整个建设工程的总进度计划包括的内容很多，除了施工之外，还包括前期工作（如征地、拆迁、施工场地准备等）、勘察、设计、材料和设备采购、动用前准备等。由此可见，业主方的总进度计划对整个建设工程进度控制的作用是何等重要。工程建设早期所编制的业主方总进度计划不可能也没有必要达到承包商施工进度计划的详细程度，但也应达到一定的深度和细度，而且应当掌握"远粗近细"的原则，即对远期工作，如工程施工、设备采购等，在进度计划中显得比较粗略，只反映到单位工程或单项工程；而对近期工作，如征地、拆迁、勘察设计等，在进度计划中做到比较具体。而所谓"远"和"近"是相对概念，随着工程的进展，最初的远期工作就变成了近期工作，进度计划也应当相应地深化和细化。

在工程建设早期编制进度计划，是早期控制思想在进度控制中的反映。越早进行控制，进度控制的效果越好。

（2）在编制进度计划时要充分考虑各阶段工作之间的合理搭接。例如，设计工作与征地、拆迁工作搭接，设备采购和工程施工与设计搭接，装饰工程和安装工程施工与结构工程施工搭接，等等。搭接时间越长，建设工程的总工期就越短。但是，搭接时间与各阶段工作之间的逻辑关系有关,都有其合理的限度。因此,合理确定具体的搭接工作内容和搭接时间,也是进度计划优化的重要内容。

(3)抓好关键线路的进度控制。进度控制的重点对象是关键线路上的各项工作,包括关键线路变化后的各项关键工作,这样可取得事半功倍的效果。由此也可看出工程建设早期编制进度计划的重要性。如果没有进度计划,就不知道哪些工作是关键工作,进度控制工作就没有重点,精力分散,甚至可能对关键工作控制不力,而对非关键工作却全力以赴,结果是事倍功半。当然,对非关键线路的各项工作,要确保其不要延误而影响关键工作。

3. 质量控制的全过程控制

建设工程总体质量目标的实现与工程质量的形成过程息息相关,因而必须对工程质量实行全过程控制。

建设工程的每个阶段都对工程质量的形成起着重要的作用,但各阶段关于质量问题的侧重点不同。在设计阶段,主要是解决"做什么"和"如何做"的问题,使建设工程总体质量目标具体化;在施工招标阶段,主要是解决"谁来做"的问题,使工程质量目标的实现落实到承包商;在施工阶段,通过施工组织设计等文件,进一步解决"如何做"的问题,通过具体的施工解决"做出来"的问题,使建设工程形成实体,将工程质量目标物化地体现出来;在竣工验收阶段,主要是解决工程实际质量是否符合预定质量的问题;而在保修阶段,则主要是解决已发现的质量缺陷问题。因此,应当根据建设工程各阶段质量控制的特点和重点,确定各阶段质量控制的目标和任务,以便实现全过程质量控制。在建设工程的各个阶段中,设计阶段和施工阶段的持续时间较长,两个阶段工作的"过程性"也尤为突出。例如,设计工作分为方案设计、初步设计、技术设计、施工图设计,设计过程就表现为设计内容不断深化和细化的过程。如果等施工图设计完成后才进行审查,一旦发现问题,造成的损失后果就很严重。因此,必须对设计质量进行全过程控制。又如,房屋建筑的施工阶段一般又分为基础工程、上部结构工程、安装工程和装饰工程等几个阶段,各阶段的工程内容和质量要求有明显区别,相应地对质量控制工作的具体要求也有所不同。因此,对施工质量也必须进行全过程控制,要把对施工质量的控制落实到施工各阶段的过程中。

在建设工程施工过程中,各个分部工程由于工程交接多、中间产品多、隐蔽工程多,若不及时检查就可能将已经出现的质量问题被下一道工序掩盖,将不合格产品当作合格产品,从而留下隐患,因此建设工程质量控制必须进行全过程控制。

(四)全方位控制

1. 投资控制的全方位控制

对投资目标进行全方位控制,包括两种含义:一是对按工程内容分解的各项投资进行控制,即对单项工程、单位工程,乃至分部分项工程的投资进行控制;二是对按总投资构成内容分解的各项费用进行控制,即对建筑安装工程费用、设备和工器具购置费用,以及工程建设其他费用等都要进行控制。通常,投资目标的全方位控制主要是指上述第二种含义。因为单项工程和单位工程的投资同时也要按总投资构成内容分解。

在对建设工程投资进行全方位控制时,应注意以下几个问题。

(1)要认真分析建设工程及其投资构成的特点,了解各项费用的变化趋势和影响因素。根据我国的统计资料,工程建设其他费用一般不超过总投资的 10%。但这是综合资料,对具体的建设工程,可能远远超过这个比例,例如五星级高档宾馆、智能化办公楼的装饰工程费用或设备购置费用已超过结构工程费用。这些变化非常值得引起投资控制人员的重视,而且这些费用相对于结构工程费用而言,有较大的节约投资的"空间"。只要思想重视且方法适当,往往能取得较为满意的投资控制效果。

(2)要抓主要矛盾、有所侧重。不同建设工程的各项费用占总投资的比例不同,例如,普通民用建筑工程的建筑工程费用占总投资的大部分,工艺复杂的工业项目以设备购置费用为主,智能化大厦的装饰工程费用和设备购置费用占主导地位,都应分别作为该类建设工程投资控制的重点。

(3)要根据各项费用的特点选择适当的控制方式。例如,建筑工程费用可以按照工程内容分解得很细,其计划值一般较为准确,而其实际投资是连续发生的,因而需要经常定期地进行实际投资与计划投资的比较;安装工程费用有时并不独立,或与建筑工程费用合并,或与设备购置费用合并,或兼而有之,需要注意鉴别;设备购置费用有时需要较长的订货周和一定数额的定金,必须充分考虑利息的支付,等等。

2. 进度控制的全方位控制

进度目标进行全方位控制要从以下几个方面来考虑。

(1)对整个建设工程所有工程内容的进度都要进行控制,除了单项工程、单位工程之外,还包括区内道路、绿化、配套工程等的进度。这些工程内容都有相应的进度目标,应尽可能将它们的实际进度控制在进度目标之内。

(2)对整个建设工程所有工作内容的进度都要进行控制。建设工程的各项工作,诸如征地、拆迁、勘察、设计、施工招标、材料和设备采购、施工、动工前准备等,都有进度控制的任务。在全过程控制的分析中,对这些工作内容侧重从各阶段工作关系和总进度计划编制的角度进行阐述。而在全方位控制的分析中,则是侧重从这些工作本身的进度控制进行阐述,可以说是同一问题的两个方面。实际的进度控制,往往既表现为对工程内容进度的控制,又表现为对工作内容进度的控制。

(3)对影响进度的各种因素都要进行控制。建设工程的实际进度受到很多因素的影响,例如,施工机械数量不足或出现故障;技术人员和工人的素质和能力低下;建设资金缺乏,不能按时到位;材料和设备不能按时、按质、按量供应;施工现场组织管理混乱,多个承包商之间施工进度不够协调;出现异常的工程地质、水文、气候条件;还可能出现政治、社会等风险。要实现有效的进度控制,必须对上述影响进度的各种因素都进行控制,采取措施减少或避免这些因素对进度的影响。

(4)注意各方面工作进度对施工进度的影响。任何建设工程最终都是通过施工将其建造起来的,施工进度作为一个整体,肯定是在总进度计划中的关键线路上的关键工作,任何导致施工进度拖延的情况,都将导致总进度的拖延。而施工进度的拖延往往是其他方面工作进度的拖延引起的。例如,根据工程开工时间和进度要求安排动拆迁和设计进度计划,必要时可分阶段提供施工场地和施工图纸;又如,根据结构工程和装饰工程施工进度的需要安排材料采购进度计划,根据安装工程进度的需要提前安排设备采购进度计划。

3. 质量控制的全方位控制

对建设工程质量进行全方位控制应从以下几个方面着手。

(1)对建设工程所有工程内容的质量进行控制。建设工程是一个整体,其总体质量是各个组成部分质量的综合体现,也取决于具体工程内容的质量。如果某项工程内容的质量不合格,即使其余工程内容的质量都很好,也可能导致整个建设工程的质量不合格。因此,对建设工程质量的控制必须落实到每一项工程内容,只有确实实现了各项工程内容的质量目标,才能保证实现整个建设工程的质量目标。

（2）对建设工程质量目标的所有内容进行控制。建设工程的质量目标包括许多具体的内容，例如，从外在质量、工程实体质量、功能和使用价值质量等方面可分为美观性、协调性、安全性、可靠性、适用性、灵活性、可维修性等目标，这些具体质量目标是否实现或实现的程度如何，又涉及评价方法和标准。此外，对功能和使用价值质量目标要予以足够的重视，因为该质量目标非常重要，而且其控制对象和方法与对工程实体质量的控制不同。为此，要特别注意对设计质量的控制，要尽可能做多方案的比较。

（3）对影响建设工程质量目标的所有因素进行控制。影响建设工程质量目标的因素很多，可以从不同的角度加以归纳和分类。例如，可以将这些影响因素分为人、机械、材料、方法和环境五个方面。质量控制的全方位控制，就是要对这五方面因素都进行控制。

6.3 工程质量控制

一、质量与建设工程质量的概念

1. 质量的概念

质量不仅是指产品质量，也可以是某项活动或过程、某项服务，还可以是质量管理体系的运行质量。质量是由一组固有特性组成的，这些固有特性是指满足顾客和其他相关方面要求的特性，并由其满足要求的程度加以表征。

2. 建设工程质量的概念

建设工程质量简称工程质量，是指工程满足业主要求的、符合国家现行的有关法律法规、技术规范标准、设计文件及合同规定的特性之总和。建设工程质量的主体是工程项目，也包含工作质量。任何建设工程项目都是由分项工程、分部工程和单位工程所组成的，而建设工程项目的建设是通过一道道工序来完成和创造的。所以，建设工程项目质量包含工序质量、分项工程质量、分部工程质量和单位工程质量。工作质量是指参见各方为了保证工程质量所从事工作的水平和完善程度，包括社会工作质量，生产过程工作质量。

二、工程项目质量的特点

工程项目质量的特点是由工程项目本身的单一性、资源的高投入性、建设周期的长久性、一次性生产长久使用性等特点决定。

工程项目质量的特点主要表现在以下六个方面。

（1）适用性即功能，是指工程满足使用功能目的的各种性能。例如，不产生影响使用的过大变形和振幅，不发生足以让使用者不安的过宽的裂缝等。吊车梁发生过大变形会造成吊车无法使用，严重的会发生人员伤亡事故，产生经济损失。

（2）耐久性即寿命，结构在正常维护条件下应该有足够的耐久性，完好使用到设计规定的年限。受我国国情和建筑技术的限制,很多房屋工厂等建筑因为城市规划的需要或因破坏严重不得不面临被拆除的危险。

(3)安全性建筑结构应能承受正常施工和正常使用时可能出现的各种荷载和变形,在偶然时间(如地震、爆炸等)发生时和发生后保持必需的整体稳定性,做到"小震不坏,中震可修,大震不倒"。

(4)可靠性结构在设计使用年限内,在正常设计、正常施工、正常使用和维护的条件下,完成预定功能的能力。结构的可靠度是结构可靠性的概率衡量,可靠度越高结构的可靠性能越强,越不容易破坏。但可靠度的计算需要大量的工程数据,而且由于工程的单一性很难取得有效数据,一般是靠经验来判断。

(5)经济性是指从规划、勘察、设计、施工到整个产品使用寿命周期内的成本和消耗的费用,以及该工程产生的经济和社会效益。在社会主义初级阶段的基本国情条件下,经济性问题一直是业主和承包商的首要考虑问题,也因此产生过很多工程质量问题,对国家和人民生命财产造成了严重的影响,甚至制造了政治性问题。

(6)与周围环境的协调性工程与其周围生态环境的协调,与所在地区经济环境的协调以及与周围已建工程相协调,以适应可持续发展。

三、工程项目质量的形成

工程项目质量的形成因素是多种多样的,现主要从工程项目质量的形成过程加以说明。

1. 项目的可行性研究阶段质量

项目的可行性研究是在勘察调查的基础上,对项目在技术上的可行性、经济上的合理性、生产布局上的必要性进行分析论证,通过多方案的比较,从中选择出最优方案,作为项目决策和设计的依据。可行性研究报告是确定建设项目、编制设计文件的重要依据,其主要从市场研究、技术研究和效益研究等三个方面综合分析项目是否具有可行性。可行性研究报告根据项目投资额的大小和投资来源的不同,分别由不同的主管部门审批。这就要求各主管部门,最大限度地行使自己的职能,提供最准确的专业信息与建议。

2. 项目决策阶段质量

项目决策阶段是在项目建议书的基础上,通过审核可行性报告是否符合相关的技术经济方面的规范、标准和定额等指标,审核可行性研究报告的内容、深度和计算指标是否达到标准要求等,对项目的建设规模、建设布局、建设的投资和进度做出决策。所以项目决策阶段对项目质量的影响是确定项目的质量目标和水平。

3. 项目勘察、设计阶段质量

工程地质勘查是为建设场地的选择和工程的设计与施工提供地质资料的依据。而工程设计是根据建设项目总体需求(包括以确定的项目质量水平和目标)地质勘查报告,对工程的外形和内在的实体进行筹划、研究、构思设计和描绘,形成设计说明书和图纸等相关文件,质量目标和水平具体化。

项目过程中的质量控制如图6-7所示。

设计是工程建设的灵魂,是造价控制的关键,是集中运用各项规范、标准,把科技学术转化为现实的桥梁和纽带,设计单位能不能正确地贯彻执行国家经济建设的方针、政策和有关强制性技术标

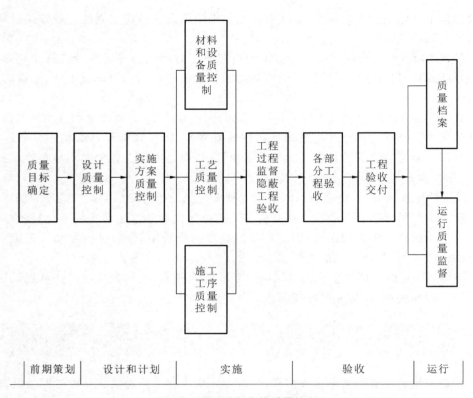

图 6-7　项目过程中的质量控制

准,落实节约和环保措施,做出最佳的设计,不仅影响工程建设的质量,也将长久地影响到投产和交付使用后的综合效益。设计队伍的整体素质高低、设计人员的设计经验多少、设计人员对设计任务的熟悉程度,以及设计各专业的协调配合程度如何,等等,都会影响设计质量的好坏。还有,所选设计方案不甚合理或由于设计违反正常设计程序或为赶实际进度,节省经费等也都会严重影响设计产品的质量。由于设计阶段的失误所造成的质量问题,常常是施工阶段难以弥补的,甚至可能会带来全局性或者整体性的影响,以致影响到整个工程项目目标的实现。

设计人员应认真对建设项目的规模、工艺流程、功能方案、设备选型、造价控制等做全面的分析,尤其是要通过应用价值工程对设计方案进行比较,经过技术经济分析,从中选出技术上先进、经济上合理,既能满足功能和工艺要求,又能满足降低工程造价的技术方案。

四、工程项目质量因素控制

1. 人员因素

人的因素主要指领导者的素质、操作人员的技术水平以及服务人员的质量观念。领导者素质高,决策能力就强,就有较强的质量规划、目标管理、施工组织和技术指导、质量检查的能力,管理制度完善技术措施得力,工程质量就高。操作人员具备较强的技术水平和一丝不苟的工作作风,就会严格执行质量标准和操作规程等。服务人员具备较强的质量观念,就会做好技术和生活服务,以出色的工作质量,间接地保证工程质量。因此,保证施工质量首先要考虑到人的因素,因为人是施工过程的主体,工程质量的形成受到所有参加工程项目施工的工程技术人员、操作人员、服务人员共同作用。他们是形成工程质量的主要因素。在工程实践中,由于个别领导的决策或个别操作人员违规操作所引起的质量问题是屡见不鲜的。

2. 工程材料

材料是工程施工的物质条件,材料质量是工程质量的基础,材料质量不符合要求,工程质量也就不可能符合标准。由于建筑施工所需的材料种类多、用量大,采取全面检查是难以实现的,但采取抽检的方法,往往又会产生遗漏。另外,建筑工程中材料费用占总投资的比例较大,正因为这样,一些承包商在拿到工程后,为谋取更多利益,不按工程技术规范要求的品种、规格、技术参数等采购相关的成品或半成品,或因采购人员素质低下,对其原材料的质量不进行有效控制,放任自流。还有的企业没有完善的管理机制和约束机制,无法杜绝不合格的假冒、伪劣产品进入工程施工中,给工程留下质量隐患。

3. 机械设备

机械设备应分为两类:一是指组成工程实体及配套的工艺设备和各类机具,如电梯、泵机、通风、空调等设备。它们构成了建筑设备安装工程或工业设备安装工程,形成完整的使用功能。二是指在施工过程中使用的各类施工机具设备,如大型的垂直和横向运输设备塔吊、提升机,各类操作工具、各种施工安全设施、各类施工测量仪器和计量器具等,它们是施工生产的主要手段和辅助用具。这些机具设备对工程质量有着重要的影响。工程用机具设备其产品质量优劣,直接影响工程使用功能质量,如测量仪器的精度满足不了工程的需要,必将导致工程实体使用功能削弱,计量器具的错误极有可能产生质量问题的出现。施工机具的类型是否符合工程施工特点、性能是否先进稳定、操作是否方便安全等,都可能影响到工程项目的质量。所以在设备的选型时,应高度重视与工程的匹配,在使用过程中建立制度定期养护和校核等。

4. 工艺方法

施工过程中的方法,指在工程项目整个建设周期内所采取的技术方案、工艺流程、组织措施、检测手段和施工组织设计等。在方法上出现的问题往往是比较多的,如制定了施工组织设计,不能严格执行,不按标准和规范施工,不注重施工过程的管理,不制定切实可行的预防措施,出现问题了才去处理。特别是施工方案的正确与否,直接影响工程质量,如由于施工方案考虑不周而拖延进度,影响质量,增加投资。

5. 环境因素

影响工程项目质量的环境因素较多,工程技术环境,如工程地质、水文、气象等;工程管理环境,如质量保证体系、质量管理制度等;劳动环境,如劳动组合、劳动工具、工作面等;人文环境,如当地的风土人情、社会治安、富裕程度等。环境因素对工程质量的影响,具有复杂多变的特点,如气象条件变化万千,温度、湿度、大风、暴雨、酷暑、严寒都直接影响工程质量。往往前一工序就是后一工序的环境,前一分项、分部工程也就是后一分项、分部工程的环境。

五、质量控制的基本措施

1. 组织措施

1)建立监理质量控制体系

在监理部建立以单位工程、分部工程,以现场监理总监为首的层层落实的质量安全责任制,并签订工程质量责任书作为依据,加强监理人员的责任感。质量控制机构如图6-8所示。

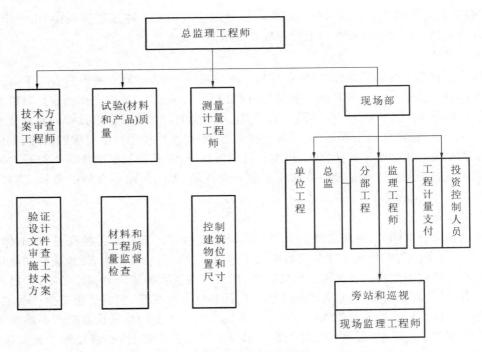

图 6-8　质量控制机构图

2）建立健全监理工作制度

监理工作制度包括现场巡视、平行检测、旁站监理制度；明确工程各部分控制要点，及监理工作的基本要求；落实质量控制的部门人员，确定各自的目标控制任务和管理职能；监督按计划要求投入劳动力、机具、设备、材料，巡视、检查工程运行情况，对工程信息的收集、加工、整理、反馈，发现和预测目标偏差，采取积极主动地纠正行动；制订各项目标控制的工作流程，针对不同的现场情况和条件进行目标控制；对监理人员进行分工和授予相应职权，明确职责，制订工作考核标准，使整个监理部一体化运行。

2. 技术措施

（1）监理工作全面实行计算机辅助管理。

（2）针对工程的施工减少和避免索赔事件发生。

（3）及时组织专家咨询组，分析研究工程施工中存在的重大技术问题、施工方案优化问题及监理现场应注意的问题，争取工作主动，避免工作被动。

（4）在工程质量控制过程中，努力实现质量、进度控制的定量化，一方面要求施工单位建立健全质量保证体系，完善工程质量检测手段；另一方面施工原材料及中间产品抽样试验应在建设质监单位认同、监理部指定的、有相应资质的试验单位进行。

（5）监理部配备常规的必要的质量检测仪器、设备。

（6）需要大型试验设备或特殊专业检测设备时，报请业主同意后，委托专业质量检测单位进行检测。

（7）对多个可能的主要技术方案做技术上的可行性分析，对各种技术数据进行审核、比较，对承包人的主要施工技术方案做必要的论证，审查施工组织设计。应高度重视环境、技术条件，认真研究存在的质量、进度、投资方面的风险，并拿出相应的具体有效措施。

3. 经济措施

（1）无论对投资实施控制，还是对进度、质量实施控制，都离不开经济措施。为了理想地实现工程目标，监理部要收集、加工、整理工程经济信息和数据，对各种实现目标的计划进行资源经济、财务诸方面的可行性分析。

（2）对工程建设过程中出现的各种设计变更和其他工程变更方案进行技术经济分析，以力求减少对计划目标实现的影响。

（3）编制资金使用计划，审查工程付款。

4. 合同措施

（1）根据工程建设承包合同、监理合同实施监督管理活动。

（2）协助业主拟订工程补充协议条款，参加合同谈判。

（3）严格按照合同办事，处理合同执行过程中出现的问题，做好防止和处理索赔工作。

六、质量控制程序

（1）工程开工前，及时通知施工单位报送工程总体施工组织设计、质量检查机构和质检人员的资质，经监理部批准后实施。

（2）要求施工单位建立工地实验室，并经监理部审查批准后，投入使用。

（3）根据施工单位开工申请，审查开工条件符合后，签发开工令。

（4）每个单位工程开工前，施工单位应向监理部报送详细的施工计划、施工方法和技术措施等，监理工程师审查批准后，才能开工。

（5）施工单位进场的建筑材料、半成品等，都必须按规定报监理部审查，并按规定抽样检验，经监理工程师批准才能用于工程施工。

（6）根据监理工作实施细则，按工序进行质量控制，上道工序合格，并经验收后，才能进行下道工序施工。

（7）隐蔽工程隐蔽前，必须进行联合验收。

（8）按照国家规定的质量评定标准和验收规程进行分部工程、单位工程验收。

（9）施工单位基本完成了本合同规定工程项目任务后，应全面进行自检。合格后由项目经理向总监提交"完工验收申请报告"，附以全部验收资料。监理部组织有关人员进行工程竣工初验。初验合格后总监认为已具备竣工验收条件时，及时提请建设单位组织竣工验收。

（10）总监签发"完工移交证书"。

（11）保修责任期满，施工单位完成所有合同工程项目，并完成了保修期内缺陷修复工作，经监理验收合格，由发包方或授权总监签发"缺陷责任证书"给施工单位。

七、质量控制措施

工程质量控制分为事前控制、事中控制、事后控制。事前控制是主动控制，重点放在施工准备阶段和施工各工序之前；针对工程的特点制定预控措施。事中控制是在施工现场，施工过程中通过巡查、旁站，及时发现问题，及时纠正。事后控制是通过对已完工的工程进行测量，检查验收，把好最后一道关，对不合格的工程，要求施工承包单位修补直至返工。对工程质量的控制应以事前控制为主,对主要分部分项工程及重要部位,事前分析施工中可能产生的质量隐患,提出相应对策,进行质量预控。

(一)质量控制总述

1. 质量控制的依据

(1)建设工程施工合同及补充协议等对工程质量的约定和要求,如质量等级、质量标准、材料质量和保修阶段服务内容等。

(2)工程施工投标文件对质量的要求。

(3)中标单位投标文件中承诺的质量等级及施工方案。

(4)监理合同。

(5)设计图纸。

(6)国家及政府有关部门颁发的关于质量管理的法律、法规文件,施工验收和技术规范。

2. 质量控制的原则

(1)坚持质量第一的原则。

(2)支持以人为控制核心的原则。

(3)坚持预防为主和事前控制原则。

(4)加强对重点部位、重点工序和关键因素的监控。

(5)对施工的全过程及各专业进行全面的质量控制。

(6)质量监控的程序、方法、措施应规范化,具有足够的监控深度和力度,确保监控效果。

(7)对工程中的人、机械、材料、方法、环境等因素进行全面的质量控制。

3. 质量控制的内容

1)施工准备阶段

(1)组织监理人员熟悉施工合同文件、施工图纸、技术标准规范、质量检验评定标准,编制质量监理实施细则。

(2)确定测量放线方案,建立施工平面控制网和高程控制网,向承包商移交原始基准点、基准线、基准高程及导线资料。

(3)审批承包商提交的施工技术方案及施工组织设计。

(4)督促承包商建立、完善质量保证体系。

(5)检查承包商进场机械、设备质量以及生产能力,审查承包商所拟用施工原材料来源、数量和质量,并进行检验。

(6)审查承包商的测量和试验人员、设施配备。

(7)审批承包商提交的工程开工报告,落实安排相关分项工程施工监理人员。

2)施工阶段

(1)严格执行质量控制程序,做到工序完成有自检、工序交验有签认、中间交工有证书。

(2)查验承包商的施工测量成果。

(3)对各工序施工现场进行检查、旁站,发现质量隐患或质量问题,及时纠正。

(4)在监督承包商按照规范做好自检的同时,按规定频率进行监理抽检,以及必要的附加试验,并根据试验资料和数据,对工程成品进行评估,决定确认或者拒受、指令返工。

(5)组织对施工过程发现的质量缺陷、质量事故按规定的程序进行处理。

（6）重要分项或子分部工程完工后，按质监站规定组织中间验收。

（7）对竣工单位工程进度质量检验评定，审查工程竣工资料，组织预验收，编制"质量评估报告"。

（8）经质监站审查同意后，协助业主组织竣工验收。

3）工程质量保修期阶段

（1）组织监理人员形成保修阶段的专项记录表格，实行保修阶段的全过程监控。

（2）在工程质量保修期，检查工程使用质量并进行记录，对工程质量缺陷，认真分析原因，确定缺陷责任及修复费用，督促承包商进行保修。

（二）质量控制

1. 质量的事前控制

根据质量管理体系文件的要求，对图纸会审、施工组织设计审批、工程开工、工程停/复工、材料设备、施工测量、质量检查、工程验收、资料管理等诸多环节，以及现场项目监理部、总包、分包、材料供应等的管理、协调工作，分别制定监理实施细则，形成系列性的监理管理作业文件。

1）掌握和熟悉质量控制的技术依据

（1）施工合同有关质量的条款。

（2）设计图纸及设计说明书。

（3）《建筑工程施工质量验收统一标准》（GB 50300—2013）。

（4）《建设工程监理规范》。

（5）批准的施工组织设计或施工方案等。

2）审查施工队伍的资质

（1）审查承担工程施工任务的施工队伍及其主要技术人员的资质是否符合招标文件的要求和其投标文件中的承诺，经监理工程师审查认可后方可进场施工，为质量控制打好基础。

（2）审查分包单位资质及承包范围是否满足工程的要求，审查其主要技术人员的资质、能力、工作经验及特种作业人员的资质、技术水平。

（3）审查承包商组建的项目经理部的组织机构、职能分工、内部管理制度是否符合并满足合同要求，审查项目部主要技术人员的资质、经验和能力，重点审查项目经理、项目副经理、各主要职能部门负责人的资质、经验和能力；检查须持证操作岗位施工人员的上岗证；审查承包商在本项目上的质量保证体系，考察其质量自控能力。

（4）组织设计交底和图纸会审，及时发现施工图中存在的错漏碰缺的问题，避免在施工过程中因使用有错漏碰缺问题的图纸造成质量事故和不必要的经济损失，对遗留问题负责跟踪、协调解决。

（5）审查承包商提交的施工组织设计、施工方案，重点审查工程质量保证措施、主要分部、分项工程的施工技术措施、施工方法、施工工艺等是否先进可行。

（6）审查总包单位制订的施工平面布置图，审查现场围蔽方案、安全文明施工方案和消防保卫制度，并对照方案进行现场检查，保证现场按照方案执行。

（7）检查测量控制依据资料和测量标志，审查承包商的施工测量放线方案，检查测量人员的资质及测量设备的鉴定证书，复核现场测量控制点的校核成果及保护措施，复核建筑平面控制网、高程控制网的测量成果。

(8) 按合同约定条件,审查材料供应商的资质、方案及计划。

(9) 审查承包商委托的实验室的资质。审查承包商进场的施工机械和设备的型号、规格、数量等,对直接影响工程质量的施工机械,如振动器、水准仪等设备、仪器,应按其技术说明检查其机械性能情况及是否有效检测期内,不符合要求的,不得在工程中使用。

(10) 严格按照省市建设主管部门关于材料管理验收的文件要求,审验原材料、半成品、构配件和建筑设备的质量;对试验材料的取样、送样,实行监理见证取样制度。

(11) 检查承包商拟采用的新材料、新技术、新工艺的推广认可有效文件。

3) 审查现场开工条件,审查承包商开工前的施工准备工作

(1) 每一分项工程施工前,检查承包商的技术准备和质量控制准备工作。对质量控制的重点、难点,承包商应提交详细的专项施工方案,并严格按审批的施工方案施工。

(2) 根据工程特点,找出各阶段质量控制的重点和难点,对容易引发质量事故的因素进行分析,制订相应的预控措施和专门的监理实施细则,防患于未然。

(3) 对重点部位、关键工序、特殊过程的施工进行旁站监理,尽早发现质量苗头,消除质量隐患。

(4) 督促承包商进行工程所需的半成品、混合料等的标准试验、专业技术参数试验,确定配合比等有关技术参数。

(5) 协助建设单位建立适合本项目的现场管理体系、管理制度、工作程序等,规范项目管理行为。

2. 质量的事中控制

(1) 事中控制是在施工作业过程中的控制。首先应对分部分项工程设置质量控制点,并针对所设置的质量控制点分析施工中可能发生的质量问题和隐患;分析可能产生的原因并提出相应的对策,采取有效的措施进行预先控制;严格单项工程开工报告和复工报告审批制度;单位工程开工、停工后复工均应按有关程序进行审核签认。

(2) 对施工承包单位的质量控制工作的监控。

① 对承包单位的质量控制自检系统进行监督,使其能在质量管理中始终发挥良好的作用。如在施工过程中发现不能胜任的质量控制人员,可要求承包单位予以撤换;当其组织不完善时,应促使其改进完善。

② 监督与协助施工承包单位完善工序质量控制,使其能将影响工序质量的因素自始至终都纳入质量管理范围;督促承包单位对重要的和复杂的施工项目或工序作为重点设立质量控制点,加强控制。

(3) 审核承包商编制的施工方案、施工组织设计是否达到设计、规范、规程的要求,结合承包商的施工能力审核是否具有可操作性。

(4) 检查承包商执行技术法规、验收标准(规范、规程、标准等)和设计要求的情况;检查承包商各项施工记录、试验报告和自检记录等。

(5) 审查承包商施工操作人员的技术水平、操作条件是否满足工艺造作要求和安全要求,特种操作人员是否持证上岗。

(6) 审查原材料、构配件、设备、成品、半成品的采购计划,并按照有关规定进行检查验收。

(7) 定期检查现场施工环境是否对工程质量产生不利的影响,如果现场施工环境不利于施工的,要求承包商采取措施确保工程质量。

(8) 审查设计变更。凡因施工原因需变更设计的,应通过设计单位研究确定后提出设计修

改通知,以业主及监理单位批准后交施工单位进行施工。总监理工程师应审查各项设计变更对工程质量等的不利影响,必要时应以书面形式向业主汇报。

（9）在施工过程中进行质量跟踪监控。

① 在施工过程中监理工程师要严格执行监理巡检制度和旁站监理制度,跟踪监控,监督承包单位的各项质量活动。

② 建立施工质量跟踪档案。

③ 工程变更应通过监理工程师审查并组织有关方面研究,确认其必要性并对变更引起的进度、造价的影响进行综合分析,最终由建设单位认可后方可实施。

④ 施工过程中的检查验收。

⑤ 工序产品的检查验收。

⑥ 行使好质量否决权,为工程进度款签署质量认证意见。

⑦ 建立质量监理日志。

⑧ 重要的工程部位、工序间和专业工程的检查验收。

⑨ 对已完实物工程量的质量进行认证签字,不合格不予验收。

⑩ 在施工过程中通过巡视或旁站,采用目测、量测试验等方法进行监控。坚持上道工序未经检验不得进行下道工序施工的原则,特别是停止点和隐蔽部位,必须经监理工程师检查签认后方可施工或隐蔽。

（10）验收隐蔽工程。

① 要求承包单位按有关规定对隐蔽工程先进行自检,自检合格,将隐蔽工程检查记录报送监理项目部。

② 应对隐蔽工程检查记录的内容到现场进行检测、核查。

③ 对隐检不合格的工程,要求承包单位整改,合格后再予以复查。

④ 对隐蔽合格的工程签认隐蔽工程检查记录,并准予进行下一道工序。

（11）分项工程验收。

以每一分项工程为对象,以其质量控制点为重点,对分项工程施工过程实行全程监控,以确保作为单位工程质量基础的分项工程质量。分项工程的验收应按照监理工程师签认的合格分项工程质量评定结果进行分部工程质量等级评定汇总,按程序报监理部签认。对主要分部工程应进行全面验收或分段验收,并由总监理工程师组织业主、承包商和设计单位共同检查施工技术资料和进行现场质量验收。

① 要求承包单位在一个检验批或分项工程完成并自检合格后,填写"分项/分部工程施工报验表"报监理项目部。

② 对报验的资料进行审查,并到施工现场进行抽验、核查。

③ 签认符合要求的分项工程。

④ 对不符合要求的分项工程,填写"工程质量整改通知",要求承包单位整改。

⑤ 经返工或返修的分项工程应重新进行验收。建筑给水、排水及采暖、建筑电气、通风与空调等工程的分项工程签认,必须在施工试验、检测完毕且合格后进行。

（12）分部工程验收。

① 应要求承包单位在分部工程完成后,填报"分项/分部工程施工报验表",总监理工程师根据已签认的分项工程质量验收结果签署验收意见。

② 单位工程基础分部已完成,进入主体结构施工时,或主体结构完成,进入装修前应分别进

行基础和主体工程验收,要求承包单位申报基础/主体工程验收,并由总监理工程师组织建设单位、承包单位和设计单位共同核查承包单位的施工技术资料,进行现场质量验收,并会同各方在基础/主体工程验收记录上签字认可。

③ 施工过程中的见证取样。监理工程师在工程施工质量监控过程中,必须按河北省的有关规定进行见证取样。取样必须有业主或监理人员在场,并和总承包商一同送往指定的有法定检测资格的单位进行检测。对取样试验结果任何人不得擅自涂改或销毁。

④ 在工程施工过程中,监理项目部应要求总承包商在施工方案中或工艺技术交底文件中明确有效可行的工程防护和仓储保管措施,并督促其落到实处,随时随地检查产品保护情况,努力做到交验成品不被破坏和污染。

⑤ 为了使项目工程质量处于良好的受授状态,监理工程师除对总承包商热情"监、帮、促"和加强旁站巡视外,还应依据有关规定和业主授权范围,对发生的比较重要的质量和有碍工程顺利实施的其他问题报建设单位批准后,有权下达暂停施工指令。

(13) 如发生工程质量事故,应立即督促施工方采取措施以控制事故扩大,参与事故原因的调查、分析和处理审查施工方提出的处理措施并督促其执行。对发现的质量隐患进行制止并及时下发监理通知。

① 对可以通过返修或返工弥补的质量缺陷,应责成承包单位先写出质量问题调查报告,提出处理方案;监理工程师审核后(必要时经建设单位和设计单位认可),批复承包单位处理。处理结果应重新进行验收。

② 对需要加固补强的质量问题,总监理工程师应签发"工程暂停令",责成承包单位写出质量问题调查报告,由设计单位提出处理方案,并征得建设单位同意,批复承包单位处理方案。处理结果应重新进行验收。

③ 施工中发生的质量事故,承包单位应按有关规定上报处理,总监理工程师应书面报告建设单位。

(14) 定期召开现场质量分析会,组织现场质量协调会,及时分析、通报工程质量状况,并协调有关单位对工程质量有交叉影响的问题,明确各自职责,检讨质量情况,提出改进要求找出影响质量的原因并制定措施,以确保质量的稳定,并视需要组织现场工程质量大检查和质量比赛。

(15) 协助承包商进一步完善质量管理体系,把影响工程质量的可能因素均纳入管理状态,对重要的工序应建立质量控制点。

(16) 至少每月一次对工程质量做出分析评估,并提出下一步的质量控制要求,纳入"监理月报",并报送业主。

(17) 下达停工令控制工程质量。

① 当工程质量出现系列性偏差时,总监理工程师根据规定上报建设单位批准后下达"工程暂停令",并要求承包商制订整改措施。

② 承包商进行整改并经自检合格后,提出复工申请,经现场监理工程师检查合格后,由总监签发复工指令,不合格的发出"工程整改通知单",要求继续整改。

3. 质量的事后控制

(1) 每一分项工程完成并由承包商做出自行验评后,经监理工程师查验合格,方可进入下一道工序施工。对不符合要求的分项工程,督促承包商整改达标。

(2) 每一分部工程完成并由承包商自行评定质量等级后,经监理工程师检查认可方为有效。结构性分部工程质量核查符合要求后,方可进行后续工程施工。

（3）监理工程师要运用"开展质量座评活动"的办法，分析情况，总结经验，吸取教训，不断提高质量意识和质量管理水平。

（4）监理工程师要认真做好监理日志记录，及时收集质量方面的技术资料，按有关要求分类归档。

（5）监理工程师要督促承包商做好技术资料的整理归档工作，为编制完整合格的竣工技术资料做好准备。

（6）工程质量事故处理。

① 对发生的工程质量事故，监理工程师首先通过"工程整改通知单"通知承包商，并要求停止该分部与其关联部分及下道工序施工，重大质量事故要及时上报。

② 监理工程师参与质量事故的调查，组织分析会议，按照"三不放过"的原则，组织设计、承包商、业主各方参加质量事故分析，分清原因和责任，根据不同问题、不同性质、不同责任所属，提出处理办法，商定处理措施。

③ 认真审核承包商报送的事故处理方案，监督承包商严格按照批准的方案进行处理。未经监理工程师同意，承包商不得自行处理任何质量事故；由于处理事故而增加的工程费，根据合同条款由责任方承担。

④ 监理工程师对事故处理描述、执行情况、处理结果进行严格的检查、鉴定和验收。编写"质量事故处理报告"，提交总监理工程师，并上报业主。

⑤ 质量事故处理办法按国家有关的规范规程要求执行。

⑥ 凡未达到规范标准的明显质量问题，又无法修正的缺陷或经再三努力仍不能达到合格的，坚决推倒重来，进行返工。

⑦ 采取已核准的加固补强或整修方法。

⑧ 质量问题比较严重，技术范围内无法解决，可能延长工期的，总监理工程师协助业主组织专家进行技术调查，研究处理方案。

⑨ 审核承包商提交的竣工资料和竣工图。

⑩ 工程验收及质量评估。

a. 分部工程需进行分阶段验收，承包商应初验并整改合格后，提前报请现场监理会同设计、质监站人员进行验收，在工程验收合格后方可进行下一阶段的施工。

b. 单位工程竣工时，承包商应首先组织本单位有关人员对工程进行验收，经检验合格后，方可向现场监理机构申请竣工预验收。

c. 现场监理机构在接到承包商提交的竣工预验收申请报告和技术档案资料后，对工程进行初验，发现有施工漏项、工程质量问题时，应书面通知承包商并限定处理时间，处理完毕后，现场监理机构进行复检。

d. 当工程完工后，监理工程师要对工程质量做出全面的评估，特别对工程上存在的质量问题以及处理情况，要有详细的陈述和确切的结论。

e. 工程初验或复验合格后，监理机构协调承包商向业主提交竣工报告，由业主会同有关部门和人员办理正式验收。

f. 办理完竣工验收后，签发竣工移交证书，并向政府工程质量监督部门办理备案。

⑪ 督促承包商设专人负责工程档案管理工作，并按现行有关规定收集、整理工程档案资料。一般开工前承包商应将工程的档案全部内容列表报监理单位，经检查后及时积累和整理。工程竣工时承包商完整的工程档案报送业主。凡资料不全的，不得正式验收。

⑫ 保修阶段的质量控制方法。

a. 设立竣工资料的检索系统,为保修工作提供第一手原始资料。

b. 形成保修阶段的专项记录表格,实行保修阶段的质量全过程监控。

c. 保修阶段督促承包商对工程中尚存在的一些质量缺陷做修补处理,以使工程完全满足合同约定的质量要求。如承包商不进行这些工作,业主有权雇用其他承包商完成并支付报酬,由此发生的全部费用应在保留金内扣除。

d. 依据国家有关法律法规、合同为基准,发现质量问题及时通知责任方进行维护保修,确保使用者正常使用的合法权益。

e. 监理工程师在保修期终止前,将工程进行全面检查,若承包商尚有部分缺陷未修复,监理工程师可以按合同及有关法律的规定,根据终止日以前的检查结果,要求承包商完成修补尚存的质量缺陷。

6.4 工程造价控制

施工阶段工程建设监理造价控制的主要任务是通过工程付款控制、新增工程费控制、预防并处理好费用索赔、挖掘节约投资潜力来努力实现实际发生的费用不超过计划投资。通过对工程造价控制来更有效地实施工程进度控制、工程质量控制。

一、造价控制综述

1. 造价控制的依据

(1) 工程委托监理合同、施工合同及其他工程建设合同。

(2) 设计施工图纸及工程变更(洽商)单。

(3) 国家及工程概预算定额及工程概算或者合同价(标价)。

(4) 各季度建设工程材料指导价格(必要时参考)。

(5) 国家、省、市有关建筑工程的法律、规章制度、行政管理文件等。

2. 造价控制的原则

(1) 监理机构严格遵守有关文件及合同文件的要求,在监理合同授权范围内,从事施工造价控制工作。

(2) 把满足合同条款中关于计量支付方面的要求以及工程量清单、说明、合同图纸、技术规范等对计量支付程序和方法上的要求作为工程计量与支付的必要和充分条件。

(3) 监理工程师应站在客观、公正的立场上,实事求是地合理地处理工程中所发生的费用及有关纠纷,并及时地进行有关凭证的签认工作。

(4) 坚持把质量作为工程计量与支付的先决条件,任何有缺陷或质量不合格的工程,均坚决不予计量和支付。

3. 造价控制的内容

(1) 根据工程总概算和施工合同,分析确定造价控制目标,并将施工阶段的投资总额按合同段、施工段、分部分项工程、专业进行分解,拟订造价控制计划,编制各类资金使用计划,并动态监控其执行情况。

（2）根据合同、设计图纸、项目客观条件等,对项目工程造价目标控制进行风险分析和预测,提出防范措施并报告业主。

（3）根据施工合同拟定详细的计量支付程序和所需报表,确定各类项目的计量支付条件和办法、划分总额包干项目的计量支付比例,并报业主审批后执行。

（4）严格按照合同规定和计量支付规则、工程量计算规则进行现场计量,确认当月实际完成的工程价值,拒绝虚假和违反规定的计量与支付申请。

（5）拟定工程变更的报批确认程序,认真评审工程变更对质量进度和造价的影响,选择功能价值高的方案,严格控制工程变更引起的费用增加。

（6）通过合同结构、条件、价格形式、招标途径,把现场签证限制到最低程度。严格现场签证管理审批确认程序,拒绝不合理的"签证",限制费用的增加。

（7）对业主拟采购的材料设备,监理工程师协助业主广泛调查、向业主提供咨询意见、提出最适宜的材料设备技术规格要求,公开招标选定供应商,以节约投资。

（8）对承包商提出采用新工艺、新技术施工时,监理工程师应慎重审核,多渠道考察,确认在完全能保证质量、工期,又不增加较大投资或性价比合理时才能使用。

（9）按照合同、工程量清单的规定,严格管理各项工程款支付（期中支付、预付款、材料设备预付款包干费、保修金、变更、签证、索赔等）,做到"不多不少",定期（每月）将投资计划与实际支付进行比较,向业主提交执行计划结果报告。

（10）根据合同规定和确认的索赔事实证据材料,进行索赔费用估价和审核,协商确定索赔费用金额。检查分阶段的施工预算、工程结算,确认最终工程造价和支付,协助业主处理特殊情况下的结算与支付,如违约、中止合同的结算。定期向业主提供工程建造成本预测报告,评估已完成工程的价值,预测尚未完成的工程造价和风险趋势。

二、造价控制分析

根据对同类工程的监理经验,确定工程量的核定及变更、索赔的处理为造价控制的重点和难点。

对工程量核定控制的对策:监理工程师应及时对验收通过的工程计量,并在每月工程量汇总时认真与业主和承包单位核算,达成一致意见后由总监签署付款证书。

对工程变更的对策:对施工图纸、工程现场及早熟悉,对可能引发变更的部分及早提醒业主或自行组织处理,对工程变更的审批要谨慎,尤其对涉及价款变化的变更更需谨慎,做到全面掌握每个变更所引起的各方面变化。变更管理是施工过程合同管理的重要内容,工程变更常伴随着合同价格的调整,是合同双方利益的焦点。

（1）工程建设周期长,涉及的承建单位较多,导致工程项目的实际施工情况相对项目招标投标时的情况会发生一些变化,故工程变更在施工过程中不可避免。例如:

① 增加或减少合同中约定的工程量。

② 省略工程（但被省略的工程不能转由业主或其他承包人实施）。

③ 更改一部分工程的基线、标高、位置或尺寸;进行工程完工需要的附加工作。

④ 改动部分工程的施工顺序或施工时间。

⑤ 增加或减少合同的工程项目等。

从以上变更的类型可以看出,工程变更的范围很广,在工程建设过程中很容易发生。

(2)工程变更的审查。

① 审查和批准工程变更是业主给监理工程师的一项授权,业主可以通过监理合同的有关条款对监理工程师的上述权力进行限制或通过业主的监督和审查来进行进一步的管理。

② 变更管理工作中,业主可以对不同种类设计变更(重大、重要、一般)的分类、提出设计变更建议书的内容及期限、设计变更建议的审查原则及期限、设计变更的批准权限、设计变更的实施程序等内容做详细规定,要求监理单位严格执行。监理单位根据管理办法及监理合同的要求,编制《工程变更监理实施细则》,针对变更项目的确定、变更费用的处理程序,以及变更费用的审核办法等内容制定了详细的处理办法和工作流程。

(3)变更的实施。经审查批准的变更,仍由原设计单位负责完成具体的设计变更工作,并应发出正式的设计变更(含修改)通知书(包括施工图纸)。监理单位对设计(修改)变更通知书审查后予以签发,同时下达设计变更通知。在组织业主与承包人就设计变更的报价及其他有关问题协商达成一致意见后,由监理单位正式下达设计变更指令,承包人组织实施。具体控制程序如下:

① 承包商(或业主、第三方、设计单位)提出工程变更申请报告或要求。

② 提出方(可委托承包商)填报变更原因、变更工程量和造价等。

③ 审核工程变更必要性(若监理提出变更,由建设单位项目主管审核)和可行性、工程变更造价合理性工程变更对工期的影响,并签署审核意见;设计单位完成详细工程变更图纸,审核变更设计图纸是否符合设计规范,是否符合原设计要求,并签署审核意见。

④ 建设单位按相关规定的审批权限进行申报或批复。

⑤ 建设单位项目主管按上级批复意见出具工程变更审批意见,明确变更是否执行。

⑥ 下发工程变更通知令,在变更通知令中明确变更工程项目的详细内容、变更工程量、变更项目的施工技术要求、质量标准、相关图纸,明确变更工程的预算造价和工期影响。

⑦ 承包商按工程变更通知令执行工程变更。

对索赔的处理对策:要求所有监理人员详细了解合同条件、协议条款并专设合同管理工程师,对工程实际与合同文件进行周密分析,对可能发生的索赔及早预防,尽量杜绝发生索赔的可能。及时收集积累所有涉及索赔论证的资料,及时合理地处理索赔。

三、造价控制过程

造价控制的方法简单地说是把合同投资目标层层分解,定期将目标值与实际值进行对比和分析,以事前控制为主,加强事中控制及事后控制,切实行使国家及业主给予的计量权、签认权、确认权和否定权。严把计量、支付、结算审核关,采取有效可行的措施,使每一份付款证书都准确合理。

1)事前控制方案

(1)根据工程造价控制的特点,建立明确的造价控制监理制度。对不合格的工程不予计量和支付,杜绝重复计量、超量支付,项目监理部的所有监理人员都必须慎重地对待所有的工程计量问题,严格把好造价控制关,确保业主的利益不受损害。

（2）设置经验丰富的专职造价控制（计量）监理工程师,明确工程职责和造价控制工作重点。

（3）按照合同约定,及时处理开工前各种事宜,使承包商如期收到施工图纸,按期进场,避免造成后期的费用索赔。

（4）开工前,总监理工程师与业主、承包商确定工程计量、工程价款支付和工程变更费用等的审批程序和使用的表格。

（5）审查施工图预算（工程量清单）。

① 各专业监理工程师事前熟悉施工图纸、设计要求、施工承包合同及其他工程建设合同,尤其是在工程计价和变更处理等方面的要求与约定。

② 根据施工图出图进程及合同价款,跟踪施工图预算的编制,以反映最新的设计对造价的影响。

③ 督促承包商在收到正式施工图纸后,重新对施工图纸工程量进行审核计算,上报工程量清单对照表给现场监理机构,专业及计量监理工程师审核,与业主、承包商协商一致后,签署意见送业主确认,以此作为造价控制的基本依据。

④ 如果工程施工招标文件或施工承包合同有相关的要求或约定,协助业主调整投标时的不平衡报价。

（6）审查施工组织设计（施工方案）。

① 审查施工组织设计（施工方案）中的经济技术措施,以便更好地审核控制承包商报送的现场签证。

② 对较大的工程及主要施工方案进行详细的技术经济分析。根据工程量清单需要完成的项目以及各项目工程量,对照承包商的投标文件逐一进行审查。特别是对照现场实际情况,预测可能发生的工程变更,向业主提出预测报告。

③ 监理在审查施工组织设计时,要求承包商工期安排合理,无重要情况,一般不考虑工程量积压,以致最后赶工期,造成投入加大增加工程赶工费用。

（7）制订资金使用控制计划。

① 根据工程进度计划、合理的资金使用控制计划和项目现金流量控制计划,在施工中与实际工程费用支出进行分析比较。

② 将控制目标分解到各标段工程、分项工程,建立造价控制网,进行分项动态管理。

③ 分析工程投资中容易突破部分,作为投资计量控制重点。

④ 分析和预测工程风险及可能发生索赔的因素,制定事前防范对策。

2）事中控制措施

（1）工程计量控制（包括已完成工程量的计量和现场签证、工程变更的计量）。

① 工程计量的范围:

a.设计图、变更设计图、工程量清单及工程变更所修订的工程量清单的内容。

b.清单以外,合同文件所规定的内容,主要是指费用索赔、各种预付款,价格调整、违约金等。

② 工程计量的依据:

a.工程量清单及技术规范中相应的计量支付说明。

b.招标文件、合同文件、图纸。

c.工程变更通知及其修订的工程量清单。

d.技术规范、投标文件。

e.有关计量的补充协议、文件和会议纪要;索赔时间/金额审批表等。

③ 工程计量的内容:

a.已完成工程量的计量:定期计量承包商已完成且质量符合要求的工程量,并评估所需支付的有关款项,签发预付款及每月工程进度款支付的凭证;由计划合同监理工程师根据计量依据资料,对现场的实物进行计算和实测,一般情况下,凡超过图纸所示的及监理工程师书面批示的任何尺寸、面积或体积的,都不予计量。工程量签证应经业主、项目总监、承包商共同签字认可。对已计量的记录数据还要求和工程量清单进行对比,列出增加或减少的工程量。

b.现场签证、工程变更的计量:非承包商自身原因引起的工程量变更或费用支出,监理工程师应及时与承包商办理现场工程量签证。但如果工程质量未达到规定要求或由于自身原因造成返工的工程量监理工程师不予计量。现场签证计量是造价控制工作的关键,监理工程师必须杜绝不必要的签证,避免重复支付。工程变更可以由设计单位、承包商、监理单位或业主等单位提出,但无论由哪方提出,工程变更必须通过承包商、设计单位、监理单位和业主同意,并按照有关程序办理审核审批确认。未经确认的变更报价不得进行计量。

c.对关键性项目的计量:驻场监理应到现场参与测量工作,有必要时应会同业主一起组织计量工作。这些关键性项目主要有原始地面标高测量、实际入土桩的长度、隐蔽工程。

(2) 工程款支付控制:

① 工程款支付审核内容。

a.清单内有具体工程内容、数量、单价的项目,即一般项目。

b.工程数量或工程内容或工程单价不具体的项目:暂定金、暂定数量、计日工等。

c.间接用于工程的项目:监理费用、履约保证金、工程保险等工程量清单以外的支付(即没有包含在工程量清单内,但合同条款规定的支付项目)。

d.预付款支付与扣回。

e.材料设备预付款支付与扣回。

f.价格调整支付。

g.工程量调整支付。

h.工程变更费用支付。

i.索赔金额支付。

j.迟付款利息支付。

k.扣留保留金。

l.合同终止支付。

m.地方政府支付。

n.最终支付(即工程质量缺陷责任终止后,支付承包商应支付的款项)。

② 工程款支付的管理方法。

a.监理工程师根据合同文件、工程施工监理办法、工程施工监理规范有关规定,遵循造价控制监理制度,编制本项目工程支付程序及各单位、各部门职责分工。

b.监理工程师制订工程款支付涉及的表格及文件组成格式。由于工程涉及的专业和合同内容涉及的表格和证明文件也很多,必须对格式进行统一的规定,并要求所有承包商按照统一规定的格式申请支付,以免造成管理上的困难和混乱。

③ 中期支付程序。

首先,承包商根据其完成的工作量及合同有关规定,按监理工程师规定的格式要求和表格,提出支付申请。

其次,监理工程师对中期支付申请进行审查,签发中期支付证书。审查的内容主要有以下几点:支付的项目内容和单价应与工程量清单一致,并与合同的有关规定相符;支付数量或金额均在质量合格的基础上经过认真的计量,且没有超出合同规定的限制;有关支付的证明资料真实齐全,有承包商和专业监理工程师的签字;所有款项的计算与汇总无误。

审查的步骤:承包商提交支付申请报表—现场监理审查—质量控制、造价控制、合同管理监理工程师审查—总监确认—总监理工程师签发支付证书。

④ 最终支付程序。

首先,工程缺陷责任终止后,承包商提出最终支付申请。

其次,监理工程师对最终支付申请进行审查。审查的主要内容有以下几点:申请的格式应满足监理工程师的有关规定和要求;申请最终支付的总说明,包括申请最终支付的合同依据及计算方法,按合同规定最终应支付承包商款项总额,考虑业主以前所付的款额、业主还应支付给承包商的款额或承包商需退还业主的款额;最终的结算单,包括各项支付款项的汇总表和详细表;最终凭证包括计算图表、交工图资料,与支付有关的审批文件、票据、中间计量表、中期支付证书等;确认最终支付的项目与数量,签发最终支付证明。

审查的步骤:承包商提交支付申请报表—专业监理工程师审查(质量控制、造价控制、合同管理)—总监确认—总监理工程师签发支付证书。

(3) 控制设计变更(洽商)。

分析变更(洽商)的性质是属于设计、施工的原因还是材料、设备的原因,然后审核计算变更(洽商)的经济费用,与业主协调一致后,监理工程师下达设计变更(洽商)通知令。严格控制承包商与设计单位对变更(洽商)的随意性,大的设计变更(费用超万元以上)报业主批准;同时审核承包商提交的设计变更金额构成及计算清单的合理性,核准变更工程数量,使业主避免不必要的支出。

(4) 控制施工提出的索赔费用。

控制施工中可能发生的新增加工程费用(如施工索赔等),及时预见索赔事件发生的可能性,妥善做好索赔管理,正确处理索赔事宜,以达到对工程实际投资的有效控制。

(5) 工程结算的审核控制。

监理工程师核对承包商提交的已完成工程量,汇总工程签证、索赔文件(如果有),全面审核工程结算书。审核结果应与承包商进行协商,统一意见后由计量监理工程师签署意见,总监理工程师审批后报业主审批确认。

(6) 收集工程用的材料设备市场价格信息。负责对工程中所用的材料、设备市场价格信息的收集、整理及审核,以及工程现场预算外实际费用的审核与签证。

(7) 定期向业主单位报告造价控制情况。项目监理部定期向业主单位报告造价控制情况,一般每月以书面报告形式详细报告,报告内容能反映计量情况、每月工程款支付情况、变更情况等。

3) 事后控制

(1) 监理工程师必须注意积累一切可能涉及索赔的证明材料,及时合理地处理索赔。

(2) 确认承包商的遗留工程及缺陷工程是否已完成,并达到规范标准和设计要求,签发工程款的支付证明。

(3) 确认承包商已获得全部工程的"工程缺陷责任期终止证书"签发解除承包商履行担保责

任的证明及退回或解除承包商剩余保留金或银行保函的证明。

(4) 澄清整个工程各阶段的计量和支付。

(5) 在合同规定的时间内,审核承包商提交的最终支付申请,签发最终支付证书。

(6) 做好工程竣工结算,整理归档工程造价资料。

6.5 工程进度控制

一、工程进度控制总述

(一)工程进度控制的依据

工程进度控制的依据有以下几点:

(1) 监理合同。

(2) 建设工程施工合同及补充协议等对工程进度的约定和要求。

(3) 中标单位投标文件中承诺的进度目标。

(4) 经过审批的施工进度。

(二)工程进度控制的原则

工程进度控制的原则有以下几点:

(1) 在确保工程质量情况下控制工程进度的原则。

(2) 在确保安全的情况下控制工程进度的原则。

(3) 坚持事前控制、主动控制的原则。

(4) 加强对工程关键线路上的工序的监控。

(5) 对施工的全过程及各专业进行全面的进度控制。

(6) 对工程中的人、机械、材料、方法、环境等因素进行全面的进度控制。

(三)工程进度控制的内容

工程进度控制的内容有以下几点:

1. 施工准备阶段

(1) 组织监理人员熟悉施工合同文件、施工图纸、技术标准规范、质量检验评定标准,编制工程质量监理实施细则。

(2) 审核承包商提交的施工技术方案及施工组织设计中有关人力、施工机械设备的数量是否满足进度要求,审核其总的施工进度计划是否满足施工合同中工期目标的要求。

(3) 督促承包商建立、完善进度控制体系。

(4) 检查施工单位开工准备情况及施工原材料的来源是否已经落实。

2. 施工阶段

施工阶段进度控制是在满足项目总工期、总进度计划要求的条件下，审核各专业及各分包单位的施工进度计划，督促各施工单位按照已批准的施工组织设计中的人力支援计划、机械设备的数量等组织人力及机械，严格按照已批准的总进度计划进行进度控制，根据关键线路的进度目标，调整非关键线路的目标，合理穿插非关键线路，当由于客观原因使工程进度不能满足工期要求时，应根据实际情况，采取适当措施对进度计划进行适当调整，确保工程总工期目标的实现。

二、进度控制过程

为确保工期目标的实现，施工阶段进度控制可分为事前控制、事中控制和事后控制三个阶段。

（一）事前控制

（1）协助制订项目实施总进度计划。项目实施总进度计划在项目实施过程中起控制作用，它是确定施工承包方合同工期条款的依据，是审核施工单位提交施工计划的依据，也是确定和审核施工进度与设计进度、材料设备供应进度、资金资源计划是否协调的依据。

（2）协助制订单项工程工期及关键节点进度，通过总工期目标的分解，保证总工期目标的实现。

（3）督促和协助合同各方做好施工准备工作。监理工程师必须在工程动工前认真熟悉设计图纸，搞清工程的工程特点、结构类型、难易程度、各专业系统的交叉，了解工程难度，掌握较确切的工程实物量，周密分析施工步骤和方法，以及采用什么样的工器具等，做到心中有数。

（4）总监审批承包单位提交的施工总进度计划、月进度计划，专业监理工程师协助审核本专业的施工进度计划。监理工程师应结合工程的工程条件，即工程规模、质量目标、工艺的繁简程序、现场条件、施工设备配置情况、管理体系和作业层的素质水平，全面分析其承包商编制的施工进度计划的合理性和可行性。其重点审查：

① 进度安排是否符合工程项目建设总工期的要求，是否符合施工承包合同中开竣工日期的规定。

② 季（月）、周（旬）进度计划是否与总进度计划中的总目标的要求相一致。

③ 劳动力、材料、构配件、工器具、设备的供应计划和配置能否满足进度计划的实现和保证均衡连续生产，需求高峰期能否有足够资源实现计划供应。

④ 施工进度安排与设计图纸供应相一致。

⑤ 业主提供的条件及由其供应或加工订货的原材料和设备，到货期与进度计划能否相衔接。

⑥ 总（分）包单位分别编制的分部分项工程进度计划之间是否相协调，专业分工和计划衔接是否满足合理工序搭接的要求。

⑦ 进度计划是否会造成业主违约而导致索赔的可能性存在。

⑧ 监理工程师审查中如发现施工进度计划存在问题，监理工程师应及时向总承包商提出书面修改意见或发监理通知令其修改，其中的重大问题应及时向业主汇报。

⑨ 施工顺序的安排是否符合合理工序的要求。

（5）认真细致审核施工组织设计，重点审核施工单位编制的劳动力组织，施工设备准备情况，关键施工人员的资质等级是否满足工程需要，不能满足进度要求时要进行修改。

（6）审核施工单位编制的施工组织设计（施工方案）是否符合总工期控制目标的要求时，还要注重审核施工进度计划与施工方案协调性、合理性和一致性。

（7）审核总平面布置图与总体计划、方案是否协调合理。

（8）按总进度计划协助业主编制材料、设备需要量及采购供应计划。

（二）事中控制

进度的事中控制一方面是进行进度检查，动态控制和调整；另一方面及时进行工程计量，为向施工单位支付进度款提供进度方面的依据。

（1）建立反映工程进度状况的监理日志。

逐日如实记载每日形象部位及完成的实物工程量。同时，如实记载影响工程进度的内、外人为和自然的各种因素。暴雨、大风、现场停水、现场停电等应注明起止时间（小时、分）。

（2）工程进度的检查，审核施工单位每周、每月提交的工程进度报告。审核的要点是：

① 计划进度与实际进度的差异。

② 统计形象进度、实物工程量与工作量指标完成情况的一致性。

（3）按合同要求、及时进行工程计量验收（需和质监站验收协调进行）。

（4）有关进度、计量方面和签证。进度、计量方面的签证是支付工程进度款、计算索赔、延长工期的重要依据。专业监理工程师、现场检查员在有关原始凭证上签署，最后由项目总监理工程师核签。

（5）强化动态管理和信息管理，对比实际进度与计划进度的差异。如有滞后分析其原因，督促施工单位提出补救措施或方案并实施，同时对计划进行调整。

（6）为工程进度款的支付签署进度、计量方面认证意见。

（7）每周组织现场协调会协调总包单位不能解决的内、外关系问题。

①上次协调会执行结果的检查。

② 总包管理上的问题。

③ 现场有关重大事宜。

④ 现场协调会应印发协调会议纪要。

⑤ 定期向业主报告有关工程进度情况。

⑥ 督促和检查施工单位按计划均衡组织施工，尽可能采用平行作业、搭接作业或交叉作业等，以充分利用有限时间、空间，以便提高施工效率。

⑦ 督促材料、设备、构配件、资金等按计划到位，以满足施工要求。

（三）事后控制

（1）当实际进度滞后于计划后，在认真分析原因的基础上，督促施工单位尽快落实补救措施，以确保总工期的实现。

（2）督促施工单位制定保证总工期不突破的对策，如要求施工单位增加人员、设备、交叉作业、搭接作业、增加作业面、改善外部配合条件等。

（3）处理有关工程进度的争议和索赔。

（4）当工程实施过程中发生工期延误时，监理工程师有权要求总承包商采取有效措施加快施工进度。若实际施工进度无明显改进，仍拖后于计划进度且将直接影响工程按期竣工时，监理工程师应及时令总承包商修改进度计划，并报监理工程师重新确认。但是此时监理工程师对进度计划的重新确认并不是对工程延期的批准，而只是证明监理工程师要求总承包商在合理的状态下施工。因此监理工程师对进度计划的确认并不能解除总承包商应负的一切责任，总承包商需要承担赶工的全部额外开支和误期损失。

（5）向业主提供进度报告。监理工程师应随时建立进度档案资料，并做好工程记录定期在监理月报中加以反映，必要时还应专题向业主不定期地报告进度情况，让业主充分了解进度的实际动态，以求得到业主的大力支持。

案例分析

案例 6-1

某工程，建设单位委托监理单位承担施工招标代理和施工阶段监理工作，并采用无标底公开招标方式选定施工单位。工程实施过程中发生下列事件：

事件 1：

项目监理机构在组织评审 A、B、C、D、E 五家施工单位的投标文件时发现，A 单位施工方案工艺落后，报价明显高于其他投标单位的报价；B 单位授标文件的关键内容字迹模糊，无法辨认；C 单位授标文件符合招标文件要求；D 单位的报价总额有误；E 单位投标文件中某分部工程的报价有个别漏项。

事件 2：

为确保深基坑开挖工程的施工安全，施工项目经理亲自兼任施工现场的安全生产管理员。为赶工期，施工单位在报审深基坑开挖工程专项施工方案的同时，即开始开挖该基坑。

事件 3：

施工单位对某分项工程的混凝土试块进行试验，试验数据表明混凝土质量不合格，于是委托经监理单位认可的有相应资质的检测单位对该分项工程混凝土实体进行检测，检测结果表明，混凝土强度达不到设计要求，须加固补强。

事件 4：

专业监理工程师巡视时发现，施工单位采购进场的一批钢材准备用于工程但尚未报验。

问题：

1. 在事件 1 中，A、B、D、E 四家单位的投标文件是否有效？分别说明理由。

2. 指出事件 2 中施工单位做法的不妥之处，写出正确做法。

3. 根据《建设工程监理规范》，写出总监理工程师处理事件 3 的程序。

4. 写出专业监理工程师处理事件 4 的程序。

分析解答：

1. 有效的投标文件包括 A、D、E 单位。B 单位无效，B 单位文件中关键内容字迹模糊，无法辨认，为无效投标文件。

2. 不妥之处：施工项目经理不能兼任现场安全管理员；深基坑开挖专项施工方案在报审的同时就开始开挖。正确的做法：施工现场应配备专职的安全生产管理员。深基坑开挖专项施工方案应由施工单位组织论证，并由施工单位技术负责人审核签字后报监理单位审查，由监理方审核签认之后方可组织施工。

3.总监理工程师处理质量事故的程序如下：

（1）总监理工程师应责令承包单位报送质量事故调查报告和经设计单位等相关单位认可的处理方案。

（2）项目监理机构应对质量事故处理过程和处理结果进行跟踪检查和验收。

（3）总监理工程师应及时向建设单位及本监理单位提交有关质量事故的书面报告，并应将完整的质量事故处理记录整理归档。

4.专业监理工程师对该事件的处理程序如下：

（1）对未经报验的钢材，应拒绝签认并要求施工单位不得使用。

（2）报告总监理工程师，并签发监理工程师通知单，书面通知承包单位予以整改，对钢材进行报验。

（3）要求承包单位在材料进场前应向项目监理机构提交工程材料报审表，同时附有产品出厂合格证、技术说明书，以及由承包单位按规定要求进行检验的检验或试验报告，需要时，监理工程师可再行组织复检或见证取样试验，经监理工程师审查并确认其质量合格后，方准进场。

（4）凡没有出厂合格证明或检验不合格的，应限期清退出场。

实践训练

一、选择题

（一）单选题

1.控制流程一个循环过程，其中处于投入与反馈之间的环节是（　　）。

A. 转换　　　　　　　B. 输出　　　　　　　C. 对比　　　　　　　D. 纠正

2.下列关于建设工程各目标之间关系的表述中，体现质量目标与投资目标统一关系的是（　　）。

A. 提高功能和质量要求，需要适当延长工期

B. 提高功能和质量要求，需要增加一定投资

C. 提高功能和质量要求，可能降低运行费用和维修费用

D. 增加质量控制的费用，有利于保证工程质量

3.下列关于设计阶段特点的表述中正确的是（　　）。

A. 设计阶段是执行计划为主的阶段

B. 设计阶段是决定建设工程价值和使用价值的主要阶段

C. 设计阶段需要协调的内容多

D. 设计阶段合同关系复杂，合同争议多

4.下列监理工程师目标控制任务中，既是设计阶段进度控制任务又是施工阶段进度控制任务的是（　　）。

A. 编制业主方材料和设备供应进度计划

B. 制定预防工期索赔的措施

C. 做好对人力、材料、机具设备等的投入控制

D. 制定建设工程控制性总进度计划

5.依据《建设工程监理规范》,专业监理工程师应根据承包单位投送的隐患工程报验申请表和自检结果进行(　　),符合要求时予以签认。

A.旁站　　　　　　B.巡视检查　　　　　　C.抽查　　　　　　D.现场检查

6.依据《建设工程监理规范》,项目监理机构在审查工程延期时,应依据影响工期时间(　　)确定批准工程延期的时间。

A.是否具有持续性　　　　　　　　　B.是否涉及费用

C.对工期影响的量化程度　　　　　　D.对建设单位的影响程度

7.按控制措施制定的出发点分类,控制类型可分为(　　)。

A.事前控制、事中控制、事后控制　　B.前馈控制、反馈控制

C.开环控制、闭环控制　　　　　　　D.主动控制、被动控制

8.建设工程质量控制要避免不断提高质量的倾向,确保基本质量目标的实现,并尽量发挥其对投资目标和进度目标的积极作用,这表明对建设工程质量应尽行(　　)控制。

A.前馈　　　　　　B.系统　　　　　　C.全过程　　　　　　D.全方位

9.将控制类型划分为前馈控制和反馈控制的依据是(　　)。

A.控制措施作用于控制对象的时间　　B.控制信息的来源

C.控制过程是否形成闭合回路　　　　D.制定控制措施的出发点

(2009年全国监理工程师考试试题)

10.项目监理机构利用一定的检查或检测手段,在承包单位自检的基础上,按照一定的比例独立进行检查或检测的活动,称为(　　)。

A.平行检验　　　　B.交接检验　　　　C.隐蔽工程验收　　　D.互检

11.审查施工单位选择的分包单位的资质,属于(　　)的监理工作内容。

A.立项阶段　　　　B.设计阶段　　　　C.施工招标阶段　　　D.施工准备阶段

12.在工程施工阶段,项目监理机构在质量控制方面应实行监理工程师(　　)制度,从而做好协调工作。

A.负责　　　　　　B.组织协调　　　　C.质量签字认可　　　D.质量验收

13.在建设工程实施过程中,如果仅仅采取被动控制措施,出现偏差是不可以避免的,而且(　　),从而难以实现工程预定的目标。

A.采取纠偏措施是不可能的　　　　　B.采取纠偏措施是不经济的

C.偏差可能有累积效应　　　　　　　D.不能降低偏差的严重程度

14.在建设工程数据库中,应当按(　　)对建设工程进行分类,这样较为直观,也易于被人接受和记忆。

A.投资额大小　　　B.投资来源　　　　C.使用功能　　　　　D.设计标准

15.下列属于建设工程目标控制经济措施的是(　　)。

A.明确目标控制人员的任务和职能分工　B.提出多个不同的技术方案

C.分析不同合同之间的相互联系　　　D.投资偏差分析

(二)多选题(每题的选项中至少有两个正确答案)

1.在建设工程投资、进度、质量三大目标之间的统一关系时,应(　　)。

A. 掌握客观规律,充分考虑制约因素

B. 对未来的、可能的收益予以明确

C. 正确制定目标偏高的标准

D. 建立目标实际值与计划值之间的对应关系

E. 将目标规划和计划结合起来

2. 下列关于建设工程进度全过程控制的表述中,正确的有( )

A. 对整个建设工程所有工作内容的进度都要进行控制

B. 在工程建设的早期就应当编制进度计划

C. 在编制进度计划时要充分考虑各阶段工作之间的合理搭接

D. 注意各方面工作进度对施工进度的影响

E. 抓好关键工作的进度控制

3. 下列监理任务中,属于施工阶段质量控制任务的有( )。

A. 评审总承包单位资质　　　　　　B. 审查施工组织设计

C. 审查确认分包单位资质　　　　　　D. 做好工程变更方案的比选

4. 下列关于被动控制的表述中,正确的有( )

A. 被动控制是从实际输出中发现偏差,可起到避免重蹈覆辙的作用

B. 被动控制是一种有效的控制,但也是一种消极的控制

C. 被动控制是一种面对现实的控制,能够使工程回到计划状态

D. 被动控制虽不能降低目标偏离的可能性,但可能降低偏高的严重程度

E. 被动控制虽不能避免目标偏离,但能够将偏离控制在尽可能小的范围内

5. 对建设工程投资目标进行全过程控制,下列表述中正确的有( )。

A. 从投资控制的任务来看,实施阶段的投资控制主要集中在施工阶段

B. 投资控制的过程控制特别强调施工图设计阶段的重要性

C. 在建设工程实施阶段,累计投资在设计阶段和招标阶段缓慢增加

D. 建设工程实际投资主要发生在施工阶段,但节约投资的可能性却主要在招标阶段

E. 在建设工程实施阶段,影响投资的程度从设计阶段到施工阶段开始前迅速降低

6. 监理工程师在施工阶段进度控制的任务有( )。

A. 对建设工程进度分目标进行论证　　B. 完善建设工程控制性施工进度计划

C. 编制承包方材料和设备采购计划　　D. 研究制定预防工期索赔的措施

7. 下列关于建设工程投资目标系统控制的表述中,正确的有( )。

A. 在进行投资控制的同时要满足预定的进度、质量目标

B. 严格按投资分解进行限额设计

C. 当发现实际投资已超过计划投资时,不应简单删减工程内容

D. 要实现投资目标规划与投资控制的统一

E. 要以投资作为首要指标进行目标规划

8. 监理工程师在设计阶段进行质量控制的工作有( )。

A. 协助业主编制设计任务书　　　　　B. 审查设计方案

C. 进行技术经济分析　　　　　　　　D. 审查工程概算

E. 对设计文件进行验收

9. 在下列情况中,需要使用报验申请的有(　　)。

A. 隐患工程的检查和验收　　　　　　B. 施工放样报验

C. 单位工程质量验收　　　　　　　　D. 分部、分项工程质量验收

E. 工程竣工报验

10. 建设工程质量控制应避免不断提高质量目标的倾向,要避免这种倾向应(　　)。

A. 对目标有理性的认识

B. 追求最新、最高、最好的目标

C. 对投资太大的工程放弃不建

D. 在工程建设早期要有前瞻性地确定质量目标

E. 定量分析提高质量目标后对投资目标和进度目标的影响

11. 下列关于建设工程质量目标全过程控制的表述中,正确的是(　　)。

A. 对建设工程质量目标的所有内容进行控制

B. 建设工程各阶段关于质量控制的侧重点不同

C. 要避免不断提高质量目标的倾向

D. 重点是设计阶段和施工阶段的质量控制

E. 对建设工程所有内容的质量进行控制

12. 在建设工程施工阶段,属于监理工程师投资控制的任务是(　　)。

A. 制订本阶段资金使用计划　　　　　B. 严格进行付款控制

C. 严格控制工程变更　　　　　　　　D. 确认施工单位资质

E. 及时处理费用索赔

二、问答题

1. 控制的基本环节有哪些?

2. 监理工程师如何把握好主动控制与被动控制之间的关系?

3. 工程建设三大目标之间的关系是什么?

4. 设计阶段和施工阶段各有何特点?

5. 目标规划的内容包括哪些?

6. 目标控制的综合措施有哪些?

三、实训题

某桥梁工程,其基础为钻孔桩。该工程的施工任务由甲公司总承包,其中桩基础施工分包给乙公司,建设单位委托丙公司监理,丙公司任命的总监理工程师具有多年桥梁设计工作经验。

施工前甲公司复核了该工程的原始基准点、基准线和测量控制点,并经专业监理工程师审核批准。

该桥 1 号桥墩桩基础施工完毕后,设计单位发现:整体桩位(桩的中心线)沿桥梁中线偏移,偏移量超出规范允许的误差。经检查发现,造成桩位偏移的原因是桩位施工图尺寸与总平面图尺寸不一致。因此,甲公司向项目监理机构报送了处理方案,要点如下:

（1）补桩。

（2）承台的结构钢筋适当调整，外形尺寸做部分改动。

总监理工程师根据自己多年的桥梁设计工作经验，认为甲公司的处理方案可行，因此予以批准。乙公司随即提出索赔意向通知，并在补桩施工完成后第5天向项目管理机构提交了索赔报告：

（1）要求赔偿整改期间机械、人员的窝工损失。

（2）增加的补桩应予以计量、支付。

理由是：

（1）甲公司负责桩位测量放线，乙公司按给定的桩位负责施工，桩体没有质量问题。

（2）桩位施工放线成果已由现场监理工程师签认。

问题：

1.总监理工程师批准上述处理方案，在工作程序方面是否妥当？请说明理由，并简述监理工程师处理施工过程中工程质量问题的工作程序的要点。

2.专业监理工程师在桩位偏移这一质量问题中是否有责任？请说明理由。

3.写出施工前专业监理工程师对甲公司报送的施工测量成果检查、复核什么内容？

4.乙公司提出的索赔要求，总监理工程师应如何处理？请说明理由。

第7章

工程建设监理合同管理

学习要求

1. 了解建设工程合同的概念、建设工程合同的特征。
2. 熟悉合同的内容、FIDIC 合同条件。
3. 掌握建设工程施工合同文件内容、建设工程中的主要合同体系。
4. 重点掌握建设工程监理合同履行的相关内容。

7.1 建设工程合同概述

一、合同的概念

(一)合同

合同表述的是民事关系,是对人与人、人与组织、组织与组织在民事交往与合作中所形成的特定的关系的约定,又称契约。

在《中华人民共和国民法通则》(以下简称《民法通则》)中,对合同关系有如下定义:"合同是当事人之间设立、变更、终止民事关系的协议。"(第八十五条第一款)。由此可以看出,合同由三部分组成,即权利主体、权利客体、内容。权利主体指签订及履行合同的双方或多方当事人,又称民事权利义务主体;权利客体指权利主体共同指向的对象,包括物、行为、精神产品;内容指权利主体的权利和义务。

在《合同法》中,对合同有如下描述:合同是平等主体的自然人、法人、其他组织之间设立、变更、终止民事权利、义务关系的协议。在这一描述中,有以下强调内容:

(1)合同的主体是平等的,这种平等关系是法律意义上的平等,是合约确立前合约双方或多方的基本地位平等,也是合约确立后合约参与方的基本地位关系。

(2)合同所确立的是民事关系,所体现的是市场经济社会的缔约自由原则、合约自制原则、利益的自我约束原则。

(3)合同法已经将所有民事关系契约化。

(二)建设工程合同的概念

根据《合同法》第二百六十九条规定建设工程合同是指承包人进行工程建设,发包人支付价款的合同。建设工程合同包括工程勘察、设计、施工合同。建设工程实行监理的,发包人也应与监理人订立委托监理合同。

建设工程合同是一种诺成合同,合同订立生效后双方应当严格履行。同时,建设工程合同也是一种双务、有偿合同,当事人双方在合同中都有各自的权利和义务,在享有权利的同时必须履行义务。建设工程合同的双方当事人分别称为承包人和发包人。承包人,是指在建设工程合同中负责工程的勘察、设计、施工任务的一方当事人,承包人最主要的义务是进行工程建设,即进行工程的勘察、设计、施工等工作。发包人,是指在建设工程合同中委托承包人进行工程的勘察设计、施工任务的建设单位(或业主、项目法人),发包人最主要的义务是向承包人支付相应的价款。

由于建设工程合同涉及的工程量通常较大,履行周期长,当事人的权利、义务关系复杂,因此,《合同法》第二百七十条明确规定,建设工程合同应当采用书面形式。

（三）建设工程合同的特征

1. 合同主体的严格性

建设工程的主体一般只能是法人，发包人、承包人必须具备一定的资格，才能成为建设工程合同的合法当事人，否则，建设工程合同可能因主体不合格而导致无效。发包人对需要建设的工程，应经过计划管理部门审批，落实投资计划，并且应当具备相应的协调能力。承包人是有资格从事工程建设的企业，而且应当具备相应的勘察、设计、施工等资质，没有资格证书的，一律不得擅自从事工程勘察、设计业务资质等级低的，不能越级承包工程。

2. 形式和程序的严格性

一般合同当事人就合同条款达成一致，合同即告成立，不必一律采用书面形式。建设工程合同履行期限长，工作环节多，涉及面广，应当采取书面形式，双方权利、义务应通过书面合同形式予以确定。此外、由于工程建设对国家经济发展、公民工作生活有重大影响，国家对建设工程的投资和程序有严格的管理程序，建设工程合同的订立和履行也必须遵守国家关于基本建设程序的规定。

3. 合同标的的特殊性

建设工程合同的标的是各类建筑产品，建筑产品是不动产，与地基相连，不能移动，这就决定了每项工程合同的标的物都是特殊的，相互间不同，并且不可替代。另外，建筑产品的类别庞杂，其外观、结构、使用目的、使用人都各不相同，这就要求每一个建筑产品都需单独设计和施工，建筑产品单体性生产也决定了建设工程合同标的的特殊性。

4. 合同履行的长期性

建设工程由于结构复杂、体积大、建筑材料类型多、工作量大，使得合同履行期限都较长。而且，建设工程合同的订立和履行一般都需要较长的准备期，在合同的履行过程中，还可能因为不可抗力、工程变更、材料供应不及时等原因而导致合同期限顺延。所有这些情况，决定了建设工程合同的履行期限具有长期性。

二、合同的内容

合同的内容如何确立，是订立合同的一个最重要问题。合同的订立就是要设立、变更、终止民事权利义务关系，涉及享有哪些权利，应当履行什么义务，关系到合同当事人的利益和订立合同的目的，只有对合同的主要内容协商一致，合同才能成立。

由于合同性质、种类的不同，合同的具体条款是不一样的，概括起来，一般包含以下内容：

（1）当事人的名称或者姓名和住所。

（2）标的。标的是合同当事人的权利义务指向的对象，表明了当事人订立合同的目的与要求。标的是一切合同的主要条款，也是一切合同的必备条款。没有标的，合同不能成立。不同性质的合同，其标的也不一样，如买卖合同的标的是货物，借款合同的标的是货币，运输合同的标的是承运人所提供的劳务，建设工程合同的标的是承包人承建的工程项目等。

（3）数量。数量是标的量的规定，是对标的的计量，是衡量标的的大小、多少、轻重的尺度。合同的数量是必备条款，没有数量，合同是不能成立的。标的数量是通过计量单位和计量方法来衡量的,必须使用国家法定计量单位和统一计算方法。订立合同时,标的数量、计量单位和计量方法必须合法、准确、具体。不要使用一车、一箱、一筐、一堆等含混不清的概念。

(4)质量。质量是标的的质的规定性。质量是指标的内在素质和外观形态的状况。标的质量包括产品质量、工程质量和劳务质量。产品和工程质量可以根据自身的物理、化学、机械和工艺性能等特性,以及形状、外观、色彩、气味等方面来判断,劳务质量可以根据劳动成果、服务态度等来判断。

(5)价款或者报酬。价款是取得标的物一方当事人向对方用货币支付的价金,是有偿合同的主要条款。价款是标的物本身价值的货币表现形式。在某些情况下,价款也包括运费、装卸费、保险费等其他相关费用。报酬是合同一方当事人对提供劳务或者劳动成果的另一方当事人给付的酬金。

(6)履行期限、地点和方式。合同履行期限,就是合同当事人实现权利和履行义务的时间界限。履行期限直接关系到合同义务完成的时间,涉及当事人的经济利益,也是确定合同是否按时履行或者迟延履行的客观依据。履行期限一定要规定明确具体,如某年某月某日。

履行地点是指合同当事人一方履行义务和另一方当事人接受履行义务的地方。它关系相关费用的负担,风险的承担,标的物所有权的转移等,也关系到合同当事人责任的承担,是合同是否已经得到适当履行的重要依据。合同必须对履行地点做出明确的规定。

履行方式是合同当事人约定的履行合同义务的方法。履行方式包括时间方式和行为方式。如一次履行还是分期、分批履行是时间方式,送货、自提、代办运输是行为方式,结算用汇票、商业汇票托收承付、现金等也是行为方式。凡代办运输的,还要明确规定运输工具、运输路线及到站(港)的准确名称和运杂费的承担。

(7)违约责任。违约责任是指合同一方当事人或双方当事人违反合同规定,不履行或者不全面、适当履行合同义务,应承担的法律责任。违约责任是促使当事人履行合同义务,使对方免受或少受损失的法律措施,也是合同的主要条款。在合同中明确规定违约责任,有利于促使当事人自觉履行合同,解决合同争议,保护当事人的合法权益。

(8)解决争议的方法。争议又称纠纷。解决争议的方法是指合同争议的解决方式。解决争议的方式有以下几种:一是双方通过协商和解;二是由第三人进行调解;三是通过仲裁解决;四是通过诉讼解决。

三、建设工程中的主要合同体系

工程建设是一个极为复杂的社会生产过程,它分别经历可行性研究、勘察、设计、工程施工和运行等阶段,有土建、水电、机械设备、通信等专业设计和施工活动,需要各种材料、设备、资金和劳动力的供应。由于现代的社会化大生产和专业化分工,一个稍大一点的工程,其参加单位就有十几个、几十个,甚至有几百上千个,它们之间形成各式各样的经济关系。由于工程中维系这种关系的纽带是合同,所以就有各式各样的合同。工程项目的建设过程实质上又是一系列经济合同的签订和履行过程。

(一)业主的主要合同关系

业主作为工程或服务的买方,是工程的所有者,它可能是政府、企业、其他投资者、几个企业的组合、政府与企业的组合(例如合资项目、BOT 项目的业主)。业主投资一个项目,通常委派一个代理人(或代表)以业主的身份进行工程的经营管理。

业主根据对工程的需求,确定工程项目的整体目标。这个目标是所有相关工程合同的核心。要实现工程目标,业主必须将建筑工程的勘察设计、各专业工程施工、设备和材料供应等工作委托出去,必须与有关单位签订如下合同。

(1)咨询(监理)合同。咨询(监理)合同是指业主与咨询(监理)公司签订的合同。咨询(监理)公司负责工程的可行性研究、设计监理、招标和施工阶段监理等某一项或几项工作。

(2)勘察设计合同。勘察设计合同是指业主与勘察设计单位签订的合同。勘察设计单位负责工程的地质勘查和技术设计工作。

(3)供应合同。当由业主负责提供工程材料和设备时,业主与有关材料和设备供应单位签订供应(采购)合同。

(4)工程施工合同。工程施工合同是指业主与工程承包商签订的工程施工合同。一个或几个承包商分别承包土建、机械安装、电气安装、装饰、通信等工程施工。

(5)贷款合同。贷款合同是指业主与金融机构签订的合同。后者向业主提供资金保证。按照资金来源的不同,可能有贷款合同、合资合同或 BOT 合同等。

按照工程承包方式和范围的不同,业主可能订立几十份合同。例如将工程分专业,分阶段委托,将材料和设备供应分别委托,也可能将上述委托以形式合并,如把土建和安装委托给一个承包商,把整个设备供应委托给一个成套设备供应企业。当然,业主还可以与一个承包商订立一个总承包合同,由承包商负责整个工程的设计、供应、施工以及管理等工作。因此,一份合同的工程范围和内容会有很大的区别。

(二)承包商的主要合同关系

承包商是工程施工的具体实施者,是工程承包合同的执行者。承包商通过投标接受业主的委托,签订工程总承包合同。承包商要完成承包合同的责任,包括由工程量表所确定的工程范围的施工、竣工和保修,为完成这些工程提供劳动力、施工设备、材料,有时也包括技术设计。承包商也可能不具备所有的专业工程的施工能力、材料和设备的生产和供应能力,它同样可以将许多专业工作委托出去。所以,承包商常常又有自己的复杂的合同关系。

(1)分包合同。对一些大的工程,承包商常常必须与其他承包商合作才能完成总承包合同责任。承包商把从业主那里承接到的工程中的某些分项工程或工作分包给另一承包商来完成,与其要签订分包合同的承包商可能订立许多分包合同,而分包商仅完成总承包商分包给自己的工程,向总承包商负责,与业主无合同关系。总承包商仍向业主担负全部工程责任,负责工程的管理和所属各分包商工作之间的协调,以及各分包商之间合同责任界限的划分,同时承担协调失误造成损失的责任,向业主承担工程风险。

在投标书中,承包商必须附上拟定的分包商的名单,供业主审查。如果在工程施工中重新委托分包商,必须经过监理工程师的批准。

(2)供应合同。承包商为工程所进行的必要的材料与设备的采购和供应时,必须与供应商签订供应合同。

(3)运输合同。这是承包商为解决材料和设备的运输问题而与运输单位签订的合同。

(4)加工合同。加工合同是指承包商将建筑构配件、特殊构件加工任务委托给加工承揽单位而签订的合同。

（5）租赁合同。在建设工程中,承包商需要许多施工设备、运输设备、周转材科。当有些设备、周转材料在现场使用率较低,或自己购置需要大量资金投入而自己又不具备这个经济实力时,可以采用租赁方式,与租赁单位签订租赁合同。

（6）劳务供应合同。建筑产品往往要花费大量的人力、物力和财力。承包商不可能全部采用固定工来完成该项工程,为了满足任务的临时需要,往往要与劳务供应商签订劳务供应合同,由劳务供应商向工程提供劳务。

（7）保险合同。承包商按施工合同要求对工程进行保险,与保险公司签订保险合同。承包商的这些合同都与工程承包合同相关,都是为了履行承包合同而签订的。此外,在许多大型工程中,尤其是在业主要求总承包的工程中,承包商经常是几个企业的联营,即联营承包(最常见的是设备供应商、土建承包商、安装承包商、勘察设计单位的联合投标)。这时承包商之间还需订立联营合同。

(三)建设工程合同体系

按照上述的分析和项目任务的结构分解,就得到不同层次、不同种类的合同,它们共同构成如图 7-1 所示的合同体系。

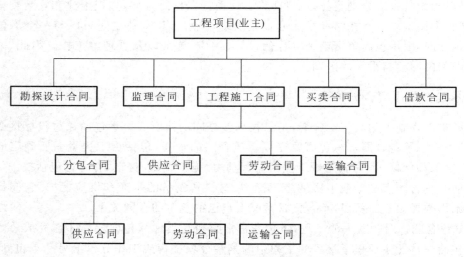

图 7-1　建设工程合同体系图

在该合同体系中,这些合同都是为了完成业主的工程项目目标而签订的。由于这些合同之间存在着复杂的内部联系,构成了该工程的合同网络。

其中,建设工程施工合同是最有代表性、最普遍,也是最复杂的合同类型。它在建设工程项目的合同体系中处于主导地位,是整个建设工程项目合同管理的重点。无论是业主、监理工程师或承包商,都将它作为合同管理的主要对象。建设工程项目的合同体系在项目管理中也是一个非常重要的概念,它从一个角度反映了项目的形象,对整个项目管理的运作有很大的影响。

（1）它反映了项目任务的范围和划分方式。

（2）它反映了项目所采用的管理模式(例如监理制度、总包方式或平行承包方式)。

（3）它在很大程度上决定了项目的组织形式,因为不同层次的合同常常决定了该合同的实施者在项目组织结构中的地位。

7.2 施工合同文本与合同条款

一、施工合同文件

建设工程施工合同具有标的额大、履行时间长、不能即时清结等特点,因此应当采用书面形式。对有些建设工程合同,国家有关部门制定了统一的示范文本,订立合同时可以参照相应的示范文本。合同的示范文本,实际上就是含有格式条款的合同文本。采用示范文本或其他书面形式订立的建设工程合同,在组成上并不是单一的,凡能体现招标人与中标人协商一致协议内容的文字材料,各种文书、电报、图表等,均为建设工程合同文件。订立建设工程合同时,注意明确合同文件的组成及其解释顺序。

采用合同书包括确认书形式订立合同的,自双方当事人签字或者盖章时合同成立。签字或盖章不在同一时间的,最后签字或盖章时合同成立。

建设工程合同文件,一般包括以下几个组成部分:

(1) 合同协议书。

(2) 中标通知书。

(3) 投标书及其附件。

(4) 合同通用条款。

(5) 合同专用条款。

(6) 洽商、变更等明确双方权利义务的纪要、协议。

(7) 工程量清单、工程报价单或工程预算书、图纸。

(8) 标准、规范和其他有关技术资料、技术要求。

施工合同的所有合同文件应能互相解释,互为说明,保持一致。当事人对合同条款的理解有争议的,应按照合同所使用的词句、合同的有关条款、合同的目的、交易习惯以及诚实信用原则,确定该条款的真实意思,合同文本采用两种以上的文字订立并约定具有同等效力的,对各文本使用的词句推定具有相同含义,各文本使用的词句不一致的,应当根据合同的目的予以解释。

在工程实践中,当发现合同文件出现含糊不清或不一致的情形时,通常按合同文件的优先顺序进行解释。合同文件的优先顺序,除双方另有约定的外,应按合同条件中的规定确定,即排在前面的合同文件比排在后面的更具有权威性。因此,在订立建设工程合同时对合同文件最好按其优先顺序排列。

二、施工合同条款及其标准化

建设工程施工合同应当具备一般合同的条款,如发包人、承包人的名称和住所、标的、数量、质量、价款、履行方式、地点、期限违约责任、解决争议的方法等。由于建设工程合同标的的特殊性，法律还对建设工程合同中某些内容做出了特别规定，成为建设工程合同中不可缺少的条款。

《合同法》第二百七十五条规定，施工合同的内容包括工程范围、建设工期、中间交工工程的开工和竣工时间、工程质量、工程造价、技术资料交付时间、材料和设备供应责任、拨款和结算、竣工验收、质量保修范围和质量保证期、双方相互协作等条款。

（1）工程范围。当事人应在合同中附上工程项目一览表及其工程量，主要包括建筑栋数、结构、层数、资金来源、投资总额以及工程的批准文号等。

（2）建设工期。建设工期是指全部建设工程的开工和竣工日期。

（3）中间交工工程的开工和竣工日期。所谓中间交工工程，是指需要在全部工程完成期限之前完工的工程。对中间交工工程的开工和竣工日期，也应当在合同中做出明确约定。

（4）工程质量。建设项目是百年大计，必须做到质量第一，因此这是最重要的条款。发包人、承包人必须遵守《建设工程质量管理条例》的有关规定，保证工程质量符合工程建设强制性标准。

（5）工程造价。工程造价或工程价格，由成本（直接成本、间接成本）、利润（酬金）和税金构成。工程价格包括合同价款、追加合同价款和其他款项。实行招投标的工程应当通过工程所在地招标投标监督管理机构采用招投标的方式定价，对不宜采用招投标的工程，可采用施工图预算加变更洽商的方式定价。

（6）技术资料交付时间。发包人应当在合同约定的时间内按时向承包人提供与本工程项目有关的全部技术资料，否则造成的工期延误或者费用增加应由发包人负责。

（7）材料和设备供应责任。在工程建设过程中，所需要的材料和设备由哪一方当事人负责提供，并应对材料和设备的验收程序加以约定。

（8）拨款和结算。发包人向承包人拨付工程价款和结算的方式和时间。

（9）竣工验收。竣工验收是工程建设的最后一道程序，是全面考核设计、施工质量的关键环节，合同双方还将在该阶段进行结算。竣工验收应根据《建设工程质量管理条例》第十六条的有关规定执行。

（10）质量保修范围和质量保证期。合同当事人应当根据实际情况确定合理的质量保修范围和质量保证期，但不得低于《建设工程质量管理条例》规定的最低质量保修期限。

除了上述10项基本合同条款以外，当事人还可以约定其他协作条款，如施工准备工作的分工、工程变更时的处理办法等。

三、《建设工程施工合同（示范文本）》（GF—2017—0201）简介

为贯彻《建筑法》《合同法》等法律，根据有关工程建设施工的法律、法规，总结近几年施工合同示范文本推行经验，结合我国工程建设施工的实际情况，并借鉴了国际上广泛使用的土木工程施工合同条款（特别是FIDIC土木工程施工合同条款），中华人民共和国住房和城乡建设部、原国家工商行政管理局于2017年9月22日颁布了最新的《建设工程施工合同（示范文本）》（以下简称《施工合同文本》）。

（一）《施工合同文本》的组成

《施工合同文本》由合同协议书、通用合同条款和专用合同条款三部分组成。

1. 合同协议书

《施工合同文本》合同协议书共计 13 条,主要包括:工程概况、合同工期、质量标准、签约合同价和合同价格形式、项目经理、合同文件构成、承诺以及合同生效条件等重要内容,集中约定了合同当事人基本的合同权利义务。

2. 通用合同条款

通用合同条款是合同当事人根据《建筑法》《合同法》等法律法规的规定,就工程建设的实施及相关事项,对合同当事人的权利义务做出的原则性约定。通用合同条款共计 20 条,具体条款分别为:一般约定、发包人、承包人、监理人、工程质量、安全文明施工与环境保护、工期和进度、材料与设备、试验与检验、变更、价格调整、合同价格、计量与支付、验收和工程试车、竣工结算、缺陷责任与保修、违约、不可抗力、保险、索赔和争议解决。前述条款安排既考虑了现行法律法规对工程建设的有关要求,也考虑了建设工程施工管理的特殊需要。

3. 专用合同条款

专用合同条款是对通用合同条款原则性约定的细化、完善、补充、修改或另行约定的条款。合同当事人可以根据不同建设工程的特点及具体情况,通过双方的谈判、协商对相应的专用合同条款进行修改补充。在使用专用合同条款时,应注意以下事项:

(1)专用合同条款的编号应与相应的通用合同条款的编号一致。

(2)合同当事人可以通过对专用合同条款的修改,满足具体建设工程的特殊要求,避免直接修改通用合同条款。

(3)在专用合同条款中有横道线的地方,合同当事人可针对相应的通用合同条款进行细化、完善、补充、修改或另行约定;如无细化、完善、补充、修改或另行约定,则填写"无"或划"/"。

(二)《施工合同文本》的性质和适用范围

《施工合同文本》为非强制性使用文本。《施工合同文本》适用于房屋建筑工程、土木工程、线路管道和设备安装工程、装修工程等建设工程的施工承发包活动,合同当事人可结合建设工程具体情况,根据《施工合同文本》订立合同,并按照法律法规规定和合同约定承担相应的法律责任及合同权利义务。

为了使各种合同文件的内容与意义相统一,避免不同文件所造成的歧义与混淆、建设工程施工合同文件的组成及解释顺序是十分重要与必要的。根据实际工程状况、结合国际惯例,我国对组成建设工程施工合同的文件及其优先次序说明如下:

(1)合同协议书;

(2)中标通知书(如果有);

(3)投标函及其附件(如果有);

(4)专用合同条款及其附件;

(5)通用合同条款;

(6)技术标准和要求;

(7)图纸;

(8)已标价工程量清单或预算书;

(9)其他合同文件。

此外,合同履行中,发包人与承包人有关工程的洽商、变更等书面协议或文件视为协议书的组成部分。

上述合同文件应能够互相解释、互相说明。当合同文件中出现不一致时,上面的顺序就是合同的优先解释顺序。各项合同文件包括合同当事人就该合同所做出的补充和修改,属于同类内容的文件,应以最新签署的为准。在不违反法律和行政法规的前提下,当事人可以通过协商变更施工合同的内容。这些变更的协议或文件效力高于其他合同文件;且签署在后的协议或文件效力高于签署在先的协议或文件。当合同文件出现含糊不清或当事人有不同理解时,在不影响工程正常进行的情况下,由发包人与承包人协商解决,双方也可以提请负责监理的工程做作出解释双方协商不成或不同意负责监理的工程师的解释时,按照合同争议的约定处理。

四、FIDIC 合同条件简介

(一) 概述

合同条件是合同文件最为重要的组成部分。在国际工程发承包中,业主和承包商在订立工程合同时,常参考一些国际性的知名专业组织编制的标准合同条件、FIDIC 条款是国际惯例。所谓国际惯例是国际习惯和国际通例的总称,是一种国际行为规范。

FIDIC 是国际咨询工程师联合会的法文名称字头组成的缩写词。FIDIC 是被世界银行认可的咨询服务机构,最初由欧洲三个国家的咨询工程师协会于 1913 年发起成立,总部设在瑞士洛桑,其会员在每个国家只有一个,现已有 80 多个国家和地区的成员。中国于 1996 年正式加入。

FIDIC 下设 5 个长期的专业委员会:业主与咨询工程师关系委员会、合同委员会、风险管理委员会、质量管理委员会,环境委员会。FIDIC 的各专业委员会编制出许多规范性的文件,这些文件不仅 FIDIC 成员国采用,世界银行、亚洲开发银行、非洲开发银行的招标样本也常常采用,其中最常用的有"土木工程施工合同条件""电气和机械工程合同条件""业主咨询工程师标准服务协议书""设计-建造与交钥匙工程合同条件",以及《土木施工分包合同条件》。1999 年,FIDIC 又出版了新的《施工合同条件》《生产设备和设计-施工合同条件》等详尽的合同文件范本。但这些是不够的,具体到某一工程,有些条款应进一步明确,有些条款还必须考虑工程的具体特点和所在地区的情况予以必要的变动,FIDIC 专用合同条件就是为了实现这一目的。

(二) FIDIC 合同条件的构成

FIDIC 合同条件由通用合同条件和专用合同条件两部分构成,且附有合同协议书、投标函和争端仲裁协议书。

1. FIDIC 通用合同条件

FIDIC 通用合同条件是固定不变的,工程建设项目只要属于房屋建筑或工程的施工,从建筑工程、水电工程、路桥工程、港口工程到河流疏浚、农田水利等建设项目,都可适用。因通用条件可适用于所有的土木工程,条款也非常具体明确,规定了一般土木工程建设过程的一般原则、责权利构成方式等,已经成为国际通用的国际惯例。

FIDIC通用合同条件可以划分为权利义务的条款、费用管理的条款、工程进度控制的条款、质量控制的条款和法规性的条款等五大部分。这种划分只能是大致的,还有相当多的条款很难准确地将其划入某一部分,它可能同时涉及费用管理、工程进度控制等几个方面的内容。

2. FIDIC专用合同条件

当具体到某一工程项目时,仅仅只有通用条件不够的,有些条款应当进一步明确,有些条款还必须考虑工程的具体特点和所在地区的情况做必要的变动。FIDIC专用合同条件就是为了实现这一目的。通用条件与专用条件一同构成了决定一个具体工程项目各方的权利,义务及对工程施工的具体要求的合同条件。

专用条件的作用有以下几个方面:

(1) 在通用条件的措辞中专门要求在专用条件中包括进一步信息,如果没有这些信息,合同条件则不完整。

(2) 在通用条件中说到在专用条件中可能包含又补充材料的地方,但如果没有这些补充条件,尽管合同条件仍不失其完整性,但通过专用条件的补充可使其更加完善。

(3) 工程类型、环境或所在地区要求必须增加的条款。

(4) 工程所在国法律或特殊环境要求通用条件所含条款有所变更。此类变更是这样进行在专用条件中说明通用条件的某条或某条的一部分予以删除,并根据具体情况给出适用的替代条款,或条框之部分。

(三) FIDIC合同条件的具体应用

1. FIDIC合同条件适用的工程类别

FIDIC合同条件适用于房屋建筑和各种工程,其中包括工业与民用建筑工程、疏浚工程.土壤改善工程、道桥工程、水利工程、港口工程等。

2. FIDIC合同条件适用的合同性质

FIDIC合同条件在传统上主要适用于国际工程——多国合作工程的施工,如果对其合同条件进行适当修改后,同样适用于国内合同。

3. 应用FIDIC合同条件的前提

FIDIC合同条件注重业主、承包商、工程师三方的关系协调,强调工程师在项目管理中的作用。在土木工程施工中应用FIDIC合同条件应具备以下前提:

(1) 通过竞争性招标确定承包商。

(2) 委托工程师对工程施工进行监理。

(3) 按照单价合同方式编制招标文件(有些子项也可以采用包干方式)。

(四) 在FIDIC合同条件下合同文件的组成及优先次序

在FIDIC合同条件下,合同文件除合同条件外,还包含其他对业主、承包商都有约束力的文件。构成合同的这些文件应该是互相说明、互相补充的,但是这些文件有时会产生冲突或含义表述不清。此时,应有工程师进行解释,其解释应按构成合同文件的如下先后次序进行:① 合同协议书;② 中标函;③ 投标书;④ 合同条件第二部分-专用条件;⑤ 通用条件;⑥ 技术规程;⑦ 图纸;⑧ 标价的工程量表。

7.3 建设工程监理合同履行

一、监理人的义务

（一）监理的范围和工作内容

1. 监理的范围

建设工程监理范围可能是整个建设工程，也可能是建设工程中一个或若干施工标段，还可能是一个或若干施工标段中的部分工程（如土建工程、机电设备安装工程、玻璃幕墙工程、桩基工程等）。合同双方需要在专用条件中明确建设工程监理的具体范围。

2. 监理工作内容

对强制实施监理的建设工程，通用条款约定了22项属于监理人需要完成的基本工作，也是确保建设工程监理取得成效的重要基础。

监理人需要完成的基本工作如下：

（1）收到工程设计文件后编制监理规划，并在第一次工地会议7天前报委托人。根据有关规定和监理工作需要，编制监理实施细则。

（2）熟悉工程设计文件，并参加由委托人主持的图纸会审和设计交底会议。

（3）参加由委托人主持的第一次工地会议主持监理例会，并根据工程需要主持或参加专题会议。

（4）审查施工承包人提交的施工组织设计，重点审查其中的质量安全技术措施、专项施工方案与工程建设强制性标准的符合性。

（5）检查施工承包人工程质量、安全生产管理制度及组织机构和人员资格。

（6）检查施工承包人专职安全生产管理人员的配备情况。

（7）审查施工承包人提交的施工进度计划，核查施工承包人对施工进度计划的调整。

（8）检查施工承包人的试验室。

（9）审核施工分包人资质条件。

（10）查验施工承包人的施工测量放线成果。

（11）审查工程开工条件，对条件具备的签发开工令。

（12）审查施工承包人报送的工程材料、构配件、设备的质量证明资料，抽检进场的工程材料、构配件的质量。

（13）审核施工承包人提交的工程款支付申请，签发或出具工程款支付证书，并报委托人审核、批准。

（14）在巡视、旁站和检验过程中，发现工程质量、施工安全存在事故隐患的，要求施工承包人整改并报委托人。

（15）经委托人同意，签发工程暂停令和复工令。

（16）审查施工承包人提交的采用新材料、新工艺、新技术、新设备的论证材料及相关验收标准。

（17）验收隐蔽工程、分部分项工程。

（18）审查施工承包人提交的工程变更申请，协调处理施工进度调整、费用索赔、合同争议等事项。

（19）审查施工承包人提交的竣工验收申请，编写工程质量评估报告。

（20）参加工程竣工验收、签署竣工验收意见。

（21）审查施工承包人提交的竣工结算申请并报委托人。

（22）编制、整理建设工程监理归档文件并报委托人。

3. 相关服务的范围和内容

委托人需要监理人提供相关服务（如勘察阶段、设计阶段、保修阶段服务及其他专业技术咨询、外部协调工作等）的，其范围和内容应在附录中约定。

（二）项目监理机构和人员

1. 项目监理机构

监理人应组建满足监理工作需要的项目监理机构，配备必要的检测设备。项目监理机构的主要人员应具有相应的资格条件。

项目监理机构应由总监理工程师、专业监理工程师和监理员组成，且专业配套、人员数量满足监理工作需要。总监理工程师必须由注册监理工程师担任，必要时可设总监理工程师代表。配备必要的检测设备是保证建设工程监理效果的重要基础。

2. 项目监理机构人员的更换

（1）在建设工程监理合同履行过程中，总监理工程师及重要岗位监理人员应保持相对稳定，以保证监理工作正常进行。

（2）监理人可根据工程进展和工作需要调整项目监理机构人员。需要更换总监理工程师时，应提前7天向委托人书面报告，经委托人同意后方可更换；监理人更换项目监理机构其他监理人员，应以不低于现有资格与能力为原则，并应将更换情况通知委托人。

（3）监理人应及时更换有下列情形之一的监理人员：

① 严重过失行为的。

② 有违法行为不能履行职责的。

③ 涉嫌犯罪的。

④ 不能胜任岗位职责的。

⑤ 严重违反职业道德的。

⑥ 专用条件约定的其他情形。

（4）委托人可要求监理人更换不能胜任本职工作的项目监理机构人员。

（三）履行职责

监理人应遵循职业道德准则和行为规范，严格按照法律法规、工程建设有关标准及监理合同履行职责。

1. 委托人、施工承包人及有关各方意见和要求的处置

在建设工程监理与相关服务范围内,项目监理机构应及时处置委托人、施工承包人及有关各方的意见和要求。当委托人与施工承包人及其他合同当事人发生合同争议时,项目监理机构应充分发挥协调作用,与委托人、施工承包人及其他合同当事人协商解决。

2. 证明材料的提供

委托人与施工承包人及其他合同当事人发生合同争议的,首先应通过协商、调解等方式解决。如果协商、调解不成而通过仲裁或诉讼途径解决的,监理人应按仲裁机构或法院要求提供必要的证明材料。

3. 合同变更的处理

监理人应在专用条件约定的授权范围(工程延期的授权范围、合同价款变更的授权范围)内,处理委托人与承包人所签订合同的变更事宜、如果变更超过授权范围,应以书面形式报委托人批准。

在紧急情况下,为了保护财产和人身安全,项目监理机构可不经请示委托人而直接发布指令,但应在发出指令后的 24 小时内以书面形式报委托人。这样,项目监理机构就拥有一定的现场处置权。

4. 承包人人员的调换

施工承包人及其他合同当事人的人员不称职,会影响建设工程的顺利实施。为此,项目监理机构有权要求施工承包人及其他合同当事人调换其不能胜任本职工作的人员。

与此同时,为限制项目监理机构在此方面有过大的权力,委托人与监理人可在专用条件中约定项目监理机构指令施工承包人及其他合同当事人调换其人员的限制条件。

(四)其他义务

1. 提交报告

项目监理机构应按专用条件约定的种类、时间和份数向委托人提交监理与相关服务的报告,包括监理规划、监理月报,还可根据需要提交专项报告等。

2. 文件资料

在监理合同履行期内,项目监理机构应在现场保留工作所用的图纸、报告及记录监理工作的相关文件。工程竣工后,应当按照档案管理规定将监理有关文件归档。

建设工程监理工作中所用的图纸、报告是建设工程监理工作的重要依据,记录建设工程监理工作的相关文件是建设工程监理工作的重要证据,也是衡量建设工程监理效果的主要依据之一。发生工程质量、生产安全事故时,也是判别建设工程监理责任的重要依据。项目监理机构应设专人负责建设工程监理文件资料的管理工作。

3. 使用委托人的财产

在建设工程监理与相关服务过程中,委托人派遣的人员以及提供给项目监理机构无偿使用的房屋、资料、设备应在附录中予以明确。监理人应妥善使用和保管,并在合同终止时将这些房屋、设备按专用条件约定的时间和方式移交委托人。

二、委托人的义务

（一）告知

委托人应在其与施工承包人及其他合同当事人签订的合同中明确监理人、总监理工程师和授予项目监理机构的权限。

如果监理人、总监理工程师以及委托人授予项目监理机构的权限有变更，委托人也应以书面形式及时通知施工承包人及其他合同当事人。

（二）提供资料

受托人应按照"监理合同"的约定，无偿、及时向监理人提供工程有关资料。在建设工程监理合同履行过程中，委托人应及时向监理人提供最新的与工程有关的资料。

（三）提供工作条件

委托人应为监理人实施监理与相关服务提供必要的工作条件。

（1）派遣人员并提供房屋、设备。委托人应按照"监理合同"的约定，派遣相应的人员，如果所派遣的人员不能胜任所安排的工作，监理人可要求委托人调换。

委托人还应按照"监理合同"的约定，提供房屋、设备，供监理人无偿使用。如果在使用过程中所发生的水、电、煤、油及通信费用等需要监理人支付的，应在专用条件中约定。

（2）协调外部关系。委托人应负责协调工程建设中所有外部关系，为监理人履行合同提供必要的外部条件。这里的外部关系是指与工程有关的各级政府建设主管部门、建设工程安全质量监督机构，以及城市规划、卫生防疫、人防、技术监督、交警、乡镇街道等管理部门之间的关系，还有与工程有关的各管理单位等之间的关系。如果委托人将工程建设中所有或部分外部关系的协调工作委托监理人完成的，则应与监理人协商，并在专用条件中约定或签订补充协议，支付相关费用。

（四）授权委托人代表

委托人应授权一名熟悉工程情况的代表，负责与监理人联系。委托人应在双方签订合同后 7 天内，将其代表的姓名和职责书面告知监理人。当委托人更换其代表时，也应提前 7 天通知监理人。

（五）委托人意见或要求

在建设工程监理合同约定的监理与相关服务工作范围内，委托人对承包人的任何意见或要求应通知监理人，由监理人向承包人发出相应指令。

这样，有利于明确委托人与承包单位之间的合同责任，保证监理人独立、公平地实施监理工作与相关服务，避免出现不必要的合同纠纷。

（六）答复

对监理人以书面形式提交委托人并要求做出决定的事宜，委托人应在专用条件约定的时间内给予书面答复。逾期未答复的,视为委托人认可。

(七)支付

委托人应按合同(包括补充协议)约定的额度、时间和方式向监理人支付酬金。

三、违约责任

(一)监理人的违约责任

监理人未履行监理合同义务的,应承担相应的责任。

1. 违反合同约定造成的损失赔偿

因监理人违反合同约定给委托人造成损失的,监理人应当赔偿委托人的损失。赔偿金额的确定方法在专用条件中约定。监理人承担部分赔偿责任的,其承担赔偿金额由双方协商确定。

监理人的违约情况包括不履行合同义务的故意行为和未正确履行合同义务的过错行为。监理人不履行合同义务的情形包括:① 无正当理由单方解除合同;② 无正当理由不履行合同约定的义务。

监理人未正确履行合同义务的情形包括:① 未完成合同约定范围内的工作;② 未按规范程序进行监理;③ 未按正确数据进行判断而向施工承包人及其他合同当事人发出错误指令;④ 未能及时发出相关指令,导致工程实施进程发生重大延误或混乱;⑤ 发出错误指令,导致工程受到损失等。

当合同协议书是根据《建设工程监理与相关服务收费管理规定》(发改价格〔2007〕670 号)约定酬金的,则应按专用条件约定的百分比方法计算监理人应承担的赔偿金额:

赔偿金=直接经济损失×正常工作酬金÷工程概算投资额(或建筑工程安装)

2. 索赔不成立时的费用补偿

监理人向委托人的索赔不成立时,监理人应赔偿委托人由此发生的费用。

(二)委托人的违约责任

委托人未履行本合同义务的,应承担相应的责任。

(1)违反合同约定造成的损失赔偿。委托人违反合同约定造成监理人损失的,委托人应予以赔偿。

(2)索赔不成立时的费用补偿。委托人向监理人的索赔不成立时,应赔偿监理人由此引起的费用。这与监理人索赔不成立的规定对等。

(3)逾期支付补偿。委托人未能按合同约定的时间支付相应酬金超过 28 天,应按专用条件约定支付逾期付款利息。

逾期付款利息应按专用条件约定的方法计算(拖延支付天数应从应支付日算起)。

逾期付款利息=当期应付款总额×银行同期贷款利率×拖延支付天数

(三)除外责任

因非监理人的原因,且监理人无过错,发生工程质量事故、安全事故、工期延误等造成的损失,监理人不承担赔偿责任。这是由于监理人不承包工程的实施,因此,在监理人无过错的前提下,由于第三方原因使建设工程遭受损失的,监理人不承担赔偿责任。

因不可抗力导致监理合同全部或部分不能履行时,双方各自承担其因此而造成的损失、损害。不可抗力是指合同双方当事人均不能预见、不能避免、不能克服的客观原因引起的事件,根据《合同法》第一百一十七条"因不可抗力不能履行合同的,根据不可抗力的影响,部分或者全部免除责任"的规定,按照公平、合理原则,合同双方当事人应各自承担其因不可抗力而造成的损失、损害。

因不可抗力导致监理人现场的物质损失和人员伤害,由监理人自行负责。如果委托人投保的"建筑工程一切险"或"安装工程一切险"的被保险人中包括监理人,则监理人的物质损害也可从保险公司获得相应的赔偿。

监理人应自行投保现场监理人员的意外伤害保险。

四、合同的生效、变更与终止

(一)建设工程监理合同生效

建设工程监理合同属于无生效条件的委托合同,因此,合同双方当事人依法订立后合同即生效。即委托人和监理人的法定代表人或其授权代理人在协议书上签字并盖单位章后合同生效。除非法律另有规定或者专用条件另有约定。

(二)建设工程监理合同变更

在建设工程监理合同履行期间,由于主观或客观条件的变化,当事人任何一方均可提出变更合同的要求,经过双方协商达成一致后可以变更合同。例如:委托人提出增加监理或相关服务工作的范围或内容;监理人提出委托工作范围内工程的改进或优化建议等。

1. 建设工程监理合同履行期限延长、工作内容增加

除不可抗力外,因非监理人原因导致监理人履行合同期限延长、内容增加时,监理人应将此情况与可能产生的影响及时通知委托人。增加的监理工作时间、工作内容应视为附加工作。附加工作酬金的确定方法在专用条件中约定。

附加工作分为延长监理或相关服务时间、增加服务工作内容两类。延长监理或相关服务时间的附加工作酬金,应按下式计算:

附加工作酬金=合同期限延长时间(天)×正常工作酬金÷协议书约定的监理与相关服务期限(天)

增加服务工作内容的附加工作酬金,由合同双方当事人根据实际增加的工作内容协商确定。

2. 建设工程监理合同暂停履行、终止后的善后服务工作及恢复服务的准备工作

监理合同书生效后,如果实际情况发生变化使得监理人不能完成全部或部分工作时,监理人应立即通知委托人。其善后工作以及恢复服务的准备工作应为附加工作,附加工作酬金的确定方法在专用条件中约定。监理人用于恢复服务的准备时间不成超过28天。

建设工程监理合同生效后,出现致使监理人不能完成全部或部分工作的情况可能包括:

(1) 因委托人原因致使监理人服务的工程被迫终止。

（2）因委托人原因致使被监理合同终止。

（3）因施工承包人或其他合同当事人原因致使被监理合同终止，实施工程需要更换施工承包人或其他合同当事人。

（4）不可抗力原因致使被监理合同暂停履行或终止等。

在上述情况下，附加工作酬金按下式计算：

附加工作酬金＝善后工作及恢复服务的准备工作时间（天）×正常工作酬金÷协议书约定的监理与相关服务期限（天）

3. 相关法律法规、标准颁布或修订引起的变更

在监理合同履行期间，因法律法规、标准颁布或修订导致监理与相关服务的范围、时间发生变化时，应按合同变更对待，双方通过协商予以调整。增加的监理工作内容或延长的服务时间应视为附加工作。若致使委托范围内的工作相应减少或服务时间缩短，也应调整监理与相关服务的正常工作酬金。

4. 工程投资额或建筑安装工程费增加引起的变更

协议书中约定的监理与相关服务酬金是按照国家颁布的收费标准确定时，其计算基数是工程概算投资额或建筑安装工费。因非监理人原因造成工程投资额或建筑安装工程费增加时，监理与相关服务酬金的计算基数便发生变化，因此，正常工作酬金应做相应调整。调整额按下式计算：

正常工作酬金增加额＝工程投资额或建筑安装工程费增加额×正常工作酬金÷工程概算投资额（或建筑安装工程费）

如果是按照《建设工程监理与相关服务收费管理规定》（发改价格〔2017〕670号）约定的合同酬金，增加监理范围调整正常工作酬金时，若涉及专业调整系数、工程复杂程度调整系数变化，则应按实际委托的服务范围重新计算正常监理工作酬金额。

5. 因工程规模、监理范围的变化导致监理人的正常工作量的减少

在监理合同履行期间，工程规模或监理范围的变化导致正常工作量减少时，监理与相关服务的投入成本也相应减少，因此，也应对协议书中约定的正常工作酬金做出调整。减少正常工作酬金的基本原则按减少工作量的比例从协议书约定的正常工作酬金中扣减相同比例的酬金。

按照《建设工程监理与相关服务收费管理规定》（发改价格〔2017〕670号）约定的合同酬金，减少监理范围后调整正常工作酬金时，如果涉及专业调整系数、工程复杂程度调整系数变化，则应按实际委托的服务范围重新计算正常监理工作酬金额。

（三）建设工程监理合同暂停履行与解除

除双方协商一致可以解除合同外，当一方无正当理由未履行合同约定的义务时，另一方可以根据合同约定暂停履行合同直至解除合同。

1. 解除合同或部分义务

在合同有效期内，由于双方无法预见和控制的原因导致合同全部或部分无法继续履行或继续履行已无意义，经双方协商一致，可以解除合同或解除监理人的部分义务。在解除之前，监理人应按诚信原则做出合理安排，将解除合同导致的工程损失减至最小。

除不可抗力等原因依法可以免除责任外，因委托人原因致使正在实施的工程取消或暂停等，监理人有权获得因合同解除导致损失的补偿。补偿金额由双方协商确定。

解除合同的协议必须采取书面形式,协议未达成之前,监理合同仍然有效,双方当事人应继续履行合同约定的义务。

2. 暂停全部或部分工作

委托人因不可抗力的影响、筹措建设资金遇到困难、与施工承包人解除合同、办理相关审批手续、征地拆迁遇到困难等导致工程施工全部或部分暂停时应书面通知监理人暂停全部或部分工作。监理人应立即安排停止工作,并将开支减至最小。除不可抗力外,由此导致监理人遭受的损失应由委托人予以补偿。

暂停全部或部分监理或相关服务的时间超过 182 天,监理人可自主选择继续等待委托人恢复服务的通知,也可向委托人发出解除全部或部分义务的通知。若暂停服务仅涉及合同约定的部分工作内容,则视为委托人已将此部分约定的工作从委托任务中删除,监理人不需要再履行相应的义务如果暂停全部服务工作,按委托人违约对待,监理人可单方解除合同。监理人可发出解除合同的通知,合同自通知到达委托人时解除。委托人应将监理与相关服务的酬金支付至合同解除日。

委托人因违约行为给监理人造成损失的,应承担违约赔偿责任。

3. 监理人未履行合同义务

当监理人无正当理由未履行合同约定的义务时,委托人应通知监理人限期改正。委托人在发出通知后 7 天内没有收到监理人书面形式的合理解释,即监理人没有采取实质性改正违约行为的措施,则可进一步发出解除合同的通知,自通知到达监理人时合同解除。委托人应将监理与相关服务的酬金支付至限期改正通知到达监理人之日。

监理人因违约行为给委托人造成损失的,应承担违约赔偿责任。

4. 委托人延期支付

委托人按期支付酬金是其基本义务。监理人在专用条件约定的支付日的 28 天后未收到应支付的款项,可发出酬金催付通知。

委托人接到通知 14 天后仍未支付或未提出监理人可以接受的延期支付安排,监理人可向委托人发出暂停工作的通知,并可自行暂停全部或部分工作。暂停工作后 14 天内监理人仍未获得委托人应付酬金或委托人的合理答复,监理人可向委托人发出解除合同的通知,自通知到达委托人时合同解除。

委托人应对支付酬金的违约行为承担违约赔偿责任。

5. 不可抗力造成合同暂停或解除

因不可抗力致使合同部分或全部不能履行时,一方应立即通知另一方,可暂停或解除合同。根据《合同法》,双方受到的损失、损害各负其责。

6. 合同解除后的结算、清理、争议解决

无论是协商解除合同,还是委托人或监理人单方解除合同,合同解除生效后,合同约定的有关结算、清理条款仍然有效。单方解除合同的解除通知到达对方时生效,任何一方对对方解除合同的行为有异议,仍可按照约定的合同争议条款采用调解、仲裁或诉讼的程序保护自己的合法权益。

（四）监理合同终止

以下条件全部成立时,监理合同即告终止:

（1）监理人完成合同约定的全部工作。

（2）委托人与监理人结清并支付全部酬金。

案例分析

案例 7-1

施工管理合同实施不善的事例

一、背景材料

1.工程项目概况

英国的图书馆领导部门鉴于原大英博物馆图书馆地方太小,不能满足人们的文化生活需要,决定建设新的国家图书馆——大英图书馆。工程规模浩大,原计划建筑面积为 200 000 m²,后削减为 108 000 m²,其书架排列空间长达 335 km。工程项目的实施任务,由英国政府下属机构资产管理局负责,原定 1978 年 3 月动工,由于投资巨大,被拖至 1982 年 4 月正式开工,且施工过程中因管理不善,致使该工程拖延达 10 年以上时间。

2.合同管理模式

此工程项目的施工管理系采用"施工管理"模式,即由资产管理局作为施工管理者,把各个工程的各个部分全部分包给许多专业分包商,同他们签订了一系列承包分合同或供货合同,直接管理分包商的施工。在开工时,业主没有明确整个工程项目的投资限额,而是采用每年拨付工程款的方式进行投资。

3.实施中出现的问题

到 1988 年,发现施工管理不善,遂研究采取改正措施,明确由国家艺术和图书馆局负责工程的财务管理,资产管理局仍负责整个工程的施工管理工作。这时,政府领导部门决定工程项目总投资限额为 3 亿英镑(1 英镑≈9.127 人民币),在 1993 年内建成。

在 1990 年,项目投资又增加 1.5 亿英镑,以解决施工费用的不足。1990 年 10 月,英国国家审计局检查项目的施工状况。检查指出施工管理缺乏明确的目标工程设计变动,引起投资的增加和加工的延长。1991 年 8 月,政府部门决定工程施工应在 1996 年完成,其投资限额为 4.5 亿英镑。但是,由于施工管理中的缺陷没有从根本上改进,施工仍然不能按上述要求达到,且工程造价仍然继续超越。在 1994 年期间,一个咨询公司评估认为工程项目每延期 1 个月的花费达 150 万英镑,因此建议对各个专业分包商的支付采取"里程碑"办法,即按照各专业分包商的施工形象进度进行支付,按时达到施工进度要求方可取得工程进度款。

虽然如此要求,但至 1994 年 11 月时,工程项目的总造价已增加至 4.96 亿英镑。到 1996 年,工程仍未建成,但工程总造价已达 5.11 亿英镑,因此引起了社会和媒体的严重关注,对工程主管部提出了严厉的批评和指责。

二、审计检查的意见

1996 年,国家审计局对此工程项目的实施状况进行了第二次审计和检查,审计报告中对各项目的施工管理提出了以下几点批评:

(1)对各个专业承包商的责任和作用没有进行严格的规定,因而工作效率低,对施工进度失控。

(2)对工程项目众多的专业分包商的工作缺乏统筹协调,以致互相冲突,管理混乱。

(3)对工程投资没有严格管理,没有严格按实际施工进度支付工程款,一而再,再而三地增加投资。

（4）合同管理人员没有发挥主动作用,管理费据实报销共达 1 亿多英镑,但没有保证工期及造价的积极性。

（5）公众舆论压力。大英图书馆工程项目施工持续拖延了 10 年多,造价几乎翻了一番,施工管理存在问题甚多,引起社会公众的关注和不满。建筑业界有人基至怀疑施工管理模式的合同管理方法是否可行。其实,问题恰恰在于这个工程项目从一开始就没有按照施工管理的一套做法办事,因而使工程项目的工期和造价失控。

案例 7-2

建设工程施工合同纠纷案件

一、背景材料

2002 年 12 月 13 日,联通喀什分公司就"联通通信楼"的建设与喀什建工集团签订《施工合同》后,喀什建工集团随即与林源签订《内部承包合同》,将《施工买卖合同纠纷管辖合同》约定喀什建工集团应当履行的义务转给林源。林源作为职业经理人,全面履行了其与喀什建工集团签订《内部承包合同》约定的开工前费用、施工人员工资、购买租赁设备、垫资、质量保修、交纳工程风险金劳保统筹及违约责任等各项义务。"联通通信楼"工程已经于 2003 年 10 月验收竣工并交付使用,由于联通喀什分公司尚欠工程款 700 余万元,造成其与农民工工资无法兑现,使其个人信誉及社会评价受到影响,故请求依法判令联通喀什分公司支付上述工程欠款,联通新疆分公司作为联通喀什分公司的主管上级应当共同承担给付工程款的责任。

二、裁定

《施工合同》约定的仲裁条款对林源不具有法律约束力,法院享有管辖权。

三、分析

2004 年 9 月 29 日,最高人民法院公布了《关于审理建设工程施工合同纠纷案件适用法律问题的解释》（以下简称《解释》）。这是最高人民法院为了统一债权债务转让三方建设工程施工合同纠纷案件的执法标准,根据《中华人民共和国民法通则》《合同法》《建筑法》和《招标投标法》等法律规定,做出的一部专门调整建设工程施工合同纠纷案件的司法解释。《解释》确定了:尽量维护合同效力;合格工程应当按照合同约定支付工程款;质量不合格的不支付工程款;当事人对垫资及其利息的约定应当认可;严格限制合同解除权;发包人对工程质量缺陷有过错也应承担责任;发包人收到结算报告不予答复的,按照结算报告支付工程款;拖欠的工程款应当支付利息;招投标的建设工程未经备案的合同不能作为结算依据;保护实际施工人的利益等原则。虽然合同具有相对性,但是,从我国建筑业市场实际情况来看,从事建筑工程施工的主体主要来源于农村,由于建筑业市场行为不规范和这一部分主体法律意识和法律知识的欠缺,实践中经常出现以下情况:一方面,承包人与发包人订立建设工程合同后,往往又将建设工程转包或者违法分包给第三人,承包人转包收取一定数额的管理费后,不积极主动进行工程结算;另一方面,又因为实际施工人与分包人没有合同关系,实际施工人在为自己的民事权利行使诉讼权和主张请求权时,因为没有证据而得不到支持,这种情形直接影响了实际施工人的利益。据不完全统计,在建设工程施工合同纠纷案件中,因为实际施工人与发包人之间没有合同关系,发包人拒绝支付实际施工人的工程款,实际施工人因投诉无门而引发的纠纷,占据了相当大的比例。这种情形扰乱了建筑业市场秩序,严重侵害了农民工的合法权益,影响了社会的稳定与和谐。

实践训练

一、选择题

（一）单选题

1. 按《合同法》的规定，合同生效后，当事人就价款或者报酬没有约定的，确定价款或报酬时应按（　　）的顺序履行。

　A. 订立合同时履行地的市场价格、合同有关条款、补充协议

　B. 合同有关条款、补充协议、订立合同时履行地的市场价格

　C. 补充协议、合同有关条款、订立合同时履行地的市场价格

　D. 补充协议、订立合同时履行地的市场价格、合同有关条款

（2010年全国监理工程师考试试题）

2. 在施工合同的履行中，如果建设单位拖欠工程款，经催告后在合理的期限内仍未支付，则施工企业可以主张（　　），然后要求对方赔偿损失。

　A. 撤销合同，无须通知对方　　　　　B. 撤销合同，但应当通知对方

　C. 解除合同，无须通知对方　　　　　D. 解除合同，但应当通知对方

（2010年全国监理工程师考试试题）

3. 保证合同的当事人是指（　　）。

　A. 合同当事人　　　　　　　　　　　B. 债权人和债务人

　C. 保证人和债权人　　　　　　　　　D. 保证人和债务人

（2010年全国监理工程师考试试题）

4. 建设单位将自己开发的房地产项目抵押给银行，订立了抵押合同，后来又办理了抵押登记。则（　　）。

　A. 项目转移给银行占有，抵押合同自签订之日起生效

　B. 项目转移给银行占有，抵押合同自登记之日起生效

　C. 项目不转移占有，抵押合同自签订之日起生效

　D. 项目不转移占有，抵押合同自登记之日起生效

（2010年全国监理工程师考试试题）

5. 如果施工单位项目经理由于工作失误导致采购的材料不能按期到货，施工合同没有按期完成，则建设单位可以要求（　　）承担责任。

　A. 施工单位　　　　B. 监理单位　　　　C. 材料供应商　　　　D. 项目经理

（2010年全国监理工程师考试试题）

6. 开标时判定为无效的投标文件，应当（　　）。

　A. 不再进入评标　　　　　　　　　　B. 在初评阶段淘汰

　C. 在详评阶段淘汰　　　　　　　　　D. 在定标阶段淘汰

（2010年全国监理工程师考试试题）

7. 采用《建设工程施工合同（示范文本）》订立合同的工程项目，建设工程一切险的投保人应为（　　）。

A. 发包人　　　　　B. 承包人　　　　　C. 监理人　　　　　D. 分包人

(2011年全国监理工程师考试试题)

8. 下列关于合同公证的说法中,正确的是(　　)。

A. 合同公证只能确认合同的真实性

B. 合同公证由工商行政管理机关做出

C. 合同公证的效力只能限于国内

D. 经过公证的合同法律效力高于经过签证的合同

(2011年全国监理工程师考试试题)

(二) 多选题(每题的选项中至少有两个正确答案)

1. 合同的成立必须经过(　　)。

A. 要约邀请　　　　B. 要约　　　　　C. 承诺　　　　　D. 鉴证

E. 公证

(2010年全国监理工程师考试试题)

2. 按照《合同法》的规定,属于要约邀请的包括(　　)。

A. 价目表的寄送　　　　　　　B. 招标公告

C. 递送投标书　　　　　　　　D. 无价格的商业广告

E. 发出中标通知书

(2010年全国监理工程师考试试题)

3. 在施工合同中,(　　)的合同属于无效合同。

A. 施工企业伪造资质等级证书签订　　B. 招标人与投标人串通签订

C. 施工企业的违约责任明显过高　　　D. 建设单位的违约责任明显过高

E. 约定的质量标准低于强制性标准

(2010年全国监理工程师考试试题)

4. 在开标时,如果发现投标文件出现(　　)等情况,应按无效投标文件处理。

A. 未按招标文件的要求予以密封　　　B. 投标函未加盖投标人的企业公章

C. 联合体投标未附联合体协议书　　　D. 明显不符合技术标准要求

E. 完成期限超过招标文件规定的期限

(2010年全国监理工程师考试试题)

5. 工程设计合同履行过程中,发包人的责任有(　　)。

A. 监督设计人有序开展设计工作　　　B. 提供必要的现场工作条件

C. 负责与设计相关的外部协调工作　　D. 保护设计人的知识产权

E. 控制工程设计概算

(2015年全国监理工程师考试试题)

二、问答题

1. 什么是建设工程施工合同? 建设工程施工合同是如何订立的?

2. 建设工程合同的当事人有哪些? 它们的权利和义务分别是什么?

3.简述建设工程施工合同的进度控制条款、质量控制条款、投资控制条款。

4.建设工程施工合同解除的条件有哪些？

5.什么是合同索赔？引起合同索赔的常见内容有哪些？

6.索赔的程序是什么？索赔过程中应当注意的内容有哪些？

7.索赔的证据包括哪些？

8.FIDIC土木工程施工合同的条件系列文本包括哪些？其适用范围是什么？

三、实训题

实训一

方正监理公司是渤海市实力最雄厚的监理企业，承揽并完成了很多大中型工程项目的监理任务，积累了丰富的经验，建立了一定的业务关系。某业主投资建设一栋28层的综合办公大楼，由于本市仅有一家监理公司具备本项目的施工监理资质，且该监理公司曾承揽过类似工程的监理任务，所以业主就指定该监理公司实施委托监理工作并签订了书面合同。在合同的通用条款中详细填写了委托监理任务，其监理任务如下。

（1）由监理单位择优选择施工承包人。

（2）对工程项目进行详细可行性研究。

（3）对工程设计方案进行成本效益分析，提出质量保证措施等。

（4）负责检查工程设计、材料和设备质量。

（5）进行质量、成本、计划和进度控制。同时合同的有关条款还约定：由监理人员负责工程建设的所有外部关系的协调（因监理公司已建立了一定的业务关系），业主不派工地常住代表，全权委托总监理工程师处理一切事务，在监理过程中，监理员告诉承包人有关设计方面申明的秘密，其目的是更好地实施施工。在施工过程中，业主和承包人发生争议，总监理工程师以业主的身份与承包人进行协商。

问题：

1.指出背景材料中的不妥之处，并说明理由。

2.请将下面权力进行区分，分清哪些是委托人的权力？哪些是监理人的权力？

（1）选择工程总承包的建议权。

（2）对设计人的批准权。

（3）对施工分包单位的否决权。

（4）工程设计变更审批权。

（5）授予总监理工程师权限的权力。

（6）工程土方量的审核和签认权。

（7）对工程竣工日期的鉴定权。

（8）组织协调有关协作单位的主持权。

（9）对重大问题提交专项报告的要求权。

（10）调换总监理工程师的同意权。

实训二

某钢铁厂生产车间建设工程,建设单位与监理单位签订了委托监理合同,并在 2010 年 1 月和甲施工单位按《建设工程施工合同(示范文本)》签订工程总承包合同。

在工程施工过程中发生了以下事件。

事件 1:

开工前,甲施工单位将该工程施工任务下达给公司所属第四施工队。第四施工队直接与某乡建筑工程队签订了工程分包合同,由乡建筑工程队分包主体结构施工任务。

事件 2:

2010 年 3 月,在地方建设行政主管部门组织的百日质量、安全大检查中,发现某乡建筑工程队承包手续不符合有关规定,被项目监理机构责令停工。某乡建筑工程队不予理睬,为此,甲施工单位正式下达停工文件,要求某乡建筑工程队停工,某乡建筑工程队不服,以分包合同经双方自愿签订,并有营业执照为由,诉至人民法院,要求第四施工队继续履行合同或承担毁约责任,并赔偿经济损失。

事件 3:

2010 年 4 月,甲施工单位与市水泥厂签订了 2 份水泥购销合同,其中一份是 300 吨水泥的现货合同,每吨单价为 109.5 元,总金额为 32 850 元,约定 5 月 1 号交货,另一份是 400 吨水泥的期货合同,初步议定每吨 109.5 元,但合同上又注明,所订价格若需调整,供方应及时通知需方,征得需方同意即按协商价执行,如需方不同意,则合同停止。2 份合同还规定,如供方不能按时交货,应承担需方的经济损失,按未交货货款总额的 5% 偿付违约金。300 吨现货合同,经工商行政管理部门鉴证后,需方按合同规定交预付款 16 425 元,供方单位在供给需方 100 吨水泥后,当时是 5 月份,正是建筑旺季,市场对水泥的需求量较大,供方认为有利可图,便以高价私自将水泥卖给其他施工单位,供方不能按照合同向需方如期如数交货,造成需方直接经济损失达 1200 万元。2010 年 10 月,需方向法院提起诉讼,提出如下诉讼请求:① 将预付款 16 425 元双倍返还;② 赔偿全部经济损失;③ 按 2 份合同的总金额的 5% 偿付违约金;④ 继续履行合同。

问题:

1.在事件 1 中,依法确认总承包合同和分包合同是否具有法律效力? 请说明理由。该合同的法律效力应由哪个机关(机构)确认?

2.在事件 2 中,项目监理机构责令某乡建筑工程队停工是否正确? 请说明理由。

3.在事件 2 中,某乡建筑工程队提供的承包工程法定文书是否完备? 请说明理由。

4.在事件 2 中,合同纠纷属于哪一方的过错,由哪一方承担责任? 人民法院对该合同纠纷应该如何处理?

5.在事件 3 中的水泥购销合同是否有效? 纠纷的责任如何界定?

6.在事件 2 中,对需方向法院提起的诉讼请求应如何处理?

第 8 章

建设工程风险管理

8.1 建设工程风险概述

一、风险及分类

风险就是与出现损失有关的不确定性;也可以说风险就是在给定情况下和特定时间内,可能发生的结果之间的差异(或实际结果与预期结果之间的差异)。

可见,风险要具备两个条件:一是不确定性;二是产生损失后果。如果缺其一,就不能称为风险。因此,肯定发生损失后果的事件不是风险,没有损失后果的不确定性事件也不是风险。

风险的分类常有以下几种分法:

(1)按风险的后果不同,可将风险分为纯风险和投机风险。

纯风险是指只会造成损失而不会带来收益的风险。例如自然灾害,一旦发生,将会导致重大损失,甚至人员伤亡;如果不发生,只是不造成损失而已,但不会带来额外的收益。此外,政治、社会方面的风险一般也都表现为纯风险。

投机风险则是指既可能造成损失也可能创造额外收益的风险。例如,一项重大投资活动可能因决策错误或因遇到不测事件而使投资者蒙受灾难性的损失;但如果决策正确,经营有方或赶上大好机遇,则有可能给投资人带来巨额利润。投机风险具有极大的诱惑力,人们常常注意其有利可图的一面,而忽视其带来厄运的可能。

纯风险和投机风险两者往往同时存在。例如,房产所有人就同时面临纯风险(财产损坏)和投机风险(如经济形势变化所引起的房产价值的升降)。

纯风险与投机风险还有一个重要的区别。在相同的条件下,纯风险重复出现的概率较大,表现出某种规律性,因而人们可能较成功地预测其发生的概率,从而相对容易采取防范措施。而投机风险则不然,其重复出现的概率较小,所谓"机不可失,时不再来",因而预测的准确性相对较差,也就较难防范。

(2)按风险产生的原因不同,可将风险分为政治风险、社会风险、经济风险、自然风险、技术风险等。

除了自然风险和技术风险是相对独立的之外,政治风险、社会风险和经济风险之间存在一定的联系,有时表现为相互影响,有时表现为因果关系,难以截然分开。

(3)按风险影响范围的大小,可将风险分为基本风险和特殊风险。

基本风险是指作用整个经济或大多数人群的风险,具有普遍性,如战争、自然灾害、高通胀率等。显然,基本风险的影响范围大,其后果严重。

特殊风险是指仅作用于某一特定单体(如个人或企业)的风险,不具有普遍性,例如,偷车、抢银行、房屋失火等。特殊风险的影响范围小,虽然就个体而言,其损失有时也相当大,但相对于整个经济而言,其后果不严重。

在某些情况下,特殊风险与基本风险很难严格加以区分,最典型的莫过于"9·11事件"。仅就撞机这个行为而言,属于特殊风险应当说是顺理成章的,但就其对美国和世界航空业、对美国人的心理,乃至对美国整个经济的影响却远远超过某些基本风险。而如果从恐怖主义的角度来分析,则"9·11"事件应当说属于基本风险。由此可见,基本风险与特殊风险的界定有时需要考虑具体的出发点。

当然,风险还可以按照其他方式分类,例如,按风险分析依据可将风险分为客观风险和主观风险,按风险分布情况可将风险分为国别(地区)风险、行业风险,按风险潜在损失形态可将风险分为财产风险、人身风险和责任风险,等等。

二、建设工程风险的特点

(一)建设工程风险大

建设工程建设周期持续时间长,所涉及的风险因素多。对建设工程的风险因素,最常用的是按风险产生的原因进行分类,即将建设工程的风险因素分为政治、社会、经济、自然、技术等因素。这些风险因素都会不同程度地作用于建设工程,产生错综复杂的影响。同时,每一种风险因素又都会产生许多不同的风险事件。这些风险事件虽然不会都发生,但总会有风险事件发生。总之,建设工程风险因素和风险事件一旦发生,往往造成比较严重的损失后果。

明确这一点,有利于确立风险意识,只有从思想上重视建设工程的风险问题,才有可能对建设工程风险进行主动的预防和控制。

(二)参与工程建设的各方均有风险,但各方的风险不尽相同

工程建设各方所遇到的风险事件有较大的差异,即使是同一风险事件,对建设工程不同参与方的后果有时迥然不同。例如,同样是通货膨胀风险事件,在可调价格合同条件下,对业主来说是相当大的风险,而对承包商来说则风险很小;但是,在固定总价合同条件下,对业主来说不是风险,而对承包商来说是相当大的风险。

明确这一点,有利于准确把握建设工程风险。在对建设工程风险做具体分析时,首先要明确出发点,即从哪一方的角度进行分析。分析的出发点不同,分析的结果自然也就不同。对于业主来说,建设工程决策阶段的风险主要表现为投机风险,而在实施阶段的风险主要表现为纯风险。本章仅考虑业主在建设工程实施阶段的风险以及相应的风险管理问题。

8.2 建设工程风险管理

一、建设工程风险管理过程与目标

(一)建设工程风险管理过程

风险管理就是一个识别、确定和度量风险,并制定、选择和实施风险处理方案的过程。风险

管理应是一个系统的、完整的过程，一般也是一个循环过程。建设工程风险管理在这一点上并无特殊性，其管理过程包括风险识别、风险评价、风险对策决策、实施决策、检查五个方面的内容。

1. 风险识别

风险识别是风险管理中的首要步骤，是指通过一定的方式，系统而全面地识别出影响建设工程目标实现的风险事件，并加以适当归类的过程，必要时，还需对风险事件的后果做出定性的估计。

2. 风险评价

风险评价是将建设工程风险事件发生的可能性和损失后果进行定量化的过程。这个过程在系统地识别建设工程风险与合理地做出风险对策决策之间起着重要的桥梁作用。风险评价的结果主要在于确定各种风险事件发生的概率及其对建设工程目标影响的严重程度，如投资增加的数额、工期延误的天数等。

3. 风险对策决策

风险对策决策是确定建设工程风险事件最佳对策组合的过程。一般来说，风险管理中所运用的对策有以下四种：风险回避、损失控制、风险自留和风险转移。这些风险对策的适用对象各不相同，需要根据风险评价的结果，对不同的风险事件选择最适宜的风险对策，从而形成最佳的风险对策组合。

4. 实施决策

对风险对策所做出的决策还需要进一步落实到具体的计划和措施中。例如：制定预防计划、灾难计划、应急计划等；又如，在决定购买工程保险时，要选择保险公司，确定恰当的保险范围、保险费等。这些都是实施风险对策决策的重要内容。

5. 检查

在建设工程实施过程中，要对各项风险对策的执行情况不断地进行检查，并评价各项风险对策的执行效果；在工程实施条件发生变化时，要确定是否需要提出不同的风险处理方案。除此之外，还需要检查是否有被遗漏的工程风险或者发现新的工程风险，也就是进入新一轮的风险识别，开始新一轮的风险管理过程。

（二）建设工程风险管理的目标

风险管理是一项有目的的管理活动，只有目标明确，才能起到有效的作用。否则，风险管理就会流于形式，没有实际意义，也无法评价其效果。

从风险管理目标与风险管理主体总体目标一致性的角度，建设工程风险管理的目标通常更具体地表述为：

（1）实际投资不超过计划投资。

（2）实际工期不超过计划工期。

（3）实际质量满足预期的质量要求。

（4）建设过程安全。

因此，从风险管理目标的角度来分析，建设工程风险可分为投资风险、进度风险、质量风险和安全风险。

二、建设工程风险识别

（一）风险识别的特点

1. 个别性

任何风险都有与其他风险不同之处，没有两个风险是完全一致的。不同类型建设工程的风险不同自不必说，而同一建设工程如果建造地点不同，其风险也不同；即使是建造地点确定的建设工程，如果由不同的承包商承建，其风险也不同。因此，虽然不同建设工程风险有不少共同之处，但一定存在不同之处，在风险识别时尤其要注意这些不同之处，突出风险识别的个别性。

2. 主观性

风险识别都是由人来完成的，由于个人的专业知识水平（包括风险管理方面的知识）、实践经验等方面的差异，同一风险由不同的人识别的结果就会有较大的差异。风险本身是客观存在但风险识别是主观行为。在风险识别时，要尽可能减少主观性对风险识别结果的影响。要做到这一点，关键在于提高风险识别的水平。

3. 复杂性

建设工程所涉及的风险因素和风险事件均很多，而且关系复杂、相互影响，这给风险识别带来很强的复杂性。因此，建设工程风险识别对风险管理人员要求很高，并且需要准确、详细的依据，尤其是定量的资料和数据。

4. 不确定性

这一特点可以说是主观性和复杂性的结果。在实践中，可能因为风险识别的结果与实际不符而造成损失，这往往是由于风险识别结论错误导致风险对策决策错误而造成的。由风险的定义可知，风险识别本身也是风险。因而避免和减少风险识别的风险也是风险管理的内容。

（二）风险识别的原则

1. 由粗及细，由细及粗

由粗及细是指对风险因素进行全面分析，并通过多种途径对工程风险进行分解，逐渐细化，以获得对工程风险的广泛认识，从而得到工程初始风险清单。而由细及粗是指从工程初始风险清单的众多风险中，根据同类建设工程的经验，以及对拟建建设工程具体情况的分析、风险调查，确定那些对建设工程目标实现有较大影响的工程风险，作为主要风险，即作为风险评价以及风险对策决策的主要对象。

2. 严格界定风险内涵并考虑风险因素之间的相关性

对各种风险的内涵要严格加以界定，不要出现重复和交叉现象。另外，还要尽可能考虑各种风险因素之间的相关性，如主次关系、因果关系、互斥关系、正相关关系、负相关关系等。应当说，在风险识别阶段考虑风险因素之间的相关性有一定的难度，但至少要做到严格界定风险内涵。

3. 先怀疑，后排除

对所遇到的问题都要考虑其是否存在不确定性，不要轻易否定或排除某些风险，要通过认真的分析进行确认或排除。

4. 排除与确认并重

对肯定可以排除和肯定可以确认的风险应及早予以排除和确认。对一时既不能排除又不能确认的风险再做进一步的分析,予以排队或确认。最后,对肯定不能排除但又不能肯定予以确认的风险按确认考虑。

5. 必要时,可作实验论证

对某些按常规方式难以判定其是否存在,也难以确定其对建设工程目标影响程度的风险,尤其是技术方面的风险,必要时可做实验论证,如抗震实验。这样做的结论可靠,但要以付出费用为代价。

(三)风险识别的过程

建设工程自身及其外部环境的复杂性,给人们全面地、系统地识别工程风险带来了许多具体的困难,同时也要求明确建设工程风险识别和过程。

由于建设工程风险识别的方法与风险管理理论中提出的一般的风险识别方法有所不同,因而其风险识别的过程也有所不同。建设工程的风险识别往往是通过对经验数据的分析、风险调查、专家咨询以及实验论证等方式,在对建设工程风险进行多维分解的过程中,认识工程风险,建立工程风险清单。

风险识别的结果是建立建设工程风险清单。在建设工程风险识别的过程中,核心工作是"建设工程风险分解"和"识别建设工程风险因素、风险事件及后果"。

(四)建设工程风险的分解

建设工程风险的分解是根据工程风险的相互关系将其分解成若干个子系统,其分解的程度要足以使人们较容易地识别出建设工程的风险,使风险识别具有较好的准确性、完整性和系统性。

根据建设工程的特点,建设工程风险的分解可以按以下途径进行:

(1)目标维:按建设工程目标进行分解,也就是考虑影响建设工程投资、进度、质量和安全目标实现的各种风险。

(2)时间维:按建设工程实施的各个阶段进行分解,也就是考虑建设工程实施不同阶段的不同风险。

(3)结构维:按建设工程组成内容进行分解,也就是考虑不同单项工程、单位工程的不同风险。

(4)因素维:按建设工程风险因素的分类分解,如政治、社会、经济、自然、技术等方面的风险。

在风险分析过程中,有时并不仅仅是采用一种方法就能达到目的的,而需要几种方法组合。例如,常用的组合分解方式是由时间维、目标维和因素维三个方面从总体上进行建设工程风险的分解,如图 8-1 所示。

(五)风险识别的方法

除了采用风险管理理论中所提出的风险识别的基本方法之外,对建设工程风险的识别,还可以根据其自身特点,采用相应的方法。综合起来,建设工程风险识别的方法有专家调查法、财务报表法、流程图法、初始清单法、经验数据法和风险调查法。

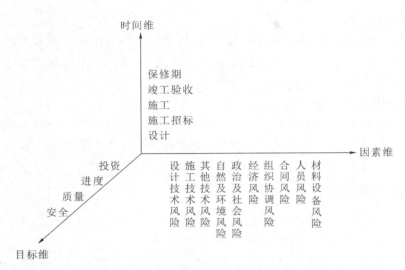

图 8-1   建设工程风险三维分解图

1. 专家调查法

这种方法又有两种方式:一种是召集有关专家开会,让专家各抒己见,起到集思广益的作用;另一种是采用问卷式调查,各专家不知道其他专家的意见。

采用专家调查法时,所提出的问题应具有指导性和代表性,并具有一定的深度,还应尽可能具体些。专家所涉及的面应尽可能广泛些,有一定的代表性。对专家发表的意见要由风险管理人员加以归纳分类、整理分析,有时可能要排除个别专家的个别意见。

2. 财务报表法

财务报表有助于确定一个特定企业或特定的建设工程可能遭受哪些损失,以及在何种情况下遭受这些损失。通过分析资产负债表、现金流量表、营业报表及有关补充资料,可以识别企业当前的所有资产、责任及人身损失风险。将这些报表与财务预测、预算结合起来,可以发现企业或建设工程未来的风险。

采用财务报表法进行风险识别,要对财务报表中所列的各项会计科目做深入的分析研究,并提出分析研究报告,以确定可能产生的损失,还应通过一些实地调查以及其他信息资料来补充财务记录。由于工程财务报表与企业财务报表不尽相同,因而需要结合工程财务报表的特点来识别建设工程风险。

3. 流程图法

将一项特定的生产或经营活动按步骤或阶段顺序以若干个模块形式组成一个流程图系列,在每个模块中都标出各种潜在的风险因素或风险事件,从而给决策者一个清晰的总体印象。一般来说,对流程图中各步骤或阶段的划分比较容易,关键在于找出各步骤或各阶段不同的风险因素或风险事件。

这种方法实际上是将图 8-1 中的时间维与因素维相结合。由于流程图的篇幅限制,采用这种方法所得到的风险识别结果较粗。

4. 初始清单法

通过适当的风险分解方式来识别风险是建立建设工程初始风险清单的有效途径。对大型、复杂的建设工程,首先将其按单项工程、单位工程分解,再对各单项工程、单位工程分别从时间维、目标维和因素维进行分解,可以较容易地识别出建设工程主要的、常见的风险。从初始风险清单的作用来看,因素维仅分解到各种不同的风险因素是不够的,还应进一步将各风险因素分解到风险事件。表 8-1 为建设工程初始风险清单示例。

初始风险清单只是为了便于人们较全面地认识风险的存在,而不至于遗漏重要的工程风险,但并不是风险识别的最终结论。在初始风险清单建立后,还需要结合特定建设工程的具体情况进一步识别风险,从而对初始风险清单做一些必要的补充和修正。为此,需要参照同类建设工程风险的经验数据(若无现成的资料,则要多方收集)或针对具体建设工程的特点进行风险调查。

表 8-1　建设工程初始风险清单

风险因素		典型风险事件
技术风险	设计	设计内容不全、设计缺陷、错误和遗漏,应用规范不恰当,未考虑地质条件,未考虑施工可能性等
	施工	施工工艺落后,施工技术和方案不合理,施工安全措施不当,应用新技术新方案失败,未考虑场地情况等
	其他	工艺设计未达到先进指标,工艺流程不合理,未考虑操作安全性等
非技术风险	自然与环境	洪水、地震、火灾、台风、雷电等不可抗力,不明的水文气象条件,复杂的工程地质条件,恶劣的气候,施工对环境的影响等
	政治法律	法律及规章的变化,战争和骚乱、罢工,经济制裁或禁运等
	经济	通货膨胀或紧缩,汇率变动,市场动荡,社会各种摊派和征费的变化,资金不到位,资金短缺等
	组织协调	业主和上级主管部门的协调,业主和设计方、施工方以及监理方的协调,业主内部的组织协调等
	合同	合同条款遗漏、表达有误,合同类型选择不当,承发包模式选择不当,索赔管理不利,合同纠纷等
	人员	业主人员、设计人员、监理人员、一般工人、技术员、管理人员的素质(能力、效率、责任心、品德)不高
	材料设备	原材料、半成品、成品或设备供货不足或拖延,数量差错或质量规格问题,特殊材料和新材料的使用问题,过度损耗和浪费,施工设备供应不足、类型不配套、故障、安装失误、选型不当等

5.经验数据法

经验数据法也称为统计资料法,即根据已建各类建设工程与风险有关的统计资料来识别拟建建设工程的风险。不同的风险管理主体都应有自己关于建设工程风险的经验数据或统计资料。在工程建设领域,可能有工程风险经验数据或统计资料的风险管理主体,其包括咨询公司(含设计单位)、承包商以及长期有工程项目的业主(如房地产开发商)。由于这些不同的风险管理主体分析的角度不同、数据或资料来源不同,其各自的初始风险清单一般多少有些差异。但是,建设工程风险本身是客观事实,有客观的规律性,当经验数据或统计资料足够多时,这种差异性就会大大减小。何况,风险识别只是对建设工程风险的初步认识,还是一种定性分析,因此,这种基于经验数据或统计资料的初始风险清单可以满足对建设工程风险识别的需要。

例如:根据建设工程的经验数据或统计资料可以得知,减少投资风险的关键在设计阶段,尤其是初步设计以前的阶段,因此,方案设计和初步设计阶段的投资风险应当作为重点进行详细的风险分析;设计阶段和施工阶段的质量风险最大,需要对这两个阶段的质量风险做进一步的分析;施工阶段存在较大的进度风险,需要做重点分析。由于施工活动是由一个个分部分项工程按一定的逻辑关系组织实施的,因此,进一步分析各部分分项工程对施工进度或工期的影响,更有利于风险管理人员识别建设工程进度风险。图 8-2 是某风险管理主体根据房屋建筑工程各主要分部分项工程对工期影响的统计资料绘制的。

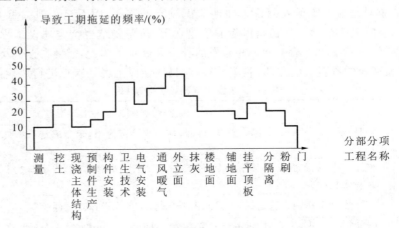

图 8-2　各主要分部分项工程对工期的影响

6. 风险调查法

风险调查应当从分析具体建设工程的特点入手,一方面对通过其他方法已识别出的风险(如初始风险清单所列出的风险)进行鉴别和确认,另一方面,通过风险调查有可能发现此前尚未识别出的重要的工程风险。

通常,风险调查可以从组织、技术、自然及环境、经济、合同等方面分析拟建建设工程的特点以及相应的潜在风险。

风险调查并不是一次性的,应该在建设工程实施全过程中不断地进行,这样才能了解不断变化的条件对工程风险状态的影响。当然,随着工程实施的进展,不确定性因素越来越少,风险调查的内容也将相应减少,风险调查的重点有可能不同。

对于建设工程的风险识别来说,仅仅采用一种风险识别方法是远远不够的,一般都应综合采用两种或多种风险识别方法,才能取得较为满意的结果。而且,不论采用何种风险识别方法组合,都必须包含风险调查法。从某种意义上来讲,前五种风险识别方法的主要作用在于建立初始风险清单,而风险调查法的作用则在于建立最终的风险清单。

三、建设工程风险评价

系统而全面地识别建设工程风险只是风险管理的第一步,对认识到的工程风险还要做进一步的分析,也就是风险评价。风险评价可以使人们更准确地认识风险、保证目标规划的合理性和计划的可行性,从而合理选择风险对策,形成最佳风险对策组合。

(一)风险量函数

在定量评价建设工程风险时,首要工作是将各种风险的发生概率及其潜在损失定量化,这一工作也称为风险衡量。

为此,需引入风险量的概念。所谓风险量,是指各种风险的量化结果,其数值大小取决于各种风险的发生概率及潜在损失。如果以 R 表示风险量，P 表示风险的发生概率，Q 表示潜在损失，则 R 可以表示为 P 和 Q 的函数：

$$R = f(P, Q) \qquad (8\text{-}1)$$

式(8-1)反映的是风险量的基本原理，具有一定的通用性，其应用前提是能通过适当地建立关于 P 和 Q 的连续性函数。但是，这一点不是很容易做到的。在风险管理理论和方法中，在多数情况下是以离散形式来定量表示风险的发生概率及其损失，因而风险量 R 相应地表示为：

$$R = \sum P_i \times Q_i$$

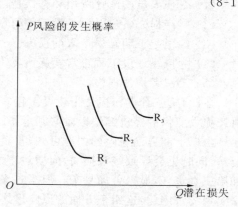

图 8-3　等风险量曲线

式中，$i = 1, 2, \cdots, n$，表示风险事件的数量。

与风险量有关的另一个概念是等风险量曲线，就是由风险量相同的风险事件所形成的曲线，如图 8-3 所示。在图 8-3 中，R_1、R_2、R_3 为三条不同的等风险量曲线。不同等风险量曲线所表示的风险量大小与其坐标原点的距离成正比，即距原点越近，风险量越小；反之，则风险量越大。因此，$R_1 < R_2 < R_3$。

（二）风险损失的衡量

风险损失的衡量就是定量确定风险损失值的大小。建设工程风险损失包括以下几个方面。

1. 投资风险

投资风险导致的损失可以直接用货币形式来表现，即法规、价格、汇率和利率等的变化或资金使用安排不当等风险事件引起的实际投资超出计划投资的数额。

2. 进度风险

进度风险导致的损失由以下几个部分组成。

（1）货币的时间价值。进度风险的发生可能会对现金流动造成影响，在利率的作用下，引起经济损失。

（2）为赶上计划进度所需的额外费用，包括加班的人工费、机械使用费和管理费等一切因赶进度所发生的非计划费用。

（3）延期投入使用的收入损失。这方面损失的计算相当复杂，不仅仅是延误期间内的收入损失，还可能由于产品投入市场过迟而失去商机，从而大大降低市场份额，因而这方面的损失有时是相当巨大的。

3. 质量风险

质量风险导致的损失包括事故引起的直接经济损失、修复和补救等措施发生的费用以及第三者责任损失等，可分为以下几个方面。

（1）建筑物、构筑物或其他结构倒塌所造成的直接经济损失。

（2）复位纠偏、加固补强等补救措施和返工的费用。

（3）造成的工期延误的损失。

（4）永久性缺陷对建设工程使用造成的损失。

（5）第三者责任的损失。

4. 安全风险

安全风险导致的损失包括以下几种。

（1）受伤人员的医疗费用和补偿费。

（2）财产损失，包括材料、设备等财产的损毁或被盗。

（3）因引起工期延误带来的损失。

（4）为恢复建设工程正常实施所发生的费用。

（5）第三者责任损失。

在此，第三者责任损失为建设工程实施期间，因意外事故可能导致的第三者的人身伤亡和财产损失所做的经济赔偿以及必须承担的法律责任。

由以上四方面风险的内容可知，投资增加可以直接用货币来衡量；进度的拖延则属于时间范畴，同时也会导致经济损失；而质量事故和安全事故既会产生经济影响又可能导致工期延误和第三者责任，显得更加复杂。但第三者责任除了法律责任之外，一般都是以经济赔偿的形式来实现的。因此，这四个方面的风险最终都可以归纳为经济损失。

需要指出，在建设工程实施过程中，某一风险事件的发生往往会同时导致一系列损失。例如，地基的坍塌引起塔吊的倒塌，并进一步造成人员伤亡和建筑物的损坏，以及施工被迫停止等。这表明，这一地基坍塌事故影响了建设工程所有的目标——投资、进度、质量和安全，从而造成相当大的经济损失。

（三）风险概率的衡量

1. 相对比较法

相对比较法由美国风险管理专家 Richard Prouty 提出，表示如下：

（1）几乎是 0：这种风险事件可认为不会发生。

（2）很小的：这种风险事件虽有可能发生，但现在没有发生，并且将来发生的可能性也不大。

（3）中等的：这种风险事件偶尔会发生，并且能预期将来有时会发生。

（4）一定的：这种风险事件一直在有规律地发生，并且能够预期未来也是有规律地发生。在这种情况下，可以认为风险事件发生的概率较大。

采用相对比较法，建设工程风险导致的损失划分成重大损失、中等损失和轻度损失，从而对建设工程风险有一个定位，反映出风险量的大小。

2. 概率分布法

概率分布法可以较为全面地衡量建设工程风险。因为通过潜在损失的概率分布，有助于确定在一定情况下哪种风险对策或风险对策组合最佳。

概率分布法的常见表现形式是建立概率分布表。为此，需参考外界资料和本企业历史资料。外界资料主要是保险公司、行业协会、统计部门等的资料。但是，这些资料通常反映的是平均数字，且综合了众多企业或众多建设工程的损失经历，因而在许多方面不一定与本企业或本建设工程的情况相吻合，运用时需要做客观分析。本企业的历史资料虽然更有针对性，更能反映建设工程风险的个别性，但往往数量不够多，有时还缺乏连续性，不能满足概率分析的基本要求。另外，即使本企业历史资料的数量、连续性均满足要求，其反映的也只是本企业的平均水平，在通用时还应当充分考虑资料的背景和拟建建设工程的特点。由此可见，概率分布表中的数字可能是因工程而异的。

理论概率分布也是风险衡量中所经常采用的一种估计方法，即根据建设工程风险的性质分析大量的统计数据,当损失值符合一定的理论概率分布或与其近似吻合时,可由特定的几个参数来确定损失值的概率分布。

(四)风险评价

在风险衡量过程中,建设工程风险被量化为关于风险发生概率和损失严重性的函数,但在选择对策之前,还需要对建设工程风险量做出相对比较,以确定建设工程风险的相对严重性。

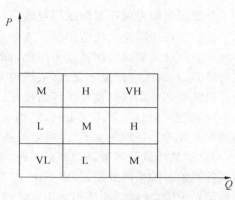

图 8-4 风险等级图

如图 8-4 所示,风险等级在风险坐标图上,离原点位置越近则风险量越小。据此,可以将风险发生概率(P)和潜在损失(Q)分别分为 L(小)、M(中)、H(大)三个区间,从而将等风险量图分为九个区域。在这九个不同区域中,有些区域的风险量是大致相等的。例如,可以将风险量的大小分成以下五个等级:VL(很小);L(小);M(中等);H(大);VH(很大)。

四、建设工程风险对策

风险对策也称风险防范手段或风险管理技术。具体内容如下:

(一)风险回避

风险回避就是以一定的方式中断风险源,使其不发生或不再发展,从而避免可能产生的潜在损失。

采用风险回避这一对策时,有时需要做出一些牺牲,但这些牺牲比风险真正发生时可能造成的损失要小得多。例如,某投资人因选址不慎决定在河谷建造某工厂,而保险公司又不愿为其承担保险责任。当投资人意识到在河谷建厂会不可避免地受到洪水威胁,且又别无防范措施时,只好决定放弃该计划。虽然他在建厂准备阶段耗费了不少投资,但与其厂房建成后被洪水冲毁,不如及早改弦易辙,另谋理想的厂址。又如,某承包商参与某建设工程的投标,开标后发现自己的报价远远低于其他承包商的报价,经仔细分析发现,自己的报价存在严重的误算和漏算,因而拒绝与业主签订施工合同。虽然这样做将被没收投标保证金或投标保函,但比承包后严重亏损的损失要小得多。

从以上分析可知,在某些情况下,风险回避是最佳对策。

在采用风险回避对策时需要注意以下问题。

1. 回避一种风险可能产生另一种新的风险

在建设工程实施过程中,绝对没有风险的情况几乎不存在。对技术风险而言,即使是相当成熟的技术也存在一定的风险。例如,在地铁工程建设中,采用明挖法施工有支撑失败、顶板坍塌等风险。如果为了回避这种风险而采用逆作法施工方案的话,又会产生地下连续墙失败等其他新的风险。

2. 回避风险的同时也失去了从风险中获益的可能性

由投机风险的特征可知,它具有损失和获益的两重性。例如,在涉外工程中,由于缺乏有关外汇市场的知识和信息,为避免承担由此而带来的经济风险,决策者决定选择本国货币作为结算货币,从而也就失去了从汇率变化中获益的可能性。

3. 回避风险可能不实际或不可能

建设工程风险定义的范围越广或分解得越粗,回避风险就越不可能。例如,如果将建设工程的风险仅分解到风险因素这个层次,那么任何建设工程都必然会发生经济风险、自然风险和技术风险,根本无法回避。又如,从承包商的角度来看,投标总是有风险的,但绝不会为了回避投标风险而不参加任何建设工程的投标。建设工程的每一个活动几乎都存在大小不一的风险,过多地回避风险就等于不采取行动,而这可能就是最大的风险。由此,可以得出结论:不可能回避所有的风险。正因为如此,才需要其他不同的风险对策。

总之,虽然风险回避是一种必要的,有时甚至是最佳的风险对策,但应该承认这是一种消极的风险对策。如果处处回避,事事回避,其结果只能是停止发展,直至停止生存。因此,应当勇敢地面对风险,这就需要适当运用风险回避以外的其他风险对策。

(二)损失控制

1. 损失控制的概念

损失控制是一种主动、积极的风险对策。损失控制可分为预防损失和减少损失两个方面的工作。预防损失措施的主要作用在于降低或消除(通常只能做到减少)损失发生的概率,而减少损失措施的作用在于降低损失的严重性或遏制损失的进一步发展,使损失最小化。一般来说,损失控制方案都应当是预防损失措施和减少损失措施的有机结合。

2. 制定损失控制措施的依据

制定损失控制措施必须以定量风险评价的结果为依据,才能确保损失控制措施具有针对性,取得预期的控制效果。风险评价时特别要注意间接损失和隐蔽损失。

制定损失控制措施还必须考虑其付出的代价。损失控制措施的最终确定,需要综合考虑损失控制措施的效果及其相应的代价。由此可见,控制措施的选择也应当进行多方案的技术经济分析和比较。

3. 损失控制计划系统

在采用损失控制这一风险对策时,损失控制措施应当形成一个周密的、完整的损失控制计划系统。就施工阶段而言,该计划系统一般应由预防计划(或称为安全计划)、灾难计划和应急计划三部分组成。

(1)预防计划。预防计划的目的在于有针对性地预防损失的发生,其主要作用是降低损失发生的概率,在许多情况下也能在一定程度上降低损失的严重性。在损失控制计划系统中,预防计划的内容最广泛,具体措施最多,包括组织措施、管理措施、合同措施、技术措施。

组织措施的首要任务是明确各部门和人员在损失控制方面的职责分工,以使各方人员都能为实施预防计划而有效地配合;还需要建立相应的工作制度和会议制度;必要时,还应对有关人员(尤其是现场工人)进行安全培训,等等。

采取管理措施,既可采取风险分隔措施,将不同的风险单位分离间隔开来,使风险局限在尽可能小的范围内,以避免在某一风险发生时,产生连锁反应或互相牵连,如在施工现场将易发生火灾的木工加工场尽可能设在远离现场办公用房的位置;也可采取风险分散措施,通过增加风险单位以减轻总体风险的压力,达到共同分摊总体风险的目的,如在涉外工程结算中采用多种货币组合的方式付款,从而分散汇率风险。

合同措施除了要保证整个建设工程总体合同结构合理、不同合同之间不出现矛盾之外,还要注意合同具体条款的严密性,并做出与特定风险相应的规定,如要求承包商提供履约保证和预付款保证,等等。

技术措施是在建设工程施工过程中常用的预防损失措施,如地基加固、周围建筑物防护、材料检测等。与其他几个方面措施相比,技术措施的显著特征是必须付出费用和时间两个方面的代价,应当慎重比较后选择。

(2)灾难计划。灾难计划是一组事先编制好的、目的明确的工作程序和具体措施,为现场人员提供明确的行动指南,使其在各种严重的、恶性的紧急事件发生后,不至于惊慌失措,也不需要临时讨论研究应对措施,可以做到从容不迫、及时、妥善地处理,从而减少人员伤亡以及财产和经济的损失。灾难计划是针对严重风险事件制定的,其内容应满足以下要求。

① 安全撤离现场人员。

② 援救及处理伤亡人员。

③ 控制事故的进一步发展,最大限度地减少资产和环境损害。

④ 保证受影响区域的安全尽快恢复正常。

灾难计划在严重风险事件发生或即将发生时付诸实施。

(3)应急计划。应急计划是在风险损失基本确定后的处理计划,其宗旨是使因严重风险事件而中断的工程实施过程尽快全面恢复,并减少进一步的损失,使其影响程度减至最小。应急计划不仅要制定所要采取的相应措施,而且要规定不同工作部门相应的职责。

应急计划应包括的内容有以下几点:调整材料、设备的采购计划,并及时与材料、设备供应商联系,必要时,可能要签订补充协议;准备保险索赔依据,确定保险索赔的额度,起草保险索赔报告;全面审查可使用的资金情况,必要时需调整筹资金计划,等等。

(三)风险自留

顾名思义,风险自留就是将风险留给自己承担,是从企业内部财务的角度来应对风险。风险自留与其他风险对策的根本区别在于,它不改变建设工程风险的客观性质,即既不改变工程风险的发生概率,也不改变工程风险潜在损失的严重性。

1.风险自留的类型

(1)非计划性风险自留。由于风险管理人员没有意识到建设工程某些风险的存在,或者不曾有意识地采取有效措施,以致风险发生后只好由自己承担。这样的风险自留是非计划性的和被动的。导致非计划性风险自留的主要原因有以下几点。

① 缺乏风险意识。这往往是由于建设资金来源与建设工程业主的直接利益无关所造成的,这是我国过去和现在许多由政府提供建设资金的建设工程不自觉地采用非计划性风险自留的主要原因。此外,也可能是由于缺乏风险管理理论的基本知识而造成的。

② 风险识别失误。由于所采用的风险识别方法过于简单和一般化,没有针对建设工程风险的特点,或者缺乏建设工程风险的经验数据或统计资料,或者没有针对特定建设工程进行风险调查,等等,都可能导致风险识别失误,从而使风险管理人员未能意识到建设工程某些风险的存在,而这些风险一旦发生就成为自留风险。

③ 风险评价失误。在风险识别正确的情况下,风险评价的方法不当可能导致风险评价结论错误,如仅采用定性风险评价方法。即使是采用定量风险评价方法,也可能由于风险衡量的结

果出现严重误差而导致风险评价失误,结果将不该忽略的风险忽略了。

④ 风险决策延误。在风险识别和风险评价均正确的情况下,可能由于迟迟没有做出相应的风险对策决策,而某些风险已经发生,使得根据风险评价结果本不会做出风险自留选择的那些风险成为自留风险。

⑤ 风险决策实施延误。风险决策实施延误包括两种情况:一种是主观原因,即行动迟缓,对已做出的风险对策迟迟不付诸实施或实施工作进展缓慢;另一种是客观原因,某些风险对策的实施需要时间,如损失控制的技术措施需要较长时间才能完成,保险合同的谈判也需要较长时间,等等,而在这些风险对策实施尚未完成之前却已发生了相应的风险,成为事实上的自留风险。

事实上,对于大型、复杂的建设工程来说,风险管理人员几乎不可能识别出所有的工程风险。从这个意义上来讲,非计划性风险自留有时是无可厚非的,因而也是一种适用的风险处理策略。但是,风险管理人员应当尽量减少风险识别和风险评价的失误,要及时做出风险对策决策,并及时实施决策,从而避免被迫承担重大和较大的工程风险。总之,虽然非计划性风险自留不可能不用,但应尽可能少用。

(2) 计划性风险自留。计划性风险自留是主动的、有意识的、有计划的选择,是风险管理人员在经过正确的风险识别和风险评价后做出的风险对策决策,是整个建设工程风险对策计划的一个组成部分。也就是说,风险自留绝不可能单独运用,而应与其他风险对策结合使用。在实行风险自留时,应保证重大和较大的建设工程风险已经进行了工程保险或实施了损失控制计划。计划性风险自留的计划性主要体现在风险自留水平和损失支付方式两个方面。所谓风险自留水平,是指选择哪些风险事件作为风险自留的对象。确定风险自留水平可以从风险量数值大小的角度来考虑,一般应选择风险量小或较小,充其量一般的风险事件作为风险自留的对象。计划性风险自留还应从费用、期望损失、机会成本、服务质量和税收等方面与工程保险比较后才能得出结论。损失支付方式的含义比较明确,即在风险事件发生后,对所造成的损失通过什么方式或渠道来支付。

2. 损失支付方式

(1) 从现金净收入中支出。采用这种方式时,在财务上并不对自留风险做特别的安排,在损失发生后从现金净收入中支出,或将损失费用记入当期成本。实际上,非计划性风险自留通常都是采用这种方式。因此,这种方式不能体现计划性风险自留的"计划性"。

(2) 建立非基金储备。这种方式是设立了一定数量的备用金,但其用途并不是专门针对自留的风险,其他原因引起的额外费用也在其中支出,例如,本属于损失控制对策范围内的风险实际损失费用,甚至一些不属于风险管理范畴的额外费用。

(3) 自我保险。这种方式是设立一项专项基金(自我基金),专门用于自留风险所造成的损失。该基金的设立不是一次性的,而是每期支出,相当于定期支付保险费,因而称为自我保险。这种方式若用于建设工程风险自留,需做适当的变通,如将自我基金(或风险费)在施工开工前一次性设立。

(4) 母公司保险。这种方式只适用于存在总公司与子公司关系的集团公司,往往是在难以投保或自保较为有利的情况下运用。从子公司的角度来看,与一般的投保无异,收支较为稳定,税赋可能得益;从母公司的角度来看,可采用适当的方式进行资金运作,使这笔基金增值,也可再以母公司的名义向保险公司投保。对于建设工程风险自留来说,这种方式可用于特大型建设工程,或长期有较多建设工程的业主,如房地产开发(集团)公司。

3. 风险自留的适用条件

计划性风险自留至少要符合以下条件之一才应予以考虑。

（1）别无选择。有些风险既不能回避，又不可能预防，且没有转移的可能性，只能自留，这是一种无奈的选择。

（2）期望损失不严重。风险管理人员对期望损失的估计低于保险公司的估计，而且根据自己多年的经验和有关资料，风险管理人员确信自己的估计正确。

（3）损失可准确预测。在此，仅考虑风险的客观性。这一点实际上是要求建设工程有较多的单项工程和单位工程，满足概率分布的基本条件。

（4）企业有短期内承受最大潜在损失的能力。由于风险的不确定性，可能在短期内发生最大的潜在损失，这时，即使设立了自我基金或向母公司保险，已有的专项基金仍不足以弥补损失，需要企业从现金收入中支付。如果企业没有这种能力，可能因此而摧毁企业。对于建设工程的业主来说，与此相应的是要具有短期内筹措大笔资金的能力。

（5）投资机会很好。如果市场投资前景很好，则保险费的机会成本就显得很大，不如采取风险自留，将保险费作为投资，以取得较多的投资回报。即使今后自留风险事件发生，也足以弥补其造成的损失。

（6）内部服务优良。如果保险公司所能提供的多数服务完全可以由风险管理人员在内部完成，且由于它们直接参与工程的建设和管理活动，从而使服务更方便，质量在某些方面也更高，在这种情况下，风险自留是合理的选择。

（四）风险转移

风险转移是建设工程风险管理中非常重要而且广泛应用的一项对策，分为非保险转移和保险转移两种形式。

根据风险管理的基本理论，建设工程的风险应由有关各方分担，而风险分担的原则是：任何一种风险都应由最适宜承担该风险或最有能力进行损失控制的一方承担。符合这一原则的风险转移是合理的，可以取得双赢或多赢的结果。例如，项目决策风险应由业主承担，设计风险应由设计方承担，而施工技术风险应由承包商承担，等等。否则，风险转移就可能付出较高的代价。

1. 非保险转移

非保险转移又称合同转移，因为这种风险转移一般是通过签订合同的方式将工程风险转移给非保险人的对方当事人。建设工程风险最常见的非保险转移有以下三种情况。

（1）业主将合同责任和风险转移给对方当事人。在这种情况下，被转移者多数是承包商。例如：在合同条款中规定，业主对场地条件不承担责任；又如，采用固定总价合同将涨价风险转移给承包商。

（2）承包商进行合同转让或工程分包。承包商中标承接某工程后，可能由于资源安排出现困难而将合同转让给其他承包商，以避免由于自己无力按合同规定时间建成工程而遭受违约罚款；或将该工程中专业技术要求很强而自己缺乏相应技术的工程内容分包给专业分包商，从而更好地保证工程质量。

（3）第三方担保。合同当事人的一方要求另一方为其履约行为提供第三方担保。担保方所承担的风险仅限于合同责任，即由于委托方不履行或不适当履行合同以及违约所产生的责任。第三方担保的主要表现是业主要求承包商提供履约保证和预付款保证（在投标阶段还有投标保证）。从国际承包市场的发展来看，20世纪末出现了要求业主向承包商提供付款保证的新趋向，但尚未得到广泛应用。我国施工合同也有发包人和承包人互相提供履约担保的规定。

与其他的风险对策相比,非保险转移的优点主要体现在:一是可以转移某些不可保的潜在损失,如物价上涨、法规变化、设计变更等引起的投资增加;二是被转移者往往能较好地进行损失控制,如承包商相对于业主能更好地把握施工技术风险,专业分包商相对于总包商能更好地完成专业性强的工程内容。

非保险转移的媒介是合同,这就可能因为双方当事人对合同条款的理解发生分歧而导致转移失效。另外,在某些情况下,可能因被转移者无力承担实际发生的重大损失而导致仍然由转移者来承担损失。例如,在采用固定总价合同的条件下,如果承包商报价中所考虑涨价风险费很低,而实际的通货膨胀率很高,从而导致承包商亏损破产,最终只得由业主自己来承担涨价造成的损失。还需指出的是,非保险转移一般都要付出一定的代价,有时转移代价可能超出不定期实际发生的损失,从而对转移者不利。仍以固定总价合同为例,在这种情况下,如果实际涨价所造成的损失小于承包商报价中的涨价风险费,这两者的差额就成为承包商的额外利润,业主则因此遭受损失。

2. 保险转移

保险转移通常直接称为保险,对于建设工程风险来说,则为工程保险。通过购买保险,建设工程业主或承包商作为投保人将本应由自己承担的工程风险(包括第三方责任)转移给保险公司,从而使自身免受风险损失。保险这种风险转移形式之所以能得到越来越广泛的运用,原因在于其符合风险分担的基本原则,即保险人较投保人更适宜承担有关的风险。对于投保人来说,某些风险的不确定性很大(即风险很大),但是对于保险人来说,这种风险的发生则趋近于客观概率,不确定性降低,即风险降低。

在进行工程保险的情况下,建设工程在发生重大损失后,可以从保险公司及时得到赔偿,使建设工程实施能不中断地、稳定地进行,从而最终保证建设工程的进度和质量,也不致因重大损失而增加投资。通过保险还可以使决策者和风险管理人员对建设工程风险的担忧减少,从而可以集中精力研究和处理建设工程实施中的其他问题,提高目标控制的效果。而且,保险公司可向业主和承包商提供较为全面的风险管理服务,从而提高整个建设工程风险管理的水平。

保险这一风险对策的缺点首先表现在机会成本增加,这一点已如前所述。其次,工程保险合同的内容较为复杂,保险费没有统一固定的费率,需根据特定建设工程的类型、建设地点的自然条件(包括气候、地质、水文等条件)、保险范围、免赔额的大小等加以综合考虑,因而保险谈判常常耗费较多的时间和精力。在进行工程保险后,投保人可能产生心理麻痹而疏于损失控制计划,以致增加实际损失和未投保损失。

在做出进行工程保险这一决策之后,还需考虑与保险有关的几个具体问题:一是保险的安排方式,即究竟是由承包商安排保险计划还是由业主安排保险计划;二是选择保险类别和保险人,一般是通过多家比较后确定,也可委托保险经纪人或保险咨询公司代为选择;三是可能要进行保险合同谈判,这项工作最好委托保险经纪人或保险咨询公司完成,但免赔额的数额或比例要由投保人自己确定。

需要说明的是,工程保险并不能转移建设工程的所有风险:一方面是因为存在不可保风险,另一方面则是因为有些风险不宜保险。因此,对建设工程风险,应将工程保险与风险回避、损失控制和风险自留结合起来运用。对不可保风险,必须采取损失控制措施。即使对可保风险,也应当采取一定的损失控制措施,这有利于改变风险性质,达到降低风险量的目的,从而改善工程保险条件,节省保险费。

由以上分析可见,风险管理人员在选择风险对策时,要根据建设工程的自身特点,从系统的观点出发,从整体上考虑风险管理的思路和步骤,从而制定一个与建设项目总体情况相适应的风险管理方法和对策。

五、监理企业和监理工程师的风险管理

(一)监理企业和监理工程师的风险

1. 来自业主的风险

由于我国监理制度实行的时间还不长,因此,某些业主对监理在认识上存在缺陷,实际中业主的行为不规范,不懂工程,不遵循建设规律,有的资金不到位,这些情况都有可能给监理企业或监理工程师造成风险。

2. 来自承包商的风险

很多承包商对监理认识不清,不配合监理的工作,缺乏职业道德,有些承包商与业主关系密切,不履约,或者工程资金不到位,承包商垫资施工,或者多次转包,挂靠承包等,都会给监理企业或监理工程师造成风险。

3. 监理企业内部的风险

企业内部管理体制存在问题,监理人员素质良莠不齐,监理企业挂靠,鱼目混珠,不正之风,以及业主的干预太多等,都会给监理工程师造成无力专心负责,结果是工作不到位,或者失职。

(二)监理企业和监理工程师的各种风险的防范措施

1. 监理合同风险的防范措施

(1)投标之前仔细研究监理招标文件及全部附件,了解建设单位的资信、经营状况和财务状况,确认工程项目的合法性和资金来源,明确项目目标、内容和具体要求,明确建设单位的委托监理目标、范围、内容和监理依据,准确估计监理工作量、费用和风险,并将其写入监理投标书和监理大纲。

(2)签订监理合同前,对委托单位提出的合同文本要仔细研究,对重要问题要慎重考虑,尽可能争取对风险较大和过于苛刻的条款做出适当调整,不接受明显不能完成、无利可图和不公平的委托合同。

2. 监理执行风险的防范措施

执行风险主要是由于监理工程师失职行为和过失行为造成,因此总监理工程师应严格按照监理合同编制监理规划,认真审核各监理工程师所编制的监理实施细则。各监理工程师应严格按监理规划和实施细则工作,不要轻信承建单位的承诺,不要过分相信个人的经验和直观判断,不要随意缩小监理范围和减少监理工作内容,也不要超越合同去做职责以外的工作。

3. 监理技术风险的防范措施

努力学习监理理论知识,不断提高自身素质,努力防范由于自身技能不足带来的风险。监理企业应加强培训,同时也要为监理工程师配备必要的硬件设备和软件工具。

4. 监理管理风险的防范措施

监理企业应根据自身的实际情况,明确管理目标,建立合理的组织结构和有效的约束机制,并根据责、权、利统一的原则,制定严格的人员岗位责任制、明确的业绩考核办法和合理的薪酬

分配原则,充分调动监理人员的积极性。

案例分析

案例 8-1

某工业项目,建设单位委托了一家监理协助组织工程招标,并负责施工监理工作。监理工程师在主持监理规划时,安排了一位专业监理工程师负责项目风险分析和相应监理规划内容的编写工作,经过风险识别、评价、按风险量的大小将该项目中的风险归纳为大、中、小三类,根据该建设项目的具体情况,监理工程师对建设单位的风险事件理制定出了正确的风险对策和相应的风险控制措施(见表 8-2)。

表 8-2　风险对策及控制措施表

序号	风险事件	风险对策	控制措施
1	通货膨胀	风险转移	建设单位与承包单位签订固定总价合同
2	承包单位技术、管理水平低	风险回避	出现问题向承包单位索赔
3	承包单位违约	风险转移	要求承包单位提供第三方担保或提供履约保函
4	建设单位购买的昂贵设备运输过程中的意外事故	风险转移	从现金净收入中支出
5	第三方责任	风险自留	建立非基金储备

问题:

针对监理工程师提出的风险转移,风险回避和风险自留三种风险对策,指出各自的适用对象(指风险量大小),分析监理工程师在"风险对策及控制措施表"中提出的各项控制措施是否正确,并说明理由。

分析解答:风险转移适用于风险量大或中等的风险事件;风险回避适用于风险量大的风险事件;风险自留适用于风险量小的风险事件。表中序号 1 正确,固定总价合同对建设单位没有风险。表中序号 2 不正确,应选择技术水平高的承包单位。表中序号 3 正确,第三方担保或承包单位提供的履约保函可转移风险。表中序号 4 不正确,从现金净收入中支出属于风险自留(或答"应购买保险"),表中序号 5 正确,出现风险损失,从非基金储备中支付,有应对措施。

案例 8-2

世纪长兴国际工程有限公司欲投标一项国际工程,这项工程有可能存在以下风险:在政治方面,有政局的不稳定性、战争、动乱,国内的民族保护主义倾向等;在社会方面,有宗教信仰的影响、社会风气等;在经济方面,有通货膨胀、延期付款、外汇汇率的变化等;在技术方面,有技术能力、设计风险、劳务供应、材料和设备等;在自然方面,有地理环境、地质条件、水源和气候、施工现场条件、不可抗力等。

鉴于以上分析,世纪长兴国际工程有限公司决策层意见发生了分歧:一种意见因为作为建设工程,风险是肯定存在的,只要做好风险管理,则收益的可能性极大;另外一种意见持反对态度,认为这项工程风险太大,应该回避,即不去参加投标。

问题:你怎样看待以上两种意见?

分析解答:

风险就是与出现损失有关的不确定性;按风险的后果不同可将风险分为纯风险和投机风

险。引例中的自然灾害、政治、社会等方面属于纯风险，一旦发生，将会导致重大损失，甚至人员伤亡；而从另外的角度来看，如果决策正确，风险管理措施得力，经营有方或赶上大好机遇，则有可能给公司带来巨额利润，这是投机风险。

对于建设工程来说，风险很大，但客观存在。我们不能因为有风险就不作为，同样，也不能盲目去冒险。引例中两种观点都有道理，应该做进一步的风险分析、识别和评估，然后做出相应的决策。

案例 8-3

某国际工程项目承包合同总价为 1000 万欧元（1 欧元≈8.206 人民币），合同工期为 12 个月，合同中无可调价条款，风险管理人员通过风险识别，识别出该工程项目将面临通货膨胀、材料价格上涨和付款拖延 3 个月的风险。

经过市场调查和预测，上述三种风险各自可能发生的概率及可能造成的损失估计值如表 8-3 所示。

表 8-3　概率及可能造成的损失估计值

通货膨胀/（%）	发生概率/（%）	预计损失/万欧元	材料价格上涨幅度/（%）	发生概率/（%）	预计损失/万欧元	拖期付款平均月数	发生概率/（%）	预计损失/万欧元
3	20	20	3	60	20	按时付款	10	0
6	40	30	5	25	32	拖期 1 个月	20	0.8
9	30	45	7	10	45	拖期 2 个月	50	1.7
12	10	60	10	5	60	拖期 3 个月	20	2.5
	100			100			100	

问题：

1. 风险损失衡量的含义是什么？建设工程风险损失包括哪几个方面？本项目风险会导致什么损失产生？

2. 试衡量该建设工程项目将面临的风险损失总额为多少？约占合同额总价的百分比为多少？

3. 在上述三种可能的风险中，哪种风险可能造成的损失最大？

4. 针对上述风险，你认为承包商在签订合同时应如何加以防范？

分析解答：

首先通过认真审题了解该案例涉及哪些知识点。例如：问题 1 涉及风险损失衡量的概念和建筑工程风险损失分析；问题 2 涉及风险量的概率与计算；问题 3 涉及风险评价；问题 4 涉及风险对策。根据这些知识点答题。

1. 风险损失的衡量即定量确定风险损失值的大小。

建设工程风险损失包括：投资风险、进度风险、质量风险和安全风险。

该项目风险可能有三种，均会导致经济损失。

2. 计算各类风险可能造成的期望损失值。（计算风险量时，只考虑潜在损失而不考虑可能的效益。）期望损失值计算公式：$Ri = \sum P_i \cdot Q_i$，P_i 表示不同风险可能发生的概率，Q_i 表示不同风险的潜在损失。

通货膨胀风险的期望损失值：
$$R_1 = (0.2 \times 20 + 0.4 \times 30 + 0.3 \times 45 + 0.1 \times 60) \text{万欧元}$$
$$= (4.0 + 12.0 + 13.5 + 6.0) \text{万欧元} = 35.5 \text{万欧元}$$

材料费上涨风险的期望损失值：

$$R_2 = (0.6 \times 20 + 0.25 \times 32 + 0.1 \times 45 + 0.05 \times 60) \text{万欧元}$$
$$= (12.0 + 8.0 + 4.5 + 3.0) \text{万欧元} = 27.5 \text{万欧元}$$

拖期付款的风险损失值：

$$R_3 = (0.1 \times 0 + 0.2 \times 0.8 + 0.5 \times 1.7 + 0.2 \times 2.5) \text{万欧元}$$
$$= (0 + 0.16 + 0.85 + 0.5) \text{万欧元} = 1.51 \text{万欧元}$$

承包该工程将面临的风险损失总额为：

$$R_1 + R_2 + R_3 = (35.5 + 27.5 + 1.51) \text{万欧元} = 64.51 \text{万欧元}$$

该风险损失总额约占合同总价的 $64.51 \div 1000 = 6.451\%$。

3.上述各类风险中以通货膨胀风险可能造成的损失最大,约占合同价的 3.55%,其次是材料费上涨损失占合同价的 2.75%,拖期付款损失额不大,仅占 0.151%。

4.承包商在签合同时应注意风险回避、转移风险,以减少损失发生的概率或使损失减少。如针对通货膨胀风险,承包商应尽量回避签订固定总价合同,可争取采用自身风险小的其他合同方式,若业主坚持签订固定总价合同,承包商报价时应充分考虑涨价风险费。同理,对材料费上涨也可在合同中列入调值条款。对拖期支付风险在签订合同时应列入拖期付款责任条款。

实践训练

一、选择题

(一)单选题

1.下列关于建设工程决策阶段和实施阶段风险类型的表述中,对于业主来说,正确的是(   )。

A.决策阶段和实施阶段的风险均为纯风险

B.决策阶段和实施阶段的风险均为投机风险

C.决策阶段的风险主要表现为纯风险,实施阶段的风险主要表现为投机风险

D.决策阶段的风险主要表现为投机风险,实施阶段的风险主要表现为纯风险

(2009年全国监理工程师考试试题)

2.风险管理过程中,风险识别和风险评价是两个重要步骤。下列关于这两者的表述中,正确的是(   )。

A.风险识别和风险评价都是定性的　　　　B.风险识别和风险评价都是定量的

C.风险识别是定性的,风险评价是定量的　D.风险识别是定量的,风险评价是定性的

(2009年全国监理工程师考试试题)

3.建设工程风险识别是由若干工作构成的过程,最终形成的成果是(   )。

A.建立建设工程风险清单　　　　　　　　B.识别建设工程风险因素

C.建设工程风险分解　　　　　　　　　　D.识别建设工程风险事件及其后果

4.下列风险中,既可能导致工期延误又可能产生第三者责任的是(   )。

A.投资风险和进度风险　　　　　　　　　B.进度风险和质量风险

C.质量风险和安全风险　　　　　　　　　D.安全风险和投资风险

(2009年全国监理工程师考试试题)

5.风险对策的决策过程中,一般情况下对各种风险对策的选择原则是(　　)。

A.首先考虑风险转移,最后考虑损失控制

B.首先考虑风险转移,最后考虑风险自留

C.首先考虑风险回避,最后考虑损失控制

D.首先考虑风险回避,最后考虑风险自留

(2009年全国监理工程师考试试题)

6.下列关于建设工程风险和风险识别特点的表述中,错误的是(　　)。

A.不同类型建设工程的风险是不同的

B.建设工程的建造地点不同,风险是不同的

C.建造地点确定的建设工程,如果由不同的承包商建造,风险是不同的

D.风险是客观的,不同的人对建设工程风险识别的结果应是相同的

(2008年全国监理工程师考试试题)

7.风险识别的工作成果是(　　)。

A.确定建设工程风险因素、风险事件及后果

B.定量确定建设工程风险事件发生概率

C.定量确定建设工程风险事件损失的严重程度

D.建立建设工程风险清单

(2008年全国监理工程师考试试题)

8.将一项特定的生产或经营活动按步骤或阶段顺序组成若干个模块,在每个模块中都标出各种潜在的风险因素或风险事件,从而给决策者清晰总体的印象。这种风险识别方法是(　　)。

A.财务报表法　　　B.初始清单法　　　C.经验数据法　　　D.流程图法

9.在施工阶段,业主改变项目使用功能而造成投资额增大的风险属于(　　)。

A.纯风险　　　　B.技术风险　　　　C.自然风险　　　　D.投机风险

(2007年全国监理工程师考试试题)

10.下列风险识别方法中,有可能发现其他识别方法难以识别出的工程风险的方法是(　　)。

A.流程图法　　　　B.初始清单法　　　　C.经验数据法　　　　D.风险调查法

(2007年全国监理工程师考试试题)

11.为了识别建设工程风险,在风险分解的循环过程中,一旦发现新的风险,就应当(　　)。

A.建立建设工程风险清单

B.识别建设工程风险因素、风险事件及后果

C.直接将该风险补充到已建立的风险列表中

D.进行风险评价

(2007年全国监理工程师考试试题)

12.将建设工程风险事件的发生可能性和损失后果进行量化的过程是(　　)。

A. 风险识别　　　　B. 风险评价　　　　C. 风险对策决策　　D. 风险损失控制

13. 在决定购买工程保险时,要选择保险公司,确定恰当的保险范围、免赔额、保险费,这些是(　　)的重要内容。

A. 风险评价　　　　B. 风险识别　　　　C. 风险对策决策　　D. 实施决策

14. 对建设工程风险的识别来说,风险识别的结果是(　　)。

A. 建立风险量函数　　　　　　　　B. 建立初始风险清单

C. 建立建设工程风险清单　　　　　D. 明确建设工程风险事件

15. 采用损失控制时的预防计划的主要作用是(　　)。

A. 隐蔽损失　　　　　　　　　　　B. 分散风险

C. 将风险控制在萌芽状态　　　　　D. 降低损失发生的概率

16. 在严重风险事件发生或即将发生时付诸实施的是损失控制计划系统中的(　　)。

A. 预防计划　　　　B. 灾难计划　　　　C. 应急计划　　　　D. 预警计划

(二) 多选题(每题的选项中至少有两个正确答案)

1. 风险识别的原则包括(　　)。

A. 由分及合,由合及分　　　　　　B. 由粗及细,由细及粗

C. 先排除,后确认　　　　　　　　D. 先怀疑,后排除

E. 必要时,可做实验论证

(2009 年全国监理工程师考试试题)

2. 下列关于风险回避的表述中,正确的有(　　)。

A. 回避一种风险可能产生另一种新的风险

B. 回避风险的同时也失去了从风险中获益的可能性

C. 风险回避可中断风险源,避免可能产生的损失,因而是最经济的风险对策

D. 回避风险有时是不可能的

E. 风险因素易于回避,风险事件难以回避

(2009 年全国监理工程师考试试题)

3. 工程保险是建设工程常用的一种风险对策,其缺点有(　　)。

A. 适用的工程范围有局限性

B. 机会成本增加

C. 保险合同谈判常常耗费较多的时间和精力

D. 忧虑价值增加

E. 可能产生心理麻痹而增加实际损失和未投保损失

(2009 年全国监理工程师考试试题)

4. 风险调查法是识别建设工程风险不可缺少的方法,下列关于风险调查法的表述中,正确的有(　　)。

A. 通过风险调查可以发现此前尚未识别出的重要工程风险

B. 通过风险调查可以对其他方法已识别出的风险进行鉴别和确认

C. 随工程的进展,风险调查的内容相应增加,但调查的重点相同

D. 随工程的进展,风险调查的内容相应减少,调查的重点可能不同

E. 从某种意义上来讲,风险调查法的主要作用在于建立初始风险清单

(2008年全国监理工程师考试试题)

5. 下列关于风险回避对策的表述中,正确的有( )。

A. 相当成熟的技术不存在风险,所以不需要采用风险回避对策

B. 在风险对策的决策中应首先考虑选择风险回避

C. 就投机风险而言,回避风险的同时也失去了从风险中获益的可能性

D. 风险回避尽管是一种消极的风险对策,但有时是最佳的风险对策

E. 建设工程风险定义的范围越广或分解得越粗,回避风险的可能性就越小

(2008年全国监理工程师考试试题)

6. 灾难计划是针对严重风险事件制定的,其内容应满足( )的要求。

A. 援救及处理伤亡人员

B. 调整建设工程施工计划

C. 保证受影响区域的安全尽快恢复正常

D. 使因严重风险事件而中断的工程实施过程尽快全面恢复

E. 控制事故的进一步发展,最大限度地减少资产和环境损害

(2008年全国监理工程师考试试题)

7. 下列关于风险管理目标的表述中,正确的有( )。

A. 风险管理的目标与项目管理的目标是一致的

B. 风险事件发生前与风险事件发生后的风险管理目标是一致的。

C. 风险管理是为目标控制服务的

D. 风险管理服从于目标规划

E. 风险对策是为风险管理目标服务的

(2007年全国监理工程师考试试题)

8. 建设工程的非技术风险中,属于经济风险的典型风险事件有( )。

A. 通货膨胀　　　　　　　　B. 发生台风

C. 工程所在国遭受经济制裁　　D. 资金不到位

E. 发生合同纠纷

(2007年全国监理工程师考试试题)

9. 下列风险对策中,属于非保险转移的有( )。

A. 业主与承包商签订固定总价合同　　B. 在外资项目上采用多种货币结算

C. 设立风险专用基金　　　　　　　　D. 总承包商将专业工程内容分包

E. 业主要求承包商提供履约保证

(2007年全国监理工程师考试试题)

10. 建设工程风险识别的方法有( )。

A. 专家调查法　　B. 财务报表法　　C. 流程图法

D. 概率分布法　　E. 风险量函数法

11.风险调查法是识别建设工程风险不可缺少的方法,下列关于风险调查法的表述中,正确的有(   )。

A.通过风险调查可以发现此前尚未识别出的重要工程风险

B.通过风险调查可以对其他方法已识别出的风险进行鉴别和确认

C.随工程的进展,风险调查的内容相应增加,但调查的重点相同

D.随工程的进展,风险调查的内容相应减少,调查的重点可能不同

E.从某种意义上来讲,风险调查法的主要作用在于建立初始风险清单

二、问答题

1.什么是风险,风险的分类如何?

2.建设工程风险有何特点?

3.风险识别有哪些特点? 应遵循什么原则?

4.简述风险管理的过程。

5.通过哪些方法进行风险的评价

6.可以采取哪些风险对策?

7.监理单位和监理工程师的风险主要体现在哪些方面?

三、实训题

实训一

某高层商业大厦建设工程,由建设单位采购的特种水泥(防水工程用)和特种钢材(钢结构工程用)的供应均很紧张。为此,建设单位的有关部门正在外地联系这两种建筑材料的货源。由于运输能力等条件的限制,明年施工时只能保证这两种建筑材料中的一种得到供应。在此情况下,如果特种水泥得到保证,则防水工程的投资为25万元,否则,将亏损5万元。如果特种钢材的供应能得到保证,则钢结构工程的投资为40万元,否则,将亏损15万元。(防水工程和钢结构工程不受施工程序和工期方面的限制)根据所掌握的情报资料,预计明年得到特种水泥保证供应的概率为0.4,得到特种钢材保证供应的概率为0.6。

问题:

(1)风险损失衡量的含义是什么? 建设工程风险损失包括哪些方面? 上述风险属于哪一种?

(2)在风险管理中,风险管理目标确定的基本要求是哪些?

(3)对上述风险问题,监理工程师可以进行哪些工作?

(4)上述两种材料,近期只能力保一种,请问应向业主建议哪一种?

实训二

我国南方山区某大型多层厂房工程,业主把施工阶段的监理任务委托给某监理公司,总监理工程师在开工前预备会上强调,本工程是工业项目,按合同准时完成建设任务,就可以给业主带来预定的投资效益,所以监理工程师一定要注意风险控制,要有明确的风险管理的具体目标,在施工过程中按具体目标加强风险管理。

问题:如果你是监理工程师,谈谈如何对该工程进行风险管理。

第 9 章

建设工程信息管理

1. 了解建设工程信息的概念、性质、分类、管理原则、管理流程、监理信息的收集内容和加工过程、建设工程监理档案资料管理的意义。

2. 熟悉建设工程归档文件的质量要求、组卷方法、建设工程档案的验收与移交要求。

3. 掌握建设工程监理文档资料管理内容、监理工作的基本表式。

9.1 建设工程信息

建设工程监理主要工作是控制,控制的基础是信息,及时掌握准确、完整、有用的信息对监理工程师顺利完成监理任务有重要意义。

一、信息及特点

信息是以数据形式表达的客观事实,是一种已被加工或处理成特定形式的数据。信息和数据是不可分割的。信息来源于数据,又高于数据,信息是数据的灵魂,数据是信息的载体。信息是对数据的解释,反映了事物(事件)的客观规律,为使用者提供决策和管理所需要的依据。

一般来讲,信息具有可识别性、可转换存储性、共享性、扩充性(伸缩性或非消耗性)等特点。

二、建设工程信息的特点和构成

(一)建设工程信息的特点

建设工程信息是在建设工程项目管理的过程中发生的、反映工程建设的状态和规律的信息。它涉及多部门、多环节、多专业、多渠道,具有一般信息的特点,同时也有其自身的显著特点,即来源广、信息量大和动态性强。

(二)建设工程信息的构成

(1) 文字图形信息:包括勘察、测绘、设计图纸及说明书、计算书、合同,工作条例及规定,施工组织设计,情况报告,原始记录,统计图表、报表,信函等信息。

(2) 语言信息:包括口头分配任务、做指示、汇报、工作检查、介绍情况、谈判交涉、建议、批评、工作讨论研究、会议等信息。

(3) 新技术信息:包括通过网络、电话、电报、电传、计算机、电视、录像、录音、广播等现代化手段收集及处理的一部分信息。

三、建设工程监理信息及分类

(一)建设工程监理信息

建设工程监理信息,是指在建设工程监理活动中产生的、反映着工程建设的状态和规律并直接影响和控制建设工程监理活动的信息。建设工程监理信息除了具有信息的一般特征外,还具有信息量大、动态性强、信息来源广泛、信息有一定的范围和层次以及系统性等一些特点。

（二）建设工程监理信息的分类

为了有效地管理和应用建设工程监理信息，需将其进行分类。按照不同的分类标准，可将建设工程监理信息分为如下不同的类型（见表9-1）。

表 9-1　建设工程监理信息的类型

分类标准	类型	内容
按照工程监理控制目标划分	投资控制信息	与投资控制直接有关的信息，如各种投资估算指标、类似工程造价、物价指数、概预算定额、建设项目投资估算、设计概预算、合同价、工程进度款支付单、竣工结算与决算、原材料价格、机械台班费、人工费、运杂费、投资控制的风险分析等
	质量控制信息	与质量控制直接有关的信息，如国家有关的质量政策、质量标准、项目建设标准，质量目标的分解结果，质量控制工作流程，质量控制工作制度，质量控制的风险分析，工程实体、材料、设备质量检验信息，质量抽样检查结果等
	进度控制信息	与进度控制直接有关的信息，如工期定额、项目总进度计划、进度目标分解结果、进度控制工作流程、进度控制工作制度、进度控制的风险分析、实际进度与计划进度的对比信息、进度统计分析等
按照工程监理信息来源划分	工程建设内部信息	内部信息取自建设项目本身，如工程概况、可行性研究报告、设计文件、施工组织设计、施工方案、合同文件、信息的编码系统、会议制度、监理组织机构、监理工作制度、监理委托合同、监理规划、项目的投资目标、项目的质量目标、项目的进度目标等
	工程建设外部信息	来自建设项目外部环境的信息称为外部信息。如国家有关的政策及法规、国内及国际市场上原材料及设备价格、物价指数、类似工程的造价、类似工程进度、投标单位的实力、投标单位的信誉、毗邻的有关情况等
按照工程监理稳定程度划分	固定信息	固定信息是指那些具有相对稳定性的信息，或者在一段时间内可以在各项监理工作中重复使用而不发生质的变化的信息，它是建设工程监理工作的重要依据。这类信息有以下几种。 ① 定额标准信息。定额标准信息内容很广，主要是指各类定额和标准。如概预算定额、施工定额、原材料消耗定额、投资估算指标、生产作业计划标准、监理工作制度等。 ② 计划合同信息。计划合同信息指计划指标体系，合同文件等。 ③ 查询信息。查询信息指国家标准、行业标准、部门标准、设计规范、施工规范、监理工程师的人事卡片等
	流动信息	流动信息即作业统计信息，它是反映工程项目建设实际状态的信息。它随着工程项目的进展而不断更新。这类信息时间性较强，如项目实施阶段的质量投资及进度统计信息。再如，项目实施阶段的原材料消耗量、机械台班数、人工工日数等信息。及时收集这类信息，并与计划信息进行对比分析是实施项目目标控制的重要依据。在建设工程监理过程中，这类信息的主要表现形式是统计报表
按照工程监理活动层次划分	总监理工程师所需信息	如有关建设工程监理的程序和制度，监理目标和范围，监理组织机构的设置状况，承包商提交的施工设计和施工技术方案，建设监理委托合同，施工承包合同等
	各专业监理工程师所需信息	如工程建设的计划信息、实际信息（包括投资、质量、进度），实际与计划的对比分析结果等。监理工程师通过掌握这些信息可以及时了解工程建设是否达到预期目标并指导其采取必要措施，以实现预定目标
	监理员所需信息	主要是施工现场实际信息，如工程项目的日进展情况、试验数据、现场记录等。这类信息较具体、详细，精度较高，使用频率也较高
按照工程监理阶段划分	项目建设前期信息	包括可行性报告提供的信息、设计任务信息、勘察与测量的信息、初步设计文件的信息、招投标方面的信息等，其中大量的信息与监理工作有关
	施工阶段的信息	如施工承包合同、施工组织设计、施工技术方案和施工计划、工程技术标准、工程建设实际进展情况报告、工程进度、施工图纸及技术资料、质量检查验收报告、建设工程监理合同、国家和地方的监理法规等。有来自业主、承包商和有关政府部门的各类信息
	竣工阶段的信息	在工程竣工阶段，需要大量的竣工验收资料，其中包含了大量的信息，这些信息一部分是在整个施工过程中，长期积累形成的，一部分是在竣工验收期间，根据积累的资料整理分析而形成的

以上是常见的几种分类形式。按照一定的标准将建设工程监理信息予以分类,对建设工程监理工作有着重要意义。因为不同的监理范畴,需要不同的信息,而把监理信息予以分类,有助于根据监理工作的不同要求提供适当的信息。

四、建设工程信息管理

(一)建设工程信息管理的主要任务

建设工程信息管理是指在建设工程各个阶段,对所产生的建设工程管理信息进行收集、传输、整理加工、储存和维护、传递和使用等信息规划和管理活动的总称。对于监理机构和监理工程师来说其主要任务为:

(1)了解和掌握信息来源,对信息进行分类。

(2)收集来自项目内部和外部的各种信息,将其汇总整理,按照目标控制的要求,及时修改监理规划,并确保信息畅通。

(3)按照目标分解的原则,建立子目标信息流程,确保该系统正常运行。

(4)按照监理规范要求的格式汇总监理资料。

(二)建设工程信息的收集

工程项目建设的每一个阶段都要产生大量的信息,但是,要得到有价值的信息,只靠自发产生的信息是远远不够的,还必须根据需要进行有目的、有组织、有计划的收集,才能提高信息质量,充分发挥信息的作用。

收集信息是运用信息的前提。各种信息一经产生,就必然会受到传输条件、人们的思想意识及各种利益关系的影响。所以,信息有真假、虚实、有用和无用之分。监理工程师要取得有用的信息,必须通过各种渠道,采取各种方法收集信息,然后经过加工、筛选,从中选择出对决策有用的信息,没有足够的信息做依据,决策就会产生失误。

收集信息是进行信息处理的基础。信息处理是包括对已经取得的原始信息进行分类、筛选、分析、评定、编码、存储、检索、传递的全过程。不经收集就没有进行处理的对象。信息收集工作的好坏,直接决定着信息加工处理质量的高低。在一般情况下,如果收集到的信息时效性强、真实度高、价值大、全面系统,再经加工处理质量就更高,反之则低。

因此,建立一套完善的信息采集制度收集建设工程监理的各阶段、各类信息是监理工作所必需的。以下根据工程建设各阶段监理工作的内容来讨论监理信息的收集。

1. 工程建设前期信息的收集

如果监理工程师未参加工程建设的前期工作,在受业主的委托对工程建设设计阶段实施监理时,应向业主和有关单位收集以下资料,作为设计阶段监理的主要依据:

(1)批准的"项目建议书""可行性研究报告"及"设计任务书"。

(2)批准的建设选址报告、城市规划部门的批文、土地使用要求、环保要求。

(3)工程地质和水文地质勘查报告、区域图、地形测量图,地质气象和地震烈度等自然条件资料。

（4）矿藏资源报告。

（5）设备条件。

（6）规定的设计标准。

（7）国家或地方的监理法规或规定。

（8）国家或地方有关的技术经济指标和定额等。

2. 工程建设设计阶段信息的收集

在工程建设的设计阶段将产生一系列的设计文件，它们是监理工程师协助业主选择承包商，以及在施工阶段实施监理的重要依据。

建设项目的初步设计文件包含大量的信息，如建设项目的规模、总体规划布置，主要建筑物的位置、结构形式和设计尺寸，各种建筑物的材料用量，主要设备清单，主要技术经济指标，建设工期，总概算等。还有业主与市政、公用、供电、电信、铁路、交通、消防等部门的协议文件或配合方案。

技术设计是根据初步设计和更详细的调查研究资料进行的，用以进一步解决初步设计中的重大技术问题，如工艺流程、建筑结构、设备选型及数量确定等。技术设计文件与初步设计文件相比，提供了更确切的数据资料，如对建筑物的结构形式和尺寸等进行修正并编制了修正后的总概算。

施工图设计文件则完整地表现建筑物外形、内部空间分割、结构体系、构造状况，以及建筑群的组成和周围环境的配合，具有详细的构造尺寸。它通过图纸反映出大量的信息；如施工总平面图、建筑物的施工平面图和剖面图、设备安装详图、各种专门工程的施工图，以及各种设备和材料的明细表等。此外，还有根据施工图设计所做的施工图预算等。

3. 施工招标阶段信息的收集

在工程建设招标阶段，业主或其委托的监理单位要编制招标文件，而投标单位要编制投标文件，在招投标过程中以及在决标以后，招、投标文件及其他一些文件将形成一套对工程建设起制约作用的合同文件，这些合同文件是建设工程监理的具有约束力的法律文件，是监理工程师必须要熟悉和掌握的。

这些文件主要包括：投标邀请书、投标须知、合同双方签署的合同协议书、履约保函、合同条款、投标书及其附件、标价的工程量清单及其附件、技术规范、招标图纸、发包单位在招标期内发出的所有补充通知、投标单位在投标期内补充的所有书面文件、投标单位在投标时随投标书一起递送的资料与附图、发包单位发出的中标通知书、合同双方在洽商合同时共同签字的补充文件等，除上述各种文件资料外，上级有关部门关于建设项目的批文和有关批示、有关征用土地、迁建赔偿等协议文件，都是十分重要的监理信息。

4. 工程建设施工阶段信息的收集

在工程建设的整个施工阶段，每天都会产生大量的信息，需要及时收集和处理。因此，工程建设的施工阶段，可以说是大量的信息产生、传递和处理的阶段，监理工程师的信息管理工作，也就主要集中在这一阶段。

1）收集业主方的信息

业主作为工程建设的组织者，在施工过程中要按照合同文件规定提供相应的条件，并要不时发表对工程建设各方面的意见和看法，下达某些指令。因此，监理工程师应及时收集业主提供的信息。

当业主负责某些设备、材料的供应时,监理工程师需收集业主所提供材料的品种、数量、规格、价格、提货地点、提货方式等信息。例如,有一些项目合同约定业主负责供应钢材、木材、水泥、砂石等主要材料,业主就应及时将这些材料在各个阶段提供的数量、材质证明、检验(试验)资料、运输距离等情况告知有关方面,监理工程师也应及时收集这些信息资料。另外,业主对施工过程中有关进度、质量、投资、合同等方面的看法和意见,监理工程师也应及时收集,同时还应及时收集业主的上级主管部门对工程建设的各种意见和看法。

2)收集承包商提供的信息

在项目的施工过程中,随着工程的进展,承包商一方也会产生大量的信息,除承包商本身必须收集和掌握这些信息外,监理工程师在现场管理中也必须收集和掌握。这类信息主要包括开工报告、施工组织设计、各种计划、施工技术方案、材料报验单、月支付申请表、分包申请、工料价格调整申报表、索赔申报表、竣工报验单、复工申请、各种工程项目自检报告、质量问题报告、有关问题的意见等。承包商应向监理单位报送这些信息资料,监理工程师也应全面系统地收集和掌握这些信息资料。

3)建设工程监理的现场记录

现场监理人员必须每天利用特定的方式以日志的形式记录工地上所发生的事情。所有记录应始终保存在工地办公室内,供监理工程师及其他监理人员查阅。这类记录每月由专业监理工程师整理成书面资料上报监理工程师办公室。监理人员在现场施工中遇到不得不采取紧急措施的情况,应尽快通报上一级监理机构,以征得其确认或修改指令。

现场记录通常记录以下内容。

① 现场监理人员对所监理工程范围内的机械、劳力的配备和使用情况做详细记录。如承包人现场人员和设备的配备是否同计划所列的一致;工程质量和进度是否因人员或设备不足而受到影响,受到影响的程度如何;是否缺乏专业施工人员或专业施工设备,承包商有无替代议案;承包商施工完好率和使用率是否令人满意;维修车间及设施如何,是否存储有足够的备件等。

② 记录气候及水文情况:每天的最高、最低气温,降雨和降雪量,风力,河流水位;有预报的雨、雪、台风及洪水到来之前对永久性或临时性工程所采取的保护措施;气候、水文的变化影响施工及造成损失的细节,如停工时间、救灾的措施和财产的损失等。

③ 记录承包商每天工作范围,完成工程量,以及开始和完成工作的时间,记录出现的技术问题,采取了怎样的措施进行处理,效果如何,能否达到技术规范的要求等。

④ 对工程施工中每步工序完成后的情况做描述,如该工序是否已被认可,对缺陷的补救措施或变更情况等做详细记录。监理人员在现场对隐蔽工程应特别注意记录。

⑤ 记录现场材料供应和储备情况。每一批材料的到达时间、来源、数量、质量、存储方式和材料的抽样检查情况等。

⑥ 对一些必须在现场进行的试验,现场监理人员应进行记录并分类保存。

4)工地会议记录

工地会议是监理工作的一种重要方法,会议中包含着大量的信息。监理工程师必须重视工地会议,并建立一套完善的会议制度,以便于会议信息的收集。会议制度包括会议的名称、主持人、参加人、举行会议的时间和地点等,每次会议都应有专人记录,会后应有正式会议纪要,由与会者签字确认,这些纪要将成为今后解决问题的重要依据。会议纪要应包括以下内容:会议时间和地点;出席者姓名、职务及他们所代表的单位;会议中发言者的姓名及主要内容;形成的决议;决议由何人及何时执行;未解决的问题及原因等。

5）计量与支付记录

计量与支付记录包括所有计量及支付款资料。应清楚地记录哪些工程进行过计量,哪些工程没有进行计量,哪些工程已经进行了支付,已同意或确定的费率和价格变更等。

6）试验记录

除正常的试验报告外,试验室应由专人每天以日记形式记录试验室工作情况,包括对承包商的试验监督和数据分析等。记录内容如下:

① 工作内容的简单叙述。如进行了哪些试验,结果如何等。

② 承包商试验人员配备情况。试验人员配备与承包商计划所列是否一致,数量和素质是否满足工作需要,增减或更换试验人员的建议。

③ 对承包商试验仪器设备的配备、使用和调动情况记录,需增加新设备的建议等。

④ 监理试验室与承包商试验室所做同一试验的结果有无重大差异,愿意如何。

7）工程照片和录像

（内容略）

5. 工程建设竣工阶段信息的收集

在工程建设竣工验收阶段,需要大量与竣工验收有关的信息资料,这些信息资料一部分是在整个施工过程中长期积累形成的;还有一部分是在竣工验收期间形成的。该阶段,监理单位按照现行《建设工程文件归档整理规范》收集监理文件,并协助建设单位督促施工单位完善全部资料的收集、汇总和归类整理。该阶段收集的信息资料有以下几点。

（1）工程准备阶段文件,如立项文件,建设用地、征地、拆迁文件,开工审批文件等。

（2）监理文件,如:监理规划、监理实施细则、有关质量问题和质量事故的相关记录、监理工作总结,以及监理过程中各种控制和审批文件等。

（3）施工资料:分为建筑安装工程和市政基础设施工程两大类。

（4）竣工图:分建筑安装工程和市政基础设施工程两大类。

（5）竣工验收资料:如工程竣工总结、竣工验收备案表、电子档案等。

（三）建设工程信息的加工整理和存储

1. 建设工程信息的加工整理

信息的加工整理主要是把建设各方得到的数据和信息进行筛选、鉴别、选择、核对、分析、合并、排序、更新、计算、汇总、转储,生成不同形式的数据和信息,提供给不同需求的各类管理人员使用。在信息加工时,往往要求按照不同的需求,分层进行加工。不同的使用角度,加工方法是不同的。

在建设项目的施工过程中,监理工程师加工整理的监理信息主要有以下几个方面。

1）现场监理日报表

现场监理日报表是指现场监理人员根据每天的现场记录加工整理而成的报告。主要包括:当天的施工内容;当天参加施工人员(工种、数量、施工单位等);当天施工用的机械的名称和数量等;当天发现的施工质量问题;当天的施工进度和计划进度的比较,若发生极度拖延,应说明原因;当天天气综合评语;其他说明及应注意的事项等。

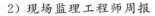

2）现场监理工程师周报

现场监理工程师周报是指现场监理工程师根据监理日报加工整理而成的报告,每周向项目总监理工程师汇报一周内发生的所有重大事项。

3）监理工程师月报

监理工程师月报是指集中反映工程实况和监理工作的重要文件。一般由项目总监理工程师组织编写,每月一次上报业主。大型项目的监理月报往往由各合同段或子项目的总监理工程师代表组织编写,上报总监理工程师审阅后报业主,监理月报一般包括以下内容。

（1）工程进度:描述工程进度情况、工程形象进度和累计完成的比例。若拖延了计划,应分析其原因,以及这种原因是否已经消除,就此问题承包商、监理人员所采取的补救措施等。

（2）工程质量:用具体的测试数据评价工程质量,如实反映工程质量的好坏,并分析原因。承包商和监理人员对质量较差工作的改进意见,如有责令承包商返工的项目,应说明其规模、原因及返工后的质量情况。

（3）计量支付:给出本期支付、累计支付,以及必要的分项工程的支付情况,形象地表达支付比例,实际支付与工程进度对照情况等;承包商是否因流动资金短缺而影响了工程进度,并分析造成资金短缺的原因（如是否未及时办理支付等）;有无延迟支付、价格调整等问题,说明其原因及由此而产生的增加费用。

（4）质量事故:发生的时间、地点、原因、损失估计（经济损失、时间损失、人员上网情况）等,事故发生后采取了哪些补救措施,在今后工程中避免类似事故发生的有效措施。由于事故的发生,影响了单项或整体工作进度的情况。

（5）工程变更:说明引起变更设计的、批准机关、变更项目的规模、工程量增减数量、投资增减的估计等;变更是否影响了工程进展,承包商是否就此已提出或准备提出索赔（工期、费用）。

（6）民事纠纷:说明民事纠纷产生的原因,哪些项目因此被迫停工,停工的时间,造成窝工的机器、人力情况等,承包商是否就此已提出或准备提出延期或索赔。

（7）合同纠纷:说明合同纠纷情况及产生的原因、监理人员进行调解的措施、监理人员在解决纠纷中的体会、业主和承包商有无要求进一步处理的意向。

（8）监理工作动态:描述本月的主要监理活动,如工地会议、现场重大监理活动、索赔的处理、上级布置的有关工作的进展情况、监理工作中的困难等。

2. 信息的存储

信息的存储一般需要建立统一的数据库,各类数据以文件的形式组织在一起,组织的方法一般由单位自定,但要考虑规范化。根据建设工程实际,可以按照下列方式组织:

（1）按照工程进行组织,同一工程按照投资、进度、质量、合同的角度组织,各类进一步按照具体情况细化。

（2）文件名规范化,以定长字符串作为文件名。

（3）各建设方协调统一存储方式,在国家技术标准有统一的代码时尽量采用统一代码。

（4）有条件时可以通过网络数据库形式存储数据,达到建设各方数据共享,减少数据冗余,保证数据的唯一性。

9.2 建设工程文件档案资料管理

建设工程文件档案管理是建设工程信息管理的一项重要工作,是监理工程师实施建设工程监理、进行目标控制的基础工作。

一、建设工程文件档案资料

(一)建设工程文件的概念

在工程建设过程中形成的各种形式的信息记录,包括工程准备阶段文件、监理文件、施工文件、竣工图和竣工验收文件,也可简称为工程文件。

1. 工程准备阶段文件

工程准备阶段文件是指工程开工以前,在立项、审批、征地、勘察、设计、招投标等工程准备阶段形成的文件。

2. 监理文件

监理文件是指监理单位在工程设计、施工等监理过程中形成的文件。

3. 施工文件

施工文件是指施工单位在工程施工过程中形成的文件。

4. 施工图

施工图是指工程竣工验收后,真实反映建设工程项目施工结果的图样。

5. 竣工验收文件

竣工验收文件是指建设工程项目竣工验收活动中形成的文件。

(二)建设工程档案的概念

在工程建设活动中直接形成的具有归档保存价值的文字、图表、声像等各种形式的历史记录,也称工程档案。

(三)建设工程文件档案资料的概念

由建设工程文件、建设工程档案和建设工程资料组成。具有分散性和复杂性,继承性和时效性,全面性和真实性,随机性,多专业性和综合性等特征。

(四)归档的含义

(1) 建设、勘察、设计、施工、监理等单位将本单位在工程建设过程中形成的文件向本单位档案管理机构移交。

(2) 勘察、设计、施工、监理等单位将本单位在工程建设过程中形成的文件向建设单位档案管理机构移交。

(3) 建设单位按照现行《建设工程归档整理规范》的要求,将汇总的该建设工程文件档案向地方城建档案管理部门移交。

(五)归档的范围

(1) 对与工程建设有关的重要活动、记载工程建设主要过程和现状、具有保存价值的各种载体的文件,均应收集齐全,整理立卷后归档。

(2) 工程文件的具体归档范围按照《建设工程文件归档整理规范》中"建设工程文件归档范围和保管期限表"共五大类执行。

二、建设工程文件档案资料管理职责

(一)文件档案资料管理的通用职责

(1) 建设工程各参建单位填写的建设工程档案应以施工及验收规范、工程合同、设计文件、工程质量验收标准等为依据。

(2) 工程档案资料应随工程进度及时收集、整理,并应按专业归类,认真书写,字迹清楚,项目齐全、准确、真实、无未了事项。表格应采用统一表格,特殊要求需增加的表格应统一归类。

(3) 工程档案资料进行分级管理,各单位技术负责人负责本单位工程档案资料的全过程组织工作,工程档案资料的收集、整理和审核工作由各单位档案管理人员负责。

(4) 对工程档案资料进行涂改、伪造、随意抽撤或损毁、丢失等,应按有关规定予以处罚,情节严重的,应依法追究法律责任。

(二)建设单位的职责

(1) 在工程招标及与勘察、设计、监理、施工等单位签订协议、合同时,应对工程文件的套数、费用、质量、移交时间等提出明确要求。

(2) 收集和整理工程准备阶段、竣工验收阶段形成的文件,并应进行立卷归档。

(3) 负责组织、监督和检查勘察、设计、施工、监理等单位的工程文件的形成、积累和立卷归档工作。

(4) 收集和汇总勘察、设计、施工、监理等单位立卷归档的工程档案。

(5) 在组织工程竣工验收前,应提请当地的城建档案管理机构对工程档案进行预验收;未取得工程档案验收认可文件,不得组织工程竣工验收。

(6) 对列入城建档案馆(室)接受范围的工程,工程竣工验收3个月内,向当地城建档案馆(室)移交一套符合规定的工程文件。

(7) 必须向参与工程建设的勘察设计、施工、监理等单位提供与建设工程有关的原始资料,原始资料必须真实、准确、齐全。

（8）可委托总承包单位、监理单位组织工程档案的编制工作；负责组织竣工图的绘制工作，也可委托总承包单位、监理单位、设计单位完成，收费标准按照所在地相关文件执行。

（三）监理单位的职责

（1）应加强监理公司资料的管理工作，并设专人负责监理资料的收集、整理和归档工作，在项目监理部，监理资料的管理应由总监理工程师负责，并指定专人具体实施，对本工程的文件应单独立卷归档。

（2）监理资料必须及时整理、真实完整、分类有序。在设计阶段，对勘察、测绘、设计单位的工程文件形成、积累和立卷归档进行监督、检查；在施工阶段，对施工单位工程文件的形成、积累和立卷归档进行监督、检查。

（3）可以按照监理合同的协议要求，接收建设单位的委托，监督、检查工程文件的形成、积累和立卷归档工作。

（4）监理资料应在各阶段监理工作结束后及时整理归档。

（5）编制的监理文件的套数、提交内容、提交时间，应按照建设工程文件归档整理规范和各地城建档案部门的要求，编制移交清单，双方签字、盖章后，及时移交建设单位，建设单位再收集和汇总。监理公司档案部门需要的监理档案，按照建设工程监理规范的要求，及时由项目监理部提供。

（四）施工单位的职责

（1）应加强施工文件的管理工作，实行技术负责人负责制，逐级建立、健全文件管理岗位责任制，配备专职档案管理员，负责施工资料的管理工作。工程项目的施工文件应设专门的部门（专人）负责收集和整理。

（2）建设工程实行总承包的，总承包单位负责收集、汇总各分包单位形成的工程档案，各分包单位应将本单位形成的工程文件整理、立卷后及时移交总承包单位。建设工程项目由几个单位承包的，各承包单位负责收集、整理、立卷其承包项目的工程文件，并应及时向建设单位移交，各承包单位应保证归档文件的完整、准确、系统，能够全面反映工程建设活动的全过程。

（3）可以按照施工合同的约定，接受建设单位的委托进行工程档案的组织、编制工作。

（4）按要求在竣工前将施工文件整理汇总完毕并移交建设单位进行工程竣工验收。

（5）负责编制的施工文件的套数不得少于地方城建档案部门的要求，但应有完整施工文件移交建设单位及自行保存，保存期可根据工程性质，以及地方城建档案部门有关要求确定。建设单位对施工文件的编制套数有特殊要求的，可另行约定。

（五）地方城建单位的职责

（1）负责接收和保管所辖范围内应当永久和长期保存的工程档案和有关资料。

（2）负责对城建档案工作进行业务指导，监督和检查有关城建档案法规的实施。

（3）列入向本部门报送工程档案范围的工程项目，其竣工验收应有本部门参加并负责对移交的工程档案进行验收。

三、归档文件的质量要求和组卷方法

（一）归档文件的质量要求

（1）归档的工程文件应为原件。

（2）工程文件的内容及其深度必须符合国家有关工程勘察、设计、施工、监理等方面的技术规范、标准和规程。

（3）工程文件的内容必须真实、准确，与工程实际相符合。

（4）工程文件应采用耐久性强的书写材料，如碳素墨水、蓝黑墨水，不得使用易褪色的书写材料，如红色墨水、纯蓝墨水、圆珠笔、复写纸、铅笔等。

（5）工程文件应字迹清楚，图样清晰，图表整洁，签字盖章手续完备。

（6）工程文件中文字材料幅面尺寸规格宜为 A4 幅面（297 mm×210 mm）。图纸宜采用国家标准图幅。

（7）工程文件的纸张应采用能够长期保存的韧力大、耐久性强的纸张。图纸一般采用蓝晒图，竣工图应是新蓝图。计算机出图必须清晰，不得使用计算机的复印件。

（8）所有竣工图均应加盖竣工图章。

（9）利用施工图改绘竣工图，必须标明变更修改依据；凡施工图结构、工艺、平面布置等有重大改变，或变更部分超过图面 1/3 的应当重新绘制竣工图。

（10）不同幅面的工程图纸应按《技术制图复制图的折叠方法》（GB/T 10609.3—2009）统一折叠成 A4 幅面，图标栏露在外面。

（11）工程档案资料的缩微制品，必须按国家缩微标准进行制作，主要技术指标（解像力、密度、海波残留量等）要符合国家标准，保证质量，以适应长期安全保管。

（12）工程档案资料的照片（含底片）及声像档案，要求图像清晰，声音清楚，文字说明或内容准确。

（13）工程文件应采用打印的形式并使用档案规定的笔，手工签字，在不能够使用原件时，应在复印件或抄件上加盖公章并注明原件保存处。

（二）归档工程文件的组卷要求

（1）立卷应遵循工程文件的自然形成规律，保持卷内文件的有机联系，便于档案的保管和利用。

（2）一个建设工程由多个单位工程组成时，工程文件应按单位工程组卷。

（3）立卷可采用如下方法：

① 工程文件可按建设程序划分为工程准备阶段的文件、监理文件、施工文件、竣工图、竣工验收文件五个部分。

② 工程准备阶段文件可按建设程序、专业、形成单位等组卷。

③ 监理文件可按单位工程、分部工程、专业、阶段等组卷。

④ 施工文件可按单位工程、分部工程、专业、阶段等组卷。

⑤ 竣工图可按单位工程、专业等组卷。

⑥ 竣工验收文件按单位工程、专业等组卷。

（4）立卷过程中宜遵循下列要求：

① 案卷不宜过厚，一般不超过 40 mm。

② 案卷内不应有重份文件；不同载体的文件一般应分别组卷。

（三）案卷的编目

（1）编制卷内文件页号应符合下列规定：

① 卷内文件均按有书写内容的页面编号。每卷单独编号，页号从"1"开始。

② 页号编写位置：单面书写的文件在右下角；双面书写的文件，正面在右下角，背面在左下角。折叠后的图纸一律在右下角。

③ 成套图纸或印刷成册的科技文件材料，自成一卷的，原目录可代替卷内目录，不必重新编写页码。

④ 案卷封面、卷内目录、卷内备考表不编写页号。

（2）卷内目录的编制应符合下列规定：

① 卷内目录式样宜符合现行《建设工程文件归档整理规范》的要求。

② 序号：以一份文件为单位，用阿拉伯数字从 1 依次标注。

③ 责任者：填写文件的直接形成单位和个人。有多个责任者时，选择两个主要责任者，其余用"等"代替。

④ 文件编号：填写工程文件原有的文号或图号。

⑤ 文件题名：填写文件标题的全称。

⑥ 日期：填写文件形成的日期。

⑦ 页次：填写文件在卷内所排的起始页号。最后一份文件填写起止页号。

⑧ 卷内目录排列在卷内文件首页之前。

（3）卷内文件的排列。

① 文字材料按事项、专业顺序排列。同一事项的请示与批复、同一文件的印本与定稿、主件与附件不能分开，并按批复在前、请示在后，印本在前、定稿在后，主件在前、附件在后的顺序排列。

② 图纸按专业排列，同专业图纸按图号顺序排列。

③ 既有文字材料又有图纸的案卷，文字材料排前，图纸排后。

（4）卷内备考表的编制应符合下列规定：

① 卷内备考表的式样宜符合现行《建设工程文件归档整理规范》的要求。

② 卷内备考表主要标明卷内文件的总页数、各类文件页数（照片张数），以及立卷单位对案卷情况的说明。

③ 卷内备考表排列在卷内文件的尾页之后。

（5）案卷封面的编制应符合下列规定：

① 案卷封面印刷在卷盒、卷夹的正表面，也可采用内封面形式。案卷封面的式样宜符合现行《建设工程文件归档整理规范》的要求。

② 案卷封面的内容应包括：档号、档案馆代号、案卷题名、编制单位、起止日期、密级、保管期限、共几卷、第几卷。

③ 档号应由分类号、项目号和案卷号组成。档号由档案保管单位填写。

④ 档案馆代号应填写国家给定的本档案馆的编号。档案馆代号由档案馆填写。

⑤ 案卷题名应简明、准确地揭示卷内文件的内容。案卷题名应包括工程名称、专业名称、卷

内文件的内容。

⑥ 编制单位应填写案卷内文件的形成单位或主要责任者。

⑦ 起止日期应填写案卷内全部文件形成的起止日期。

⑧ 保管期限分为永久、长期、短期三种期限。各类文件的保管期限见现行《建设工程文件归档整理规范》中的要求。永久是指工程档案需永久保存。长期是指工程档案的保存期限等于该工程的使用寿命。短期是指工程档案保存 20 年以下。同一案卷内有不同保管期限的文件,该案卷保管期限应从长。

⑨ 密级分为绝密、机密、秘密三种。同一案卷内有不同密级的文件,应以高密级为本卷密级。

⑩ 卷内目录、卷内备考表、案卷内封面应采用 70 g 以上白色书写纸制作,幅面统一采用 A4 幅面。

(四)案卷装订

(1) 案卷可采用装订与不装订两种形式。文字材料必须装订。既有文字材料,又有图纸的案卷应装订。装订应采用线绳三孔左侧装订法,要整齐、牢固,便于保管和利用。

(2) 装订时必须剔除金属物。

(五)卷盒、卷夹、案卷脊背

(1) 案卷装具一般采用卷盒、卷夹两种形式。

① 卷盒的外表尺寸为 310 mm×220 mm,厚度为 20 mm、30 mm、40 mm 或 50 mm。

② 卷夹的外表尺寸为 310 mm×220 mm,厚度一般为 20 mm~30 mm。

③ 卷盒、卷夹应采用无酸纸制作。

(2) 案卷脊背的内容包括档号、案卷题名。式样宜符合现行《建设工程文件归档整理规范》的要求。

(一)验收

(1) 列入城建档案馆档案接受范围的工程,建设单位在组织工程竣工验收前,应提请城建档案管理机构对工程档案进行预验收。建设单位未取得城建档案管理机构出具的认可文件,不得组织工程竣工验收。

(2) 城建档案管理部门在进行工程档案预验收时,应重点验收以下内容:

① 工程档案齐全、系统、完整。

② 工程档案的内容真实、准确地反映工程建设活动和工程实际状况。

③ 工程档案已整理立卷,立卷符合本规范的规定。

④ 竣工图绘制方法、图式及规格等符合专业技术要求,图面整洁,盖有竣工图章。

⑤ 文件的形成、来源符合实际,要求单位或个人签章的文件,其签章手续完备。

⑥ 文件材质、幅面、书写、绘图、用墨、托裱等符合要求。

(3) 国家、省市重点工程项目或一些特大型、大型的工程项目的预验收和验收会,必须有地方城建档案馆参加验收。

（4）为确保工程档案资料的质量，各编制单位、监理单位、建设单位、地方城建档案部门、档案行政管理部门等要严格进行检查、验收。编制单位、制图人、审核人、技术负责人必须进行签字或盖章。对不符合技术要求的，一律退回编制单位进行改正、补齐，问题严重者可令其重做。不符合要求者，不能交工验收。

（5）凡报送的工程档案资料，如验收不合格将其退回建设单位，由建设单位责成责任者重新进行编制，待达到要求后重新报送。检查验收人员应对接收的档案负责。

（6）地方城建档案部门负责工程档案资料的最后验收，并对编制报送工程档案资料进行业务指导、督促和检查。

（二）建设工程档案资料的移交

（1）列入城建档案馆（室）接收范围的工程，建设单位在工程竣工验收后3个月内向城建档案馆（室）移交一套符合规定的工程档案。

（2）停建、缓建建设工程的档案，暂由建设单位保管。

（3）对改建、扩建和维修工程，建设单位应当组织设计、施工单位据实修改、补充和完善工程档案。对改变的部位，应当重新编写工程档案，并在工程竣工验收后3个月内向城建档案馆（室）移交。

（4）建设单位向城建档案馆（室）移交工程档案时，应办理移交手续，填写移交目录，双方签字、盖章后交接。

（5）施工单位、监理单位等有关单位应在工程竣工验收前将工程档案资料按合同或协议规定的时间、套数移交给建设单位，办理移交手续。

9.3 建设工程监理文件档案资料管理

建设工程监理文件档案资料管理指监理工程师受业主委托，在进行建设工程监理的工作期间，对建设工程实施过程中形成的与监理相关的文档进行收集积累、加工整理、立卷归档和检索利用等一系列工作。建设工程监理文档管理的对象是监理文档资料，它们是工程建设监理信息的主要载体之一。

一、监理文件档案资料管理的内容要求

建设工程监理文件档案资料管理主要内容是：监理文件档案资料收、发文与登记；监理文件档案资料传阅；监理文件档案资料分类存放；监理文件档案资料归档、借阅、更改与作废。

（一）监理文件和档案收文与登记

所有收文应在收文登记表上进行登记（按监理信息分类别进行登记）。应记录文件名称、文件摘要信息、文件的发放单位（部门）、文件编号以及收文日期，必要时应注明接收文件的具体时间，最后由项目监理部负责收文人员签字。

（二）监理文件档案资料传阅与登记

由建设工程项目监理部总监理工程师或其授权的监理工程师确定文件、记录是否需传阅，如需传阅应确定传阅人员名单和范围，并注明在文件传阅纸上，随同文件和记录进行传阅。每位传阅人员阅后应在文件传阅纸上签字，并注明日期。文件和记录传阅期限不应超过该文件的处理期限。传阅完毕后，文件原件应交还信息管理人员归档。

（三）监理文件资料发文与登记

发文由总监理工程师或其授权的监理工程师签名，并加盖项目监理部图章，对盖章工作应进行专项登记。

所有发文按监理信息资料分类和编码要求进行分类编码，并在发文登记表上登记。收件人收到文件后应签名。

发文应留有底稿，并附一份文件传阅纸，信息管理人员根据文件签发人指示确定文件责任人和相关传阅人员。在文件传阅过程中，每位传阅人阅后应签名并注明日期。发文的传阅期限不应超过其处理期限。重要文件的发文内容应在监理日记中予以记录。

项目监理部的信息管理人员应及时将发文原件归入相应的资料柜（夹）中，并在目录清单中予以记录。

（四）监理文件档案资料分类存放

监理文件档案经收/发文、登记和传阅工作程序后，必须使用科学的分类方法进行存放，这样既可满足项目实施过程查阅、求证的需要，又方便项目竣工后文件和档案的归档和移交。项目监理部应备有存放监理信息的专用资料柜和用于监理信息分类归档存放的专用资料夹。在大中型项目中应采用计算机对监理信息进行辅助管理。

信息管理人员则应根据项目规模规划各资料柜和资料夹内容。

文件档案资料应保持清晰，不得随意涂改记录，保存过程中应保持记录介质的清洁和不破损。

项目建设工程中文件和档案的具体分类原则应根据工程特点制定，监理单位的技术管理部门可以明确本单位文件档案资料管理的框架性原则，以便统一管理并体现出企业的特色。

（五）监理文件档案资料归档

监理文件档案资料归档内容、组卷方法，以及监理档案的验收、移交和管理工作，应根据现行《建设工程监理规范》及《建设工程文件归档整理规范》，并参考工程项目所在地区建设工程行政主管部门、建设监理行业主管部门、地方城市建设档案管理部门的规定执行。

对一些需连续产生的监理信息，在归档过程中应对该类信息建立相关的统计汇总表格，以便进行核查和统计，并及时发现错漏之处，从而保证该类监理信息的完整性。

监理文件档案资料的归档保存中应严格按照保存原件为主、复印件为辅和按照一定顺序归档的原则。

如采用计算机对监理信息进行辅助管理时，当相关的文件和记录经相关责任人员签字确定、正式生效，并已存入项目部相关资料夹中时，计算机管理人员应将储存在计算机中的相关文件和记录改变其文件属性为"只读"，并将保存的目录记录在书面文件上以便于进行查阅。在项目文件档案资料归档前,不得将计算机中保存的有效文件和记录删除。

(六)监理文件档案资料借阅、更改与作废

借阅同样要建立登记制度,注明借阅日期,借阅人名,借阅人应签字认可,到期应及时归还;借阅文件借出后,应在文件夹内附目录中做出标记。

监理文件的更改应由原制定部门相应责任人进行,涉及审批责任的,还需经相关原审批责任人签字认可,若指定其他责任人进行更改和审批时,新责任人必须获得所依据的背景资料。更改后的新文件要及时取代原文件,文件档案换新版时,应由信息管理部门负责将原版本收回作废。

二、施工阶段监理资料的管理

(一)监理工作的基本表式

建设工程监理规范规定的建设工程报表体系包括三类表:

(1)工程监理单位用表(A 类表共 8 个表,A.0.1～A.0.8)。A.0.1 为总监理工程师任命书;A.0.2 为工程开工令;A.0.3 为监理通知单;A.0.4 为监理报告;A.0.5 为工程暂停令;A.0.6 为旁站记录;A.0.7 为工程复工令;A.0.8 为工程款支付证书。

(2)施工单位报审、报验用表(B 类表共 14 个表,B.0.1～B.0.14)。B.0.1 为施工组织设计或(专项)施工方案报审表;B.0.2 为工程开工报审表;B.0.3 为工程复工报审表;B.0.4 为分包单位资格报审表;B.0.5 为施工控制测量成果报审表;B.0.6 为工程材料、构配件、设备报审表;表 B.0.7 为报审、报验表;B.0.8 为分部工程报验表;B.0.9 为监理通知回复单;B.0.10 为单位工程竣工验收报审表;B.0.11 为工程款支付报审表;B.0.12 为施工进度计划报审表;B.0.13 为费用索赔报验表;B.0.14 为工程临时/最终延期报验表。

(3)通用表(C 类表共 3 个表,C.0.1～C.0.3)。C.0.1 为工作联系单;C.0.2 为工程变更单;C.0.3 为索赔意向通知书。

(二)监理规划

监理规划应在签订监理合同,收到施工合同、施工组织设计(技术方案)、设计图纸文件后 1个月内组织完成该工程项目的监理规划编制工作,经监理公司技术负责人审核批准后,在监理交底会前报送建设单位。监理规划的内容应有针对性,做到控制目标明确、措施有效、工作程序合理、工作制度健全、职责分工清楚,对监理实践有指导作用。监理规范应有时效性,在项目实施过程中,应根据情况的变化做必要的调整、修改,经原审批程序批准后,再次报送建设单位。

(三)监理实施细则

对技术复杂、专业性强的工程项目应编制"监理实施细则",监理实施细则应符合监理规范的要求,并结合专业特点,做到详细、具体、具有可操作性,监理实施细则也要根据实际情况的变化进行修改、补充和完善,内容主要有专业工作特点、监理工作流程、监理控制要点及目标值、监理工作方法及措施。

(四)监理日记

监理日记有不同角度的记录,项目总监理工程师可以指定一个监理工程师对项目每天总的情况进行记录;专业监理工程师可以从专业的角度进行记录;监理员可以从负责的单位工程、分部工程、分项工程的具体部位施工情况进行记录,侧重点不同,记录的内容也不同。一般而言可以记录的有以下内容:

(1)当日材料、构配件、设备、人员的变化情况。

(2)当日施工的相关部位、工序的质量、进度情况;材料使用情况;抽检、复检情况;施工程序执行情况;人员、设备安排的情况。

(3)当日施工发现的问题,当时是否要求施工单位纠正,是否发监理通知单。

(4)当日进度执行情况;索赔(工期、费用)情况;安全文明施工情况。

(5)有争议的问题,各方的相同和不同意见;协调情况。

(6)天气、温度的情况,天气、温度对某些工序质量的影响和采取措施与否。

(7)施工单位提出的问题,监理人员的答复等。

(五)监理例会会议纪要

监理例会是履约各方沟通情况,交流信息、协调处理、研究解决合同履约中存在的各方面问题的主要协调方式。会议纪要由项目监理部根据会议记录整理。

例会上对重大问题有不同意见时,应将各方的主要观点,特别是相互对立的意见记入"其他事项"中,会议纪要内容应准确如实,简明扼要,经总监理工程师审阅,与会各方代表会签,发至合同有关各方,并应有签收手续。

(六)监理月报

监理月报由项目总监理工程师组织编写,由监理工程师签认,报送建设单位和本监理单位,报送时间由监理单位和建设单位协商确定,一般在收到承包单位项目经理部报送来的工程进度、汇总了本月已完成工程量和本月计划完成工程量的工程量表、工程款支付申请表等相关资料后,在最短的时间(5~7 天)内提交。

监理月报的内容有七点,根据建设工程规模大小决定汇总内容的详细程度,具体为:

(1)工程概况:本月工程概况,本月施工基本情况。

(2)本月工程形象进度。

(3)工程进度:本月实际完成情况与计划进度比较;对进度完成情况及采取措施效果的分析。

(4)工程质量:本月工程质量分析,本月采取的工程质量措施及效果。

(5)工程计量与工程款支付:工程量审核情况;工程款审批情况及月支付情况,工程款支付情况分析,本月采取的措施及效果。

(6)合同其他事项的处理情况:工程变更,工程延期,费用索赔。

(7)本月监理工作总结:对本月进度、质量、工程款支付等方面情况的综合评价,本月监理工作情况,有关本工程的建议和意见,下月监理工作的重点。

（七）监理工作总结

监理总结有工程竣工总结、专题总结、月报总结三类。

工程竣工的监理总结内容有以下几点：

（1）工程概况。

（2）监理组织机构、监理人员和投入的监理设施。

（3）监理合同履行情况。

（4）监理工作成效。

（5）施工过程中出现的问题及其处理情况和建议（该内容为总结的要点，主要内容有质量问题、质量事故、合同争议、违约、索赔等处理情况）。

（6）工程照片（有必要时）。

案例分析

案例 9-1

某工程监理合同签订后，监理单位负责人对该项目监理工作提出以下要求。要求在监理规划中形成的部分文件档案资料如下：

（1）监理实施细则；

（2）监理通知单；

（3）分包单位资质材料；

（4）费用索赔报告及审批；

（5）质量评估报告。

问题：写出项目监理规划中所列监理文件档案资料在建设单位、监理单位保存的时限要求。

分析解答：

（1）监理实施细则：建设单位长期保存，监理单位短期保存。

（2）监理通知单：建设单位长期保存，监理单位长期保存。

（3）分包单位资质材料：建设单位长期保存。

（4）费用索赔报告及审批：建设单位长期保存；监理单位长期保存。

（5）质量评估报告：建设单位长期保存，监理单位长期保存。

案例 9-2

某工程将要竣工，为了通过竣工验收，质检部门要求先进行工程档案验收，建设单位要求监理单位组织工程档案验收，施工单位提出请监理工程师告诉他们应该如何准备档案验收。

问题：

1.工程档案应该由谁主持验收？

2.工程档案由谁编制，由谁进行审查？

3.工程档案如何分类？

4.工程档案应该准备几套？

5.分包单位如何形成工程文件？向谁移交？

分析解答：

1.在组织工程竣工验收前，工程档案由建设单位汇总后，由建设单位主持，监理、施工单位参加,提请当地城建档案管理机构对工程档案进行预验收,并取得工程档案验收认可文件。

2.工程档案由参建各单位各自形成有关的工程档案,并向建设单位归档。建设单位根据城建档案管理机构要求,按照《建设工程文件归档整理规范》对档案文件完整、准确、系统情况和案卷质量进行审查,并接受城建档案管理机构的监督、检查、指导。

3.工程档案按照《建设工程文件归档整理规范》中建设工程文件归档范围和保管期限表可以分为:工程准备阶段文件、监理文件、施工文件、竣工图、竣工验收文件五类。

4.工程档案一般不宜少于2套,具体由建设单位与勘察、设计、施工、监理等单位签订协议、合同时,对套数、费用、质量、移交时间等提出明确要求。

5.分包单位应独立完成所分包部分工程的工程文件,把形成的工程档案交给总承包单位,由总承包单位汇总各分包单位的工程档案并检查后,再向建设单位移交。

■ 案例 9-3

某业主投资建设一工程项目,该工程是列入城建档案管理部门接受范围的工程。该工程由A、B、C 三个单位工程组成,各单位工程开工时间不同。该工程由一家承包单位承包,业主委托某监理公司进行施工阶段监理。

问题:

1.监理工程师在审核承包单位提交的"工程开工报审表"时,要求承包单位在"工程开工报审表"中注明各单位工程开工时间。监理工程师审核后认为具备开工条件时,由总监理工程师或由经授权的总监理工程师代表签署意见,报建设单位。监理单位的以上做法有何不妥?应该如何做?监理工程师在审核"工程开工报审表"时,应从哪些方面进行审核?

2.建设单位在组织工程验收前,应组织监理、施工、设计各方进行工程档案的预验收。建设单位的这种做法是否正确?为什么?

3.监理单位在进行本工程的监理文件档案资料归档时,将下列监理文件做短期保存:

① 监理大纲;

② 监理实施细则;

③ 监理总控制计划等;

④ 预付款报审与支付。

以上四项监理文件中,哪些不应由监理单位做短期保存?监理单位做短期保存的监理文件应有哪些?

分析解答:

1.监理单位的做法不妥之处有以下两点:

①"要求承包单位在工程开工报审表中注明各单位工程开工时间"不妥;

②"由总监理工程师或由经授权的总监理工程师代表签署意见"不妥。

监理单位应该这样做:

①"要求承包单位在每个单位工程开工前都应填报一次工程开工报审表";

②"由总监理工程师签署意见",不得由总监理工程师代表签署。

监理工程师在审核"工程开工报审表"时应从以下几个方面进行审核:

① 工程所在地(所属部委)政府建设主管单位已签发施工许可证。

② 征地拆迁工作已能满足工程进度的需要。

③ 施工组织设计已获总监理工程师批准。

④ 测量控制桩、线已查验合格。

⑤ 承包单位项目经理部现场管理人员已到位,机具、施工人员已进场,主要工程材料已落实。

⑥ 施工现场道路、水、电、通信等已满足开工要求。

2.建设单位的这种做法不正确。原因:建设单位在组织工程竣工验收前,应提请城建档案管理部门对工程档案进行预验收。

3.不应由监理单位做短期保存的有监理大纲和预付款报审与支付。

监理单位做短期保存的监理文件有监理规划、监理实施细则、监理总控制计划等、专题总结、月报总结。

实践训练

一、选择题

(一) 单选题

1.下列关于工程建设不同阶段信息收集的表述中,正确的是( )。

A. 施工实施期的信息来源比较稳定、单纯,容易实现规范化

B. 施工准备阶段的信息收集最为关键

C. 设计阶段信息收集范围广泛,但内容比较确定

D. 施工招投标阶段的信息收集由建设单位负责

(2009年全国监理工程师考试试题)

2.在工程建设过程中形成的各种形式的信息记录称为( )。

A. 建设工程文档　　　　　　　　　　B. 建设工程文件

C. 建设工程档案　　　　　　　　　　D. 建设工程资料

(2009年全国监理工程师考试试题)

3.列入城建档案管理部门接收范围的工程,建设单位应当在工程竣工验收后( )个月内,向当地城建档案管理部门移交一套符合规定的工程文件。

A. 1　　　　　　　B. 3　　　　　　　C. 6　　　　　　　D. 12

(2009年全国监理工程师考试试题)

4."工程临时/最终延期审验表(B0.14)"应由( )签发。

A. 监理单位技术负责人　　　　　　　B. 监理单位法定代表人

C. 总监理工程师　　　　　　　　　　D. 专业监理工程师

(2009年全国监理工程师考试试题)

5.监理单位应在工程( )将工程档案按合同或协议规定的时间、套数移交给建设单位,办理移交手续。

A. 竣工验收时　　　　　　　　　　　B. 竣工验收后1个月内

C. 竣工验收前　　　　　　　　　　　D. 竣工验收后3个月内

(2008年全国监理工程师考试试题)

6.下列关于监理文件和档案收文与登记管理的表述中,正确的是( )。

A. 所有收文最后都应由项目总监理工程师签字

B.经检查,文件档案资料各项内容填写和记录真实完整,由符合相关规定的责任人员签字认可

C.符合相关规定责任人员的签字可以盖章代替

D.有关工程建设照片注明拍摄日期后,交资料员处理

(2008年全国监理工程师考试试题)

7.《建设工程监理规范》规定,(　　)属于施工阶段的监理资料。

A.施工组织设计　　　　　　　　B.勘察设计文件

C.工程定位测量资料　　　　　　D.建筑物沉降观测记录

(2008年全国监理工程师考试试题)

8.《建设工程文件归档整理规范》规定,监理单位应长期保存的监理文件是(　　)。

A.监理实施细则　　　　　　　　B.项目监理机构总控制计划

C.设计变更、洽商费用报审与签认　　D.工程延期报告及审批

(2008年全国监理工程师考试试题)

9.依据《建设工程监理规范》,工程监理单位用表有(　　)。

A.8个　　　　　B.14个　　　　　C.3个　　　　　D.6个

10.对施工单位工程文件的形成、积累、立卷归档工作进行监督、检查是(　　)的职责。

A.建设单位和施工总承包单位　　　　B.监理单位和施工总承包单位

C.建设单位和监理单位　　　　　　　D.地方城建档案管理部门

11.需要建设单位长期保存、监理单位短期保存的监理文件是(　　)。

A.监理月报总结　　　　　　　　B.不合格项目通知

C.月付款报审与支付　　　　　　D.工程延期报告及审批

12.监理文件档案的更改应由原制定部门相应责任人执行,涉及审批程序的,由(　　)审批。

A.监理公司技术负责人　　　　　　B.总监理工程师

C.原审批责任人　　　　　　　　　D.档案管理责任人

13.某工程案卷内建设工程档案的保管密级有秘密和机密,保管期限有长期和短期,则该工程档案的(　　)。

A.密级为秘密,保管期限为长期　　　B.密级为机密,保管期限为长期

C.密级为秘密,保管期限为短期　　　D.密级为机密,保管期限为短期

14.下列监理单位用表中,可由专业监理工程师签发的是(　　)。

A.工程临时延期审验表　　　　　　B.工程最终延期审验表

C.监理工作联系单　　　　　　　　D.工程变更单

(二)多选题(每题的选项中至少有两个正确答案)

1.建设工程文件的内容不同,组卷方法也不尽相同,但都可以按(　　)组卷。

A.单位工程　　　B.分部工程　　　C.专业　　　　D.文件的形成单位

E.工程进展阶段

(2009年全国监理工程师考试试题)

2.项目监理机构接收文件时,均应在收文登记表上进行登记,登记内容包括(   )。

A.文件名称　　　　　　　　　　　B.文件摘要信息

C.文件的签发人　　　　　　　　　D.文件的发放单位

E.收文日期

(2009年全国监理工程师考试试题)

3.下列监理文件中,要求在监理单位长期保存的有(   )。

A.监理规划　　　　　　　　　　　B.有关质量问题的监理会议纪要

C.有关进度控制的监理通知　　　　D.分包单位资质材料

E.工程竣工总结

(2009年全国监理工程师考试试题)

4.建设工程文件档案资料的特征有(   )。

A.分散性和复杂性　　　　　　　　B.随机性和动态性

C.全面性和真实性　　　　　　　　D.继承性和时效性

E.多专业性和科学性

(2008年全国监理工程师考试试题)

5.施工单位向项目监理机构申请(   )时,使用"B0.7报审、报验表"。

A.施工控制测量报验　　　　　　　B.隐蔽工程的检查与验收

C.检验批质量验收　　　　　　　　D.分项工程质量验收

E.工程竣工报验

(2007年全国监理工程师考试试题)

6.根据《建设工程文件归档整理规范》,建设工程归档文件应符合的质量要求和组卷要求有(   )。

A.归档的工程文件一般应为原件　　B.工程文件应采用耐久性强的书写材料

C.所有竣工图均应加盖竣工验收图章　D.竣工图可按单位工程、专业等组卷

E.不同载体的文件一般应分别组卷

(2007年全国监理工程师考试试题)

7.根据《建设工程文件归档整理规范》,建设工程档案验收应符合的要求有(   )。

A.列入城建档案管理部门档案接收范围的工程,建设单位在组织工程竣工验收前,应提请城建档案管理部门对工程档案进行验收

B.国家、省市重点工程项目或一些特大型、大型工程项目的预验收和验收,必须有地方城建档案管理部门参加

C.对不符合技术要求的建设工程档案,一律直接退回编制单位进行改正、补齐

D.监理单位对编制报送工程档案进行业务指导、督促和检查

E.地方城建档案管理部门负责工程档案的最后验收

8.在工程施工中,施工单位需要使用《_____报验申请表》的情况有(   )。

A.工程材料、设备、构配件报验　　B.隐蔽工程的检查和验收

C.单位工程质量验收　　　　　　　D.施工放样报验

E. 工程竣工报验

9. 参与工程建设各方共同使用的监理表格有（　　）。

A. 工程暂停令　　　　　　　　　　B. 工程变更单

C. 工程款支付证书　　　　　　　　D. 监理工作联系单

E. 监理工程师通知回复单

10. 归档工程文件的组卷要求有（　　）。

A. 归档的工程文件一般应为原件

B. 案卷不宜过厚，一般不超过 40 mm

C. 案卷内不应有重份文件

D. 既有文字材料又有图纸的案卷，文字材料排前，图纸排后

E. 建设工程由多个单位工程组成时，工程文件按单位工程组卷

二、问答题

1. 什么是信息、数据？二者有何关系？

2. 什么是信息系统？建设工程信息由哪些信息构成？

3. 建设工程项目信息如何分类？

4. 谈谈建设工程项目各个阶段的信息收集要点。

5. 什么是建设工程文件？

6. 建设工程监理文件档案管理的方法包括哪些内容？

7. 建设工程信息管理系统的基本概念和基本功能构成？

8. 建设工程项目管理软件应用规划的主要内容是什么？

9. 建设工程项目信息管理的基本任务是什么？

10. 《建设工程监理规范》规定的建设工程表格有哪些？

三、实训题

实训一

某开发商开发一小高层住宅小区，分别与某监理公司和某建筑工程公司签订了建设工程施工阶段委托监理合同和建设工程施工合同。为了能及时掌握准确完整的信息，以便对该建设工程的质量、进度、投资实施最佳控制，项目总监理工程师召集有关监理人员专门讨论了如何加强监理文件档案资料的管理问题，涉及有关建设监理信息的收集方法、内容和组织等方面的问题。

问题：

1. 建设监理信息的收集应遵循什么原则？

2. 建设监理信息管理的主要任务是什么？

3. 建设工程信息管理有哪些环节？

实训二

横山大厦建设工程项目的业主与某监理公司和某建筑工程公司分别签订了建设工程施工阶段委托监理合同和建设工程施工合同。为了能及时掌握准确、完整的信息，以便依靠有效的信息对该建设工程的质量、进度、投资实施最佳控制，项目总监理工程师召集了有关监

理人员专门讨论了如何加强监理文件档案资料的管理问题,涉及有关监理文件档案资料管理的意义、内容和组织等方面的问题。

问题:

1.你认为对监理文件档案资料进行科学管理的意义何在?

2.监理文件档案资料管理的主要内容是哪些?

3.施工阶段监理工作的基本表式的种类和用途如何?

4.在监理内部和监理外部,工程建设监理文件和档案的传递流程如何?

实训三

某业主投资建设一工程项目,该工程是列入城建档案管理部门接受范围的工程。该工程由 A、B、C 三个单位工程组成,各单位工程开工时间不同。该工程由一家承包单位承包,业主委托某监理公司进行施工阶段监理。

1.监理工程师在审核承包单位提交的"工程开工报审表"时,要求承包单位在"工程开工报审表"中注明各单位工程开工时间。监理工程师审核后认为具备开工条件时,由总监理工程师或由经授权的总监理工程师代表签署意见,报建设单位。

2.监理单位在进行本工程的监理文件档案资料归档时,将下列监理文件做短期保存:

① 监理月报中的有关质量问题;

② 监理实施细则;

③ 监理总控制计划等;

④ 工程开工/复工审批表;

⑤ 专题总结;

⑥ 月报总结。

3.监理工程师在开工前,认真审核了施工单位提交的有关文件、资料。

问题:

1.监理单位的以上做法有何不妥?应该如何做?监理工程师在审核"工程开工报审表"时,应从哪些方面进行审核?

2.建设单位在组织工程验收前,应组织监理、施工、设计各方进行工程档案的预验收。建设单位的这种做法是否正确?为什么?

3.以上 6 项监理文件中,哪些不应由监理单位做短期保存?监理单位做短期保存的监理文件应有哪些?

建设工程安全生产管理

1.了解安全生产的概念、安全管理的概念、安全生产指导方针和原则、工程参建单位安全责任。

2.熟悉工程建设安全监理的主要工作内容和程序。

3.掌握工程建设安全隐患与安全隐患产生原因、安全事故的处理方法。

4.重点掌握工程建设安全监理的主要工作内容。

10.1 安全生产概述

一、安全生产的概念

安全生产就是指生产经营活动中,为保证人身健康与生命安全,保证财产不受损失,确保生产经营活动得以顺利进行,促进社会经济发展、社会稳定和进步而采取的一系列措施和行动的总称。

二、安全生产指导方针

《建筑法》第三十六条和《中华人民共和国安全生产法》(以下简称《安全生产法》,中华人民共和国第十二届全国人民代表大会常务委员会第十次会议于 2014 年 8 月 31 日通过修改,自 2014 年 12 月 1 日施行)第三条规定,建筑安全生产管理的方针是安全第一、预防为主、综合治理,这是我国多年来安全生产工作长期经验的总结,可以说是用生命和鲜血换来的。

《安全生产法》认真贯彻落实习近平总书记关于安全生产工作一系列重要指示精神,从强化安全生产工作的摆位,进一步落实生产经营单位主体责任、政府安全监管定位,加强基层执法力量,强化安全生产责任追究等四个方面入手,着眼于安全生产现实问题和发展要求,补充完善了相关法律制度规定。

《安全生产法》确立了"安全第一、预防为主、综合治理"的安全生产工作"十二字方针",明确了安全生产的重要地位、主体任务和实现安全生产的根本途径。"安全第一"要求从事生产经营活动必须把安全放在首位,不能以牺牲人的生命、健康为代价换取发展和效益。"预防为主"要求把安全生产工作的重心放在预防上,强化隐患排查治理,打非治违,从源头上控制、预防和减少生产安全事故。"综合治理"要求运用行政、经济、法治、科技等多种手段,充分发挥社会、职工、舆论监督各个方面的作用,抓好安全生产工作。坚持"十二字方针",总结实践经验,《安全生产法》明确要求建立生产经营单位负责、职工参与、政府监管、行业自律、社会监督的机制,进一步明确各方安全生产职责。做好安全生产工作,落实生产经营单位主体责任是根本,职工参与是基础,政府监管是关键,行业自律是发展方向,社会监督是实现预防和减少生产安全事故目标的保障。

安全第一、预防为主、综合治理的方针,体现了国家在建设工程安全生产过程中"以人为本"的思想,也体现了国家对保护劳动者权利、保护社会生产力的高度重视。

三、安全生产原则

（一）"管生产必须管安全"的原则

"管生产必须管安全"的原则是指工程建设项目的各级领导和全体员工在生产工作中必须坚持在抓生产的同时要抓好安全工作，生产和安全是一个有机的整体，两者不能分割，更不能对立起来。

（二）"具有否决权"的原则

"具有否决权"的原则是指安全生产工作是衡量工程建设项目管理的一项基本内容，它要求对工程建设项目各项指标考核、评优创先时，首先必须考虑安全指标的完成情况。安全指标没有实现，即使其他指标已顺利完成，仍无法实现工程建设项目的最优化，安全具有一票否决权的作用。

（三）职业安全卫生"三同时"的原则

职业安全卫生"三同时"的原则是指一切生产性的基本建设和技术改造工程建设项目，必须符合国家的职业安全卫生方面的法律法规和标准。职业安全卫生技术措施及设施应与主体工程同时设计、同时施工、同时投入使用（即"三同时"），以确保工程建设项目投产后符合职业安全卫生要求。

（四）事故处理"四不放过"的原则

四不放过的原则，即事故原因没有查清楚不放过、事故责任者没有受到处理不放过、没有防范措施不放过、职工群众没有受到教育不放过。这四条原则互相联系，相辅相成、成为一个预防事故再次发生的防范系统。

安全生产涉及工程建设施工现场所有人、材料、机械设备，环境等因素。凡是与生产有关的人、单位、机械、设备、设施、工具都与安全生产有关。安全工作贯穿了工程建设施工活动的全过程。

作为工程建设安全监理，其任务主要是贯彻落实国家的安全生产方针政策，督促施工单位按照工程建设项目施工安全生产法律法规和标准规范组织施工，消除施工中的冒险性、盲目性和随意性，落实各项安全技术措施，有效地杜绝各类安全隐患，杜绝、控制和减少各类伤亡事故，实现安全生产、文明生产。

10.2 工程建设安全管理

一、工程建设安全管理的概念

工程建设安全管理是指通过有效的安全管理工作和具体的安全管理措施，在满足工程建设投资、进度和质量要求的前提下，实现工程预定的安全目标。工程建设安全管理是与投资控制、进度控制和质量控制同时进行的，是针对整个工程建设目标系统所实施的控制活动的一个重要组成部分，所以也叫安全控制。在实施安全管理的同时需要满足预定的投资目标、进度目标、质量目标和安全目标。因此，在安全管理的过程中，要协调好与投资控制、进度控制和质量控制的关系，做到和三大目标控制的有机配合和相互平衡。

工程建设安全管理是对所有工程内容的安全生产都要进行管理控制。工程建设安全生产涉及工程实施阶段的全部生产过程，涉及全部的生产时间，涉及一切变化的生产因素。工程建设的每个阶段都对工程施工安全的形成起着重要的作用，但各阶段对安全问题的侧重点是不相同的。工程勘察、设计阶段是保证工程施工安全的前提条件和重要因素，起着重要作用，在施工招标阶段，选定并落实某个施工承包单位来实施工程安全目标，在施工阶段，通过施工组织设计、专项施工方案、现场施工安全管理来具体实施，最终实现工程建设安全目标。

工程建设安全生产涉及一切变化着的生产因素，因而是动态的。同时，工程安全隐患不同于质量隐患，前者一经发现就必须进行整改处理，否则，容易导致安全事故的发生。一旦发生安全事故，会造成人员伤亡和财产的损失，而且事后无法进行弥补。因此，加强工程建设全过程的安全控制，通过安全检查、监控、验收，及时消除施工生产中的安全隐患，才能保证安全施工。

作为监理单位和监理工程师，首要的任务就是搞好安全管理，即安全监理。

二、工程建设安全管理的措施

（一）组织措施

组织措施是指从目标控制的组织管理方面采取的措施，如落实目标控制的组织机构和人员，明确各级目标控制人员的任务、职能分工、权利和责任、制定目标控制的工作流程等。组织措施是其他措施的前提和保障。

（二）技术措施

技术措施不但对解决在工程实施过程中的技术问题是不可缺少的，而且对纠正目标偏差也有相当重要的作用。任何一个技术方案都有基本确定的经济效果，不同的技术方案有不同的经济效果。运用技术措施纠偏的关键，一是要能提出多个不同的技术方案，二是要对不同的技术方案进行技术经济比较和分析，从而选择出最优的技术方案。

（三）经济措施

经济措施是指通过制定安全生产协议，将安全生产奖惩制等与经济挂钩，并对实现者及时进行兑现，有利于实现施工安全控制目标。

（四）合同措施

由于施工安全控制要以合同为依据，因此合同措施就显得尤为重要。监理工程师应确定对工程施工安全控制有利的组织管理模式和合同结构，分析不同合同之间的相互联系和影响，对每一个合同做总体和具体的分析。合同措施对安全目标控制具有全局性的影响。

10.3 工程参建单位安全责任体系

工程参建单位安全责任体系由工程建设单位的安全责任，工程监理单位的安全责任，勘察、设计单位的安全责任和其他参与单位的安全责任构成。

一、工程建设单位的安全责任

工程建设单位在工程建设中居主导地位。对工程建设的安全生产负有重要责任。工程建设单位在工程概算中，确定并提供安全作业环境和安全施工措施费用，不得要求勘察、设计、施工、工程监理等单位违反国家法律法规和工程建设强制性标准的规定，不得任意压缩合同约定的工期，有义务向施工单位提供工程所需的有关资料，有责任将安全施工措施报送有关主管部门备案，应当将工程发包给有资质的施工单位等。

二、工程监理单位的安全责任

工程建设监理单位是工程建设安全生产的重要保障。监理单位应当审查施工组织设计中的安全技术措施或专项施工方案是否符合工程建设强制性标准。发现存在安全事故隐患时，应当要求施工单位整改或暂停施工并报告建设单位。施工单位不整改或者拒不停止施工的，应当及时向有关主管部门报告。

工程建设监理单位应当按照法律、法规和工程建设强制性标准实施监理，并对工程建设安全生产承担监理责任。

三、勘察、设计单位的安全责任

勘察单位应当按照法律、法规和工程建设强制性标准进行勘察，提供的勘察文件应当真实、准确，满足工程建设安全生产的需要。在勘察作业时，应当严格执行操作规程，采取措施保证各类管线、设施和周边建筑物、构筑物的安全。

设计单位应当按照法律、法规和工程建设强制性标准进行设计，应当考虑施工安全操作和防护的需要，对涉及施工安全的重点部位和关键环节在设计中应注明，并对防范生产安全事故提出指导意见。对采用新结构、新材料、新工艺的工程建设项目和特殊结构的建设工程，设计单位应当在设计中提出保障施工作业人员安全和预防生产安全事故的措施和建议。同时，设计单位和注册建筑师等注册执业人员应当对其设计负责。

四、施工单位的安全责任

施工单位在工程建设安全生产中处于核心地位。施工单位必须建立本企业安全生产管理机构和配备专职安全管理人员,应当在施工前向作业班组和人员做出安全施工技术要求的详细说明,应当对因施工可能造成损害的毗邻建筑物、构筑物和地下管线采取专项防护措施,应当向作业人员提供安全防护用具和安全防护服装,并书面告知危险岗位操作规程。施工单位应当对施工现场安全警示标志使用、作业和生活环境等进行管理。应在施工起重机械和整体提升脚手架、模板等自升式架设设施验收合格后进行登记。施工单位应落实安全生产作业环境及安全施工所需费用,应对安全防护用具、机械设备、施工机具及配件在进入施工现场前进行查验,合格后方能投入使用。严禁使用国家明令淘汰、禁止使用的危及施工安全的工艺、材料、设备。

五、其他参与单位的安全责任

(一)提供机械设备和配件的单位的安全责任

提供机械设备和配件的单位应当按照安全施工的要求配备齐全、有效的保险、限位等安全设施和装置。

(二)租赁单位的安全责任

租赁单位出租机械设备和施工机具及配件的单位应当具有生产(制造)许可证、产品合格证;应当对出租的机械设备和施工机具及配件的安全性能进行检测;在签订租赁协议时,应当出具检测合格证明;禁止出租经检测不合格,以及未经检测的机械设备和施工机具及配件。

(三)拆装单位的安全责任

拆装单位在施工现场安装、拆卸施工起重机械和整体提升脚手架、模板等自升式架设设施必须具有相应等级的资质。安装、拆卸施工起重机械和整体提升脚手架、模板等自升式架设设施,应当编制拆装方案,制定安全施工措施,并由专业技术人员现场监督。施工起重机械和整体提升脚手架、模板等自升式架设设施安装完毕后,安装单位应当自检,出具自检合格证明,并向施工单位进行安全使用说明,办理签字验收手续。

(四)检验检测单位的安全责任

检验检测机构对检测合格的施工起重机械和整体提升脚手架、模板等自升式架设设施,应当出具安全合格证明文件,并对检测结果负责。

10.4 工程建设安全监理的主要工作内容和程序

工程建设安全监理是指监理单位接受建设单位(或业主)的委托,依据国家有关工程建设的法律、法规、经政府主管部门批准的工程建设文件、工程建设委托监理合同及其他工程合同,对工程建设安全生产实施的专业化监督管理。

安全监理是我国建设监理理论在实践中不断完善、提高和创新的体现和产物。开展安全监理工作不仅是建设工程监理的重要组成部分,更是工程建设项目管理中的重要任务和内容,是促进工程施工安全管理水平提高、控制和减少安全事故发生的有效方法,也是建设管理体制改革中必然实现的一种新模式、新理念。

一、工程建设安全监理工作的主要内容

(1) 贯彻执行"安全第一、预防为主、综合治理"的方针,国家现行的安全生产的法律、法规,工程建设行政主管部门的安全生产规章和标准。

(2) 督促施工单位落实安全生产的组织保证体系,建立健全安全生产责任制。

(3) 督促施工单位对工人进行安全生产教育及分部、分项工程的安全技术交底。

(4) 审查施工方案及安全技术措施。

(5) 检查并督促施工单位按照建筑工程施工安全技术标准和规范要求,落实分部、分项工程或各工序、关键部位的安全防护措施。

(6) 督促检查施工阶段现场的消防工作,做好冬季防寒、夏季防暑、文明施工以及卫生防疫工作。

(7) 不定期地组织安全综合检查,提出处理意见并限期整改。

(8) 发现违章冒险作业的要责令其停止作业,发现隐患的要责令其停工整改。

二、工程建设安全监理的工作程序

监理单位应按照《建设工程监理规范》和相关行业监理规范的要求,编制含有安全监理内容的监理规划和监理实施细则;安全监理工作一般可分为四个阶段进行,即招标阶段的安全监理;施工准备阶段的安全监理;施工阶段的安全监理和竣工阶段的安全监理。

(一)招标阶段的安全监理

监理单位接受建设单位的委托开展实施安全监理主要应做好以下工作:

(1) 审查施工单位的安全资质。

(2) 协助拟定工程建设项目安全生产协议书。

（二）施工准备阶段的安全监理

（1）制定工程建设项目安全监理工作程序。

（2）调查和分析可能导致意外伤害事故的原因。

（3）掌握新技术、新材料、新结构的工艺标准。

（4）审查安全技术措施。

（5）要求施工单位在开工前，必需的施工机械、材料和主要人员先期到达施工现场，并处于安全状态。

（6）审查施工单位的自检系统。

（7）施工单位的安全设施、施工机械在进入施工现场之前要进行认真、细致的检验，并检验合格。

（三）施工阶段的安全监理

工程项目在施工阶段，安全监理人员要对施工过程的安全生产工作进行全面的监理。施工单位安全控制流程如图 10-1 所示。

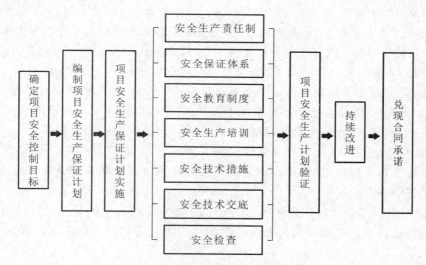

图 10-1　施工单位安全控制流程图

（1）掌握工程项目安全监理的依据。

（2）制定项目安全监理的职责并逐项执行，具体的工作如下。

① 审查各类有关工程项目安全生产的文件。

② 审核进入施工现场各分包单位的安全资质和证明文件。

③ 审核施工单位提交的施工方案和施工组织设计中的安全技术措施。

④ 审核施工现场的安全组织体系和安全人员配备的情况。

⑤ 审核施工单位新技术、新材料、新工艺、新结构的使用情况，是否采用了与之配套的安全技术方案和安全措施。

⑥ 审核施工单位提交的关于工序交接检查，分部、分项工程安全检查报告。

⑦ 审核施工单位并签署现场有关安全技术签证文件。

⑧ 现场监督和检查。

（3）遇到下列情况,安全监理工程师可下达"暂时停工指令"。

① 工程建设施工现场中出现安全异常情况,经提出以后,施工单位未采取改进措施或改进措施不符合要求的;

② 对已发生的工程安全事故未进行有效处理而继续作业的;

③ 安全措施未经自检而擅自使用的;

④ 擅自变更设计图纸文件进行施工作业的;

⑤ 使用无合格证明材料或擅自替换、变更工程材料的;

⑥ 未经安全资质审查的分包单位的施工人员进入工程建设施工现场作业的。

（四）竣工阶段的安全监理

竣工阶段的安全监理工作主要是:

（1）审查劳动安全卫生设施等是否按设计要求与主体工程同时建成、同时交付使用。

（2）要求有资质单位对工程建设项目的劳动安全卫生设施进行检测检验并出具技术报告书,作为劳动安全卫生单项验收依据。

（3）监理单位审查核验施工单位提交的有关技术文件及资料,并由项目总监理工程师在有关技术文件报审表上签署意见;审查未通过的,安全技术措施及专项施工方案不得实施。

（4）监理单位应对施工现场安全生产情况进行巡视检查,对发现的各类安全事故隐患,应书面通知施工单位,并督促其立即整改,情况严重的,监理单位应及时下达工程暂停令,要求施工单位停工整改,并同时报告建设单位。安全事故隐患消除以后,监理单位应及时检查整改结果,签署复查或复工意见。施工单位拒不整改或不停工整改的,监理单位应当及时向工程所在地建设主管部门或工程项目的行政主管部门报告,以电话形式报告的应当有通话记录,并及时补充书面报告。检查、整改、复查、报告等情况应记载在监理日志、监理月报中。监理单位应核查施工单位提交的施工起重机械、整体提升脚手架等自升式架设设施和安全设施等验收记录,并由安全监理人员签收备案。

（5）工程验收以后,监理单位应将有关安全生产的技术文件、验收记录、监理规划、监理实施细则、监理月报、监理会议纪要及相关书面通知等按规定立卷归档。施工阶段安全监理的系统过程见图 10-2。

三、落实监理单位安全生产监理责任的主要工作

落实监理单位的安全生产监理责任,应当做好以下三个方面的工作。

（1）建立健全监理单位安全监理责任制。监理单位的法定代表人应对本企业监理工程项目的安全监理全面负责,总监理工程师要对工程项目的安全监理负责,并根据工程项目的特点,明确监理人员的安全监理责任。

（2）完善监理单位安全生产管理制度。在健全审查核验制度、检查验收制度和督促整改制度的基础上,完善工地例会制度及资料归档制度。

（3）建立整理人员安全生产教育培训制度。总监理工程师和安全监理人员需要经过安全生产教育培训后方可上岗,其教育培训情况记入其个人继续教育档案。

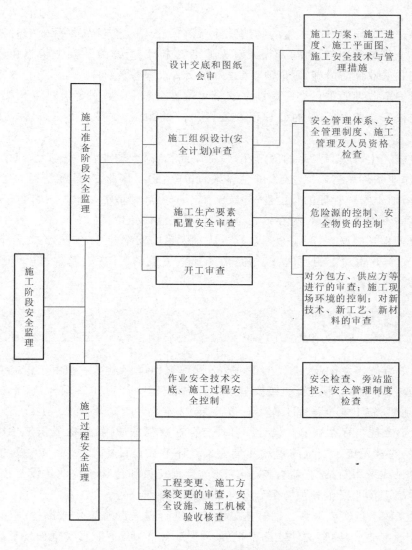

图 10-2　施工阶段安全监理的系统过程图

10.5 工程建设安全隐患和安全事故的处理

一、工程建设安全隐患

隐患是指"未被事先识别或未采取必要防护措施的可能导致安全事故的危险源或不利的环境因素"。隐患也指具有潜在的对人身或健康构成伤害,造成财产损失或兼具这些的起源或情况。

事故隐患是指可导致事故发生的物的危险状态。在安全检查及数据分析时发现的安全隐患,应利用"安全隐患通知单"通知责任人对人的不安全行为、物的不安全状态和环境的不安全因素制定纠正和采取预防措施,限期改正,并由安全员跟踪验证。

工程建设安全监理的重点之一是加强安全风险性分析,及早制定出对策和控制措施,高度重视对工程建设安全事故隐患的处理以及安全事故的预防,保证工程建设活动的安全、有序进行。

工程建设施工生产具有产品的固定性,施工周期长,露天作业,体积庞大,施工场地狭小,施工流动性大;作业条件恶劣,一线工人的整体素质偏差,手工作业多,体能消耗大等特点;高空作业、地下作业增加了安全管理的难度性,导致施工安全生产环境的局限性,决定了工程建设施工生产存在诸多的不安全因素,容易导致安全隐患和安全事故的发生。

采用系统工程学的原理,利用数理统计方法对大量的安全隐患、安全事故进行调查分析,发现安全隐患、安全事故发生的原因,90%是由于违章造成的,其次是勘察、设计不合理、存在缺陷,以及其他原因所致。

二、常见原因分析

(1)施工单位的违章作业、违章指挥和安全管理不到位。施工单位由于没有制定安全技术措施、缺乏安全技术知识、不进行逐级安全技术交底、安全生产责任制不落实、违章指挥、违章作业、违反劳动纪律、施工安全管理工作不到位等原因,导致生产安全事故。

(2)设计不合理与存在缺陷。设计不合理与存在缺陷的原因:违法或未考虑施工安全操作和防护的需要;对涉及施工安全的重点部位和关键环节在设计中未注明;未对防范生产安全事故提出指导意见或采用新结构、新材料、新工艺的工程建设和特殊结构的建设工程项目;未在设计中提出保障施工作业安全和预防生产安全事故的措施建议等。

(3)勘察文件不翔实或失真。勘察单位未认真进行地质勘查工作或勘探时钻孔布置、钻孔深度等不符合规定要求,勘察文件或勘察报告不翔实,不准确,不能真实全面地反映地下实际的情况,从而导致基础、主体结构的设计出现错误,引发重大质量事故。

(4)使用不合格的安全防护用品、安全材料、机械设备、施工机具及配件等。

(5)安全生产资金投入不足。长期以来,建设单位、施工单位为了追求经济利益,置安全生产于不顾,占用安全生产费用,致使在工程投入中用于安全生产的资金过少,不能保证正常安全生产措施的需要,也是导致安全事故不断发生的主要原因。

(6)安全事故的应急救援制度不健全。施工单位及其施工现场未制定生产安全事故应急救援方案,未落实应急救援人员、设备、器材等,发生生产安全事故以后得不到及时救助和处理。

(7)违法违规行为。违法违规行为包括:无证设计,无证施工,越级设计,越级施工,边设计边施工,违法分包、转包,擅自修改设计等。

(8)其他因素。其他因素包括:工程自然环境因素,如恶劣气候引发安全事故工程管理环境因素,如安全生产监督管理制度不健全,缺少日常具体的监督管理制度和措施;安全生产责任不够明确等。

三、工程建设项目施工安全隐患的处理程序

工程建设项目施工过程中,由于种种主观、客观的原因,均可能出现施工安全隐患。当发现工程建设项目施工过程中存在安全隐患时,监理工程师应当高度重视并及时处理。工程建设项目施工安全隐患处理的程序图如图 10-3 所示。

(1)工程建设项目施工现场出现安全隐患时,监理工程师应当首先判断其严重程度,签发"监理通知单"要求施工单位立即进行整改;施工单位提出整改方案,填写"监理通知回复单"报监理工程师审核后,批复施工单位进行整改处理,必要时应经设计单位认可,其处理结果应重新进行检查、验收。

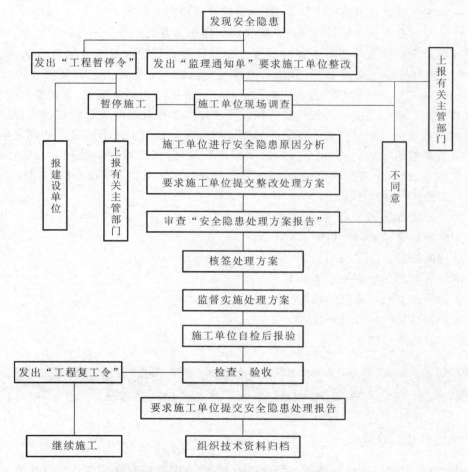

图 10-3 工程建设项目施工安全隐患处理的程序图

(2)当发现工程建设项目施工现场出现严重安全隐患时,总监理工程师应签发"工程暂停令",指令施工单位暂时停止施工,必要时应要求施工单位采取安全防护措施,并报建设单位。监理工程师应要求施工单位提出整改方案,必要时应经设计单位认可,整改方案经监理工程师审核后,由施工单位进行整改处理,处理结果应重新进行检查、验收。

(3)施工单位在接到"监理通知单"后,应立即进行安全事故隐患的调查,分析存在的原因,

制定纠正和预防的措施,制定安全事故隐患整改处理方案,并报总监理工程师。

四、安全事故隐患整改处理方案

安全事故隐患整改处理方案内容应包括:

(1) 存在安全事故隐患的部位、性质、现状、发展动态、时间、地点等。

(2) 现场调查的有关数据和资料。

(3) 安全事故隐患原因分析与判断。

(4) 安全事故隐患处理的方案。

(5) 是否需要采取临时防护措施。

(6) 确定安全事故隐患整改责任人、整改完成时间和整改验收人。

(7) 涉及的有关人员和责任及预防该安全事故隐患重复出现的措施等。

监理工程师分析安全事故隐患整改处理方案。监理工程师对处理方案进行认真深入的分析,特别是安全事故隐患原因分析,找出安全事故隐患的真正起源点。必要时,可组织建设单位、设计单位、施工单位和供应单位共同参与分析。在原因分析的基础上,审核签认安全事故隐患整改处理方案。责令施工单位按既定的整改处理方案实施处理并进行跟踪检查,总监理工程师应安排监理人员对施工单位的整改实施过程进行跟踪检查。安全事故隐患处理完毕,施工单位应组织人员检查验收,自检合格后报监理工程师核验,监理工程师组织有关人员对处理结果进行严格的检查、验收。施工单位写出"安全隐患处理报告",报监理单位存档,主要内容包括:

(1) 基本整改处理过程描述。

(2) 调查和核查情况。

(3) 安全事故隐患原因分析结果。

(4) 处理的依据。

(5) 审核认可的安全隐患处理方案。

(6) 实施处理中的有关原始数据、验收记录、资料。

(7) 对处理结果的检查、验收结论。

(8) 安全隐患处理结论。

五、工程建设项目安全生产事故的处理

(一)事故性质的认定

事故发生后,在进行事故原因调查的过程中,事故原因分析和性质的认定是很重要的内容。事故原因分析和事故性质的认定,主要包括事故类型分析、事故原因分析、事故责任分析、事故性质认定、事故经济损失分析等方面。

事故责任分析是在原因分析的基础上进行的,查清事故的原因是确定事故责任的依据。责任分析的目的在于使责任者、相关单位和人员吸取教训,改进工作。

对事故性质的认定应当以《企业职工伤亡事故调查分析规则》《企业职工伤亡事故分类标

准》《企业职工伤亡事故报告和处理规定》《特别重大事故调查程序暂行规定》《安全生产法》等国家法律、法规为依据。

（二）事故责任分析应当注意的问题

（1）区分事故的性质。事故的性质分为责任事故和非责任事故。

（2）确定事故的责任者。根据事故调查所确定的事实,通过对事故原因（包括直接原因和间接原因）的分析;找出对应于这些原因的人及其与事件的关系,确定是否属于事故责任者按责任者与事故的关系将责任者分为直接责任人、主要责任人和领导责任者。

（3）事故责任分析通常包括以下几个步骤:按确认事故调查的事实分析事故责任;按照有关组织管理（劳动组织、规程标准、规章制度、教育培训、操作方法）及生产技术因素,追究最初造成不安全状态的责任;按照有关技术规定的性质、明确程度、技术难度,追究属于明显违反技术规定的责任;根据事故后果（性质轻重、损失大小）和责任者应负的责任以及认识态度提出处理意见。

（三）事故责任的划分

（1）直接责任者。直接责任者指其行为与事故的发生有直接关系的人员。

（2）主要责任者。主要责任者指对事故的发生起主要作用的人员。

有下列情况之一时,应由肇事者或有关人员负直接责任或主要责任:

① 违章指挥、违章作业或冒险作业造成事故的。

② 违反安全生产责任制和操作规程造成事故的。

③ 违反劳动纪律,擅自开动机械设备或擅自更改、拆卸、毁坏、挪用安全装置和设备造成事故的。

（3）领导责任者。领导责任者指对事故的发生负有领导责任的人员。有下列情况之一时,有关领导应负领导责任:

① 由于安全生产规章、责任制度和操作规程不健全,职工无章可循,造成事故的。

② 未按规定对职工进行安全教育和技术培训,或职工未经考试合格上岗操作造成事故的。

③ 机械设备超过检修期限或超负荷运行,设备有缺陷又不采取措施,造成事故的。

④ 作业环境不安全又未采取措施,造成事故的。

⑤ 新建、改建、扩建工程建设项目,安全卫生设施不与主体工程同时设计、同时施工、同时投入生产和使用,造成事故的。

六、工程建设项目安全事故的调查与处理

事故调查与处理是两个相对独立而又密切联系的工作。事故调查的任务主要是查明事故发生的原因和性质,分清事故的责任,提出防范类似事故的措施。事故处理的任务主要是根据事故调查的结论,对照国家有关法律、法规,对事故责任者进行处理,落实防范类似事故再次发生的措施。

事故调查处理应当遵守以下原则：

（1）科学严谨、依法依规、实事求是、注重实效的原则。对事故的调查处理要揭示事故发生的内外原因，及时、准确地查清事故原因，查明事故性质和责任，总结事故教训，提出整改措施，并对事故责任者提出处理意见。

（2）"四不放过"的原则。"四不放过"原则即事故原因没有查清楚不放过、事故责任者没有受到处理不放过、没有防范措施不放过、职工群众没有受到教育不放过。这四条原则互相联系，相辅相成，成为一个预防事故再次发生的防范系统。

（3）公正、公开的原则。公正，就是实事求是，以事实为依据，以法律为准绳，既不准包庇事故责任者，也不得借机对事故责任者打击报复；更不得冤枉无辜。公开，就是对事故调查报告应当依法及时向社会公布。

（4）分级分类调查处理的原则。事故的调查处理是依照事故的分类和级别来进行的。

七、安全生产事故教训的总结

"前车之鉴，后事之师"说明了总结事故教训的道理。通过对事故、原因分析、找出引以为戒的教训，再制定有针对性的整改措施，达到防止事故发生的目的，尤其是对防止同类事故的再次发生有着非常大的实用价值。

总结事故教训要以确定的事故发生的原因和事故性质为依据，一般来说，总结事故教训可从以下几个方面来考虑：

（1）是否贯彻落实了有关的安全生产法律、法规和技术标准。

（2）是否制定了完善的安全管理措施。

（3）是否制定了合理的安全技术防范措施。

（4）安全管理制度和技术防范措施执行是否到位。

（5）安全培训教育是否到位，职工的安全意识是否到位。

（6）有关部门的监督检查是否到位。

（7）企业负责人是否重视安全生产工作。

（8）是否存在官僚主义和腐败现象，因而造成了事故的发生。

（9）是否落实了有关"三同时"的要求。

（10）是否有合理、有效的事故应急救援预案和措施等。

10.6 工程建设项目安全生产事故的整改措施

整改措施也称安全对策措施，即针对发生事故的类别、原因、性质采取相应的安全对策措施。整改措施主要分为安全技术、安全管理及安全培训三个方面。

一、安全技术整改措施

（一）防火防爆技术措施

为防止可燃物与空气或其他氧化剂作用形成状态，在生产过程中，首先应考虑加强对可燃物料的管理和控制，利用不燃或难燃物料取代可燃物料，不使可燃物料泄漏或聚集形成爆炸性混合物，其次是防止空气和其他氧化物进入设备内或防止泄漏的可燃物料与空气混合为预防火灾及爆炸灾害，对点火源进行控制是重要措施之一。引起火灾或爆炸事故的点火源主要有明火、高温表面、摩擦和撞击、绝热压缩、化学反应热、电气火花、静电火花、雷击和光热射线等。在有火灾或爆炸危险的生产场所，对这些着火源都应引起充分的注意，并采取严格的控制措施。

（二）电气安全技术措施

为防止人体直接、间接和跨步电压触电（电击、电伤），通常采取以下措施。

（1）接零、接地系统。按电源系统中性点是否接地，分别采取保护接零系统或保护接地系统。在工程建设项目中，中性点接地的低压电网应优先采用 TN-C-S 保护系统中。

（2）漏电保护。在电源中性点直接接地的 TN、TT 保护系统中，在规定的设备、场所范围内必须安装漏电保护器和实现漏电保护的分级保护。一旦发生漏电，切断电源时会造成事故或重大经济损失的装置和场所，应安装报警式漏电保护器。

（3）绝缘。根据环境条件，诸如潮湿、高温、有导电性粉尘、腐蚀性气体、金属占有系数大的工作环境，选用加强绝缘或双重绝缘的电动工具、设备和导线采用绝缘防护用品。

（4）屏护和安全距离。屏护包括屏蔽和障碍，是指能防止人体有意或无意触及或过分接近带电体的遮拦、护罩、护盖、箱闸等装置，是将带电部位与外界隔离，防止人体误入带电间隔的简单、有效的安全装置。

（5）安全电压。直流电源采用低于 120 V 的电源。交流电源采用专门的安全隔离变压器提供的安全电压电源并使用电动工具和灯具，应根据作业环境和条件选择工频安全电压额定值，即在潮湿、狭窄的金属容器，隧道、矿井等作业环境，宜采用 12 V 安全电压。用于安全电压电路的插销、插座应使用专门的插销和插座，不得带有接零或接地插头和插孔，安全电压电源的原、副边均应装设熔断器做短路保护。当电气设备采用 24 V 以上安全电压时，必须采取防止直接接触带电体的保护措施。

（三）机械安全技术措施

利用安全距离防止人体触及危险部位或进入危险区是减少或消除机械风险的一种方法。在规定安全距离时，必须考虑使用机械设备时可能出现的各种状态、有关人体的测量数据、技术和应用等因素限制有关因素的物理量。在不影响使用功能的情况下，根据各类机械设备的不同特点，限制某些可能引起危险的物理量值来减小危险。如将操纵力限制到最低值，使操作件不会因破坏而产生机械危险；限制运动件的质量或速度，以减小运动件的动能；限制噪声和振动等使用本质安全工艺过程和动力源。对预定在爆炸环境中使用的机械设备，应采用全气动或全液压控制系统和操作机构,或"本质安全"电气装置,也可采用电压低于"功能特低电压"的电源,以及在机械设备的液压装置中使用阻燃和无毒液体。

(四)施工现场运输安全对策措施

着重就施工现场与毗邻建筑物、铁路、公路、设备、电力线、管道等的安全距离和安全标志、信号、人行通道、防护栏杆,以及车辆、道口、装卸方式等方面的安全设施提出对策措施。

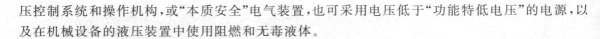

二、安全管理整改措施

与安全技术整改措施处于同一个层面上的安全管理整改措施,在企业安全生产工作中起着同样重要的作用。如果将安全技术整改措施比作计算机系统内的硬件设施,那么安全管理整改措施则是保证硬件正常发挥作用的软件。安全管理整改措施通过一系列管理手段将企业的安全生产工作整合、完善、优化,将人、机、物、环境等涉及安全生产工作的各个环节有机地结合起来,在保证安全的前提下正常开展企业生产经营活动,使安全技术对策措施发挥最大的作用。

(一)建立安全管理制度

《安全生产法》第四条规定:生产经营单位必须遵守本法和其他有关安全生产的法律、法规,加强安全生产管理,建立、健全安全生产责任制度和安全生产规章制度,改善安全生产条件,推进安全生产标准化建设,提高安全生产水平,确保安全生产。生产经营单位应遵守国家的安全生产法律、法规和技术标准的要求。工程建设施工单位应根据自身的特点,制定相应的《安全检查制度》《安全生产巡视制度》《安全生产交接班制度》《安全监督制度》《安全生产奖惩制度》《有毒有害作业管理制度》《施工现场交通运输安全管理条例》等管理制度。

(二)建立并完善生产经营单位的安全管理组织机构和人员配置

保证各类安全生产管理制度能认真贯彻执行,各项安全生产责任制能落实到人。明确各级第一负责人为安全生产第一责任人。

《安全生产法》第二十一条规定:矿山、金属冶炼、建筑施工、道路运输单位和危险物品的生产、经营、储存单位,应当设置安全生产管理机构或者配备专职安全生产管理人员。

在落实安全生产管理机构和人员配置后,还需建立各级机构和人员安全生产责任制。各级人员安全职责包括单位负责人及其副手、总工程师(或技术总负责人)、班组长、安全员、班组安全员、作业工人的安全职责。

(三)保证安全生产资金的投入

从资金和设施装备等物质方面保障安全生产工作正常进行,也是安全管理整改措施的一项重要内容。《安全生产法》第二十条规定:"生产经营单位应当具备的安全生产条件所必需的资金投入,由生产经营单位的决策机构、主要负责人或者个人经营的投资人予以保证,并对由于安全生产所必需的资金投入不足导致的后果承担责任。"《安全生产法》第二十八条规定:"生产经营单位新建、改建、扩建工程项目(以下统称建设项目)的安全设施,必须与主体工程同时设计、同时施工、同时投入生产和使用。安全设施投资应当纳入建设项目概算。"

三、安全培训和教育

工程建设施工单位应当进行全员的安全培训和教育。

（1）主要负责人和安全生产管理人员的安全培训教育，侧重于国家有关安全生产的法律、法规、行政规章和各种技术标准、规范，具备对安全生产管理的能力，取得安全管理岗位的资格证书。

（2）从业人员的安全培训教育在于了解安全生产知识，熟悉有关的安全生产规章制度和安全操作规程，掌握本岗位的安全操作技能。

（3）特种作业人员必须按照国家有关规定经专门的安全作业培训，取得特种作业操作资格证书。

加强对新职工的安全教育、专业培训和考核，新职工必须经过严格的安全教育和专业培训，并经考试合格后方可上岗。对转岗、复工人员应参照新职工的办法进行培训和考试。

10.7 安全生产事故的应急救援预案

一、应急救援与应急救援预案

应急救援是指在危险源和环境因素控制措施失效的情况下，为预防和减少可能随之引发的伤害和其他影响，施工单位所采取的补救措施和抢救行动。

应急救援预案是指施工单位事先制订的关于特大生产安全事故发生时进行的紧急救援的组织工程程序、措施、责任，以及协调等方面的方案和计划，是制定事故应急救援工作的全过程。

应急救援组织是施工单位内部专门从事应急救援工作的独立机构。

应急救援体系是保证所有的应急救援预案的具体落实所需要的组织、人力、物力等各种要素及其调配关系的综合，是应急救援预案能够落实的保证。

施工单位生产安全事故应急救援的管理要求：

（1）施工单位在进行危险源与环境因素识别、评价和控制策划时，应事先确定可能发生的事故或紧急情况，如高处坠落、物体打击、触电、坍塌、中毒、火灾、爆炸、特殊气候影响等。

（2）制定应急救援预案及其内容。

（3）准备充足数量的应急救援物资。

（4）应定期按应急救援预案进行演习。

（5）演练或事故、紧急情况发生后，应对相应的应急救援预案的适用性和充分性进行评价，找出存在的问题，并进一步修订完善。

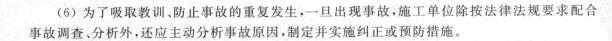

（6）为了吸取教训、防止事故的重复发生，一旦出现事故，施工单位除按法律法规要求配合事故调查、分析外，还应主动分析事故原因，制定并实施纠正或预防措施。

二、应急救援预案编制要求和原则

（一）编制要求

施工单位应急救援预案的编制应根据对危险源与环境因素的识别结果，确定可能发生的事故或紧急情况的控制措施失效时所采取的补充措施和抢救行动，以及针对可能随之引发的伤害和其他影响所采取的措施。施工单位应急救援预案的编制应与施工组织设计或安全生产保证计划同步编写。

应急救援预案是规定事故应急救援工作的全过程。应急救援预案适用于施工单位在施工现场范围内可能出现的事故或紧急情况的救援和处理。

实施施工总承包的，总承包单位应当负责统一编制应急救援预案，工程总承包单位和分包单位按照应急救援预案，各自建立应急救援组织或者配备应急救援人员，配备救援器材、设备，并定期组织演练。

（二）编制原则

落实组织机构，统一指挥，职责明确。预案中应落实组织机构、人员和职责，强调统一指挥，明确施工单位、其他有关单位的组织、分工、配合、协调。施工单位应急救援组织机构一般由公司总部、项目经理部两级构成。重点突出，有针对性。结合施工单位或本工程项目的安全生产的实际情况，确定易发生事故的部位，分析可能导致发生事故的原因，有针对性地制定应急救援预案。工程程序简单，具有可操作性。保证在突发事故时，应急救援预案能及时启动，并紧张、有序地实施。

案例分析

案例 10-1

三峡工程的安全管理体制是中国长江三峡集团有限公司（业主）统一领导，中国长江三峡集团有限公司工程建设部组织管理，监理单位现场监督管理，施工承包单位安全管理等有关单位各负其责的管理体制。

一、安全管理机构与职责

1995 年，中国长江三峡集团有限公司设立三峡工程安全生产委员会，由一位主管三峡工程施工安全工作的副总经理任三峡工程安全生产委员会主任，另设常务副主任一人、副主任数人和委员若干人，由业主、监理、设计、施工及三峡坝区工作委员会等单位主要负责人担任。三峡工程安全生产委员会行使行业管理监督职能。

2001 年 1 月，中国长江三峡集团有限公司成立了安全总监办公室。安全总监办公室设在工程建设部，受三峡工程安全生产委员会和工程建设部的双重领导。安全总监办公室除配备安全专职工作人员外，增加土建、施工设备专业工作人员各一名，并聘请数名中外专家担任安全总监。

1. 三峡工程安全总监办公室职责

（1）参与选聘安全总监和负责管理安全总监的日常工作。

（2）安全总监的意见、指令由办公室传达和贯彻。

（3）参与对三峡工程各参建单位的安全保证体系、安全规程的检查和指导工作。

（4）掌握三峡工程安全状况，对三峡工程的安全管理和安全状况进行阶段性分析和总结。

（5）参与对安全事故的调查和评定。

（6）监督项目部和监理单位的安全监理工作。

2. 三峡工程安全总监的职责

安全总监不代替监理工程师的职能。安全总监的主要职责为：

（1）对三峡工程施工安全进行有权威性的监督。

（2）研究和发现三峡工程施工中可能出现的安全问题，及时提出警示和建议。

（3）对三峡工程的安全保证体系、安全规程和规范、安全生产措施提出意见和建议。

（4）对施工中发现的安全隐患和违反安全规程的作业提出意见，由现场监理工程师行使职权、监督整改。

（5）根据需要，对各参建单位的安全管理人员进行安全培训。

3. 三峡工程安全总监的工作方式

安全总监主要在施工现场独立进行安全监督，在授权范围内通过项目部的配合，对监理工程师提出建议或下达指令，一般不直接对施工承包商下达指令。安全总监在安全总监办公室的统一组织和协调下开展安全监督工作。

二、安全管理职责

1. 业主

业主负责统一管理三峡工地的施工安全、社会治安、消防、防汛和防灾、抗灾等工作，负责审批和发布三峡工程施工安全管理办法，批准重大安全技术方案和实施措施，核定重大安全设施的经费；为安全、文明施工创造基础条件与外部环境协助或组织对特别重大事故的调查、处理。

工程建设部对三峡工程施工安全负有组织管理责任，工程建设部下属的项目部对所管合同项目的安全生产承担管理责任。设备部对施工单位的设备运行安全工作进行现场监督管理。

三峡工程实施日、周、月安全检查制度，包括施工单位安全员日巡查，专职安全监理工程师进行每日督查，业主、监理、施工三方进行每周联合巡查，安全总监办组织进行全工地每月安全检查，安全总监现场随机督查。

建立安全例会制度，包括三峡安全委员会办公室每月召开安全例会，特殊情况下召开的紧急安全会议。

2. 工程监理单位

工程监理单位受业主的委托，对监理项目的工程施工安全和施工承包单位的安全工作进行现场监督管理。工程监理单位通过颁布一系列安全监理管理办法、安全监理技术措施、安全监理考核奖罚措施加强安全管理力度。监理单位还通过日常巡查、不定期的安全大检查及时发现施工单位在施工中的不安全问题，责令施工单位立即加以整改；否则，监理单位有权对施工单位发出停工指令。

3. 设计单位

工程设计必须符合国家有关规程、规范，保证工程结构安全、可靠。设计单位把施工安全贯穿设计的全过程，努力为施工安全创造条件，承担设计合同规定的责任。

4.施工单位

施工单位负责所承担工程项目的施工安全,接受国家劳动部门的劳动安全卫生监察和监理单位的监督管理。施工单位建立健全适应三峡工程施工的安全管理机构、安全管理制度和安全工作体系。施工单位通过颁布一系列安全生产管理办法、安全生产技术措施、安全生产考核奖罚措施和交通安全管理制度、劳动保护制度等,加强安全施工。

三、安全管理与安全监理的成效

2001年以来,中国长江三峡集团有限公司安全总监办、项目部与工程监理单位、施工单位等以"零安全事故"为管理目标,做好安全生产基础工作,抓各项制度和措施的落实,取得了实效。探讨实践班前会、作业程序指导书、签证、重点检查、整改、安全奖罚、安全文明施工示范区等一系列制度、措施,规范了管理,使现场安全施工得到了较大的改善,安全事故得到一定程度的控制,因工死亡和重伤人数下降。

案例 10-2

某工程共15层,采用框架结构,由于技术难度大,业主采用邀请招标,择优选择了其中一家作为中标单位,并与其签订了工程施工承包合同,承包工作范围包括土建、机电安装和装修工程。该工程开工日期为2013年4月1日,合同工期为18个月。在施工过程中,有以下情况:

事件1:

2013年5月施工单位为保证施工质量,扩大基础地面,开挖量增加,导致费用增加3.0万元,相应工序持续时间增加了3天。

事件2:

2013年8月,恰逢连续降7天罕见大雨,造成停工损失2.5万元,工期增加了4天。

事件3:

2014年2月,在主体砌筑工程中,因施工图设计有误,实际工程量增加,导致费用增加3.8万元,相应工序持续时间增加了2天。

事件4:

外墙装修抹灰阶段,一抹灰工在5层贴抹灰用的分格条时,脚手板滑脱,发生坠落事故,坠落过程中将首层兜网系结点冲开,撞在一层脚手架小横杆上,抢救无效死亡。

上述事件中,除事件2外,其他工序时间的延误未超过工作的总时差。

问题:

1.简述索赔成立的条件。

2.施工单位对施工过程中发生的事件1、事件2、事件3可否索赔?为什么?

3.如果在工程保修期间发生了由于施工单位原因引起的屋顶漏水、墙面剥落等问题,业主在多次催促施工单位修理,而施工单位一再拖延的情况下,另请其他施工单位维修,所发生的维修费用该如何处理?

4.针对事件4中发生的安全事故,重大事故书面报告包括哪些内容?

分析解答:

1.施工索赔成立的条件如下:

(1)与合同对照,事件已造成了承包人工程项目成本的额外支出,或直接工期损失。

(2)造成费用增加或工期损失的原因,按合同约定不属于承包人的行为责任或风险责任。

（3）承包人按合同规定的程序提交索赔意向通知和索赔报告。

2.事件1，费用索赔不成立，工期索赔不成立，该工作属于承包商自己采取的质量保证措施。

事件2，费用索赔不成立，工期可以延长，因为异常的气候条件的变化属于不可抗力因素，承包商不应得到费用补偿，但工期应予以顺延。

事件3，费用索赔成立，工期不予延长。因为设计方案有误，所以费用索赔成立；又因为该工作的时间延误未超过工作的总时差，不会影响工期，所以工期不予延长。

3.所发生的维修费应从乙方保修金中扣除。

4.重大事故书面报告的内容。

（1）事故发生的时间、地点，工程项目、企业名称。

（2）事故发生的简要经过、伤亡人数和直接经济损失的初步估计。

（3）事故发生原因的初步判断。

（4）事故发生后采取的措施及事故控制情况。

（5）事故报告单位。

实践训练

一、选择题

（一）单选题

1.根据《建设工程安全生产管理条例》，施工单位对列入（　　　）的安全作业环境及安全施工措施费用，不得挪作他用。

A.建设工程概算　　B.建设工程预算　　C.建设工程概预算　　D.施工合同价

（2016年全国监理工程师考试试题）

2.根据《建设工程安全生产管理条例》，施工单位编制的（　　　）专项施工方案，应当组织专家进行论证、审查。

A.土方工程　　　B.深基坑支护工程　　C.起重吊装工程　　D.爆破工程

（2016年全国监理工程师考试试题）

3.某工程施工中发生×××××事故，造成2人死亡，3人受伤，直接经济损失达500万元，根据《生产安全事故报告和调查处理条例》，该事故属于（　　　）生产安全事故。

A.特别重大　　　B.重大　　　　C.较大　　　　D.一般

（2016年全国监理工程师考试试题）

4.《建设工程安全生产管理条例》规定，分包单位应当服从总承包单位的安全生产管理，分包单位不服从管理导致生产安全事故的（　　　）。

A.由总承包单位承担主要责任

B.由分包单位承担主要责任

C.由总承包单位和分包单位平均分担责任

D.由分包单位承担责任，总承包单位不承担责任

（2015年全国监理工程师考试试题）

5.根据《建设工程安全生产管理条例》,下列达到一定规模的危险性较大的分部分项工程中,需由施工单位组织专家对专项施工方案进行论证、审查的是(   )。

A.起重吊装工程   B.脚手架工程

C.高大模板工程   D.拆除、爆破工程

(2014年全国监理工程师考试试题)

6.根据《建设工程安全生产管理条例》,建设单位的安全责任是(   )。

A.编制工程概算时,应确定建设工程安全作业环境及安全施工措施所需费用

B.采用新工艺时,应提出保障施工作业人员安全的措施

C.采用新技术、新工艺时,应对作业人员进行相关的安全生产教育培训

D.工程施工前,应审查施工单位的安全技术措施

(2014年全国监理工程师考试试题)

7.根据《建设工程安全生产管理条例》,工程监理单位的安全生产管理职责是(   )。

A.发现存在安全事故隐患时,应要求施工单位暂时停止施工

B.委派专职安全生产管理人员对安全生产进行现场监督检查

C.发现存在安全事故隐患时,应立即报告建设单位

D.审查施工组织设计中的安全技术措施或专项施工方案是否符合工程建设强制性标准

(2014年全国监理工程师考试试题)

8.某工地发生钢筋混凝土预制梁吊装脱落事故,造成6人死亡,直接经济损失900万元,该事故属于(   )。

A.特别重大事故   B.重大事故   C.较大事故   D.一般事故

(2014年全国监理工程师考试试题)

9.根据《生产安全事故报告和调查处理条例》,单位负责人接到事故报告后,应当于(   )小时内向事故发生地县级以上人民政府安全生产监督管理部门和负有安全生产监督管理职责的有关部门报告。

A.1   B.2   C.8   D.24

(2014年全国监理工程师考试试题)

10.根据《关于落实建设工程安全生产监理责任的若干意见》,下列工作中,属于施工准备阶段监理工作的是(   )。

A.核查施工现场施工起重机械验收手续

B.检查施工单位安全生产规章制度的建立健全情况

C.检查施工单位整体提升脚手架验收手续

D.检查施工现场各种安全防护措施是否符合要求

(2013年全国监理工程师考试试题)

11.根据《建设工程安全生产管理条例》,注册执业人员未执行法律、法规和工程建设强制性标准,情节严重的,吊销执业资格证书,(   )不予注册。

A.1年内   B.5年内   C.8年内   D.终身

(2011年全国监理工程师考试试题)

12.根据《建设工程安全生产管理条例》,工程监理单位未对施工组织设计中的安全技术措施或者专项施工方案进行审查的,责令限期改正;逾期未改正的,责令停业整顿,并处（　　）的罚款;情节严重的,降低资质等级,直至吊销资质证书。

A.1 万元以上 5 万元以下　　　　　　B.5 万元以上 10 万元以下

C.10 万元以上 30 万元以下　　　　　D.30 万元以上 50 万元以下

（2010 年全国监理工程师考试试题）

（二）多选题（每题的选项中至少有两个正确答案）

1.根据《建设工程安全生产管理条例》,施工单位应满足现场卫生、环境与消防安全管理方面的要求包括（　　）。

A.做好施工现场人员调查

B.将现场办公、生活于作业区分开设置,保持安全距离

C.提供的职工膳食、饮水、休息场所符合卫生标准

D.不得在尚未竣工的建筑物内设置员工集体宿舍

E.设置消防通道、消防水源,配备消防设施和灭火器材

（2016 年全国监理工程师考试试题）

2.根据《建设工程安全生产管理条例》,工程监理单位的安全责任有（　　）。

A.审查施工组织设计中的安全技术措施和专项施工方案

B.针对采用新工艺的建设工程提出预防生产安全事故的措施建议

C.发现存在安全事故隐患时要求施工单位整改

D.监督施工单位执行安全教育培训制度

E.将保证安全施工的措施报有关部门备案

（2015 年全国监理工程师考试试题）

3.根据《生产安全事故报告和调查处理条例》,事故报告的内容包括（　　）。

A.事故责任初步认定　　　　　　　　B.事故发生单位概况

C.事故发生简要经过　　　　　　　　D.事故发生时间

E.事故处理建议

（2015 年全国监理工程师考试试题）

4.根据《建设工程安全生产管理条例》,施工单位的安全责任有（　　）

A.主要负责人应当依法对本单位的安全生产工作全面负责

B.应当设立安全生产管理机构,配备专职安全生产管理人员

C.总包单位应当对分包工程的生产全面负责,分包单位承担连带责任

D.应对达到一定规模的危险性较大的分部分项工程编制专项施工方案

E.主要负责人、项目负责人、专职安全生产管理人员应当经建设行政主管部门或其他有关部门考核合格后方可任职

（2014 年全国监理工程师考试试题）

5.根据《生产安全事故报告和调查处理条例》,事故调查报告的内容包括（　　）

A.事故发生单位概况   B.事故发生经过和事故救援情况

C.事故调查结论   D.事故发生的原因和事故性质

E.事故造成的人员伤亡和直接经济损失

(2014年全国监理工程师考试试题)

6.根据《建设工程安全生产管理条例》,施工单位对因建设工程施工可能造成损害的毗邻( ),应当采取专项防护措施。

A.施工现场临时设施   B.建筑物

C.构筑物   D.地下管线

E.施工现场道路

(2012年全国监理工程师考试试题)

7.根据《建设工程安全生产管理条例》,工程施工单位应当在危险性较大的分部分项工程的施工组织设计中编制( )。

A.施工总平面布置图 B.安全技术措施 C.专项施工方案   D.临时用电方案

E.施工总进度计划

(2011年全国监理工程师考试试题)

8.根据建设部《关于落实建设工程安全生产监理责任的若干意见》,监理单位对施工组织设计审查的主要内容包括( )。

A.施工总平面布置图是否符合安全生产要求

B.冬期、雨期等季节性施工方案是否符合强制性标准要求

C.特种作业人员的特种操作资格证书是否合法有效

D.施工现场安全设施验收手续是否齐全

E.施工现场安全用电技术措施是否符合强制性标准要求

(2010年全国监理工程师考试试题)

二、问答题

1.什么是工程建设安全监理?工程建设安全监理的任务是什么?

2.工程建设安全控制的措施有哪些?

3.工程监理单位的安全责任是什么?

4.落实监理单位安全生产管理责任的主要工作有哪几项?

三、实训题

实训一

某工程,建设单位将土建工程、安装工程分别发包给甲、乙两家施工单位。在合同履行过程中发生了如下事件:

事件1:

甲施工单位施工时不慎将乙施工单位正在安装的一台设备损坏,甲施工单位向乙施工单位做出了赔偿。因修复损坏的设备导致工期延误,乙施工单位向项目监理机构提出延长工期申请。

事件2：

在某次监理过程中，施工单位在进行深基础施工时，基坑开挖后、周边没有按照安全技术措施要求进行必要的防护，监理单位发现存在安全隐患，要求施工单位整改，但被施工单位拒绝。监理机构负责人认为一般不会发生事故，因此没有报告建设单位及有关部门，结果造成两人摔成重伤。

问题：

1. 在事件1中，乙施工单位向项目监理机构提出延长工期申请是否正确？请说明理由。
2. 对事件2进行安全事故责任分析。

实训二

阅读下列资料，然后回答问题。

西单北大街"西西4号"工地坍塌事故造成现场8人死亡、21人受伤。记者从北京市第一中级人民法院获悉，对该重大责任事故的发生负有责任的5人被终审判刑。其中，施工方中国第二十二冶金建设公司"西西4号"工程项目土建总工程师李乐俊被判有期徒刑4年，项目部总工程师杨国俊、项目经理胡钢成分别被判3年6个月；监理方北京希地环球建设工程顾问有限公司派驻工地的总监理工程师吕大卫和监理员吴亚君分别被判有期徒刑3年缓刑3年。据悉，此事故为北京近年最为严重的建筑安全重大事故之一，监理人员在安全责任事故中被判承担刑事责任在北京尚属首次。

在"西西4号"工地工程项目施工期间，李乐俊作为模板支架施工设计方案审核人，在该方案尚未经批准的情况下，便要求劳务队按该方案搭设模板支架；杨国俊明知模板支架施工设计方案存在问题，但其对违反工作程序的施工搭建行为未采取措施，从而使模板支撑体系存在严重安全隐患；胡钢成在模板支架施工方案未经监理方书面批准且支架搭建工程未经监理方验收合格的情况下，对违反程序进行的模板支架施工不予制止，并组织进行混凝土浇筑作业；吕大卫未按规定履行职责，在明知模板支架施工设计方案未经审批、已搭建的模板支架存在严重安全隐患的情况下，默许项目部进行模板支架施工，吴亚君未认真履行职责，在明知模板支架施工设计方案未经审批、已搭建的模板支架存在严重安全隐患，且施工方已进行混凝土浇筑的情况下，不予制止。

由于李乐俊等5人上述违规行为，导致2005年9月5日22时许，在进行高大的厅堂顶盖模板支架预应力混凝土空心板现场浇筑施工时，发生模板支撑体系坍塌事故，造成现场施工工人8人死亡、21人受伤的严重后果。

该资料摘自2007年3月31日北京晚报。有关工程建设中的安全问题令人深思，而监理人员在这一事故中管理不到位，也负有不可推卸的责任。

写一篇说明文，说明监理人员在工程建设中应该怎样进行安全管理。

附录 A　建设工程监理规范

1.总则

1.1 为规范建设工程监理与相关服务行为,提高建设工程监理与相关服务水平,制定本规范。

1.2 本规范适用于新建、扩建、改建建设工程监理与相关服务活动。

1.3 实施建设工程监理前,建设单位应委托具有相应资质的工程监理单位,并以书面形式与工程监理单位订立建设工程监理合同,合同中应包括监理工作的范围、内容、服务期限和酬金,以及双方的义务、违约责任等相关条款。

在订立建设工程监理合同时,建设单位将勘察、设计、保修阶段等相关服务一并委托的,应在合同中明确相关服务的工作范围、内容、服务期限和酬金等相关条款。

1.4 工程开工前,建设单位应将工程监理单位的名称,监理的范围、内容和权限及总监理工程师的姓名书面通知施工单位。

1.5 在建设工程监理工作范围内,建设单位与施工单位之间涉及施工合同的联合活动,应通过工程监理单位进行。

1.6 实施建设工程监理应遵循下列主要依据:

(1) 法律法规及工程建设标准;

(2) 建设工程勘察设计文件;

(3) 建设工程监理合同及其他合同文件。

1.7 建设工程监理应实行总监理工程师负责制。

1.8 建设工程监理宜实施信息化管理。

1.9 工程监理单位应公平、独立、诚信、科学地开展建设工程监理与相关服务活动。

1.10 建设工程监理与相关服务活动,除应符合本规范外,尚应符合国家现行有关标准的规定。

2.术语

2.1 工程监理单位 · Construction project management enterprise

依法成立并取得建设主管部门颁发的工程监理企业资质证书,从事建设工程监理与相关服务活动的服务机构。

2.2 建设工程监理 Construction project management

工程监理单位受建设单位委托,根据法律法规、工程建设标准、勘察设计文件及合同,在施工阶段对建设工程质量、进度、造价进行控制,对合同、信息进行管理,对工程建设相关方的关系进行协调,并履行建设工程安全生产管理法定职责的服务活动。

2.3 相关服务 Related services

工程监理单位受建设单位委托;按照建设工程监理合同约定,在建设工程勘察、设计、保修等阶段提供的服务活动。

2.4 项目监理机构 Project management department

工程监理单位派驻工程负责履行建设工程监理合同的组织机构。

2.5 注册监理工程师 Registered project management engineer

取得国务院建设主管部门颁发的《中华人民共和国注册监理工程师注册执业证书》和执业印章,从事建设工程监理与相关服务等活动的人员。

2.6 总监理工程师 Chief project management engineer

由工程监理单位法定代表人书面任命,负责履行建设工程监理合同、主持项目监理机构工作的注册监理工程师。

2.7 总监理工程师代表 Representative of chief project management engineer

经工程监理单位法定代表人同意,由总监理工程师书面授权,代表总监理工程师行使其部分职责和权力,具有工程类注册执业资格或具有中级及以上专业技术职称、3年及以上工程实践经验并经监理业务培训的人员。

2.8 专业监理工程师 Specialty project management engineer

由总监理工程师授权,负责实施某一专业或某一岗位的监理工作,有相应监理文件签发权,具有工程类注册执业资格或具有中级及以上专业技术职称、2年及以上工程实践经验并经监理业务培训的人员。

2.9 监理员 Site supervisor

从事具体监理工作,具有中专及以上学历并经过监理业务培训的人员。

2.10 监理规划 Project management planning

项目监理机构全面开展建设工程监理工作的指导性文件。

2.11 监理实施细则 Detailed rules for project management

针对某一专业或某一方面建设工程监理工作的操作性文件。

2.12 工程计量 Engineering measuring

根据工程设计文件及施工合同约定,项目监理机构对施工单位申报的合格工程的工程量进行核验。

2.13 旁站 Key works supervising

项目监理机构对工程的关键部位或关键工序的施工质量进行的监督活动。

2.14 巡视 Patrol inspecting

项目监理机构对施工现场进行的定期或不定期的检查活动。

2.15 平行检验 Parallel testing

项目监理机构在施工单位自检的同时,按有关规定、建设工程监理合同约定对同一检验项目进行的检测试验活动。

2.16 见证取样 Sampling witness

项目监理机构对施工单位进行的涉及结构安全的试块、试件及工程材料现场取样、封样、送检工作的监督活动。

2.17 工程延期 Construction duration extension

由于非施工单位原因造成合同工期延长的时间。

2.18 工期延误 Delay of construction period

由于施工单位自身原因造成施工期延长的时间。

2.19 工程临时延期批准 Approval of construction duration temporary extension

发生非施工单位原因造成的持续性影响工期事件时所做出的临时延长合同工期的批准。

2.20 工程最终延期批准 Approval of construction duration final extension

发生非施工单位原因造成的持续性影响工期事件时所做出的最终延长合同工期的批准。

2.21 监理日志 Daily record of project management

项目监理机构每日对建设工程监理工作及施工进展情况所做的记录。

2.22 监理月报 Monthly report of project management

项目监理机构每月向建设单位提交的建设工程监理工作及建设工程实施情况等分析总结报告。

2.23 设备监造 Supervision of equipment manufacturing

项目监理机构按照建设工程监理合同和设备采购合同约定,对设备制造过程进行的监督检查活动。

2.24 监理文件资料 Project document & data

工程监理单位在履行建设工程监理合同过程中形成或获取的,以一定形式记录、保存的文件资料。

3.项目监理机构及其设施

3.1 一般规定

3.1.1 工程监理单位实施监理时,应在施工现场派驻项目监理机构。项目监理的组织形式和规模,可根据建设工程监理合同约定的服务内容、服务期限,以及工程特点、规模、技术复杂程度、环境等因素确定。

3.1.2 项目监理机构的监理人员应由总监理工程师、专业监理工程师和监理员组成,且专业配套、数量应满足建设工程监理工作需要,必要时可设总监理工程师代表。

3.1.3 工程监理单位在建设工程监理合同签订后,应及时将项目监理机构的组织形式、人员构成及对总监理工程师的任命书面通知建设单位。

总监理工程师任命书应按本规范表 A.0.1 的要求填写。

3.1.4 工程监理单位调换总监理工程师时,应征得建设单位书面同意;调换专业监理工程师时,总监理工程师应书面通知建设单位。

3.1.5 一名注册监理工程师可担任一项建设工程监理合同的总监理工程师。当需要同时担任多项建设工程监理合同的监理工程师时,应经建设单位书面同意,且最多不得超过三项。

3.1.6 施工现场监理工作全部完成或建设工程监理合同终止时,项目监理机构可撤离施工现场。

3.2 监理人员职责

3.2.1 总监理工程师应履行下列职责:

(1)确定项目监理机构人员及其岗位职责。

(2)组织编制监理规划,审批监理实施细则。

(3)根据工程进展及监理工作情况调配监理人员,检查监理人员工作。

(4)组织召开监理例会。

(5)组织审核分包单位资格。

(6)组织审查施工组织设计、(专项)施工方案。

(7)审查工程开复工报审表,签发工程开工令、暂停令和复工令。

（8）组织检查施工单位现场质量、安全生产管理体系的建立及运行情况。

（9）组织审核施工单位的付款申请，签发工程款支付证书，组织审核竣工结算。

（10）组织审查和处理工程变更。

（11）调解建设单位与施工单位的合同争议，处理工程索赔。

（12）组织验收分部工程，组织审查单位工程质量检验资料。

（13）审查施工单位的竣工申请，组织工程竣工预验收，组织编写工程质量评估报告，参与工程竣工验收。

（14）参与或配合工程质量安全事故的调查和处理。

（15）组织编写监理月报、监理工作总结，组织整理监理文件资料。

3.2.2 总监理工程师不得将下列工作委托给总监理工程师代表：

（1）组织编制监理规划，审批监理实施细则。

（2）根据工程进展及监理工作情况调配监理人员。

（3）组织审查施工组织设计、（专项）施工方案

（4）签发工程开工令、暂停令和复工令。

（5）签发工程款支付证书，组织审核竣工结算。

（6）调解建设单位与施工单位的合同争议，处理工程索赔。

（7）审查施工单位的竣工申请，组织工程竣工预验收，组织编写工程质量评估报告，参与工程竣工验收。

（8）参与或配合工程质量安全事故的调查和处理。

3.2.3 专业监理工程师应履行下列职责：

（1）参与编制监理规划，负责编制监理实施细则。

（2）审查施工单位提交的涉及本专业的报审文件，并向总监理工程师报告。

（3）参与审核分包单位资格。

（4）指导、检查监理员工作，定期向总监理工程师报告本专业监理工作实施情况。

（5）检查进场的工程材料、构配件、设备的质量。

（6）验收检验批、隐蔽工程、分项工程，参与验收分部工程。

（7）处置发现的质量问题和安全事故隐患。

（8）进行工程计量。

（9）参与工程变更的审查和处理。

（10）组织编写监理日志，参与编写监理月报。

（11）收集、汇总、参与整理监理文件资料。

（12）参与工程竣工预验收和竣工验收。

3.2.4 监理员应履行下列职责：

（1）检查施工单位投入工程的人力、主要设备的使用及运行状况。

（2）进行见证取样。

（3）复核工程计量有关数据。

（4）检查工序施工结果。

（5）发现施工作业中的问题，及时指出并向专业监理工程师报告。

3.3 监理设施

3.3.1 建设单位应按建设工程监理合同约定,提供监理工作需要的办公、交通、通信、生活等设施。

项目监理机构宜妥善使用和保管建设单位提供的设施,并应按建设工程监理合同约定的时间移交建设单位。

3.3.2 工程监理单位宜按建设工程监理合同约定,配备满足监理工作需要的检测设备和工具器。

4. 监理规划及监理实施细则

4.1 一般规定

4.1.1 监理规划应结合工程实际情况,明确项目监理机构的工作目标,确定具体的监理工作制度、内容、程序、方法和措施。

4.1.2 监理实施细则应符合监理规划的要求,并应具有可操作性。

4.2 监理规划

4.2.1 监理规划可在签订建设工程监理合同及收到工程设计文件后由总监理工程师组织编制,并应在召开第一次工地会议前报送建设单位。

4.2.2 监理规划编审应遵循下列程序:

(1) 总监理工程师组织专业监理工程师编制。

(2) 总监理工程师签字后由工程监理单位技术负责人审批。

4.2.3 监理规划应包括下列主要内容:

(1) 工程概况。

(2) 监理工作的范围、内容、目标。

(3) 监理工作依据。

(4) 监理组织形式、人员配备及进退场计划、监理人员岗位职责。

(5) 监理工作制度。

(6) 工程质量控制。

(7) 工程造价控制。

(8) 工程进度控制。

(9) 安全生产管理的监理工作。

(10) 合同与信息管理。

(11) 组织协调。

(12) 监理工作设施。

4.2.4 在实施建设工程监理过程中,实际情况或条件发生变化而需要调整监理规划时,应由总监理工程师组织专业监理工程师修改,并应经工程监理单位技术负责人批准后报建设单位。

4.3 监理实施细则

4.3.1 对专业性较强、危险性较大的分部分项工程,项目监理机构应编制监理实施细则。

4.3.2 监理实施细则应在相应工程施工开始前由专业监理工程师编制,并应报总监理工程师审批。

4.3.3 监理实施细则的编制应依据下列资料:

(1) 监理规划。

（2）工程建设标准、工程设计文件。

（3）施工组织设计、（专项）施工方案。

4.3.4 监理实施细则应包括下列主要内容：

（1）专业工程特点。

（2）监理工作流程。

（3）监理工作要点。

（4）监理工作方法及措施。

4.3.5 在实施建设工程监理过程中，监理实施细则可根据实际情况进行补充、修改，并应经总监理工程师批准后实施。

5.工程质量、造价、进度控制及安全生产管理的监理工作

5.1 一般规定

5.1.1 项目监理机构应根据建设工程监理合同约定，遵循动态控制原理，坚持预防为主的原则，制定和实施相应的监理措施，采用旁站、巡视和平行检验等方式对建设工程实施监理。

5.1.2 监理人员应熟悉工程设计文件，并应参加建设单位主持的图纸会审和设计交底会议，会议纪要应由总监理工程师签认。

5.1.3 工程开工前，监理人员应参加由建设单位主持召开的第一次工地会议，会议纪要应由项目监理机构负责整理，与会各方代表应会签。

5.1.4 项目监理机构应定期召开监理例会，并组织有关单位研究解决与监理相关的问题。项目监理机构可根据工程需要，主持或参加专题会议，解决监理工作范围内工程专项问题。

监理例会以及由项目监理机构主持召开的专题会议的会议纪要，应由项目监理机构负责整理，与会各方代表应会签。

5.1.5 项目监理机构应协调工程建设相关方的关系。项目监理机构与工程建设相关方之间的工作联系，除另有规定外宜采用工作联系单形式进行。

工作联系单应按本规范表 C.0.1 的要求填写。

5.1.6 项目监理机构应审查施工单位报审的施工组织设计，符合要求时，应由总监理工程师签认后报建设单位。项目监理机构应要求施工单位按已批准的施工组织设计组织施工。施工组织设计需要调整时，项目监理机构应按程序重新审查。

施工组织设计审查应包括下列基本内容：

（1）编审程序应符合相关规定。

（2）施工进度、施工方案及工程质量保证措施应符合施工合同要求。

（3）资金、劳动力、材料、设备等资源供应计划应满足工程施工需要。

（4）安全技术措施应符合工程建设强制性标准。

（5）施工总平面布置应科学合理。

5.1.7 施工组织设计或（专项）施工方案报审表，应按本规范表 B.0.1 的要求填写。

5.1.8 总监理工程师应组织专业监理工程师审查施工单位报送的开工报审表及相关资料；同时具备下列条件时，应由总监理工程师签署审查意见，并应报建设单位批准后，总监理工程师签发工程开工令：

（1）设计交底和图纸会审已完成。

（2）施工组织设计已由总监理工程师签认。

（3）施工单位现场质量、安全生产管理体系已建立，管理及施工人员已到位，施工机械具备使用条件，主要工程材料已落实。

（4）进场道路及水、电、通信等已满足开工要求。

5.1.9 开工报审表应按本规范表 B.0.2 的要求填写。工程开工令应按本规范表 A.0.2 的要求填写。

5.1.10 分包工程开工前，项目监理机构应审核施工单位报送的分包单位资格报审表，专业监理工程师提出审查意见后，应由总监理工程师审核签认。

分包单位资格审核应包括下列基本内容：

（1）营业执照、企业资质等级证书。

（2）安全生产许可文件。

（3）类似工程业绩。

（4）专职管理人员和特种作业人员的资格。

5.1.11 分包单位资格报审表应按本规范表 B.0.4 的要求填写。

5.1.12 项目监理机构宜根据工程特点、施工合同、工程设计文件及经过批准的施工组织设计对工程进行风险分析，并应制定工程质量、造价、进度目标控制及安全生产管理的方案，同时应提出防范性对策。

5.2 工程质量控制

5.2.1 工程开工前，项目监理机构应审查施工单位现场的质量管理组织机构、管理制度及专职管理人员和特种作业人员的资格。

5.2.2 总监理工程师应组织专业监理工程师审查施工单位报审的施工方案，并应符合要求后予以签认。

施工方案审查应包括下列基本内容：

（1）编审程序应符合相关规定。

（2）工程质量保证措施应符合有关标准。

5.2.3 施工方案报审表应按本规范表 B.0.1 的要求填写。

5.2.4 专业监理工程师应审查施工单位报送的新材料、新工艺、新技术、新设备的质量认证材料和相关验收标准的适用性，必要时，应要求施工单位组织专题论证，审查合格后报总监理工程师签认。

5.2.5 专业监理工程师应检查、复核施工单位报送的施工控制测量成果及保护措施，签署意见。专业监理工程师应对施工单位在施工过程中报送的施工测量放线成果进行查验。

施工控制测量成果及保护措施的检查、复核，应包括下列内容：

（1）施工单位测量人员的资格证书及测量设备检定证书。

（2）施工平面控制网、高程控制网和临时水准点的测量成果及控制桩的保护措施。

5.2.6 施工控制测量成果报验表应按本规范表 B.0.5 的要求填写。

5.2.7 专业监理工程师应检查施工单位为本工程提供服务的试验室。

试验室的检查应包括下列内容：

（1）试验室的资质等级及试验范围。

（2）法定计量部门对试验设备出具的计量检定证明。

（3）试验室管理制度。

（4）试验人员资格证书。

5.2.8 施工单位的试验室报审表应按本规范表 B.0.7 的要求填写。

5.2.9 项目监理机构应审查施工单位报送的用于工程的材料、构配件、设备的质量证明文件，并应按有关规定、建设工程监理合同约定，对用于工程的材料进行见证取样，平行检验。

项目监理机构对已进场经检验不合格的工程材料、构配件、设备，应要求施工单位限期将其撤出施工现场。

工程材料、构配件或设备报审表应按本规范表 B.0.6 的要求填写。

5.2.10 专业监理工程师应审查施工单位定期提交影响工程质量的计量设备的检查和检定报告。

5.2.11 项目监理机构应根据工程特点和施工单位报送的施工组织设计，确定旁站的关键部位、关键工序，安排监理人员进行旁站，并应及时记录旁站情况。

旁站记录应按本规范表 A.0.6 的要求填写。

5.2.12 项目监理机构应安排监理人员对工程施工质量进行巡视。巡视应包括下列主要内容：

（1）施工单位是否按工程设计文件、工程建设标准和批准的施工组织设计、（专项）施工方案施工。

（2）使用的工程材料、构配件和设备是否合格。

（3）施工现场管理人员，特别是施工质量管理人员是否到位。

（4）特种作业人员是否持证上岗。

5.2.13 项目监理机构应根据工程特点、专业要求，以及建设工程监理合同约定，对工程材料、施工质量进行平行检验。

5.2.14 项目监理机构应对施工单位报验的隐蔽工程、检验批、分项工程和分部工程进行 验收，对验收合格的应给予签认，对验收不合格的应拒绝签认，同时应要求施工单位在指定的时间内整改并重新报验。

对已同意覆盖的工程隐蔽部位质量有疑问的，或发现施工单位私自覆盖工程隐蔽部位的，项目监理机构应要求施工单位对该隐蔽部位进行钻孔探测或揭开或其他方法进行重新检验。

隐蔽工程、检验批、分项工程报验表应按本规范表 B.0.7 的要求填写。分部工程报验表应按本规范表 B.0.8 的要求填写。

5.2.15 项目监理机构发现施工存在质量问题的，或施工单位采用不适当的施工工艺，或 施工不当，造成工程质量不合格的，应及时签发监理通知单，要求施工单位整改。整改完毕后，项目监理机构应根据施工单位报送的监理通知回复对整改情况进行复查，提出复查意见。

监理通知单应按本规范表 A.0.3 的要求填写，监理通知回复单应按本规范表 B.0.9 的要求填写。

5.2.16 对需要返工处理加固补强的质量缺陷，项目监理机构应要求施工单位报送经设计等相关单位认可的处理方案，并应对质量缺陷的处理过程进行跟踪检查，同时应对处理结果进行验收。

5.2.17 对需要返工处理或加固补强的质量事故，项目监理机构应要求施工单位报送质量事故调查报告和经设计等相关单位认可的处理方案，并应对质量事故的处理过程进行跟踪检查，同时应对处理结果进行验收。

项目监理机构应及时向建设单位提交质量事故书面报告，并应将完整的质量事故处理记录整理归档。

5.2.18 项目监理机构应审查施工单位提交的单位工程竣工验收报审表及竣工资料,组织工程竣工预验收。存在问题的,应要求施工单位及时整改;合格的,总监理工程师应签认单位工程竣工验收报审表。

单位工程竣工验收报审表应按本规范表 B.0.10 的要求填写。

5.2.19 工程竣工预验收合格后,项目监理机构应编写工程质量评估报告,并应经总监理工程师和工程监理单位技术负责人审核签字后报建设单位。

5.2.20 项目监理机构应参加由建设单位组织的竣工验收,对验收中提出的整改问题,应督促施工单位及时整改。工程质量符合要求的,总监理工程师应在工程竣工验收报告中签署意见。

5.3 工程造价控制

5.3.1 项目监理机构应按下列程序进行工程计量和付款签证:

(1)专业监理工程师对施工单位在工程款支付报审表中提交的工程量和支付金额进行复核,确定实际完成的工程量,提出到期应支付给施工单位的金额,并提出相应的支持性材料。

(2)总监对专业监理工程师的审查意见进行审核,签认后报建设单位审批。

(3)总监理工程师根据建设单位的审批意见,向施工单位签发工程款支付证书。

5.3.2 工程款支付报审表应按本规范表 B.0.11 的要求填写,工程款支付证书应按本规范表 A.0.8 的要求填写。

5.3.3 项目监理机构应建立月完成工程量统计表,对实际完成量与计划完成量进行比较分析,发现偏差的,应提出调整建议,并应在监理月报中向建设单位报告。

5.3.4 目监理机构应按下列程序进行竣工结算款审核:

(1)专业监理工程师审查施工单位提交的工结算款支付申请,提出审查意见。

(2)总监理工程师对专业监理工程师的审查意见进行审核,签认后报建设单位审批,同时抄送施工单位,并就工程竣工结算事宜与建设单位、施工单位协商;达成一致意见的,根据建设单位审批意见向施工单位签发竣工结算款支付证书;不能达成一致意见的,应按施工合同约定处理。

5.3.5 工程竣工结算款支付报审表应按本规范表 B.0.11 的要求填写,竣工结算款支付证书应按本规范表 A.0.8 的要求填写。

5.4 工程进度控制

5.4.1 项目监理机构应审查施工单位报审的施工总进度计划和阶段性施工进度计划,提出审查意见,并应由总监理工程师审核后报建设单位。

施工进度计划审查应包括下列基本内容:

(1)施工进度计划应符合施工合同中工期的约定。

(2)施工进度计划中主要工程项目无遗漏,应满足分批投入试运、分批动用的需要,阶段性施工进度计划应满足总进度控制目标的要求。

(3)施工顺序的安排应符合施工工艺要求。

(4)施工人员、工程材料、施工机械等资源供应计划应满足施工进度计划的需要。

(5)施工进度计划应符合建设单位提供的资金、施工图纸、施工场地、物资等施工条件。

5.4.2 施工进度计划报审表应按本规范表 B.0.12 的要求填写。

5.4.3 项目监理机构应检查施工进度计划的实施情况,发现实际进度严重滞后于计划进度且影响合同工期时,应签发监理通知单,要求施工单位采取调整措施加快施工进度。总监理工程师应向建设单位报告工期延误风险。

5.4.4 项目监理机构应比较分析工程施工实际进度与计划进度,预测实际进度对工程总工期的影响,并应在监理月报中向建设单位报告工程实际进展情况。

5.5 安全生产管理的监理工作

5.5.1 项目监理机构应根据法律法规、工程建设强制性标准,履行建设工程安全生产管理的监理职责;并应将安全生产管理的监理工作内容、方法和措施纳入监理规划及监理实施细则。

5.5.2 项目监理机构应审查施工单位现场安全生产规章制度的建立和实施情况,并应审查施工单位安全生产许可证及施工单位项目经理、专职安全生产管理人员和特种作业人员的资格,同时应核查施工机械和设施的安全许可验收手续。

5.5.3 项目监理机构应审查施工单位报审的专项施工方案,符合要求的,应由总监理工程师签认后报建设单位。超过一定规模的危险性较大的分部分项工程的专项施工方案,应检查施工单位组织专家进行论证、审查的情况,以及是否附具安全验算结果。项目监理机构应要求施工单位按已批准的专项施工方案组织施工。专项施工方案需要调整时,施工单位应按程序重新提交项目监理机构审查。

专项施工方案审查应包括下列基本内容:

(1)编审程序应符合相关规定。

(2)安全技术措施应符合工程建设强制性标准。

5.5.4 专项施工方案报审表应按本规范表 B.0.1 的要求填写。

5.5.5 项目监理机构应巡视检查危险性较大的分部分项工程专项施工方案实施情况。发现未按专项施工方案实施时,应签发监理通知单,要求施工单位按专项施工方案实施。

5.5.6 项目监理机构在实施监理过程中,发现工程存在安全事故隐患时,应签发监理通知单,要求施工单位整改;情况严重时,应签发工程暂停令,并应及时报告建设单位。施工单位拒不整改或不停止施工时,项目监理机构应及时向有关主管部门报送监理报告。

监理报告应按本规范表 A.0.4 的要求填写。

6.工程变更、索赔及施工合同争议处理

6.1 一般规定

6.1.1 项目监理机构应依据建设工程监理合同约定进行施工合同管理,处理工程暂停及复工、工程变更、索赔及施工合同争议、解除等事宜。

6.1.2 施工合同终止时,项目监理机构应协助建设单位按施工合同约定处理施工合同终止的有关事宜。

6.2 工程暂停及复工

6.2.1 总监理工程师在签发工程暂停令时,可根据停工原因的影响范围和影响程度,确定停工范围,并应按施工合同和建设工程监理合同的约定签发工程暂停令。

6.2.2 项目监理机构发现下列情况之一时,总监理工程师应及时签发工程暂停令:

(1)建设单位要求暂停施工且工程需要暂停施工的。

(2)施工单位未经批准擅自施工或拒绝项目监理机构管理的。

(3)施工单位未按审查通过的工程设计文件施工的。

（4）施工单位未按批准的施工组织设计、（专项）施工方案施工或违反工程建设强制性标准的。

（5）施工存在重大质量、安全事故隐患或发生质量、安全事故的。

6.2.3 总监理工程师签发工程暂停令应征得建设单位同意，在紧急情况下未能事先报告的，应在事后及时向建设单位做出书面报告。

工程暂停令应按本规范附录 A.0.5 的要求填写。

6.2.4 暂停施工事件发生时，项目监理机构应如实记录所发生的情况。

6.2.5 总监理工程师应会同有关各方按施工合同约定，处理因工程暂停引起的与工期、费用有关的问题。

6.2.6 因施工单位原因暂停施工时，项目监理机构应检查、验收施工单位的停工整改过程、结果。

6.2.7 当暂停施工原因消失、具备复工条件时，施工单位提出复工申请的，项目监理机构应审查施工单位报送的复工报审表及有关材料，符合要求后，总监理工程师应及时签署审查意见，并应报建设单位批准后签发工程复工令；施工单位未提出复工申请的，总监理工程师应根据工程实际情况指令施工单位恢复施工。

复工报审表应按本规范表 B.0.3 的要求填写，工程复工令应按本规范表 A.0.7 的要求填写。

6.3 工程变更

6.3.1 项目监理机构可按下列程序处理施工单位提出的工程变更

（1）总监理工程师组织专业监理工程师审查施工单位提出的工程变更申请，提出审查意见。对涉及工程设计文件修改的工程变更，应由建设单位转交原设计单位修改工程设计文件。必要时，项目监理机构应建议建设单位组织设计、施工等单位召开论证工程设计文件的修改方案的专题会议。

（2）总监理工程师组织专业监理工程师对工程变更费用及工期影响做出评估。

（3）总监理工程师组织建设单位、施工单位等共同协商确定工程变更费用及工期变化，会签工程变更单。

（4）项目监理机构根据批准的工程变更文件监督施工单位实施工程变更。

6.3.2 工程变更单应按本规范表 C.0.2 的要求填写。

6.3.3 项目监理机构可在工程变更实施前与建设单位、施工单位等协商确定工程变更的计价原则、计价方法或价款。

6.3.4 建设单位与施工单位未能就工程变更费用达成协议时，项目监理机构可提出一个暂定价格并经建设单位同意，作为临时支付工程款的依据。工程变更款项最终结算时，应以建设单位与施工单位达成的协议为依据。

6.3.5 项目监理机构可对建设单位要求的工程变更提出评估意见，并应督促施工单位按会签后的工程变更单组织施工。

6.4 费用索赔

6.4.1 项目监理机构应及时收集、整理有关工程费用的原始资料，为处理费用索赔提供证据。

6.4.2 项目监理机构处理费用索赔的主要依据应包括下列内容：

（1）法律法规。

（2）勘察设计文件、施工合同文件。

（3）工程建设标准。

（4）索赔事件的证据。

6.4.3 项目监理机构可按下列程序处理施工单位提出的费用索赔：

（1）受理施工单位在施工合同约定的期限内提交的费用索赔意向通知书。

（2）收集与索赔有关的资料。

（3）受理施工单位在施工合同约定的期限内提交的费用索赔报审表。

（4）审查费用索赔报审表。需要施工单位进一步提交详细资料时，应在施工合同约定的期限内发出通知。

（5）与建设单位和施工单位协商一致后，在施工合同约定的期限内签发费用索赔报审表，并报建设单位。

6.4.4 费用索赔意向通知书应按本规范表 C.0.3 的要求填写；费用索赔报审表应按本规范表 B.0.13 的要求填写。

6.4.5 项目监理机构批准施工单位费用索赔应同时满足下列条件：

（1）施工单位在施工合同约定的期限内提出费用索赔。

（2）索赔事件是因非施工单位原因造成，且符合施工合同约定。

（3）索赔事件造成施工单位直接经济损失。

6.4.6 当施工单位的费用索赔要求与工程延期要求相关联时，项目监理机构可提出费用索赔和工程延期的综合处理意见，并应与建设单位和施工单位协商。

6.4.7 因施工单位原因造成建设单位损失，建设单位提出索赔时，项目监理机构应与建设单位和施工单位协商处理。

6.5 工程延期及工期延误

6.5.1 施工单位提出工程延期要求符合施工合同约定时，项目监理机构应予以受理。

6.5.2 当影响工期事件具有持续性时，项目监理机构应对施工单位提交的阶段性工程临时延期报审表进行审查，并应签署工程临时延期审核意见后报建设单位。

当影响工期事件结束后，项目监理机构应对施工单位提交的工程最终延期报审表进行审查，并应签署工程最终延期审核意见后报建设单位。

工程临时延期报审表和工程最终延期报审表应按本规范表 B.0.14 的要求填写。

6.5.3 项目监理机构在做出工程临时延期批准和工程最终延期批准前，均应与建设单位和施工单位协商。

6.5.4 项目监理机构批准工程延期应同时满足下列条件：

（1）施工单位在施工合同约定的期限内提出工程延期。

（2）因非施工单位原因造成施工进度滞后。

（3）施工进度滞后影响到施工合同约定的工期。

6.5.5 施工单位因工程延期提出费用索赔时，项目监理机构可按施工合同约定进行处理。

6.5.6 发生工期延误时，项目监理机构应按施工合同约定进行处理。

6.6 施工合同争议

6.6.1 项目监理机构处理施工合同争议时应进行下列工作：

（1）了解合同争议情况。

（2）及时与合同争议双方进行磋商。

（3）提出处理方案后，由总监理工程师进行协调。

（4）当双方未能达成一致时，总监理工程师应提出处理合同争议的意见。

6.6.2 项目监理机构在施工合同争议处理过程中，对未达到施工合同约定的暂停履行合同条件的，应要求施工合同双方继续履行合同。

6.6.3 在施工合同争议的仲裁或诉讼过程中，项目监理机构应按仲裁机关或法院要求提供与争议有关的证据。

6.7 施工合同解除

6.7.1 因建设单位原因导致施工合同解除时，项目监理机构应按施工合同约定与建设单位和施工单位从下列款项中协商确定施工单位应得款项，并签认工程款支付证书：

（1）施工单位按施工合同约定已完成的工作应得款项。

（2）施工单位按批准的采购计划订购工程材料、构配件、设备的款项。

（3）施工单位撤离施工设备至原基地或其他目的地的合理费用。

（4）施工单位人员的合理遣返费用。

（5）施工单位合理的利润补偿。

（6）施工合同约定的建设单位应支付的违约金。

6.7.2 因施工单位原因导致施工合同解除时，项目监理机构应按施工合同约定，从下列款项中确定施工单位应得款项或偿还建设单位的款项，并应与建设单位和施工单位协商后，书面提交施工单位应得款项或偿还建设单位款项的证明：

（1）施工单位已按施工合同约定实际完成的工作应得款项和已给付的款项。

（2）施工单位已提供的材料、构配件、设备和临时工程等的价值。

（3）对已完工程进行检查和验收、移交工程资料、修复已完工程质量缺陷等所需的费用。

（4）施工合同约定的施工单位应支付的违约金。

6.7.3 因非建设单位、施工单位原因导致施工合同解除时，项目监理机构应按施工合同约定处理合同解除后的有关事宜。

7. 监理文件资料管理

7.1 一般规定

7.1.1 项目监理机构应建立完善监理文件资料管理制度，宜设专人管理监理文件资料。

7.1.2 项目监理机构应及时、准确、完整地收集、整理、编制、传递监理文件资料。

7.1.3 项目监理机构宜采用信息技术进行监理文件资料管理。

7.2 监理文件资料内容

7.2.1 监理文件资料应包括下列主要内容：

（1）勘察设计文件、建设工程监理合同及其他合同文件。

（2）监理规划、监理实施细则。

（3）设计交底和图纸会审会议纪要。

（4）施工组织设计、（专项）施工方案、施工进度计划报审文件资料。

（5）分包单位资格报审文件资料。

（6）施工控制测量成果报验文件资料。

（7）总监理工程师任命书，工程开工令、暂停令、复工令，开工或复工报审文件资料。

（8）工程材料、构配件、设备报验文件资料。

（9）见证取样和平行检验文件资料。

（10）工程质量检查报验资料及工程有关验收资料。

（11）工程变更、费用索赔及工程延期文件资料。

（12）工程计量、工程款支付文件资料。

（13）监理通知单、工作联系单与监理报告。

（14）第一次工地会议、监理例会、专题会议等会议纪要。

（15）监理月报、监理日志、旁站记录。

（16）工程质量或生产安全事故处理文件资料。

（17）工程质量评估报告及竣工验收监理文件资料。

（18）监理工作总结。

7.2.2 监理日志应包括下列主要内容：

（1）天气和施工环境情况。

（2）当日施工进展情况。

（3）当日监理工作情况，包括旁站、巡视、见证取样、平行检验等情况。

（4）当日存在的问题及协调解决情况。

（5）其他有关事项。

7.2.3 监理月报应包括下列主要内容：

（1）本月工程实施情况。

（2）本月监理工作情况。

（3）本月施工中存在的问题及处理情况。

（4）下月监理工作重点。

7.2.4 监理工作总结应包括下列主要内容：

（1）工程概况。

（2）项目监理机构。

（3）建设工程监理合同履行情况。

（4）监理工作成效。

（5）监理工作中发现的问题及其处理情况。

（6）说明和建议。

7.3 监理文件资料归档

7.3.1 项目监理机构应及时整理、分类汇总监理文件资料，并应按规定组卷，形成监理档案。

7.3.2 工程监理单位应根据工程特点和有关规定，保存监理档案，并应向有关单位、部门移交需要存档的监理文件资料。

8.设备采购与设备监造

本章明确了设备采购与设备监造的工作依据，明确了项目监理机构在设备采购、设备监造等方面的工作职责、原则、程序、方法和措施。

8.1 一般规定

8.1.1 项目监理机构应根据建设工程监理合同约定的设备采购与设备监造工作内容、配备监理人员，以及明确岗位职责。

8.1.2 项目监理机构应编制设备采购与设备监造工作计划,并应协助建设单位编制设备采购与设备监造方案。

8.2 设备采购

8.2.1 采用招标方式进行设备采购时,项目监理机构应协助建设单位按有关规定组织设备采购招标。采用其他方式进行设备采购时,项目监理机构应协助建设单位进行询价。

8.2.2 项目监理机构应协助建设单位进行设备采购合同谈判,并应协助签订设备采购合同。

8.2.3 设备采购文件资料应包括下列主要内容:

(1) 建设工程监理合同及设备采购合同。

(2) 设备采购招投标文件。

(3) 工程设计文件和图纸。

(4) 市场调查、考察报告。

(5) 设备采购方案。

(6) 设备采购工作总结。

8.3 设备监造

8.3.1 项目监理机构应检查设备制造单位的质量管理体系,并应审查设备制造单位报送的设备制造生产计划和工艺方案。

8.3.2 项目监理机构应审查设备制造的检验计划和检验要求,并应确认各阶段的检验时间、内容、方法、标准,以及检测手段、检测设备和仪器。

8.3.3 专业监理工程师应审查设备制造的原材料、外购配套件、元器件、标准件、以及坯料的质量证明文件及检验报告,并应审查设备制造单位提交的报验资料,符合规定时应予以签认。

8.3.4 项目监理机构应对设备制造过程进行监督和检查,对主要及关键零部件的制造工序应进行抽检。

8.3.5 项目监理机构应要求设备制造单位按批准的检验计划和检验要求进行设备制造过程的检验工作,并应做好检验记录。项目监理机构对检验结果进行审核,认为不符合质量要求时,应要求设备制造单位进行整改、返修或返工。当发生质量失控或重大质量事故时,应由总监理工程师签发暂停令,提出处理意见,并应及时报告建设单位。

8.3.6 项目监理机构应检查和监督设备的装配过程。

8.3.7 在设备制造过程中如需要对设备的原设计进行变更时,项目监理机构应审查设计变更,并应协调处理因变更引起的费用和工期调整,同时应报建设单位批准。

8.3.8 项目监理机构应参加设备整机性能检测、调试和出厂验收,符合要求后应予以签认。

8.3.9 在设备运往现场前,项目监理机构应检查设备制造单位对待运设备采取的防护和包装措施,并应检查是否符合运输、装卸、储存、安装的要求,以及随机文件、装箱单和附件是否齐全。

8.3.10 设备运到现场后,项目监理机构应参加由设备制造单位按合同约定与接收单位的交接工作。

8.3.11 专业监理工程师应按设备制造合同的约定审查设备制造单位提交的付款申请,提出审查意见,并应由总监理工程师审核后签发支付证书。

8.3.12 专业监理工程师应审查设备制造单位提出的索赔文件,提出意见后报总监理工程师,并应由总监理工程师与建设单位、设备制造单位协商一致后签署意见。

8.3.13 专业监理工程师应审查设备制造单位报送的设备制造结算文件,提出审查意见,并应由总监理工程师签署意见后报建设单位。

8.3.14 设备监造文件资料应包括下列主要内容:

(1) 建设工程监理合同及设备采购合同。

(2) 设备监造工作计划。

(3) 设备制造工艺方案报审资料。

(4) 设备制造的检验计划和检验要求。

(5) 分包单位资格报审资料。

(6) 原材料、零配件的检验报告。

(7) 工程暂停令、开工或复工报审资料。

(8) 检验记录及试验报告。

(9) 变更资料。

(10) 会议纪要。

(11) 来往函件。

(12) 监理通知单与工作联系单。

(13) 监理日志。

(14) 监理月报。

(15) 质量事故处理文件。

(16) 索赔文件。

(17) 设备验收文件

(18) 设备交接文件。

(19) 支付证书和设备制造结算审核文件。

(20) 设备监造工作总结。

9. 相关服务

9.1 一般规定

9.1.1 工程监理单位应根据建设工程监理合同约定的相关服务范围,开展相关服务工作,以及编制相关服务工作计划。

9.1.2 工程监理单位应按规定汇总整理、分类归档相关服务工作的文件资料。

9.2 工程勘察设计阶段服务

9.2.1 工程监理单位应协助建设单位编制工程勘察设计任务书和选择工程勘察设计单位,并应协助签订工程勘察设计合同。

9.2.2 工程监理单位应审查勘察单位提交的勘察方案,提出审查意见,并应报建设单位。

变更勘察方案时,应按原程序重新审查。

勘察方案报审表可按本规范表 B.0.1 的要求填写。

9.2.3 工程监理单位应检查勘查现场及室内试验主要岗位操作人员的资格、所使用设备、仪器计量的检定情况。

9.2.4 工程监理单位应检查勘察进度计划执行情况、督促勘察单位完成勘察合同约定的工作内容、审核勘察单位提交的勘察费用支付申请表,以及签发勘察费用支付证书,并应报建设单位。

工程勘察阶段的监理通知单可按本规范表 A.0.3 的要求填写;监理通知回复单可应按本规范表 B.0.9 的要求填写;勘察费用支付申请表可按本规范表 B.0.11 的要求填写;勘察费用支付证书可按本规范表 A.0.8 的要求填写。

9.2.5 工程监理单位应检查勘察单位执行勘察方案的情况,对重要点位的勘探与测试应进行现场检查。

9.2.6 工程监理单位应审查勘察单位提交的勘察成果报告,并应向建设单位提交勘察成果评估报告,同时应参与勘察成果验收。

勘察成果评估报告应包括下列内容:

(1) 勘察工作概况。

(2) 勘察报告编制深度、与勘察标准的符合情况。

(3) 勘察任务书的完成情况。

(4) 存在问题及建议。

(5) 评估结论。

9.2.7 勘察成果报审表可按本规范表 B.0.7 的要求填写。

9.2.8 工程监理单位应依据设计合同及项目总体计划要求审查各专业、各阶段设计进度计划。

9.2.9 工程监理单位应检查设计进度计划执行情况、督促设计单位完成设计合同约定的工作内容、审核设计单位提交的设计费用支付申请表,以及签认设计费用支付证书,并应报建设单位。

工程设计阶段的监理通知单可按本规范表 A.0.3 的要求填写;监理通知回复单可按本规范表 B.0.9 的要求填写;设计费用支付报审表可按本规范表 B.0.11 的要求填写;设计费用支付证书可按本规范表 A.0.8 的要求填写。

9.2.10 工程监理单位应审查设计单位提交的设计成果,并应提出评估报告。评估报告应包括下列主要内容:

(1) 设计工作概况。

(2) 设计深度、与设计标准的符合情况。

(3) 设计任务书的完成情况。

(4) 有关部门审查意见的落实情况。

(5) 存在的问题及建议。

9.2.11 设计阶段成果报审表可按本规范表 B.0.7 的要求填写。

9.2.12 工程监理单位应审查设计单位提出的新材料、新工艺、新技术、新设备在相关部门的备案情况。必要时应协助建设单位组织专家评审。

9.2.13 工程监理单位应审查设计单位提出的设计概算、施工图预算,提出审查意见,并应报建设单位。

9.2.14 工程监理单位应分析可能发生索赔的原因,并应制定防范对策。

9.2.15 工程监理单位应协助建设单位组织专家对设计成果进行评审。

9.2.16 工程监理单位可协助建设单位向政府有关部门报审有关工程设计文件,并应根据审批意见,督促设计单位予以完善。

9.2.17 工程监理单位应根据勘察设计合同,协调处理勘察设计延期、费用索赔等事宜。

勘察设计延期报审表可按本规范表 B.0.14 的要求填写;勘察设计费用索赔报审表可按本规范表 B.0.13 的要求填写。

9.3 工程保修阶段服务

9.3.1 承担工程保修阶段的服务工作时,工程监理单位应定期回访。

9.3.2 对建设单位或使用单位提出的工程质量缺陷,工程监理单位应安排监理人员进行检查和记录,并应要求施工单位予以修复,同时应监督实施,合格后应予以签认。

9.3.3 工程监理单位应对工程质量缺陷原因进行调查,并应与建设单位、施工单位协商确定责任归属。对非施工单位原因造成的工程质量缺陷,应核实施工单位申报的修复工程费用,并应签认工程款支付证书,同时应报建设单位。

A 类表:工程监理单位用表(共 8 种)。

附表 A-1 为 A.0.1 总监理工程师任命书;附表 A-2 为 A.0.2 工程开工令;附表 A-3 为 A.0.3 监理通知单;附表 A-4 为 A.0.4 监理报告;附表 A-5 为 A.0.5 工程暂停令;附表 A-6 为 A.0.6 旁站记录;附表 A-7 为 A.0.7 工程复工令;附表 A-8 为 A.0.8 工程款支付证书。

附表 A-1　A.0.1 总监理工程师任命书

工程名称:　　　　　　　　　　　　　　　　　　　　　　　　　编号:

致:_____(建设单位)

　　兹认命_____(注册监理工程师注册号:　　　　　)为我单位_____项目总监理工程师。负责履行建设工程监理合同,主持项目监理工作。

工程监理单位(盖章)

法定代表人(签字)

年　月　日

注:本表一式三份,项目监理机构、建设单位、施工单位各一份。

附表 A-2　A.0.2 工程开工令

工程名称：　　　　　　　　　　　　　　　　　　　　　　　　　　　　　　编号：

致：_____（施工单位）

　　经审查,本工程已具备施工合同约定的开工条件,现同意你方开始施工,开工日期为：　年　月　日。

　　附件:工程开工报审表

项目监理机构（盖章）

总监理工程师（签字,加盖执业印章）

年　月　日

注:本表一式三份,项目监理机构、建设单位、施工单位各一份。

附表 A-3　A.0.3 监理通知单

工程名称：　　　　　　　　　　　　　　　　　　　　　　　　　　　编号：

致：_____（施工单位）

　事由：

　内容：

项目监理机构（盖章）

总监理工程师（签字，加盖执业印章）

年　月　日

注：本表一式三份，项目监理机构、建设单位、施工单位各一份。

附表 A-4　A.0.4 监理报告

工程名称：　　　　　　　　　　　　　　　　　　　　　　　　　　编号：

致：　　　　　　　　　　　　　（主管部门）
　　由　　　　　　（施工单位）施工的　　　　　　（工程部位），存在安全事故隐患。我方已于　年　月　日发出编号
为　　　　　　的"监理通知单"/"工程暂停令"，但施工单位未整改/停工。
　　特此报告。

　　附件:□监理通知单
　　　　□工程暂停令
　　　　□其他

项目监理机构（盖章）
总监理工程师（签字）
　年　月　日

注:本表一式三份,项目监理机构、建设单位、施工单位各一份。

附表 A-5 A.0.5 工程暂停令

工程名称：   编号：

致：＿＿＿＿＿＿＿＿＿＿＿＿＿（施工项目经理部） 　由＿＿＿＿＿原因，现通知你方于　年　月　日起，暂停＿＿＿＿＿部位（工序）施工，并按下列要求做好后续工作。 　要求：   　　　　　　　　　　　　　　　　　　　　　　　　　项目监理机构（盖章） 　　　　　　　　　　　　　　　　　　　　　总监理工程师（签字，加盖执业印章） 　　　　　　　　　　　　　　　　　　　　　　　　　　　年　月　日

注：本表一式三份，项目监理机构、建设单位、施工单位各一份。

附表 A-6　A.0.6 旁站记录

工程名称：　　　　　　　　　　　　　　　　　　　　　　　　编号：

旁站的关键部位,关键工序		施工单位	
旁站开始时间	年　月　日　时　分	旁站结束时机	年　月　日　时　分
旁站的关键部位,关键工序施工情况：			
发现的问题及处理情况：			

旁站监理人员（签字）

年　月　日

注:本表一式一份,项目监理机构留存。

附表 A-7　A.0.7 工程复工令

工程名称：

编号：

致：_____（施工项目经理部）
　　我方发出的编号为_____"工程暂停令"，要求暂停施工的_____部位（工序），经查已具备复工条件。经建设单位同意，现通知你方于　年　月　日　时起恢复施工。
　　附件：工程复工报审表

项目监理机构（盖章）
总监理工程师（签字，加盖执业印章）
年　月　日

注：本表一式三份，项目监理机构、建设单位、施工单位各一份。

附表 A-8 A.0.8 工程款支付证书

工程名称：   编号：

致：_____（施工单位）
　根据施工合同约定，经审核编号为_____工程款支付报审表，扣除有关款项后，同意支付工程款共计（大写）_____（小写）_____。
　其中：
　1.施工单位申报款为：
　2.经审核施工单位应得款：
　3.本期应扣款：
　4.本期应付款：
　附件：工程款支付报审表及附件

项目监理机构（盖章）
总监理工程师（签字，加盖执业印章）
年　月　日

注：本表一式三份，项目监理机构、建设单位、施工单位各一份。

B类表:施工单位报审、报验用表(共 14 种)。

附表 A-9 为 B.0.1 施工组织设计或(专项)施工方案报审表;附表 A-10 为 B.0.2 工程开工报审表;附表 A-11 为 B.0.3 工程复工报审表;附表 A-12 为 B.0.4 分包单位资格报审表;附表 A-13 为 B.0.5 施工控制测量成果报审表;附表 A-14 为 B.0.6 工程材料、构配件、设备报审表;附表 A-15 为 B.0.7 报审、报验表;附表 A-16 为 B.0.8 分部工程报验表;附表 A-17 为 B.0.9 监理通知回复单;附表 A-18 为 B.0.10 单位工程竣工验收报审表;附表 A-19 为 B.0.11 工程款支付报审表;附表 A-20 为 B.0.12 施工进度计划报审表;附表 A-21 为 B.0.13 费用索赔报验表;附表 A-22 为 B.0.14 工程临时/最终延期报验表。

附表 A-9 B.0.1 施工组织设计或(专项)施工方案报审表

工程名称:　　　　　　　　　　　　　　　　　　　　　　　　　　　编号:

致:_____(项目监理机构) 我方已完成_____工程施工组织设计或(专项)施工方案的编制和审批,请予以审查。 附件:□施工组织设计 □专项施工方案 □施工方案   施工项目经理部(盖章) 项目经理(签字) 年　月　日
审核意见: 专业监理工程师(签字) 年　月　日
审核意见: 项目监理机构(盖章) 总监理工程师(签字,加盖执业印章) 年　月　日
审核意见(仅针对超过一定规模的危险性较大的分部分项专项施工方案):   建设单位(盖章) 建设单位代表(签字) 年　月　日

注:本表一式三份,项目监理机构、建设单位、施工单位各一份。

附表 A-10　B.0.2 工程开工报审表

工程名称：　　　　　　　　　　　　　　　　　　　　编号：

致：_____（建设单位） _____（项目监理机构） 　我方承担的_____工程，已完成相关的准备工作，具备开工条件，申请于　年　月　日开工，请予以审批。 　附件：证明文件资料   　　　　　　　　　　　　　　　　　　　　　施工单位（盖章） 　　　　　　　　　　　　　　　　　　　　　项目经理（签字） 　　　　　　　　　　　　　　　　　　　　　　年　月　日
审核意见：   　　　　　　　　　　　　　　　　　　　项目监理机构（盖章） 　　　　　　　　　　　　　　总监理工程师（签字，加盖执业印章） 　　　　　　　　　　　　　　　　　　　　　　年　月　日
审批意见：   　　　　　　　　　　　　　　　　　　　　建设单位（盖章） 　　　　　　　　　　　　　　　　　　建设单位代表（签字） 　　　　　　　　　　　　　　　　　　　　　　年　月　日

注：本表一式三份，项目监理机构、建设单位、施工单位各一份。

附表 A-11　B.0.3 工程复工报审表

工程名称：　　　　　　　　　　　　　　　　　　　　　　　　　　　编号：

致：＿＿＿＿＿（项目监理机构） 　编号为＿＿＿＿＿"工程暂停令"所停工的＿＿＿＿＿部位（工序）已满足复工条件，我方申请于　年　月　日复工，请予以审批。 　附件：证明文件资料   建工项目经理部（盖章） 项目经理（签字） 年　月　日
审核意见：   项目监理机构（盖章） 总监理工程师（签字） 年　月　日
审批意见：   建设单位（盖章） 建设单位代表（签字） 年　月　日

注：本表一式三份，项目监理机构、建设单位、施工单位各一份。

附表 A-12　B.0.4 分包单位资格报审表

工程名称：　　　　　　　　　　　　　　　　　　　　　　　　　　　　　　　编号：

致：＿＿＿＿＿＿（项目监理机构）

　　经考察，我方认为拟选择的＿＿＿＿＿＿（分包单位）具有承担下列工程的施工或安装资质和能力，可以保证本工程按施工合同第＿＿＿＿＿＿条款的约定进行施工或安装。请予以检查。

分包工程名称（部位）	分包工程量	分包工程合同额
合计		

附件：1.分包单位资质材料

2.分包单位业绩材料

3.分包单位专职管理人员和特种作业人员的资格证书

4.施工单位对分包单位的管理制度

施工项目经理部（盖章）

项目经理（签字）

年　月　日

审核意见：

专业监理工程师（签字）

年　月　日

审批意见：

项目监理机构（盖章）

总监理工程师（签字）

年　月　日

注：本表一式三份，项目监理机构、建设单位、施工单位各一份。

附表 A-13　B.0.5 施工控制测量成果报审表

工程名称：

编号：

致：_____（项目监理机构）

我方已完成_____的施工控制量，经自检合格，请予以查验。

附件：1.施工控制测量依据资料

2.施工控制测量成果表

施工项目经理部（盖章）

项目技术负责人（签字）

年　月　日

审查意见：

项目监理机构（盖章）

专业监理工程师（签字）

年　月　日

注：本表一式三份，项目监理机构、建设单位、施工单位各一份。

附表 A-14　B.0.6 工程材料、构配件、设备报审表

工程名称：　　　　　　　　　　　　　　　　　　　　　　　　　　　　　编号：

致：＿＿＿＿＿（项目监理机构） 　于　年　月　日进场的拟用于工程＿＿＿＿＿部位的＿＿＿＿＿，经我方检验合格，现将相关资料报上，请予以审查。 　附件：1. 工程材料、构配件或设备清单 　2. 质量证明文件 　3. 自检结果 施工项目经理部（盖章） 项目经理（签字） 年　月　日
审查意见：   项目监理机构（盖章） 专业监理工程师（签字） 年　月　日

注：本表一式两份、项目监理机构、施工单位各一份。

附表 A-15　B.0.7 报审、报验表

工程名称：　　　　　　　　　　　　　　　　　　　　　　　　　　　　编号：

致：_____（项目监理机构）
　我方已完成_____工作，经自检合格，请予以审查或验收。
　附件：□隐蔽工程质量检查资料
　　　　□检验批质量检验资料
　　　　□分项工程质量检验资料
　　　　□施工实验室证明资料
　　　　□其他

施工项目经理部（盖章）
项目经理或项目技术负责人（签字）
年　月　日

审查或验收意见：

项目监理机构（盖章）
专业监理工程师（签字）
年　月　日

注：本表一式两份，项目监理机构、施工单位各一份。

附表 A-16　B.0.8 分部工程报验表

工程名称：　　　　　　　　　　　　　　　　　　　　　　　　　　　　　编号：

致：_____（项目监理机构） 　我方已完成_____（分部工程），经自检合格，请予以验收。 　附件:分部工程质量资料
施工项目经理部（盖章） 项目技术负责人（签字） 　年　月　日
验收意见：
专业监理工程师（签字） 　年　月　日
验收意见：
项目监理机构（盖章） 总监理工程师（签字） 　年　月　日

注:本表一式三份,项目监理机构、建设单位、施工单位各一份。

附表 A-17　B.0.9 监理通知回复单

工程名称：　　　　　　　　　　　　　　　　　　　　　　　　　编号：

致：＿＿＿＿＿（项目监理机构） 　　我方接到编号为＿＿＿＿＿的监理通知单后，已按要求完成相关工作，请予以复查。 附件：需要说明的情况   施工项目经理部（盖章） 项目经理（签字） 年　月　日
复查意见：   项目监理机构（盖章） 总监理工程师/专业监理工程师（签字，加盖执业印章） 年　月　日

注：本表一式三份，项目监理机构、建设单位、施工单位各一份。

附表 A-18　B.0.10 单位工程竣工验收报审表

工程名称：　　　　　　　　　　　　　　　　　　　　　　　　　　　　　编号：

致：_____（项目监理机构）
　　我方已按施工合同要求完成_____工程，经自检合格，现将有关资料报上，请予以查验。
　　附件：1.工程质量验收报告
　　　　　2.工程功能检验资料

施工单位（盖章）
项目经理（签字）
年　月　日

预验收意见：
　　经预验收，该工程合格/不合格，可以/不可以组织正式验收。

项目监理机构（盖章）
总监理工程师（签字，加盖执业印章）
年　月　日

注：本表一式三份，项目监理机构、建设单位、施工单位各一份。

附表 A-19　B.0.11 工程款支付报审表

工程名称：　　　　　　　　　　　　　　　　　　　　　　　　　　　编号：

致：＿＿＿＿＿＿（项目监理机构） 　　根据施工合同约定，我方已完成＿＿＿＿＿＿＿工作，建设单位应在＿＿＿＿＿＿＿年＿＿＿＿＿＿＿月＿＿＿＿＿＿＿日前支付工程款共计(大写)＿＿＿＿＿＿＿(小写)＿＿＿＿＿＿＿请予以审查。 　　附件：□已完成工程量报表 　　　　　□工程竣工结算证明材料 　　　　　□相应支持证明文件   　　　　　　　　　　　　　　　　　　　　施工项目经理部(盖章) 　　　　　　　　　　　　　　　　　　　　　项目经理(签字) 　　　　　　　　　　　　　　　　　　　　　　年　月　日
审查意见： 　　1.施工单位应得款为＿＿＿＿＿＿＿＿＿＿＿＿＿。 　　2.本期应扣款为＿＿＿＿＿＿＿＿＿＿＿＿＿。 　　3.本期应付款为＿＿＿＿＿＿＿＿＿＿＿＿＿。 　　附件：相应支持性材料   　　　　　　　　　　　　　　　　　　　　专业监理工程师(签字) 　　　　　　　　　　　　　　　　　　　　　　年　月　日
审核意见：   　　　　　　　　　　　　　　　　　　　　项目监理机构(盖章) 　　　　　　　　　　　　　　　　　总监理工程师(签字，加盖执业印章) 　　　　　　　　　　　　　　　　　　　　　　年　月　日
审批意见：   　　　　　　　　　　　　　　　　　　　　建设单位(盖章) 　　　　　　　　　　　　　　　　　　　建设单位代表(签字) 　　　　　　　　　　　　　　　　　　　　　　年　月　日

注：本表一式三份，项目监理机构、建设单位、施工单位各一份。工程竣工结算报审时本表一式四份，项目监理机构、建设单位各一份，施工单位两份。

附表 A-20　B.0.12 施工进度计划报审表

工程名称：　　　　　　　　　　　　　　　　　　　　　　　　　　　　　编号：

致：_____（项目监理机构） 根据施工合同约定，我方已完成_____工程施工进度计划的编制和批准，请与以审查。 附件：□施工总进度计划 　　　□阶段性进度计划   施工项目经理部（盖章） 项目技术负责人（签字） 年　月　日
审查意见：   专业监理工程师（签字） 年　月　日
审核意见：   项目监理机构（盖章） 总监理工程师（签字） 年　月　日

注：本表一式三份，项目监理机构、建设单位、施工单位各一份。

附表 A-21　B.0.13 费用索赔报验表

工程名称：　　　　　　　　　　　　　　　　　　　　　　　　　　编号：

致：　　　　　（项目监理机构） 　　根据施工合同约定　　　　　条款，由于　　　　　的原因，我方申请索赔金额（大写）　　　　　请予以批准。 　　附件：□索赔金额计算 　　　　　□证明材料   <div align="right">施工项目经理部（盖章） 项目经理（签字） 年　月　日</div>
审核意见： 　　□不同意此项索赔 　　□同意此项索赔，索赔金额为（大写）　　　　　　　　　　　　。 　　同意/不同意索赔的理由：   　　附件□索赔审查报告   <div align="right">项目监理机构（盖章） 总监理工程师（签字，加盖执业印章） 年　月　日</div>
审核意见：   <div align="right">建设单位（盖章） 建设单位代表（签字） 年　月　日</div>

注：本表一式三份，项目监理机构、建设单位、施工单位各一份。

附表 A-22　B.0.14 工程临时/最终延期报验表

工程名称：　　　　　　　　　　　　　　　　　　　　　　　　　　　　编号：

致：＿＿＿＿＿＿（项目监理机构） 　　根据施工合同约定＿＿＿＿＿＿（条款），由于＿＿＿＿＿＿的原因，我方申请工程临时/最终延期＿＿＿＿＿＿（日历天），请予以批准。 　　附件：1.工程延期的依据及工期计算 　　　　　2.证明材料   　　　　　　　　　　　　　　　　　　　　　　　　　　　施工项目经理部（盖章） 　　　　　　　　　　　　　　　　　　　　　　　　　　　　　项目经理（签字） 　　　　　　　　　　　　　　　　　　　　　　　　　　　　　年　　月　　日
审核意见： 　　□同意工程临时/最终延期＿＿＿＿＿＿（日历天）。工程竣工日期从施工合同约定的＿＿＿＿＿年＿＿＿＿＿月＿＿＿＿＿日延迟到＿＿＿＿＿年＿＿＿＿＿月＿＿＿＿＿日。 　　□不同意延期，请按竣工日期组织施工。 附件□索赔审查报告   　　　　　　　　　　　　　　　　　　　　　　　　　　　　项目监理机构（盖章） 　　　　　　　　　　　　　　　　　　　　　总监理工程师（签字，加盖执业印章） 　　　　　　　　　　　　　　　　　　　　　　　　　　　　　年　　月　　日
审批意见：   　　　　　　　　　　　　　　　　　　　　　　　　　　　　　建设单位（盖章） 　　　　　　　　　　　　　　　　　　　　　　　　　　建设单位代表（签字） 　　　　　　　　　　　　　　　　　　　　　　　　　　　　　年　　月　　日

注：本表一式三份，项目监理机构、建设单位、施工单位各一份。

C 类表:通用表(共 3 种)。

附表 A-23 为 C.0.1 工作联系单;附表 A-24 为 C.0.2 工程变更单;附表 A-25 为 C.0.3 索赔意向通知书。

附表 A-23　C.0.1 工作联系单

工程名称:　　　　　　　　　　　　　　　　　　　　　　　　　　　　　编号:

致:

发文单位

负责人(签字)

年　月　日

附表 A-24　C.0.2 工程变更单

工程名称：　　　　　　　　　　　　　　　　　　　　　　　　　　　　　　编号：

致：
由于_____原因，兹提出_____工程变更，请予以赔偿。 附件： □变更内容 □变更设计图 □相关会议纪要 □其他   　　　　　　　　　　　　　　　　　　　　　　　　　　　变更提出单位： 　　　　　　　　　　　　　　　　　　　　　　　　　　　　负责人： 　　　　　　　　　　　　　　　　　　　　　　　　　　年　月　日

工程量增/减	
费用增/减	
工期变化	

施工项目经理部（盖章） 项目经理（签字）	设计单位（盖章） 设计负责人（签字）
项目监理机构（盖章） 总监理工程师（签字）	建设单位（盖章） 负责人（签字）

注：本表一式四份，建设单位、项目监理机构、设计单位、施工单位各一份。

附表 A-25　C.0.3 索赔意向通知书

工程名称：　　　　　　　　　　　　　　　　　　　　　　　　　　　　　编号：

致：

　　根据施工合同＿＿＿＿＿＿＿（条款）约定，由于发生了＿＿＿＿＿＿＿时间，且该时间的发生非我方原因所致，为此，我方向＿＿＿＿＿＿＿（单位）提出索赔要求。

　　附件：索赔事件资料

提出单位（盖章）

负责人（签字）

年　　月　　日

附录 B　专业工程类别和等级

专业工程类别和等级见附表 B-1。

附表 B-1　专业工程类别和等级

序号	工程类别		一等	二等	三等
一	房屋建筑工程	一般公共建筑	28 层以上；36 米跨度以上（轻钢结构除外）；项工程建筑面积 3 万平方米以上	14～28 层；24～36 米跨度（轻钢结构除外）；单项工程建筑面积 1 万至 3 万平方米	14 层以下；24 米跨度以下（轻钢结构除外）；单项工程建筑面积 1 万平方米以下
		高耸构筑工程	高度 120 米以上	高度 70～120 米	高度 70 米以下
		住宅工程	小区建筑面积 12 万平方米以上；单项工程 28 层以上	建筑面积 6 万至 12 万平方米以上；单项工程 14～28 层	建筑面积 6 万平方米以下；单项工程 14 层以下
二	冶炼工程	钢铁冶炼，连铸工程	年产 100 万吨以上；单座高炉炉容 1250 立方米以上；单座工程熔炉 100 吨以上；电炉 50 吨以上；连铸年产 1000 万吨以上或板坯连铸单机 1450 毫米以上	年产 100 万吨以下；单座高炉炉容 1250 立方米以下；单座工程熔炉 100 吨以下；电炉 50 吨以下；连铸年产 1000 万吨以下或板坯连铸单机 1450 毫米以下	
		轧钢工程	热轧年产 100 万吨以上，装备连续，半连续轧机；冷轧带板年产 100 万吨以上，冷轧线材年产 30 万吨以上或装备连续，半连续轧机	热轧年产 100 万吨以下，装备连续，半连续轧机；冷轧带板年产 100 万吨以下，冷轧线材年产 30 万吨以下或装备连续，半连续轧机	
		冶炼辅助工程	炼焦化工程年产 50 万吨以上或炭化室高度 4.3 米以上；单台烧结机 100 平方米以上；小时制氧 300 立方米以上	炼焦化工程年产 50 万吨以下或炭化室高度 4.3 米以下；单台烧结机 100 平方米以下；小时制氧 300 立方米以下	
		有色冶炼工程	有色冶炼年产 10 万吨以上，有色金属加工年产 5 万吨以上；氧化铝工程 40 万吨以上	有色冶炼年产 10 万吨以上，有色金属加工年产 5 万吨以上；氧化铝工程 40 万吨以下	
		建材工程	水泥日产 2000 吨以上；浮化玻璃熔量 400 吨以上；池窑拉丝玻璃纤维，特种纤维；特种陶瓷生产线工程	水泥日产 2000 吨以下；浮化玻璃熔量 400 吨以下；普通玻璃生产线；组合炉拉丝玻璃纤维；非金属材料，玻璃钢，耐火材料，建筑及卫生陶瓷厂工程	

续表

序号	工程类别		一等	二等	三等
三	矿山工程	煤矿工程	年产 120 万吨以上的井工矿工工程;年产 120 万吨以上的洗选煤矿工程;深度 800 米以上的立井井筒工程;年产 400 万吨以上的露天矿山工程	年产 120 万吨以下的井工矿工工程;年产 120 万吨以下的洗选煤矿工程;深度 800 米以下的立井井筒工程;年产 400 万吨以下的露天矿山工程	
		冶金矿山工程	年产 100 万吨以上的黑色矿山采选工程;年产 100 万吨以上的有色砂矿采、选工程;年产 60 万吨以上的有色脉矿采、选工程	年产 100 万吨以下的黑色矿山采选工程;年产 100 万吨以下的有色砂矿采、选工程;年产 60 万吨以下的有色脉矿采、选工程	
		化工矿山工程	年产 60 万吨以上的磷矿、硫铁矿工程	年产 60 万吨以下的磷矿、硫铁矿工程	
		铀矿工程	年产 10 万吨以上的铀矿;年产 200 吨以上的铀选冶	年产 10 万吨以下的铀矿;年产 200 吨以下的铀选冶	
		建材类非金属矿工程	年产 70 万吨以上的石灰石矿;年产 30 万吨以上的石膏矿、石英砂岩矿	年产 70 万吨以下的石灰石矿;年产 30 万吨以下的石膏矿、石英砂岩矿	
四	化石石油工程	油田工程	原油处理能力 150 万吨/年以上,天然气处理能力 150 万方/天以上,产能 50 万吨以上及配套设施	原油处理能力 150 万吨/年以下,天然气处理能力 150 万方/天以下,产能 50 万吨以下及配套设施	
		油气储运工程	压力容器 8MPa 以上;油气储罐 10 万平方米/台以上;长输管道 120 千米以上	压力容器 8MPa 以下;油气储罐 10 万平方米/台以下;长输管道 120 千米以下	
		炼油化工工程	原油处理能力在 500 万吨/年以上的一次加工及相应二次加工装置和后加工装置	原油处理能力在 500 万吨/年以下的一次加工及相应二次加工装置和后加工装置	
		基本原材料工程	年产 30 万吨以上的乙烯工程;年产 4 万吨以上的合成橡胶,合成树脂及塑料和化纤工程	年产 30 万吨以下的乙烯工程;年产 4 万吨以下的合成橡胶,合成树脂及塑料和化纤工程	
		化肥工程	年产 20 万吨以上的合成氨及相应后加工装置;年产 24 万吨以上磷铵工程	年产 20 万吨以下的合成氨及相应后加工装置;年产 24 万吨以下磷铵工程	
		酸碱工程	年产硫酸 16 万吨以上;年产烧碱 8 万吨以上;年产纯碱 40 万吨以上	年产硫酸 16 万吨以下;年产烧碱 8 万吨以下;年产纯碱 40 万吨以下	
		轮胎工程	年产 30 万套以上	年产 30 万套以下	
		核化工及加工工程	年产 1000 吨以上的铀转换化工工程;年产 100 吨以上的铀浓缩工程;总投资 10 亿元以上的乏燃料后处理工程;年产 200 吨以上的燃料元件加工工程;总投资 5000 万元以上的核技术及同位素应用工程	年产 1000 吨以下的铀转换化工工程;年产 100 吨以下的铀浓缩工程;总投资 10 亿元以下的乏燃料后处理工程;年产 200 吨以下的燃料元件加工工程;总投资 5000 万元以下的核技术及同位素应用工程	
		医药及其他化工工程	总投资 1 亿元以上	总投资 1 亿元以下	

序号	工程类别		一等	二等	三等
五	水利水电工程	水库工程	总库容1亿立方米以上	总库容1千万至1亿立方米	总库容1千万立方米以下
		水利发电站工程	总装机容量300 MW以上	总装机容量50 MW~300 MW	总装机容量50 MW以下
		其他水利工程	引调水堤防等级1级;灌溉排涝流量5立方米/秒以上;河道整治面积30万亩以上;城市防洪城市人口50万人以上;围垦面积5万亩以上;水土保持综合治理面积1000平方公里以上	引调水堤防等级2、3级;灌溉排涝流量0.5至5立方米/秒;河道整治面积3万至30万亩以上;城市防洪城市人口20至50万人;围垦面积0.5万至5万亩;水土保持综合治理面积100至1000平方公里	引调水堤防等级4、5级;灌溉排涝流量0.5立方米/秒以下;河道整治面积3万亩以下;城市防洪城市人口20万人以下;围垦面积0.5万亩以下;水土保持综合治理面积100平方公里以下
六	电力工程	火力发电站工程	单机容量30万千瓦以上	单机容量30万千瓦以下	
		输变电工程	330千伏以上	330千伏以下	
		核电工程	核电站;核反应堆工程		
七	农林工程	林业局(场)总体工程	面积35万公顷以上	面积35万公顷以下	
		林产工业工程	总投资5000万元以上	总投资5000万元以下	
		农业综合开发工程	总投资3000万元以上	总投资3000万元以下	
		种植业工程	2万亩以上或总投资1500万元以上	2万亩以下或总投资1500万元以下	
		兽医、畜牧工程	总投资1500万元以上	总投资1500万元以下	
		渔业工程	渔港工程总投资3000万元以上;水产养殖等其他工程总投资1500万元	渔港工程总投资3000万元以下;水产养殖等其他工程总投资1500万元以下	
		设施农业工程	设施园艺工程1公顷以上;农产品加工等其他工程总投资1500万元以上	设施园艺工程1公顷以下;农产品加工等其他工程总投资1500万元以下	
		核设施退役及放射性三废处理处置工程	总投资5000万元以上	总投资5000万元以下	

续表

序号	工程类别		一等	二等	三等
八	铁路工程	铁路综合工程	新建、改建一级干线;单线铁路40千米以上;双线30千米以上及枢纽	单线铁路40千米以下;双线30千米以下;二级干线及站线;专用线、专用铁路	
		铁路桥梁工程	桥长500米以上	桥长500米以下	
		铁路隧道工程	单线3000米以上;双线1500米以上	单线3000米以下;双线1500米以下	
		铁路通信、信号、电力电气工程	新建、改建铁路(含枢纽、配、变电所、分区亭)单双线200千米及以上	新建、改建铁路(含枢纽、配、变电所、分区亭)单双线200千米及下	
九	公路工程	公路工程	高速公路	高速公路路基工程及一级公路	一级公路路基及二级以下各级公路
		公路桥梁工程	独立大桥工程;特大桥总长1000米以上或单跨跨径150米以上	大桥,中桥桥梁总长30～1000米或单跨跨径20～150米	小桥总长30米以下或单跨跨径20米以下;涵洞工程
		公路隧道工程	隧道长度1000米以上	隧道长度500～1000米以上	隧道长度500米以下
		其他工程	通信,监控,收费等机电工程,高速公路交通安全设施,环保工程和沿线附属设施	一级公路交通安全设施,环保工程和沿线附属设施	二级以下公路交通安全设施,环保工程沿线附属设施
十	港口与航道工程	港口工程	集装箱、件杂,多用途等沿海口工程20 000吨及以上;散货、原油沿海口工程30 000吨级以上;1000吨级以上内河港口工程	集装箱、件杂,多用途等沿海口工程20 000吨及以下;散货、原油沿海口工程30 000吨级以下;1000吨级以下内河港口工程	
		通航建筑与整治工程	1000吨级以上	1000吨级以下	
		航道工程	通航30 000吨级以上船舶沿海复杂船道;通航1000吨级以上船舶的内河航运工程项目	通航30 000吨级以下船舶沿海航道;通航1000吨级以下船舶的内河航运工程项目	
		修造船水水工工程	10 000吨位以上的船坞工程;船体重量5000吨位以上的船台,滑道工程	10 000吨位以下的船坞工程;船体重量5000吨位以下的船台,滑道工程	
		防波堤,导流堤等水工工程	最大水深6米以上	最大水深6米以下	
		其他水运工程项目	建安工程费6000万元以上的沿海水运工程项目;建安工程费4000万元以上的内河水运工程项目	建安工程费6000万元以下的沿海水运工程项目;建安工程费4000万元以下的内河水运工程项目	

序号	工程类别		一等	二等	三等
十一	航空航天工程	民用机场工程	飞行区指标为 4E 及以上及其配套工程	飞行区指标为 4D 及以下及其配套工程	
		航空飞行器	航空飞行器(综合)工程总投资 1 亿元以上;航空飞行器(单项)工程投资 3000 万元以上	航空飞行器(综合)工程总投资 1 亿元以下;航空飞行器(单项)工程投资 3000 万元以下	
		航天空间飞行器	工程总投资 3000 万元以上;面积 3000 平方米以上;跨度 18 米以上	工程总投资 3000 万元以下;面积 3000 平方米以下;跨度 18 米以下	
十二	通信工程	有线、无线传输通信工程,卫星、综合布线	省际通信、信息网络工程	省内通信、信息网络工程	
		邮政、电信、广播枢纽及交换工程	省会城市邮政、电信枢纽	地市级城市邮政、电信枢纽	
		发射台工程	总发射功率 500 千瓦以上短波或 600 千瓦以上中波发射台;高度 200 米以上广播电视发射塔	总发射功率 500 千瓦以下短波或 600 千瓦以下中波发射台;高度 200 米以下广播电视发射塔	
十三	市政公用工程	城市道路工程	城市快速路、主干路,城市互通式立交桥及单孔跨径 100 米以上桥梁;长度 000 米以上的隧道工程	城市次干路工程,城市分离式立交桥及单孔跨径 100 米以下的桥梁;长度 1000 米以下的隧道工程	城市支路工程、过街天桥及地下通道工程
		给水排水工程	10 万吨/日以上的给水厂;5 万吨/日以上污水处理工程;3 立方米/秒以上的给水、污水泵站;15 立方米秒以上的雨泵站;直径 2.5 米以上的给排水管道	2 万至 10 万吨/日的给水厂 1 万至 5 万吨/日污水处理工程;1 至 3 立方米/秒的给水、污水泵站;5 至 15 立方米/秒的雨泵站;直 1 至 2.5 米的给水管道;直径 1.55 米的排水管道	2 万吨/日以下的给水 1 万吨/日以下污水处理工程;1 立方米/秒以下的给水、污水泵站;5 立方米/秒以下的雨泵站;直径 1 米以下的给水管道;直径 1.5 米以下的排水管道
		燃气热力工程	总储存容 1000 立方米以上液化气贮罐场(站)供气规模 15 万立方米/日以上的燃气工程;中压以上的燃气管道、调压站;供热面积 150 万平方米以上的热力工程	总储存容 1000 立方米以下的液化气贮罐(站);供气规模 15 万立方米/日以下的燃气工程;中压以下的燃气管道、调压站;供热面积 50 万至 150 万平方米的热力工程	供热面积 50 万平方米以下的热力工程
		垃圾处理工程	200 吨/日以上的垃圾焚烧和填埋工程	500 至 1200 吨/日的垃圾焚烧及填埋工程元以下	500 吨/日以下的垃圾焚烧及填埋工程
		地铁轻轨工程	各类地铁轻轨工程		
		风景园林工程	总投资 3000 万元以上	总投资 1000 万至 3000 万元	总投资 1000 万元以下

序号	工程类别	一等	二等	三等
十四	机电安装工程 机械工程	总投资 5000 万元以上	总投资 5000 万以下	
	电子工程	总投资 1 亿元以上；含有净化级别 6 级以上的工程	总投资 1 亿元以下；含有净化级别 6 级以下的工程	
	轻纺工程	总投资 5000 万元以上	总投资 5000 万以下	
	兵器工程	建安工程程费 3000 万元以上的坦克装甲车辆、炸药、弹箭工程；建安工程费 2000 万元以上的枪炮、光电工程；建安工程费 1000 万元以上的防化民爆工程	建安工程费 3000 万元以下的坦克装甲车辆、炸药、弹箭工程；建安工程费 2000 万元以下的枪炮、光电工程；建安工程费 1000 万元以下的防化民爆工程	
	船舶工程	船舶制造工程总投资 1 亿元以上；船舶科研、机械、修理工程总投资 5000 万元以上	船舶制造工程总投资 1 亿元以下；船舶科研、机械、修理工程总投资 5000 万元以下	
	其他工程	总投资 5000 万元以上	总投资 5000 万元以下	

附录 C   房屋建筑工程施工旁站 监理管理办法(试行)

第一条　为加强对房屋建筑工程施工旁站监理的管理,保证工程质量,依据《建设工程质量管理条例》的有关规定,制定本办法。

第二条　本办法所称房屋建筑工程施工旁站监理(以下简称旁站监理),是指监理人员在房屋建筑工程施工阶段监理中,对关键部位、关键工序的施工质量实施全过程现场跟班的监督活动。

本办法所规定的房屋建筑工程的关键部位、关键工序,在基础方面包括土方回填,混凝土灌注桩浇筑,地下连续墙,土钉墙,后浇带及其他结构混凝土,防水混凝土浇筑,卷材防水层细部构造处理,钢结构安装;在主体结构工程方面包括梁柱节点钢筋隐蔽过程,混凝土浇筑,预应力张拉,装配式结构安装,钢结构安装,网架结构安装,索膜安装。

第三条　监理企业在编制监理规划时,应当制定旁站监理方案,明确旁站监理的范围、内容、程序和旁站监理人员职责等。旁站监理方案应当送建设单位和施工企业各一份,并抄送工程所在地的建设行政主管部门或其委托的工程质量监督机构。

第四条　施工企业根据监理企业制定的旁站监理方案,在需要实施旁站监理的关键部位、关键工序进行施工前24小时,应当书面通知监理企业派驻工地的项目监理机构。项目监理机构应当安排旁站监理人员按照旁站监理方案实施旁站监理。

第五条　旁站监理在总监理工程师指导下,由现场监理人员负责具体实施。

第六条　旁站监理人员的主要职责是:

(一)检查施工企业现场质检人员到岗、特殊工种人员持证上岗以及施工机械、建筑材料准备情况。

(二)在现场跟班监督关键部位、关键工序的施工执行施工方案以及工程建设强制性标准情况。

(三)核查进场建筑材料、建筑构配件、设备和商品混凝土的质量检验报告等,并可在现场监督施工企业进行检验或者委托具有资格的第三方进行复验。

(四)做好旁站监理记录和监理日记,保存旁站监理原始资料。

第七条　旁站监理人员应当认真履行职责,对需要实施旁站监理的关键部位、关键工序在施工现场跟班监督,及时发现和处理旁站监理过程中出现的问题,如实准确地做好旁站监理记录。凡旁站监理人员和施工企业现场质检人员未在旁站监理记录(见附件)上签字的,不得进行下一道工序施工。

第八条　旁站监理人员实施旁站监理时,发现施工企业有违反工程建设强制性标准行为的,有权责令施工企业立即整改;发现其施工活动已经或者可能危及工程质量的,应当及时向监理工程师或总监理工程师报告,由总监理工程师下达局部暂停施工指令或者采取其他应急措施。

第九条　旁站监理记录是监理工程师或者总监理工程师依法行使有关签字权的重要依据。

对于需要旁站监理的关键部位、关键工序施工,凡设有实施旁站监理或者没有旁站监理记录的,监理工程师或者总监理工程师不得在相应文件上签字。在工程歧工验收后,监理企业应当将旁站监理记录存档备查。

第十条 对于按照本办法规定的关键部位、关键工序实施旁站监理的,建设单位应当严格按照国家规定的监理取费标准执行;对于超出本办法规定的范围,建设单位要求监理企业实施旁站监理的,建设单位应当另行支付监理费用,具体费用标准由建设单位与监理企业在合同中约定。

第十一条 建设行政主管部门应当加强对旁站监理的监督检查,对于不按照本办法实施旁站监理的监理企业和有关监理人员要进行通报、责令整改,并作为不良记录载入该企业和有关人员信用档案;情节严重的,在资质年检时应定为不合格,并按照下一个资质等级重新核定其资质等级,对于不按照本办法实施旁站监理而发生工程质量事故的,除依法对有关责任单位进行处罚外,还要依法追究监理企业和有关监理人员的相应责任。

第十二条 其他工程的施工旁站监理,可以参照本办法实施。

第十三条 本办法自 2003 年 1 月 1 日起施行。

参 考 文 献

[1] 徐友全.建设工程监理概论[M].北京:中国建筑工业出版社,2016.

[2] 中国建设监理协会.建设工程监理概论[M].北京:中国建筑工业出版社,2019.

[3] 曹林同.建设工程监理概论与实务[M].2版.武汉:华中科技大学出版社,2019.

[4] 米军,闫兵.工程监理概论[M].天津:天津科学技术出版社,2013.

[5] 王照雯.建设工程监理概论[M].上海:复旦大学出版社,2013.

[6] 中国建设监理协会.建设工程监理案例分析[M].北京:中国建筑工业出版社,2017.

[7] 武树春,石川.建设与监理单位安全资料编制范例(上下册)[M].北京:中国建筑工业出版社,2007.

[8] 建设工程监理规范 GB/T 50319-2013 应用指南.北京:中国建筑工业出版社,2013.

[9] 建设工程监理规范 GB/T 50319-2013.北京:中国建筑工业出版社,2013.